高等职业院校“双高计划”建设教材

“十四五”高等职业教育通信专业新形态一体化系列教材

5G网络规划与优化技术

容　会　陈云川　张　晶◎主　编

宋　浩　卢晶晶　陈鸿联　姚　远　孟显富　戚文浩　潘宏斌　杨　旭　傅正强　林　雨　訾永所　孙土土　欧阳志平◎副主编

中国铁道出版社有限公司

CHINA RAILWAY PUBLISHING HOUSE CO., LTD.

内 容 简 介

本书基于高等职业教育“理实结合”、“教、学、做一体化”的基本要求编写而成，秉承了新颖性、实用性、开放性的基本原则，以校企联合为依托，精心选取教学内容、优化设计学习情境，充分体现了“企业全程参与教材开发、课程内容与职业标准对接、教学过程与生产过程对接”的基本特点。

本书共分为三篇(12 章)：理论篇共 4 章，主要介绍 5G 移动通信技术理论；规划篇共 3 章，主要介绍 5G 网络的覆盖、容量和规划设计的方法；优化篇共计 5 章，主要介绍 5G 网络的优化过程和优化方法。

本书适合作为高等职业院校现代通信技术、计算机网络、物联网应用技术、电子信息类等专业的教材，也可作为通信系统、网络工程相关工程技术人员或从业人员的参考资料。

图书在版编目(CIP)数据

5G 网络规划与优化技术/容会，陈云川，张晶主编．—北京：中国铁道出版社有限公司，2024.1

高等职业院校“双高计划”建设教材 “十四五”高等职业教育通信专业新形态一体化系列教材

ISBN 978-7-113-30701-1

Ⅰ.①5… Ⅱ.①容… ②陈… ③张… Ⅲ.①第五代移动通信系统-高等职业教育-教材 Ⅳ.①TN929.538

中国国家版本馆 CIP 数据核字(2023)第 210316 号

书　　名：5G 网络规划与优化技术
作　　者：容　会　陈云川　张　晶

策　　划：潘星泉
责任编辑：潘星泉　彭立辉　　　　**编辑部电话：**(010)51873090
封面设计：郑春鹏
责任校对：刘　畅
责任印制：樊启鹏

出版发行：中国铁道出版社有限公司(100054，北京市西城区右安门西街 8 号)
网　　址：http://www.tdpress.com/51eds/
印　　刷：天津嘉恒印务有限公司
版　　次：2024 年 1 月第 1 版　2024 年 1 月第 1 次印刷
开　　本：787 mm×1 092 mm 1/16　**印张：**19.25　**字数：**469 千
书　　号：ISBN 978-7-113-30701-1
定　　价：58.00 元

前言

5G移动通信是当今信息社会的重要基础设施，它不仅为人们提供了高速、低时延、高可靠的无线连接，还为各行各业的数字化转型和创新应用提供了强大的支撑。5G移动通信的规划与优化是保证5G网络性能和服务质量的关键环节，它涉及5G网络的拓扑结构、资源分配、覆盖范围、干扰管理、能耗控制等多个方面，需要综合考虑技术、经济、社会等多种因素，具有很高的复杂性和挑战性。

相比于4G，5G具有全方位的能力提升。在数据传输速率方面，5G的用户体验速率是4G的10倍，峰值速率是4G的20倍；在设备接入能力方面，5G的连接数可达100万个/km^2，比4G高出10倍以上；在延迟方面，5G端到端延迟可达毫秒级，能够完美地支持远程工业控制等应用。除此之外，5G采用了基于网络功能虚拟化和软件定义网络技术的服务化网络架构，并引入了网络切片、MEC等先进技术，使网络更具灵活性和高效性，更有利于未来多样的、智能化的、定制化的应用需求。

当前，5G网络正处于大规模建设阶段，移动通信运营商目前需要大量的5G网络建设和维护人员，因此本书以理论知识与实际应用相结合的方式进行编写，其目的就是为了培养能够适应5G技术发展的专业人才。

本书为昆明冶金高等专科学校和北京华晟经世信息技术有限公司“校企双元”合作开发教材，注重理论性与实用性的有机结合。企业专家负责各章的方案设计、教学情境开发和企业案例提供，学校教师负责内容文本的汇总、编写与开发。为了让学生能够快速且有效地掌握核心知识和技能，方便教师在夯实传统教法的基础上，引入翻转课堂等教学模式，本书采用“纸质教材+数字课程”的形式，配有专业教学资源库，包括PPT教学课件、微课、动画、授课计划、电子教案、习题库等。本书内容贴近于实际工作需要，由大批具有数年工作经验的工程师与教学一线教师编写而成，知识精练、案例翔实，避免了过多不必要的数学理论分析，而尽量用文字、图表和案例论述。

本书具有以下特点：

(1)通过系统地介绍5G移动通信网络规划与优化的基本原理、关键技术和实践方法，可使读者掌握5G网络规划与优化的基本概念、理论知识和技能，能够分析和解决实际工程中遇到的问题，跟踪和掌握5G网络规划与优化领域的最新动态和发展趋势。

(2)本书在编写过程中，注重理论与实践相结合，注重基础与前沿相结合，注重知识与技能相结合，注重概念与方法相结合，注重原理与案例相结合。

(3)本书所介绍的5G移动通信技术,内容比较专业,对于初学者可能较抽象、难理解,所以对各种概念、原理尽量用贴近生活、贴近实际的实例进行讲解,以求达到最理想的教学效果。

本书配备英文讲义,可作为相关专业国际留学生的教学用书,如果需要(包括教学资源),可向作者索取,E-mail:870216607@ qq. com。

本书由昆明冶金高等专科学校容会、陈云川和昆明理工大学张晶任主编,昆明冶金高等专科学校宋浩、潘宏斌、杨旭、傅正强、林雨、訾永所、孙土土、欧阳志平,北京华晟经世信息技术有限公司昆明冶金项目部的卢晶晶、陈鸿联、姚远、孟显富,云南工程职业学院戚文浩任副主编。容会负责全书的统稿工作。

由于时间仓促,编者水平有限,书中难免存在疏漏和不足之处,恳请广大读者批评指正。

编 者
2023年5月

目　录

规划篇

优化篇

理论篇

5G移动通信技术是继4G之后的第五代移动通信技术，是目前全球通信领域的研究热点和发展方向。5G移动通信技术具有超高速率、超低时延、超高密度、超高可靠性、超低功耗等特性，为人类社会带来智能化、数字化、信息化的新变革，支撑万物互联、工业互联网、车联网、智慧城市等新应用场景。

5G移动通信技术涉及多个层面的创新和突破，如新型无线接入技术、新型网络架构、新型网络管理、新型业务模式等。5G移动通信技术也面临着多种挑战和问题，如频谱资源、能耗效率、安全保障、标准制定等。5G移动通信技术的研究和发展需要多学科、多领域、多方位的交叉融合和协同创新。

本篇系统介绍和分析5G移动通信技术的理论基础、关键技术、应用场景和发展趋势，为读者提供全面、权威、前沿的5G移动通信技术介绍和参考，让读者先掌握5G移动通信的基本理论知识，为后期网络规划与学习打下应有的理论基础。

移动通信概述

本章导读

本章首先回顾移动通信的发展历程,从1G到5G的技术发展变迁以及每代移动通信的主要技术特点出发,介绍推动5G发展的社会愿景和技术驱动力;其次介绍5G系统的需求与挑战以及技术性能指标,使读者可以初步了解5G系统的整体性能;最后简要介绍5G的网络规划与优化必要性、特点,为后续章节介绍提供相关的技术背景知识。

本章知识点

①移动通信的发展历程、每代移动通信的主要技术特点。
②5G发展背景,包括用户需求、业务需求和运营需求等。
③5G系统的性能指标、5G无线接入关键技术以及5G网络关键技术等。
④5G无线网络规划与优化的必要性。
⑤5G无线网络规划与优化的特点。

1.1 移动通信技术演进

移动通信技术和互联网技术是20世纪末促进人类社会飞速发展的最重要的两项技术,给人们的生活方式、工作方式以及社会的政治、经济带来了巨大的影响。移动通信技术在过去30多年时间里得到了迅猛发展,特别是进入20世纪90年代以后,地面蜂窝移动通信系统以异乎寻常的速度得到了大规模的普及应用,成为包括发达国家和发展中国家在内全球2/3以上人口所使用的真正的公众移动通信系统。

移动通信以其通信终端的移动性为最基本的特征,从移动通信技术的发展历程来看,对移动通信系统动态特性的追求和满足是最重要的技术发展方向和研究线索。移动通信的动态特性主要包括三方面:

①信道的动态性:移动通信的传播信道具有开放性、环境复杂性和信道参量动态时变的特点。

②用户的动态性:移动通信的用户具有移动性和个人化服务的特性。

③业务的动态性:移动通信可提供各种业务类型服务并可动态选择。

结合移动通信的动态特性和业务应用需求,可以把现代移动通信系统设计中通常需要考虑的重要特性归纳如下:

①无线频率资源的有限性,即无线频率资源是稀缺资源。

②移动通信信道的复杂和时变的特性。

③无线信道的开放性,使得系统中所有用户可独立地共享信道资源。

④用户终端的移动性,用户可以处于移动、游牧或者固定状态。

⑤用户激活的随机性,用户业务数据可以在任何时间、位置发起并进行通信。

⑥用户数据的突发性,用户业务数据的激活期远小于静默期。

⑦用户终端类型和业务的多样性以及不同系统之间的互联互通特性。随着信息与通信事业的不断发展,在现代移动通信系统中,这些特点将越来越明显、越来越普遍。

蜂窝概念的引入是解决移动通信系统容量和覆盖问题的一个重大突破。蜂窝系统的提出与实现,使得移动通信技术能够真正为广大公众提供服务。当然,蜂窝系统带来的好处是以复杂的网络及无线资源管理技术为代价的。这一点也是现代移动通信系统另一个非常重的特点。自1979年美国芝加哥第一台模拟蜂窝移动电话系统试验成功至今,移动通信系统已经经历了4个时代,正向着第五代迈进。

1.1.1 1G

第一代移动通信系统是模拟蜂窝系统,它采用频分多址(frequency division multiple access,FDMA)技术,典型特征见表1-1。第一代移动通信系统打破了传统的大区制无线广播和无线电台的技术理念,基于蜂窝结构的频率复用组网方案,提升了频谱利用的效率,基本保证了移动场景下话音业务的连续性,为移动通信的快速普及和应用奠定了基础。典型的第一代通信系统有北美的高级移动电话系统(advanced mobile phone system,AMPS)、英国的全接入通信系统(total access communication system,TACS)等。第一代通信系统在20世纪80年代初实现了蜂窝网的商业化,并于90年代末退出历史舞台,是移动通信发展史上重要的里程碑。模拟蜂窝系统的缺点是容量小、业务种类单一(话音业务)、传输质量不高、保密性差、制式不统一,且设备难以小型化。

表1-1 第一代模拟蜂窝移动通信系统的典型特征

业务	电路域模拟话音业务
目标	提高单站话音路数和频谱效率
关键技术	FDMA,模拟调制,基于蜂窝结构的频率复用
频率	800/900 MHz
覆盖	宏覆盖,小区半径千米量级
全球漫游	不支持

续上表

代表系统	AMPS,TACS
商用周期	1980—2000 年

1.1.2 2G

第二代移动通信系统是窄带数字蜂系统,它采用时分多址(time division multiple access, TDMA)或码分多址(code division multiple access,CDMA)技术,其典型特征见表 1-2。典型的系统有欧洲的 GSM(采用 TDMA 技术,20 世纪 90 年代初期商用)系统、北美的 IS-95(采用 CDMA 技术,20 世纪 90 年代中期商用)系统等。第二代移动通信系统在容量和性能上都比第一代系统有了很大的提高,不仅可以提供话音业务,还可以提供低速数据业务。第二代移动通信系统使移动通信得到了广泛的应用和普及,取得了商业上的巨大成功。第二代移动通信系统的技术和性能还在不断地演进和提高,形成了全球移动通信系统(global system for mobile communications,GSM)的演进版本通用分组无线服务(general packet radio service,GPRS)和增强型数据传输速率 GSM 演进(EDGE),以及 CDMA 的演进版本 CDMA1x,以提供更高速率的电路和分组数据业务。从 1990 年商用到 2014 年,全球范围内通过第二代移动通信系统接入的用户数超过 40 亿户。

表 1-2 第二代窄带数字蜂窝移动通信系统的典型特征

业务	数字话音、短信,9.6~384 kbit/s 数据业务
目标	提高频谱效率,无缝切换
关键技术	TDMA(时分多址)/CDMA(码分多址)、GMSK(高斯滤波最小频移键控)/QPSK(四相移相键控)数字调制,无缝切换,漫游
频率	800/900 MHz、1 800 MHz
覆盖	宏小区/微小区为主,小区半径几百米到几千米
全球漫游	支持
代表系统	GSM/GPRS/EDGE 和 CDMA(IS-95,CDMA1x)
商用周期	1992 年至今

但是,由于第二代移动通信系统的主要技术存在固有局限性,系统容量和所能提供的通信业务服务难以满足个人通信应用高速增长的需求。市场需求和技术进步,使得移动通信系统向第三代系统发展。

1.1.3 3G

第三代移动通信系统开启了由以话音业务为主向以数据业务为主的移动通信发展时代的转变。第三代移动通信标准的讨论始于 20 世纪 90 年代,国际电信联盟(International Telecommunication Union,ITU)在 2000 年 5 月召开的全球无线电大会(WRC-2000)上正式批准了第三代移动通信系统(international mobile telecommunication 2000,IMT-2000)的无线接口技术规范建议(IMT-RSCP),此规范建议了五种技术标准。其中,有两种是TDMA技术:SC-TDMA(美国的UMC-136)和MC-TDMA(欧洲的EP-DECT);另外三种是CDMA技术:MC-CDMA(即CDMA 2000)、DS-CDMA(即WCDMA)和CDMA TDD(包括TD-SCDMA和UTRA TDD)。2007年,IEEE基于OFDM技术提出的WiMAX标准成为另一种新的第三代移动通信标准。

三种CDMA技术分别受到两个国际标准化组织3GPP(3rd Generation Partnership Project)和3GPP2的支持:3GPP负责DS-CDMA和CDMA TDD的标准化工作,分别称为3GPP FDD(frequency division duplex,频分双工)和3GPP TDD(time division duplex,时分双工);3GPP2负责MC-CDMA,即CDMA2000的标准化工作。由此形成了全球公认的第三代移动通信的三个国际标准及其商用系统,即WCDMA、TD-SCDMA和CDMA 2000。在我国,这三个标准的系统分别由中国移动(TD-SCDMA)、中国电信(CDMA2000)和中国联通(WCDMA)建设和运营。IEEE支持的基于OFDM(orthogonal frequency division multiplexing,正交频分复用技术)技术的WiMAX,在以往宽带接入技术的基础上发展起来,并在部分新兴运营商中得到了一定的部署和应用。

1998年,原信息产业部(已于2008年并入工业和信息化部)电信科学技术研究院(大唐电信科技产业集团)代表我国向ITU提出了第三代移动通信TD-SCDMA(time division duplex-synchronous CDMA)标准建议。1999年11月,在芬兰赫尔辛基举行的国际电信联盟无线电通信部门(ITU-R)会议上,TD-SCDMA标准提案被写入第三代移动通信无线接口技术规范的建议中。2000年5月,世界无线电行政大会正式批准接纳TD-SCDMA为第三代移动通信国际标准之一。这是我国第一次在国际上完整地提出自己的电信技术标准建议,是我国电信技术的重大突破。1999—2001年,3GPP组织开展了大量的技术融合和具体的规范制定工作。通过近两年国内外企业和机构的紧密合作,2001年3月,TD-SCDMA成为3GPP R4的一个组成部分,形成了完整的TD-SCDMA第三代移动通信国际标准。

以CDMA为最主要技术特征的第三代移动通信系统实现了更大的系统带宽,面向以分组交换为主的业务,话音、短信、多媒体和数据业务更加广泛,初期设计目标为高速移环境下支持144 kbit/s、低速移动环境下支持2 Mbit/s的数据传输速率;后续版本中,陆续推出了高速下行分组接入(high speed downlink packet access,HSDPA)、高速上行分组接入(high speed uplink packet access,HSUPA),以及增强型高速分组接入(high speed packet access +,HSPA +)特性,数据通信能力进一步提升。第三代数字蜂窝移动通信系统的典型特征见表1-3。

表1-3 第三代数字蜂窝移动通信系统的典型特征

业务	话音、短信和多媒体
目标	高速移动144 kbit/s,低速移动2 Mbit/s;后续支持40 Mbit/s以上的数据传输速率
关键技术	CDMA,分组交换;演进引入HARQ(混合自动重传)和AMC(自适应调制编码),动态调度,MIMO(多进多出)以及高阶调制
频率	2 GHz频段为主,也支持800/900 MHz、1 800 MHz
覆盖	宏小区/微小区/皮小区,小区半径几十米、几百米到几千米

续上表

全球漫游	支持
代表系统	TD-SCDMA、WCDMA、CDMA 2000、WiMAX
商用周期	2001 年至今

虽然第三代移动通信系统能够较好地支持数据业务的开展,但随着社会和经济的发展,人们对更高数据传输速率的通信需求越来越迫切。由于基于 CDMA 技术的第三代移动通信系统在支持更大带宽和多天线信号处理上存在复杂度较高等缺点,第四代移动通信系统标准化制定被提上议程。

1.1.4 4G

3GPP 于 2005 年 3 月正式启动了空口技术的长期演进(long term evolution,LTE)项目,并于 2008 年 12 月发布了 LTE 第一个商用版本 R8 系列规范,此后,又发布了 R9、R10、R11、R12 和 R13 共 5 个增强型规范,以满足不断增长的流量需求。虽然业界通常将 LTE 称为第四代移动通信标准,但严格意义上,LTE 的 R10 以后的版本(也称为 LTE-advanced)才是真正满足 ITU 对第四代移动通信标准性能指标要求的规范。LTE-advanced 在 LTE 早期版本的基础上进一步增加了系统带宽(到 100 MHz),并通过多天线、中继等技术提升频谱效率和覆盖,增强系统性能。

LTE 系统的目标是以 OFDM 和 MIMO 为主要技术基础,开发出满足更低传输时延、提供更高用户传输速率、增加容量和覆盖、减少运营费用、优化网络架构、采用更大载波带宽并优化分组数据域传输的移动通信标准。LTE/LTE-advanced 标准分为 FDD 和 TDD 两种模式,其中 TDD 模式作为 TD-SCDMA 系统的后续演进技术与标准,其核心技术由中国厂商所主导,也称为 TD-LTE/LTE-advanced。

ITU 针对 4G 移动通信系统提出了比之前的几代通信系统更高的要求。

①超高速率:低速移动环境下支持 1 Gbit/s,高移动环境下支持 100 Mbit/s 的速率。

②超大带宽:最大支持 100 MHz 系统带宽。

③超大容量:系统支持话音业务(VoIP)容量达到 50 用户/(MHz · 小区),对应 40 MHz 系统需要支持 2 000 个用户。

④无缝覆盖能力,需要支持室内、密集城区、普通城区、郊区等场景的无缝覆盖,最高移动速率达 350 km/h。

⑤超高频谱效率和一致用户体验,对室内、密集城区、普通城区、郊区等场景的平均频谱效率和边缘频谱效率提出了苛刻的指标要求,见表 1-4。

ITU 第四代移动通信标准化历程如下:2005 年 10 月,在芬兰赫尔辛基举行的 WP8F 第 17 次会议上,ITU-RWP8F 正式将 System Beyond IMT-2000 命名为 IMT-Advanced;2008 年 2 月,ITU-R WP5D 完成了 IMT-Advanced 的需求定义,发出了征集 IMT-Advanced 候选技术提案的通函;2009 年 10 月,WP5D 完成了候选技术提案的征集提交,并开始了后续评估和标准融合开发工作,我国提交了 3GPP LTE-Advanced 技术的 TDD 部分,即 TD-LTE-Advanced 技术;2010 年 10

月,在重庆举办的ITU-R WP5D第九次会议上,3GPP开发的LTE-Advanced(包括TD-LTE-Advanced和LTE-Advanced FDD)和IEEE为主的OFDMA-WMAN-Advanced(WiMAX的演进版本)被正式采纳为全球4G核心标准;2012年1月,ITU正式发布了4G标准第一个版本。TD-LTE-Advanced成为继TD-SCDMA之后的又一个我国主导的移动通信国际标准。

表1-4 ITU 4G场景及频谱效率指标对应关系

场 景	下行平均和边缘频谱效率/[bit/(s·Hz)]	上行平均和边缘频谱效率/[bit/(s·Hz)]	话音容量和用户/(MHz·小区)
室内	3/0.1	2.25/0.07	50
密集城区	2.6/0.075	1.80/0.05	40
普通城区	2.2/0.06	1.4/0.03	40
郊区	1.1/0.04	0.7/0.015	30

LTE-Advanced以传统的2G及3G系统为基础,具有更强的产业基础,在后续的商用化进程中很快体现出了强劲的竞争力,成为目前业界主流的4G标准。OFDMA-WMAN-Advanced由于缺乏主流运营商和产业链的支持,已经停止开发演进版本,已部署的网络系统向TD-LTE-Advanced路线演进。2013年底,我国同时向三家运营商正式发放了三张TD-LTE4G牌照,截至2022年初,全球LTE用户数已达到68.3亿户。第四代移动通信技术的典型特征见表1-5。

表1-5 第四代移动通信技术的典型特征

业 务	全IP移动宽带数据业务VoIP
目 标	低速运动终端达到1 Gbit/s、高速运动终端达到100 Mbit/s、频谱效率和用户体验极大提升
关键技术	OFDM、MIMO、高阶调制、链路自适应、全IP核心网、扁平网络架构
频 率	广泛支持所有ITU分配的移动通信频谱,范围为450 MHz~3.8 GHz
覆 盖	宏小区/微小区/皮小区/家庭基站,小区半径十几米、几百米到几千米
全球漫游	支持
代表系统	TD-LTE-Advanced、LTE-Advanced FDD、OFDM-WMAN-Advanced
商用周期	2010年至今

1.2 5G移动通信的发展

移动通信网络作为关键基础设施,已深刻地改变了人们的生活,但人们对更高性能的移动通信能力的追求从未停止。随着移动互联网业务的飞速发展,为了应对未来爆炸性增长的移动数据流量和海量的设备连接所带来的挑战,以及适配不断涌现的各类新业务的技术需求,第五代移动通信(5G)系统应运而生。

从应用场景上看，与传统 3G、4G 网络不同，5G 不仅考虑人与人之间的连接，同时也考虑人与物、物与物之间的连接。5G 将满足人们在居住、工作、休闲和交通等各领域的多样化业务需求，即使在密集住宅区、办公室、体育场、露天集会、地铁、快速路、高速铁路和广域覆盖等具有高流量密度、高连接数密度、高移动性特征的场景，也可以为用户提供高清视频、VR、AR、云桌面、在线游戏等极致业务体验。与此同时，5G 还将渗透到物联网、车联网及其他各种垂直行业领域，与工业设施、医疗仪器、交通工具等深度融合，有效满足工业、医疗、交通等垂直行业的多样化业务需求，实现真正的“万物互联”。5G 将渗透到未来社会的各个领域，构建“以用户为中心”的全方位信息生态系统，为用户带来身临其境的信息盛宴，便捷地实现人与万物的智能互联，最终实现“信息随心至，万物触手及”的愿景。

1.2.1 5G 发展背景

从技术发展角度来说，纵观历代移动通信的发展历程，移动通信系统设计的趋势为：依托计算处理能力和设备器件水平的提升，不断利用更先进的信号处理技术，提升系统带宽，提高系统频谱效率和业务能力，满足人类社会信息通信的需求。

如图 1-1 所示，从 1G 到 4G，为了提高频谱效率和传输速率，技术越来越复杂化和多样化，但是复杂度需要与集成电路和设备器件水平相匹配，以控制网络和终端成本。由于计算和存储能力近年来以每 18 个月提升 1 倍的速度快速发展，可以预测，未来 5G 技术的计算复杂度和对存储的要求相比 4G 将有约 100 倍的提升，我们可以充分利用这一空间来设计更先进的算法以提升链路性能。

从频谱资源来看，由于移动互联网和物联网应用的快速发展，未来超千倍的流量增长和千亿设备实时连接，以及为用户提供超高速速率体验，对频谱资源提出了极高的需求。5G 将全面支持 ITU WRC-15 和 WRC-19 为移动通信新划分的频段以及 WRC-07 之前划分的现有频段，可支持的频率范围将为 400 MHz ~ 100 GHz。

1. 用户需求

移动互联网和物联网是面向未来信息通信技术（information and communications technology，ICT）产业的主要发展方向，未来无线通信将成为人类与外界互联的主要方式，用户对无线通信将寄予更高的期望，用户需求呈现多元化趋势。

移动互联网主要是以人为主体的通信，用户更关注业务体验质量。随着无线终端媒体交互能力的不断增强，高清/超高清移动视频、VR、AR 等丰富的业务应用层出不穷，移动互联网用户期望获得身临其境的视听效果，享受具有本地感受的业务体验，这就要求 5G 网络能够提供媲美光纤的接入速率。同时，用户也期望实时的在线体验，对互联网业务时延无感知，这就要求 5G 网络能够为移动互联网用户提供媲美本地操作的使用体验。未来无线通信的应用场景越来越广泛，在高速铁路、车载、地铁等高速移动场景和体育场、大型露天集会等超密集场景下，移动互联网用户希望获得一致的业务体验，这也要求 5G 网络能够在特殊场景下为移动用户提供媲美于本地业务体验的优质服务。

相对于移动互联网，物联网引入了物与物、物与人的连接方式，大量行业应用不断涌现，带来了多元化的业务应用。相比于移动互联网用户，物联网用户在海量设备连接能力、差异化服务体验保障等方面提出了新的需求。物联网的快速发展，既要求 5G 网络能够支持具有完全不同性能要求的各种各样的服务，以满足不同行业的差异化需求，又要求 5G 网络能够把任何应用、任何服务、任何东西（例如，人、物体、过程、内容、知识、信息等）等连接到一起，使得未来不再是单一化的连接。而各种行业应用的拓展和多样化连接方式的实现都将刺激连接设备数量的剧增，这就要求 5G 网络具有超大容量和海量设备连接能力。

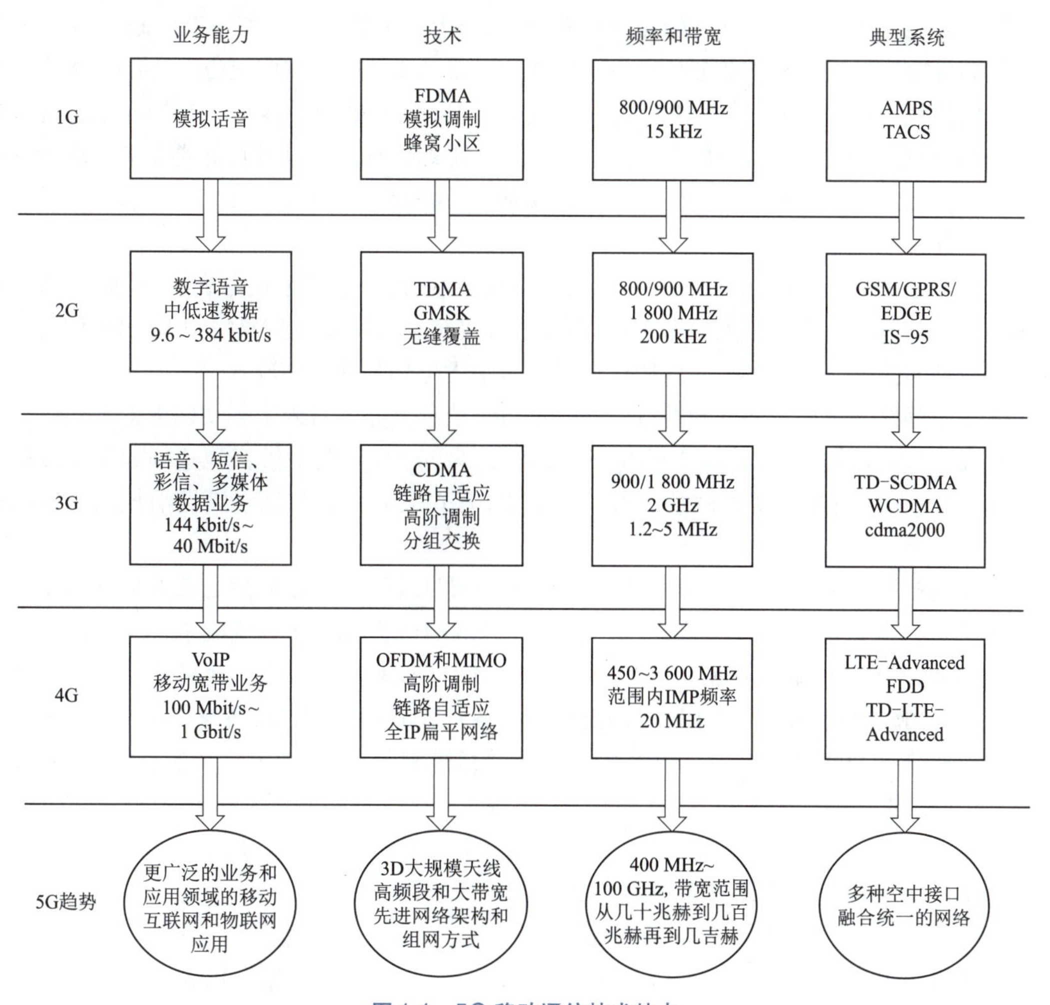

图 1-1　5G 移动通信技术特点

无论对于移动互联网还是物联网，用户在成本价格、安全可靠、功耗方面都提出了更多的诉求。首先，在成本价格方面，用户在不断追求高质量业务体验的同时也在期望通信成本下降，希望在单位价格内能够获得更好的服务和更高的性价比。其次，在安全可靠方面，无线通信的发展给人们的生活带来越来越多的便利，一些对安全可靠性要求高的行业应用在不断拓展，下一代无线通信需要提供高安全性、高可靠性的 5G 网络，让用户能够放心使用移动支付、医疗、安全驾驶、安防等安全性和可靠性要求高的应用。最后，在功耗方面，立足可持续发展的使命和战略，5G 网络需要为人们创造一个绿色环保的环境，支持超低功耗应用以提升终端续航时间。

2. 业务需求

下一代无线通信将进入超链接时代，无线通信业务和应用形态将发生彻底改变。除传统通信业务之外，大量新型业务和应用层出不穷，未来 5G 业务主要可分为两大类：移动互联网业务和物联网业务。基于 3GPP 业务分类，移动互联网业务可分为流类、会话类、交互类、传输类、消息类；而物联网业务主要分为采集类和控制类。

随着未来无线终端媒体交付能力的不断增强，流类与会话类业务将不断向超高清、3D、沉浸式体验等方向发展。此类业务如高清视频播放、VR、AR 等应用的广泛流行，对 5G 网络提出了更高的挑战，对用户体验速率要求更高。例如，12K 分辨率的无压缩 2D 视频传输速率达 50 Gbit/s，经过 200 倍压缩后，其传输速率也需要达到 250 Mbit/s。同时，此类业务要求更低的时延、极高的流量密度，并且需要支持在高速铁路、地铁等高速移动的交通工具上的业务服务，保障基本的用户体验。

交互类业务的应用也在不断扩展，如在线游戏的盛行；一些新型业务在不断涌现，如 AR、云桌面。这些业务应用要求大数据交互，需要进行实时高清视频交互，对上下行用户传输速率提出挑战；同时要求快速响应，实现用户对时延基本无感知的使用体验。

未来云存储等传输类业务和 OTT(over the top)消息类业务对未来无线网络带来的挑战主要体现在大数据传输、高流量密度和信令开销方面，要求 5G 网络能够实现达到媲美光纤的传输速率，满足密集场景中所产生的极大流量需求，有效应对大量数据包频发消耗信令资源的问题。

物联网业务应用丰富多样，业务特征差异较大，要求 5G 网络能够满足其差异化需求。对于低速率采集类业务，如智能抄表，要求能够支持设备海量连接，终端低成本、低功耗，大量小数据包频发；而对于高速率数据采集类业务，如视频监控，则对上行传输速率和密集场景下的流量密度提出较高的要求。对于时延敏感控制类业务，如自动驾驶，其高速移动的特点要求毫秒级的低时延、近 99.999% 的可靠性；而时延非敏感控制类业务，如家居控制，则对时延要求不高，但连接的设备数量较多。

3. 运营需求

目前网络运营中亟待解决或改善的问题主要有以下几方面：

(1)网络能效和网络成本方面的问题

传统 4G 网络的能效有进一步提升的空间，同时，网络成本包括 CAPEX(capital expenditure，资本性支出)和 OPEX(operating expense，运营成本)有进一步降低的余地。随着未来移动互联网和物联网的爆发式发展，网络需要为海量的终端设备(包括物联网设备)提供相当于目前网络流量约 1 000 倍的业务流量，因此需要进一步提升网络能效、降低网络部署和维护成本。

(2)智能管道和智能优化相关问题

首先，对于现有的各种网络资源，目前还不能对其使用情况做到全面、精确监控，并做出最高效地分配。“智能管道”还有进一步提升的空间，“可视化资源”尚不能完全实现。

其次，面对层出不穷的新业务类型，特别是面对当前因移动互联网业务的迅猛发展，各种“保持在线”业务小包频繁发送导致的信令风暴问题，网络处理能力仍显不足。

再次,网络针对业务特性和用户个性化需求的智能优化能力不足,自组织网络(self-organizing network,SON)功能有待增强。目前基于QCI(quality of service class identifier)等的QoS(quality of service,服务质量)保障机制,能给用户提供时延、丢包率、数据传输速率等方面的保障,但是尚不能全面反映业务特性和用户的个性化需求,如机器类通信业务、小数据包的频繁传输、超低功耗、超低成本等。因此,未来网络需要进一步对这些特性和个性化的需求进行有针对性的增强。针对这些问题,在5G的能效与成本、网络智能优化等关键运营能力方面提出了以下更高的需求。

①更高的网络能效,更低的网络成本:5G相比4G需要进一步提高每焦耳能量所能传输的比特数,即能源效率。同时,5G相比于4G需要进一步降低网络成本,包括CAPEX和OPEX。为了降低网络成本,一方面要求5G设备安装更容易、开启更简单;另一方面要求提高网络运维的自动化、软件化程度,以最小化人工操作比例。

②基于业务需求和用户行为的网络智能优化:5G网络需要更好地支持未来移动互联网业务和物联网业务,具备更先进的自组织和自优化能力,提供业务多元化、性能差异化的各类服务与应用。5G网络拓扑结构和架构需要更灵活地适应各种新兴业务,如近距离通信业务、基于大数据和云的新型业务,以及机器类通信业务等。5G需要增强对用户的业务类型及使用习惯的智能感知能力,甚至需要能通过云计算和大数据对用户行为和业务特性进行分析,从而进行相应的网络参数和配置的调整与优化,并为差异化的定价提供可能。

1.2.2　5G系统的性能指标

ITU-R制定了5G系统的性能指标,其为5G系统定义了八个性能指标和三种应用场景。5G性能指标见表1-6。

表1-6　5G系统性能指标

指标名称	流量密度	连接数密度	时　延	移动性	能　效	用户体验速率	频谱效率	峰值速率
性能指标	10 Tbit/(s·km^2)	10^6/km^2	空口 1 ms	500 km/h	100倍提升(相对4G)	0.1～1 Gbit/s	3倍提升(相对4G)	10 Gbit/s

ITU-R将5G的应用场景划分为三大类,包括应用于移动互联网的增强移动宽带(enhanced mobile broadband,eMBB)、应用于物联网的海量机器类通信(massive machine type communications,mMTC)和超可靠低时延通信(ultra reliable and low latency communications,uRLLC)。其中,移动宽带又可以进一步分为广域连续覆盖和局部热点覆盖两种场景。

广域连续覆盖场景是移动通信最基本的应用场景,该场景以保证用户的移动性和业务连续性为目标,为用户提供无缝的高速业务体验。结合5G整体目标,该场景的主要挑战在于要能够随时随地(包括小区边缘、高速移动等恶劣环境)为用户提供100 Mbit/s以上的用户体验速率。

局部热点覆盖场景主要面向局部热点区域覆盖,为用户提供极高的数据传输速率,满足网络极高的流量密度需求。结合5G整体目标,1 Gbit/s的用户体验速率、数十Gbit/s的峰值速率和数十 Tbit/(s · km^2)的流量密度需求是该场景面临的主要挑战。

大容量物联网场景主要面向智慧城市、环境监测、智能农业、森林防火等以传感和数据采集为目标的应用场景,具有小数据分组、低功耗、海量连接等特点。这类终端分布范围广、数量众多,不仅要求网络具备超千亿连接的支持能力,满足 10^6/km^2 的连接数密度指标要求,而且还要求终端成本和功耗极低。

高性能物联网场景主要面向车联网、工业控制等垂直行业的特殊应用需求,这类应用对端到端时延和可靠性具有极高的要求,需要为用户提供毫秒级的端到端时延和接近 100% 的业务可靠性保证。

5G 系统的应用场景与关键性能指标挑战见表 1-7。

表 1-7 5G 系统的应用场景与关键性能指标挑战

业务分类	场景名称	关键挑战
移动宽带	广域连续覆盖	100 Mbit/s 的用户体验速率; 3 ~ 5 倍的频谱效率提升
	局部热点覆盖	1 Gbit/s 的用户体验速率; 10 Gbit/s 的以上峰值速率; 10 Tbit/(s · km^2)的流量密度
移动物联	大容量物联网	10^6/km^2 的连接数密度; 终端低成本,低功耗
	高性能物联网	1 ms 的空口时延; 毫秒级的端到端时延; 趋于 100% 的可靠性

1.2.3 5G 无线接入关键技术

根据 IMT-2020(5G)进组的梳理,5G 无线接入关键技术主要有大规模多天线、超密集组网、非正交多址接入、高频通信、低时延高可靠物联网灵活频谱共享、新型编码调制、新型多载波、机器通信(M2M)、终端直接通信(D2D)、灵活双工、全双工十一项关键技术。但是目前 5G 关键技术已经收敛,主要的关键技术包括:大规模多天线和非正交多址接入技术提升频谱效率,构成在"任何时间、任何地点"确保用户体验的关键技术;超密集组网和高频通信技术提升热点流量和传输速率,基于 LTE-Hi 演进技术的能力提升;低时延和高可靠技术拓展业务应用范围,成为 5G 物联网应用(如工业互联网、车联网)的关键使能技术。

1. 大规模多天线(massive MIMO)技术

传统的无线传输技术主要是挖掘时域与频域资源,20 世纪 90 年代,Turbo 码的出现使信息传输速率几乎达到了香农极限。多天线技术将信号处理从时域和频域扩展到空间域,从而提高无线频谱效率和传输可靠性。多天线技术经历了从无源到有源,从二维到三维,从高阶 MIMO 到大规模阵列天线的发展。

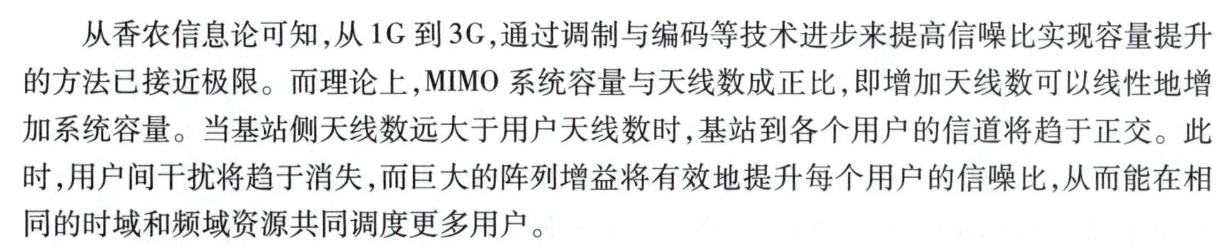

从香农信息论可知，从 1G 到 3G，通过调制与编码等技术进步来提高信噪比实现容量提升的方法已接近极限。而理论上，MIMO 系统容量与天线数成正比，即增加天线数可以线性地增加系统容量。当基站侧天线数远大于用户天线数时，基站到各个用户的信道将趋于正交。此时，用户间干扰将趋于消失，而巨大的阵列增益将有效地提升每个用户的信噪比，从而能在相同的时域和频域资源共同调度更多用户。

随着关键技术的突破，特别是射频器件和天线等的进步，多达 100 个以上天线端口的大规模多天线技术在 5G 应用成为可能，是目前业界公认为应对 5G 在系统容量、数据传输速率等挑战的标志技术之一。在实际应用中，5G 通过大规模多天线阵列，基站可以在三维空间形成具有更高空间分辨率的高增益窄细波束，实现更灵活的空间复用能力和改善接收端接收信号，并且更窄波束可以大幅度降低用户间的干扰，从而实现更高的系统容量和频谱利用效率。

大规模多天线技术在 5G 的潜在应用场景包括宏覆盖、高层建筑、异构网络室内外热点以及无线回传链路等。在广域覆盖场景，大规模多天线技术可以利用现有频段。在热点覆盖或回传链路等场景中，则可以考虑使用更高频段。由此可见，大规模多天线技术是 5G 标志性技术之一，国内各大通信厂商十分重视并投入了大量的人力、物力用于该项技术的研究，这使得我国在该项技术的标准化和产品研发等方面均处于国际领先地位。

2. 超密集组网（UDN）技术

据统计，在 1950—2000 年的 50 年间，相对于语音编码和调制等物理层技术进步带来不到 10 倍的频谱效率提升和采用更大的频谱带宽带来的传输速率几十倍的提升，通过缩小小区半径（频谱资源的空间复用）带来的频谱效率提升达到 2 700 倍以上。可见，网络密集化是 5G 应对移动数据业务大流量和剧增系统容量需求的重要手段之一。网络密集程度可以用单位面积内部署的天线数量来定义，有两种手段可以实现：多天线系统（大规模多天线或分布式天线系统等）、小小区的密集部署。后者就是超密集组网，即通过更加“密集化”的基站等部署，单个小区的覆盖范围大幅缩小，以获得更高的频率复用效率，从而在局部热点区域提升系统容量达到百倍量级。典型应用场景主要包括办公室、密集住宅、密集街区、校园、大型集会、体育场地铁、公寓等。

随着小区部署密度的增加，超密集组网将面临许多新的技术挑战，如回传链路、干扰、移动性、站址、传输资源和部署成本等。为了实现易部署、易维护、用户体验佳，超密集组网技术方向的研究内容包括以用户为中心的组网技术、小区虚拟化、自组织自优化、动态 TDD、先进的干扰管理、先进的联合传输等。

3. 非正交多址接入技术

多址接入技术是解决多用户信道复用的技术手段，是移动通信系统的基础性传输方式，关系到系统容量、小区构成、频谱和信道利用效率以及系统复杂性和部署成本，也关系到设备基带处理能力、射频性能和成本等工程问题。多址接入技术可以将信号维度按照时间、频率或码字分割为正交或者非正交的信道，分配给用户使用。历代移动通信系统都有其标志性的多址接入技术，即作为其革新换代的标志。例如，1G 的模拟频分多址（frequency division multiple access，FDMA）技术、2G 的时分多址（time division multiple access，TDMA）和频分多址（FDMA）技术、3G 的码分多址（code division multiple access，CDMA）技术、4G 的正交频分复用

(orthogonal frequency division multiplexing,OFDM)技术。1G到4G采用的都是正交多址接入。对于正交多址接入,用户在发送端占用正交的无线资源,接收端易于使用线性接收机来进行多用户检测,复杂度较低,但系统容量会受限于可分割的正交资源数目。从单用户信息论角度,4G LTE的单链路性能已接近点对点信道容量极限,提升空间十分有限;若从多用户信息论角度,非正交多址技术还能进一步提高频谱效率,也是逼近多用户信道容量界的有效手段。

因此,若继续采用传统的用户占用正交的无线资源难以实现5G需要支持的大容量和海量连接数。理论上,非正交多址接入将突破正交多址接入的容量极限,能够依据多用户复用倍数来成倍地提升系统容量。非正交多址接入需要在接收端引入非线性检测来区分用户,这得益于器件和集成电路的进步,目前非正交已经从理论研究走向实际应用。

图样分割多址接入(pattern division multiple access,PDMA)技术是大唐电信在早期SIC amenable multiple access(SAMA)研究基础上提出的一种新型非正交多址接入技术。该技术采用发送端与接收端联合优化设计的思想,将多个用户的信号通过PDMA编码图样映射到相同的时域、频域和空域资源进行复用叠加传输,这样可以大幅度地提升用户接入数量。接收端利用广义串行干扰删除算法实现多用户检测,逼近多用户信道容量界,实现通信系统的整体性能最优。PDMA技术可以应用于通信系统的上行链路和下行链路,能够提升移动宽带应用的频谱效率和系统容量,支持5G的海量物联网终端接入数量。采用PDMA与正交频分复用技术(OFDM)结合的接入方式时,能支持的终端接入数量相对于4G提升5倍以上。2014年,PDMA技术被写入ITU的新技术报告IMT. Trend。

此外,华为公司提出的稀疏码分多址技术(sparse code multiple access,SCMA)和中兴公司提出的多用户共享接入技术(multi-user shared access,MUSA)也受到了业界的广泛关注。

4. 先进编码与调制技术

编码和调制是移动通信中利用无线资源的主要技术手段之一。由于未来5G应用场景和业务类型的巨大差异,单一的波形很难满足所有需求,多种波形技术共存,在不同的场景下发挥各自的作用。新型多载波从场景和业务的根本需求出发,以最适合的波形和参数,为特定业务达到最佳性能发挥基础性的作用。

5G高速数据业务对编译码的复杂度和处理时延提出了挑战,低密度奇偶校验码(low density parity check code,LDPC)在大数据包和高码率方面具有性能优势并且译码复杂度低,但编码复杂度相对较高。对于低速数据和短包业务,极化码(polar码)是逼近信道容量的新型编码,在小数据包方面有更好的表现,适用于对顽健性要求较高的控制信道,因此成为5G控制信道编码方案。

目前,5G三大应用场景都分别采用适宜的编码方式,其中,LDPC成为5G数据信道编码方案,我国公司主推的polar码成为5G控制信道编码方式。

5. 高频通信技术

目前蜂窝移动通信系统工作频段主要在3 GHz以下,用户数的增加和更高通信速率的需求,使得频谱资源十分拥挤。由于3 GHz以下频率短缺矛盾凸显,而在6 GHz以上高频段具有连续的大带宽频谱资源。目前业界研究6~100 GHz的频段(称为毫米波通信,mmWave)来满足5G对更大容量和更高速率的需求,传送高达10 Gbit/s甚至更高的数据业务。

高频通信已应用在军事通信和无线局域网,应用在蜂窝通信领域的研究尚处于起步阶段。频段越高,信道传播路损越大,小区覆盖半径将大幅缩小。因此5G毫米波的主要应用场景是室内场馆、办公区覆盖及室外热点覆盖、无线宽带接入等,可以与6 GHz以下网络协同组成双连接异构网络,实现大容量和广覆盖的有机结合。在一定区域内基站数量将大幅增加,形成超密集组网(UDN)高频信道与传统蜂窝频段信道有着明显差异,存在传播损耗大、穿透能力有限信道变化快、绕射能力差、移动性支持能力受限等问题,需要深入研究高频信道的测量与建模、高频新空口和组网技术。另外,研制大带宽、低噪声、高效率高可靠性、多功能、低成本的高频器件,仍是产业化的瓶颈。

6. 双工模式

双工模式是指如何实现信号的双向传输。时分双工(time-division duplex,TDD)是通过时间分隔实现传送及接收信号。频分双工(frequency division duplex,FDD)是利用频率分隔实现传送及接收信号。从1G到4G,GSMCDMA、WCDMA和FDD LTE都是FDD系统,我国主导的3G TD-SCDMA和4G TD-LTE以及当前5G,都采用的是TDD系统。最新的研究方向是全双工。

全双工是指同时、同频进行双向通信,即无线通信设备使用相同的时间、相同的频率,同时发射和接收无线信号,理论上可使无线通信链路的频谱效率提高一倍。由于收发同时同频,全双工发射机的发射信号会对本地接收机产生干扰。根据典型蜂窝移动通信系统不同的覆盖半径,天线接头处收发信号功率差通常为100~150 dB,如何简单有效地消除如此大的自干扰是个难题,还有邻近小区的同频干扰问题,以及工程实现上的电路小型化问题。目前自干扰抑制主要有空域、射频域、数字域联合等技术路线,研究以高校的理论分析和技术试验为主,还没有成熟的产品样机和应用。另外,全双工在解决无线网络中某些特殊问题有优势,如隐藏终端问题、多跳无线网络端到端时延问题。

灵活双工能够根据上下行业务变化情况,灵活地分配上下行的时间和频率资源,更好地适应非均匀、动态变化或突发性的业务分布,有效提高系统资源的利用率。灵活双工可以通过时域、频域的方案实现。若在时域实现,则频段上下行时隙可灵活配比,也就是TDD方案。若在频域实现,则在多于两个频段时,可以灵活配比上下行频段。若在传统FDD上下行的两个频段中,配置上行频段的时隙可灵活上下行时隙配比,则是TDD与FDD融合方案,可应用于低功率节点。这种方案需要调研各国频率政策,分析现有政策是否允许此方式。

目前,产业界公认在LTE演进上主要定位TDD+,5G低频段将采用FDD和TDD。在高频段更宜采用TDD,TDD模式能更好地支持5G关键技术(如大规模多天线、高频通信等)。

7. 车联网直通技术

车联网直通技术是指基于无线通信技术实现车联网中车辆与车辆之间的直接通信。具体到5G系统中,是指基于蜂窝移动通信系统的C-V2X(cellular vehicle to everything)技术在5G中的演进。

目前,国际上用于V2X通信的主流技术包括IEEE 802.11p和基于蜂窝移动通信系统的C-V2X技术。前者由IEEE进行标准化,后者由3GPP主导推动。基于4G、5G蜂窝网络技术演进形成C-V2X技术,根据所基于的移动通信系统技术,C-V2X又包括LTE-V2X和NR(new radio,新无线)-V2X。5GAA(5G automotive association)对IEEE 802.11p和LTE-V2X进行了技术对比,从物理层设计、MAC 层调度等角度进行对比分析。福特也在5GAA 发布了与大唐电信、高通联合开展的实际道路性能测试,表明 LTE-V2X 在资源利用率可靠性和稳定性等方面具有优势。

LTE-V2X 主要面向辅助驾驶和半自动驾驶的基本道路安全类业务,为了提供车辆直通通信技术,针对道路安全业务的低时延高可靠传输要求、节点高速运动、隐藏终端等挑战,进行了物理层子帧结构增强设计、资源复用、资源分配机制和同步机制等技术增强。NR-V2X 将面向车辆编队行驶、车载传感器数据共享、自动驾驶和远程驾驶等场景,面临低时延、高可靠、高速率、高载频的应用需求。3GPP 已于 2018 年 6 月启动 NR-V2X 的研究,从无线接入角度研究面向 5G 新空口的物理层帧结构增强、资源分配、同步机制、Qos 管理,以及 NR-V2X 与 LTE-V2X 的共存机制;从系统架构角度研究与 MEC/SDN/NFV 结合的核心网架构。

1.2.4 5G 网络关键技术

在目前研究和定义的各项 5G 网络技术中,影响到 5G 网络架构的关键技术主要有两种:网络切片技术和移动边缘计算技术。网络切片技术是 SDN/NFV 技术与移动通信网结合的产物,能够让 5G 网络按需提供定制化的网络服务。移动边缘计算技术则赋予 5G 网络更强的性能和更优质的服务能力。

1. SDN/NFV 技术

软件定义网络(SDN)始于学术研究和数据中心,是一种网络设计理念和新型开放网络架构,具有控制与转发分离、控制逻辑集中和网络可编程三大特征。控制器具有全局网络信息、负责调度网络资源和制定转发规则等,网络设备仅提供简单的数据转发功能。层间采用开放的统一接口(如 OpenFlow)等进行交互,这样有利于实现网络连接的编程。

网络功能虚拟化(NFV)由电信运营商联盟提出,是一种软件与硬件分离的架构。NFV 通过在业界标准的服务器、存储设备和交换机等硬件基础设施上采用 IT 虚拟化技术实现软件的动态加载,从而实现网络功能重构和网络智能编排,降低了设备成本、加快网络和业务的部署速度,改变过去由专用硬件设备来部署的被动局面。

由此可见,SDN 和 NFV 具有很强的互补性,但是并不相互依赖,两个概念和解决方案可以融合应用。SDN 控制网络的动态连接,NFV 实现灵活的网络功能部署,SDN 和 NFV 可以互为使能。

5G 需要支持多种不同类型的业务和多样化的通信场景,这些多样化业务和场景对 5G 网络的性能需求差异很大,如 mMTC 的海量连接物联网,URLLC 的低时延、高可靠的车联网和工业互联网应用等对5G 网络中的数据传输时延、可靠性等方面存在差异化需求。显然,5G 网络无法通过统一的网络架构来满足这些差异化需求。因此,5G 基于 SDN 和功能重构的技术设计新型网络架,提高网络面向 5G 复杂场景下的整体接入性能;基于 NFV 按需编排网络实现网络切片和灵活部署,满足端到端的业务体验和高效的网络运营需求。5G 的 NFV 技术还将从核心网向无线接入网推进,但如何有效实现无线资源虚拟还需要深入研究。

软件定义与可编程的优点是能感知环境与业务、提供基于场景的业务和应用、方便网络能力开放。但同时,SDN 和 NFV 带来了 5G 网络和业务运维的新问题。5G 采用通用硬件平台,带来了相比于传统专用通信硬件的低可靠性问题且与 5G 服务工业互联网、车联网等的高可靠性矛盾。

2. 网络切片

传统的网络使用通用架构的网络结构来支持各种类型的业务，例如，物联网业务、移动银行业务、视频流业务和移动社交网络业务，这种集成的网络结构扩展性较弱，在适应用户需求时面临诸多的问题。云计算、SDN 和 NFV 技术的发展使得这种集成系统可以被分解成相互独立的网络功能组件，然后以可编程和虚拟化的方式串联成一个个具有特定服务能力的水平网络去服务不同需求的业务场景。这种提供特定服务和网络能力的一组网络功能以及运行这些网络功能的资源的集合被 3GPP 和 NGMN 定义为一个网络切片。

从物理上看，网络切片将物理网络通过虚拟化技术分割为多个相互独立的虚拟网络。从逻辑上看，每个网络切片中的网络功能可以在定制化的裁剪后通过动态的网络功能编排形成一个完整的实例化的网络架构。当一个网络切片包括了接入网和核心网的网络功能时，该网络切片实际上已经构成了一个独立的移动通信网络来服务于特定的业务场景。由于 5G 网络中存在多种业务场景，5G 网络需具备虚拟化切片的能力，因此每个网络切片能够适配不同的业务和通信场景，以提供合理的网络控制和高效的资源利用。通过为不同的业务和通信场景创建不同的网络切片，使得网络可以根据不同的业务特征采用不同的网络架构和管理机制，包括合理的资源分配方式、控制管理机制和运营商策略，能够满足不同通信场景中的差异化需求，提高用户体验以及网络资源的利用效率。在创建新的网络切片时，运营商的运维系统可以通过编排集中管理的网络资源来实现网络功能的自动化部署。图 1-2 所示为 5G 系统中网络切片技术的逻辑框架。

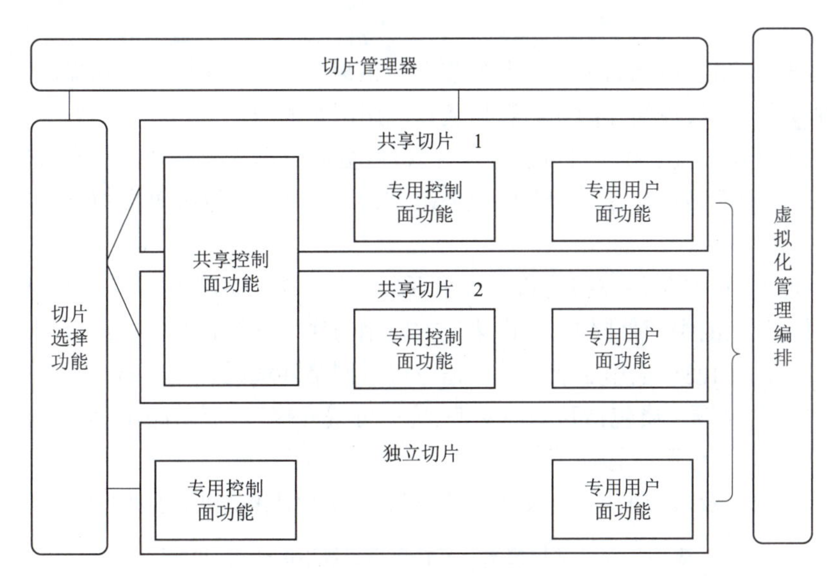

图 1-2　网络切片技术的逻辑框架

在图 1-2 中，网络切片管理器功能连接了商务运营、虚拟化资源平台和网管系统，能够为不同的切片需求方（如垂直行业用户、虚拟运营商和企业用户等）提供安全隔离、高度自控的专用逻辑网络切片。切片选择功能能够基于终端请求、业务签约等多种因素，为用户终端提供合适的网络切片，实现用户终端与网络切片间的接入映射。在多个网络切片之间，允许部分控制面网络功能共享，这是为了在终端用户同时连接到多个不同切片时，能够使用统一的移动性管理接入鉴权和安全控制等功能来为终端提供服务。

3. 移动边缘计算

移动边缘计算（MEC）技术通过将计算存储能力与业务服务能力向网络边缘迁移，实现应用、服务和内容的本地化、近距离、分布式部署。一方面在一定程度解决了5G网络热点高容量、低功耗大连接，以及低时延、高可靠等技术场景的业务需求；另一方面也可以减少无线和移动回传资源的消耗，缓解运营商进行承载网络建设和运维的成本压力，有利于运营商开拓新的商业机会。随着大数据分析和数据挖掘技术的发展，MEC还能够挖掘移动网络中的数据和信息，实现移动网络上下文信息的感知和分析。通过将数据分析结果开放给第三方业务应用、可以有效提升移动网络的智能化水平，促进网络和业务的深度融合。因此、MEC成为未来5G网络的关键技术之一。

移动边缘计算提供了一种新的生态系统和价值链，允许运营商向授权的第三方开放网络能力，从而灵活、迅速地向移动用户、企业和垂直市场部署创新的应用和服务。根据欧洲电信标准化协会（European Telecommunications Standards Institute，ETSI）关于MEC项目的研究，移动边缘计算的应用案例主要包括七大类：智能化视频加速、视频流分析、增强现实、密集计算辅助、园区业务、车联网、物联网。MEC带来的新应用场景可能催生新的商业模式，如边缘网络的运营、边缘内容的运营等，由此给5G网络带来新的价值增长。

MEC所实现的核心功能如下。

①优化网络服务：通过与网关功能联合部署，构建灵活的服务体系和优化的服务运行环境。

②动态业务链功能：随着计算节点与转发节点的融合，MEC在控制面功能的集中调度下，实现了动态业务链技术，灵活控制业务数据流在应用网络间路由。

③控制平面辅助功能：MEC可以和移动性管理、会话管理等控制功能结合，进一步优化服务能力。例如，获取网络负荷、应用SLA（服务级别协议）和用户等级等参数灵活、优化地控制本地服务等。

在具体实现上，MEC使用虚拟化移动边缘平台为第三方应用提供服务。移动边缘平台提供一组基本预先定义的中间件服务，允许第三方应用与底层网络进行丰富的互动，包括对无线网络状态的感知，从而使得应用层能够动态适应底层网络环境的变化。基于虚拟化技术，目前MEC还需要考虑的问题主要包括移动性支持、统一可编程接口、流量路由、应用与业务的生命周期管理以及MEC平台服务管理等。

各项关键技术以及对应的场景，及其在该场景下的作用和贡献，见表1-8。

表1-8 5G关键技术及其在应用场景下的作用和贡献

关键技术	场景	作用和贡献
信道模谱模型研究	广域连续覆盖	大规模天线关键技术研究和性能评估基础
	局部热点覆盖	毫米波通信关键技术研究和性能评估基础
大规模天线	广域连续覆盖	通过空间复用提高空口频谱效率
	局部热点覆盖	通过大规模波束赋形提高空口频谱效率

续上表

关键技术	场　　景	作用和贡献
新型调制编码	广域连续覆盖	采用新型编码方式进一步提升系统频谱效率
	高性能物联网	采用新型编码方式提高空口传输的可靠性
超密集组网	局部热点场景	通过优化与提升站点密度和网络架构实现高速数据传输速率和极高流量需求
毫米波高频段通信	局部热点场景	通过大带宽实现高速数据传输速率和极高流量需求
D2D	局部热点覆盖	提升系统频谱效率
	高性能物联网	降低空口时延,提升传输效率

1.3　5G 网络规划与优化的必要性

1.3.1　业务类型趋于多样化

在5G时代背景下,由于无线网络的业务类型越来越丰富,而不同的业务类型对5G网络的运行性能所提出的要求也不尽相同,因此,设计人员在进行网络规划时,必然会面临越来越多的挑战。

例如,eMBB场景就要求5G网络技术不仅要为用户提供具有良好的移动性和连续性的业务服务,而且要使得高清视频以及VR等业务的客户能够体验到更高的网络传输速率。又如mMTC等业务,由于具有海量连接、小数据包等特点,因此要求5G网络必须在连接数密度方面达到较高的水平。此外,诸如uRLLC等业务,由于需要为用户提供可靠性较强的应用服务,因此也对5G无线网络提出了更高的稳定性要求。从总体来看,不同的业务场景对于5G网络的实际需求存在较大的差异,而这一业务多样化的趋势在未来也必然会得到进一步的发展。因此,5G网络的规划和设计人员必须不断提高自身的技术研究水平,才能够满足现代化无线网络用户的实际需求。而从当前的发展情况来看,在面对各类新兴业务所提出的网络可靠性以及时延效果等方面的新要求时,部分运营商仍然需要加强有效的应对方案。同时,针对多种应用场景同时存在的情况,5G运营商是否能够开发出有效的网络规划方案,以此来提高网络的综合性能,也成了一个不容忽视的挑战。

当前,5G网络规划人员一直在以优化业务体验为目标,不断提高无线网络建设效率。而技术人员是否能够将5G网络的规划方案和各类业务需求进行相互匹配,并借助多种有效的手段来提升5G网络的建设效率,将会在很大程度上对5G网络的应用前景产生不容小视的影响。

1.3.2　频谱复杂性

要想有效提升5G无线网络的容量大小及其传输速率,技术人员就必须致力于在增加频谱带宽方面进行更加深入的研究。传统的移动通信系统在进行频谱规划时,一般都会将频谱集中于3 GHz以下的范围。因此,频谱资源从整体上来看一直处于较为稀缺而且拥挤的状态。

而如果能够将频谱的带宽提高到 3 GHz 甚至是 6 GHz 以上的范围,5G 网络的运行速率以及所能承载的业务容量就能够得到极大的扩展。

从当前我国主要使用的 5G 频谱大小来看,主要有如下三种类型:第一,2.6 GHz 的频谱,这种频谱已经广泛应用于 LTE 网络的建设过程中;第二,3.5 GHz 的频谱;第三,4.9 GHz 的频谱。后两种频谱作为 5G 网络新增加的高频段,其应用特点和传统的频谱之间具有较大的差异,因此,5G 网络规划人员只有采用更加精细化的方式来对网络方案进行设计,才能够满足这两类频谱的应用要求。具体来说,5G 网络在进行规划工作的过程中,会由于频谱复杂性不断增加而遇到如下四方面的困难。

①如果使用全频谱接入的方式对 5G 网络进行规划,技术人员就必然会面临高低频协同规划方面的难题。而这一问题主要是由于高低频谱在传播过程中的特性和要求不同所致。

②技术人员必须针对 3 GHz 以上的频谱资源开发精度水平更高的传播模型,以此来优化 5G 网络的实际使用效果。

③由于高频段的信号在进行传输的过程中,容易受到外部多种因素的影响而出现穿透损耗的问题,因此,规划人员要想对室内外不同场景的网络方案进行有效的规划,必然会面临比较复杂的技术难题。

④技术人员还必须有效解决同频段不同类型的业务网络之间经常出现的相互干扰的问题。技术人员只有充分考量和把控多种影响因素,才能够解决 5G 网络应用过程中所面临的一系列问题。

1.3.3 空中接口差异性

和传统移动网络的接口方式相比,5G 网络由于引入了 Massive MIMO 等各类先进的接口技术,因此也能够在满足不同业务场景需求时,体现出更加强大的综合性能,如时延性更佳、体验速率更快等。

但是这样一来,5G 技术人员也必须在进行网络规划工作时,面临更多由空中接口差异性所带来的阻碍及挑战。

5G 网络使用的测量方式有两种:第一种是 SS;第二种是 CSI-RS。具体来说,技术人员要想对 SS-RSRP 或者 SS-SINR 进行有效的测量,不管是在其处于空闲态,还是连接态,都可以展开相应的测量操作。但是,诸如广播束的数量等因素,都会对其测量效果的准确性产生极大的影响。此外,技术人员要想对 CSI-RSRP 进行测量,就必须在其处于连接态时展开操作。总的来说,5G 研究人员只有致力于选择最为合适的网络覆盖评估指标,才能够满足现代化网络应用过程的各种测量需求。

此外,5G 网络还具备一个显著的优势,那就是能够支持广播波束赋形。技术人员可以通过对权值进行调整以及合理化的设置,来生成能够满足不同场景业务需求的赋形波束。与传统的 LTE 相比,5G 网络虽然能够在权值灵活度方面表现出更加优越的性能,但是技术人员也必须深入研究有关权值配置以及迭代的相关课题,才能够提高此类技术应用过程的有效性。

1.3.4 5G 超密集组网

由于 5G 网络在运行过程中对于速率以及容量的要求较高,因此,只有在对其进行网络规划的过程中选择密集组网方案,才能够满足5G网络的实际运行需求。与传统的3G和4G网络相比,5G网络的站点需求量显然更高。而在进行密集组网规划的过程中,5G技术人员也面临着来自多方面的挑战。例如,在对原有的站点进行改造的过程中,存在新旧技术交接方面的难题。而在选择合适的管线材质和资源时,同样也面临着巨大的难题。

1.4 5G网络规划与优化特点

1.4.1 5G网络规划

5G网络规划需要建立在科学分析需求的基础上,要基于以往的网络发展形势进行分析,在研究规划策略时要将2G到4G的网络节点整合到一起,并在此基础上科学地选择建站地点。需要注意的是,必须保证5G网络信号覆盖率、通信时效以及传输速率等都符合要求,并保证与基站的整体复合效果相吻合,这样才可以确定5G网络的整体指标。在基站选址之前要综合考虑农村、城市、山地、平原等外部环境,保证选址的科学性。同时,需要考虑业务实现的可能性,包括语音电话、网络传输的覆盖范围等,在充分考虑这些因素后对当前的网络数据分布情况、客户需求情况以及用户数量等进行进一步分析,并制定全方位、多层次的规划目标和实施方案。

在对基站建设规模进行估算之后,需要确定信号传播的模型及频率,还要对基站的覆盖面积及基站的数量等进行综合考虑、对比与分析,不断扩大信号覆盖面积,确保规划的科学性。在基站建设勘测时可以采用全向站和定向站结合的方式,确定最终的配置方案。

1.4.2 5G网络优化

对5G网络的新建站点进行优化时,要先制定新建站点的控制指标。如果新建站点无法满足指标要求,需要对新建站点进行优化。在站点测试过程中,首先要检查站点名称的正确与否;其次要检查站点的经纬度;再次需要核实配置数据的精准度;最后通过对上传和下载速率的测试实施定点测试。5G网络优化工作的主要内容是项目的准备和启动,要组建好项目的建设团队,明确团队成员的职责,做好分工,对5G网络项目启动相关的内容做好宣传,并做好相关信息的备份与管理,包括居民投诉及优化方案等信息。在具体的管理过程中,要统计好各项参数,做好5G网络规划报告,管理好相关工程的参数,对相应站点做好验证,借助经纬度信息确定站点的准确信息。要加强5G网络覆盖效果的优化,尤其是对于覆盖面较弱的地区要加强管理,要在确保覆盖平衡的基础上对整个网络体系进行优化,提升5G网络的整体性。同时,还要优化处理5G网络业务,保证网络通信的时效性,并以此来提高业务水平,增强业务的整体效果。

相比4G网络,5G网络在传输效率、时延等方面都得到了很大的改善,而且5G网络还要面临着与4G网络共存的情况,并且会持续很长的时间。与4G网络相比,5G网络在天线安装方面有很高的要求,而且塔杆的建设难度也会提升,这就需要增加站点的数量,建设更多的基站。在不同场景中的站点选址难度不同,因此,应该优先考虑在商业地带部署5G网络基站,也可以部署在工业区,宏基站之间的站距需要根据网络信号覆盖情况进行控制。在对 5G 网络基站及相关配套设施进行优化后,还要对基站进行调整,要充分考虑站点的布局问题,高效整合社会内现有资源,利用电信运营商的基础配套设施实现共建共享。此外,还可以与传统通信设施相结合,探索出不同的利用方式。由于 5G 的设备功能比较强大,需要考虑到设备的兼容性问题,并进行合理的优化。

从 5G 网络的时延性、可靠性以及业务类型等重要指标来看,需要利用性能模型构建网络映射关系,以此来支撑 5G 网络规划体系。而 5G 网络的应用场景也会不断拓展,包括增强型移动宽带、超低时延通信和海量数据连接的应用。增强型移动宽带可以很好地满足人们对于网络覆盖和流量速率的要求,有效地提升网络的稳定性,保证用户的网络体验;超低时延通信主要借助 5G 网络中的各种场景,实现人与物体之间的通信,进而实现无延迟的数据通信目标,确保网络体验更加真实;海量数据连接中可以提供大量超低时延连接,同时还能够提供恒定和无中断的通信流,以此来确保通信的安全性。

第2章 5G网络结构

本章导读

移动互联网与物联网的快速发展,以及市场对高品质、多样性业务的持续追求,对下一代移动通信系统提出了具体要求,5G 网络应运而生。5G 网络需要支持更高的速率、更多的设备连接数、更高的终端移动速度,同时可以提供更低的时延和极高的可靠性。为了满足 ITU 对 5G 不同的业务场景需求,3GPP(3rd generation partnership project,第三代合作伙伴计划)在设计 5G 网络时,引入了很多革命性的技术,5G 网络架构就是最具代表性的一个变革。

5G 技术的发展除了技术层面的要求外,还需要考虑网络建设成本及行业应用的发展现状。本章将系统介绍 5G 网络架构的演进趋势、5G 网元功能与接口、5G 网络组网部署、5G 无线接入网架构及相关的网络接口等内容。

本章知识点

①5G 网络组网部署模式。
②SA 组网和 NSA 组网特点。
③MR-DC 技术。
④5G 系统架构中的组件。
⑤NG-RAN 架构。
⑥CU/DU 组网部署。
⑦5G 承载技术。

2.1 5G 网络组网部署模式

3GPP 针对 5G 移动通信系统确定了两种组网策略,分别是 SA(stand alone,独立)组网和 NSA(non-stand alone,非独立)组网。3GPP R15 标准确定前,各个合作伙伴或组织提出了很多解决方案，最终，八种方案脱颖而出。后续在5G网络建设过程中，经常会被提及的方案有五种，世界各国可以根据业务发展需要、现有网络资源、可用频谱、配套终端等因素，选择不同的5G网络部署方式和5G网络建设计划。

2.1.1 SA组网和NSA组网

SA组网是指5G网络不需要其他移动通信系统的辅助，5G网络可以独立进行工作。NSA组网是指5G网络需要其他移动通信系统的辅助，如果辅助缺失，则5G网络无法独立进行工作。通常而言，对于我国的5G网络建设，NSA组网方式是指5G网络的使用需要4G网络的辅助。

1. SA组网

5G移动通信系统的接入网有两种：NG-eNB和gNB。NG-eNB和gNB都可以独立地承担与核心网控制面和用户面的连接，不需要其他接入网网元辅助。针对5G移动通信系统，3GPP确定的SA组网方案如图2-1所示。其中左侧方案的接入网用gNB表示，称为Option2；右侧方案的接入网用NG-eNB表示，称为Option5。图中，虚线代表控制面接口、实线代表用户面接口。NG-C接口：表示NG-RAN（下一代无线接入网）和5GC（5G核心网）之间的控制面接口；NG-U接口：表示NG-RAN和5GC之间的用户面接口。

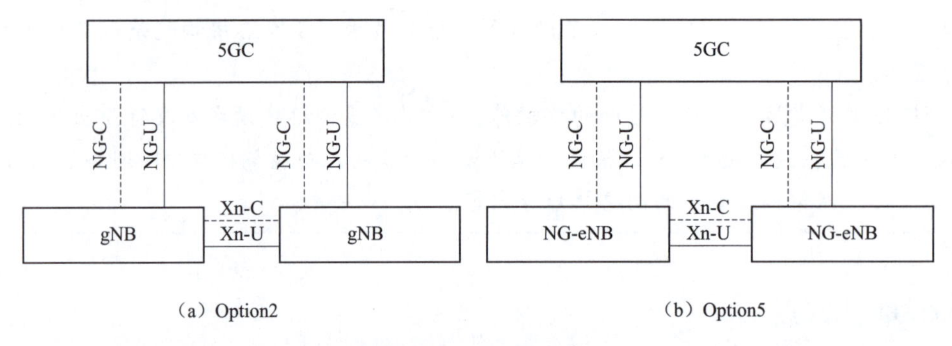

图2-1 SA组网方案

在SA组网场景下，UE（用户设备）、NG-RAN、传输网以及5GC都需要重新部署，相当于完全新建一个5G网络，投资巨大。

2. NSA组网

NSA组网是指依托现有的4G基础设施进行5G网络部署。在NSA组网场景下，5G网络仅承载用户数据，控制信令仍通过4G网络传输。NSA组网的需求主要表现为行业发展的实际水平、现阶段网络建设成本以及5G网络尽早商用。NSA组网是一种过渡性解决方案，目的是满足运营商连续提供优质服务，充分利用现有移动通信网络资源、完成5G网络快速部署的实际需求。

较之于SA组网，NSA组网架构下的5G接入网不能独立承担与核心网用户面和控制面的连接，需要借助4G移动通信系统完成连接。此时，与核心网之间具有控制面连接的接入网网元称为MN（master node，主节点）；与核心网之间没有直接的控制面连接的接入网网元称为SN（secondary node，辅节点）。针对5G移动通信系统，3GPP确定的NSA方案包括三个系列：

Option3 系列、Option7 系列和 Option4 系列。

(1)Option3 系列

在 NSA Option3 系列中,核心网采用4G核心网(EPC),主节点是4G基站(eNB),辅节点是5G基站(en-gNB)。此时,5G基站(gNB)接入4G核心网,这里需要对gNB进行改造使其可以接入4G核心网,改造后的gNB称为en-gNB。4G基站(eNB)和5G基站(en-gNB)共用4G核心网(EPC),LTE eNB和en-gNB用户面直接连接到EPC,控制面仅由LTE eNB连接到EPC。NSA Option3 系列包括 Option3、Option3a 和 Option3x。3GPP 确定的 NSA Option3 系列如图2-2所示。图中S1-U为用户面接口,S1-C为控制面接口。

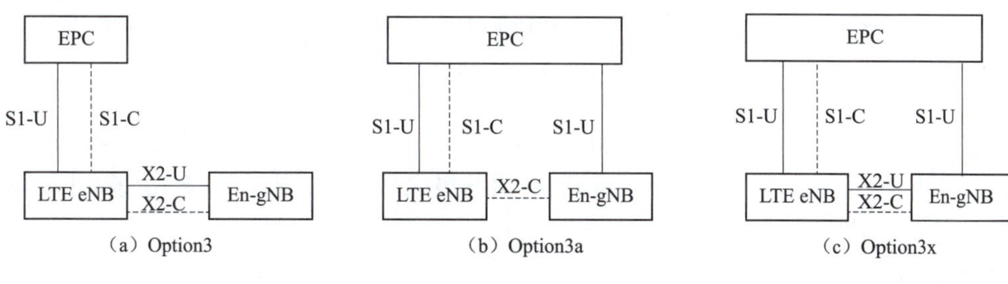

图2-2 NSA Option3 系列

Option3、Option3a 和 Option3x 三种架构的区别主要是业务数据分流点所处的位置不同。Option3 的业务数据分流点位于eNB;Option3a 的业务数据分流点位于EPC;Option3x 的业务数据分流点可以位于EPC,也可以位于gNB。相比较而言,Option3x 架构的灵活性更强,数据可以在核心网或接入网网元之间进行分流,gNB的能力远远强于eNB,所以 Option3x 架构更加能够发挥5G网络的性能。

在 NSA Option3 系列中,用户面数据可以单独通过4G基站、5G基站发送给UE,也可以同时通过4G/5G基站发给UE。同时通过4G/5G基站发给UE的方式,称为分离发送,即同一时间,部分数据通过4G基站发送给UE,另外一部分数据通过5G基站发送给UE。NSA Option3 系列的优势在于不必新增5G核心网,利用运营商现有4G网络基础设施快速部署5G,抢占热点区域,以较低的网络建设成本快速完成5G网络商用。

(2)Option7 系列

如果将 Option3 系列中的核心网由4G核心网更换为5G核心网,主节点仍然是4G基站,变更之后的方案称为 Option7。在 Option7 系列中,eNB需要进行改造以支撑5GC,改造后的eNB称为NG-eNB。此时,辅节点是5G基站。在 Option7 系列中,4G基站 NG-eNB 和5G基站共用5G核心网,NG-eNB和gNB用户面直接连接到5GC,控制面仅由NG-eNB连接到5GC。NSA Option7 系列包括 Option7、Option7a 和 Option7x。3GPP 确定的 NSA Option7 系列如图2-3所示。

在 Option7 系列中,由于核心网由EPC变换为5GC,所以接入网网元之间的接口变换为Xn接口,接入网与核心网之间的接口变换为NG接口,这一点需要格外注意。

Option7、Option7a 和 Option7x 这三种架构的区别主要是业务数据分流点所处的位置不同。Option7 的业务数据分流点位于NG-eNB;Option7a 的业务数据分流点位于5GC;Option7x 的业务数据分流点可以位于5GC,也可以位于NG-eNB。相比较而言,Option7x架构的灵活性更强,数据可以在核心网或接入网网元之间进行分流,gNB的能力远远强于NG-eNB,所以Option7x架构更能够发挥5G网络的性能。

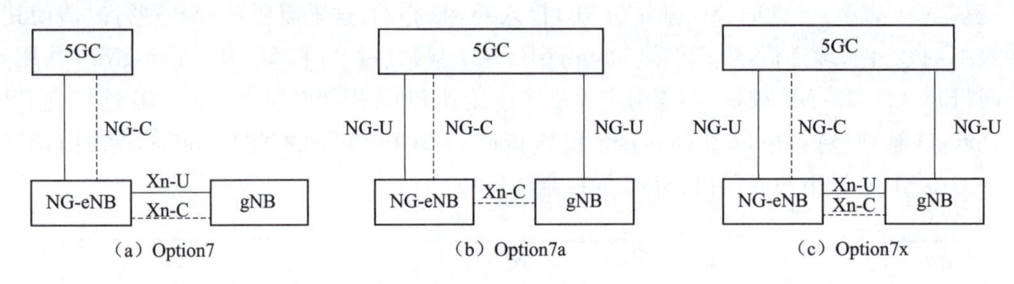

图2-3 NSA Option7 系列

在这一系列中,5G核心网替代了4G核心网,解决了4G核心网信令过载的问题。这种方案的弊端在于4G基站的能力弱于5G基站,利用升级之后的4G基站挂接5G核心网,极大地限制了5G核心网性能的发挥。

(3)Option4 系列

Option4系列中的核心网依旧是5G核心网5GC,但是主节点变更为5G基站gNB,变更之后的方案称为Option4。由于核心网依旧是5GC,所以需要对eNB进行改造以支撑5GC,改造后的eNB称为NG-eNB。此时,辅节点是4G基站(NG-eNB)。在Option4系列中,4G基站(NG-eNB)和5G基站(gNB)共用5GC,NG-eNB和gNB用户面直接连接到5GC,控制面仅由gNB连接到5GC。NSA Option4系列包括Option4和Option4a。3GPP确定的NSA Option4系列如图2-4所示。

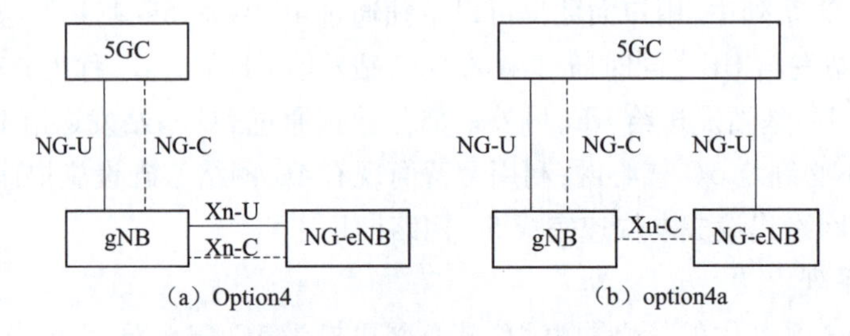

图2-4 NSA Option4 系列

在Option4系列中,接入网网元之间的接口为Xn接口,接入网与核心网之间的接口为NG接口。Option4和Option4a两种架构的区别主要是业务数据分流点所处的位置不同。Option4的业务数据分流点位于gNB;Option4a的业务数据分流点位于5GC。Option4系列已是5G网络的成熟期形态。如果5G网络具备了实施Option4系列的能力,则表示5G网络已基本具备了实施Option2的能力,所以Option4系列出现在5G网络建设中的概率较低。

3. SA组网与NSA组网对比

为了避免学习过程中对各种基站名称的理解出现问题,3GPP协议标准中,4G与5G无线接入网的实现方式定义如下:

①eNB：面向终端提供 E-UTRA 用户面和控制面协议，并且通过 S1 接口连接到 EPC 网络节点。

②NG-eNB：面向终端提供 E-UTRA 用户面和控制面协议，并且通过 NG 接口连接到 5GC 网络节点。

③gNB：面向终端提供 NR 用户面和控制面协议，并且通过 NG 接口连接到 5GC 网络节点。

en-gNB：面向终端提供 NR 用户面和控制面协议，并且通过 S1 接口连接到 EPC 网络节点。

5G 网络成熟阶段的目标是 Option2，其能够支持 5G 所有场景和业务，摒弃之前系统固有的一些技术问题，使得移动通信系统在功能和性能上更加容易提升。但是，在实际网络建设过程中，除了技术层面，还需要考虑成本、收益以及行业的发展水平。在 5G 网络建设初期，选择 Option2 会面临一些问题，例如，成本投入大，覆盖连续性难以保证，需要终端支持 5G 新空口协议等。NSA 和 SA 组网方案对比见表 2-1。

表 2-1 SA 和 NSA 组网方案对比

项　目	NSA 架构	SA 架构
支持功能	仅支持 eMBB	全部 5G 功能
LTE 现网	需要升级 LTE 基站以及核心网支持 NSA	不影响现网 LTE
终端	5G NR 下需要提供具有 5G RRC（无线资源控制）功能的特定的 4G NAS（非接入服务）终端； eLTE 理论支持 LTE 终端	5G NR 下使用 5G UE；LTE 终端继续使用在 LTE 网络下
5G 新频 NR 以及天线	全部新加，不管高低频	全部新加，不管高低频
核心网	初期只需要升级现网 EPC；后期可以选择新建 5G 核心网支持 eLTE	新加 5G 核心网
初期成本	低	高
后期维护成本	高（升级软件需要升级 LTE 基站）	低
组网	复杂（需要考虑 LTE 的链路）	简单
IoT 对接	不需要 5G NR 接入与核心网异厂家 IoT 测试。LTE 或 eLTE 与升级后的 EPC IoT 需要对接验证	需要 5G NR 与 5G 核心网异厂家 IoT 测试成熟，需要很长时间
演进	可以通过升级与网络调整变成 SA	SA 是最终模式

NSA 组网方式存在的必然性：基于成熟的 4G 网络快速完成 5G 网络覆盖，与 4G 网络联合组网扩大 5G 单站覆盖范围；NSA 标准的确定时间早于 SA 标准，因此 NSA 产品更丰富、测试工作更充分、产业链更成熟；在 NSA 组网下，核心网将利用现有 4G 核心网，节约了 5G 核心网的建设时间和建设成本；NSA 部署时间短、见效快，有助于运营商进行品牌推广；NSA 用户不换卡，不换号即可升级到 5G 网络，有利于 5G 业务的推广。

2.1.2 MR-DC 技术

MR-DC(multi-RAT dual connectivity,多无线接入技术双连接)是指一个终端可以同时连接4G 网络和5G 网络,同时使用两个网络进行服务,使用 MR-DC 技术时,终端至少需要具备两个MAC(介质访问控制)实体,支持双收双发。MR-DC 与 NSA 组网架构没有关系。2020 年以前我国5G 网络建设采用 Option3x,因此 UE 既要与4G 网络相连,又要与5G 网络相连,在这种背景下,MR-DC 技术使用频次较高,容易造成"MR-DC 就是 NSA"的错误认知。

DC(dual connectivity,双连接)在 3GPP R12 版本中引入,主要针对 LTE 技术进行演进。其特点是无线接口的聚合协议层在 PDCP(分组数据汇聚协议)层,对时延要求比较宽松。对应不同的网络架构,双连接有不同的名称,不同场景下 DC 的名称见表 2-2。

表 2-2 不同场景下 DC 的名称

<table>
<tr><th>核心网</th><th>主节点</th><th>辅节点</th><th>名称</th></tr>
<tr><td rowspan="2">EPC</td><td colspan="2">E-UTRA</td><td>DC</td></tr>
<tr><td>E-UTRA</td><td>NR</td><td>EN-DC</td></tr>
<tr><td rowspan="3">5GC</td><td>E-UTRA</td><td>NR</td><td>NGEN-DC</td></tr>
<tr><td>NR</td><td>E-UTRA</td><td>NE-DC</td></tr>
<tr><td colspan="2">NR</td><td>NR-DC</td></tr>
</table>

以 Option3x 组网场景为例,从控制面看:MN(eNB)和 UE 之间会建立控制面连接,并维护这个 RRC(无线资源控制)状态。RRC 信令无线承载包括 SRB0、SRB1 和 SRB2。此时终端与SN(gNB)之间可以建立另外一个基于 NR 的信令面连接(SRB3),但是对于终端来说,RRC 连接只存在于终端和 MN 之间,RRC 的状态转换只有一个。MN(eNB)和 SN(gNB)具有各自的RRC 实体,可以生成要发送到终端的 RRC PDU。NSA Option3x 控制面协议栈如图 2-5 所示。

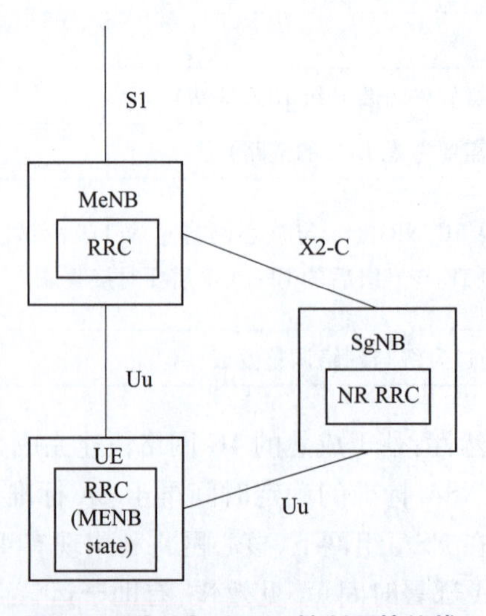

图 2-5 NSA Option3x 控制面协议栈

当终端与SN(gNB)之间建立SRB3时,5G系统的RRC消息可以有两种发送和接收方式:方式一是从MN(eNB)间接发送和接收;方式二是在SRB3上直接发送和接收。采用方式二的前提是SRB3已经建立且5G的RRC消息本身不需要MeNB的协助,比如修改某些非终端能力限制的配置参数或者上报由SgNB单独配置给终端的测量任务的测量报告等。除此之外,其他消息都必须使用方式一进行传递。

从用户面看:在DC场景下,UE和网络可能建立MCG(master cell group,主小区组)承载、SCG(secondary cell group,辅小区组)承载和分离承载。NSA Option3x用户面承载示意图如图2-6所示。

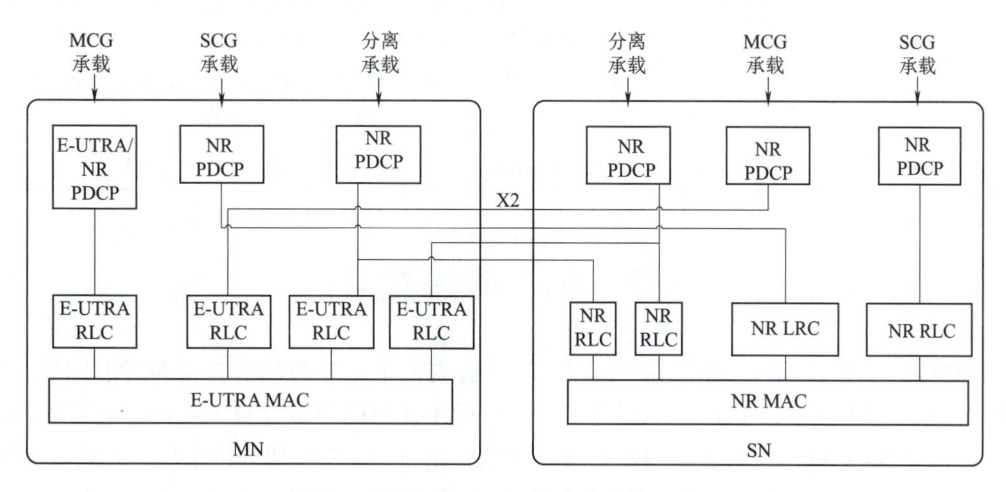

图2-6 NSA Option3x用户面承载示意图

其中,MCG指的是一组与MN相关联的小区,包括主小区和可选的一个或多个辅小区;SCG指的是一组与SN相关联的小区,包括主小区和可选的一个或多个辅小区。从终端的角度,根据承载所使用的RLC(无线链路层控制协议)实体不同,将承载分为MCG承载、SCG承载和分离承载。

MCG承载为在MR-DC中,仅在MCG中具有RLC承载(或者在CA分组复制的情况下具有两个RLC承载)的无线承载。SCG承载为在MR-DC中,仅在SCG中具有RLC承载(或者在CA分组复制的情况下具有两个RLC承载)的无线承载。分离承载为在MR-DC中,在MCG和SCG中具有RLC承载的无线承载。从网络的角度来看,承载除了使用的RLC实体不同,PDCP实体也可能会不同,因此衍生出MN终止的承载和SN终止的承载两个概念。MN终止的承载表示PDCP位于MN中的无线承载,SN终止的承载表示PDCP位于SN中的无线承载。两种网络角度的承载结合三种终端角度的承载,产生了六种承载,分别是MN终止的MCG承载、MN终止的SCG承载、MN终止的分离承载、SN终止的MCG承载、SN终止的SCG承载、SN终止的分离承载。

DC与CA(carrier aggregation,载波聚合)是一对易混淆的概念。3GPP在R10版本引入CA这一概念。CA技术中终端也会与多个接入网网元建立连接,但是控制面连接仅有一个。DC与CA的对比见表2-3。

表 2-3 DC 与 CA 的对比

项目	MR-DC	CA
本质	重合协议层是 PDCP 层,时延宽松	聚合协议层是 MAC 层,对时延有严格要求
实现	异系统或同系统的不同基站资源	多为同系统,异系统实现复杂;同站的不同 CC(component carrier,分量载波)实现容易,不同站不同小区实现 CC 困难
机制	对数据可以分流;不同节点使用不同 TA(time advance,时间提前量)做时间同步;每个终端的主节点配置固定;上下行节点数相同	资源不够的情况下,才考虑用 CC;不同小区共用 TA(time advance,时间提前量);每个终端的主小区配置可以不同;上下行可以聚合不同载波
对终端	两个 MAC 实体(控制面协议栈)	一个 MAC 实体,支持 CA

2.2 5G 系统架构

3GPP R15 中定义了 5G 整体架构模型和原理,规范了宽带数据服务支持、用户认证和服务使用授权、一般应用支持等,特别规范了对更接近无线侧的边缘计算的支持。它对 3GPP IP 多媒体子系统的支持还包括紧急和监管服务规范。此外,5G 系统架构模型从一开始就规范了实现不同接入系统用户服务的统一形式,例如,固定网络接入或互通无线局域接入网(wireless local access network,WLAN)(指 WLAN 与 5G 的互通)。3GPP R15 中定义的 5G 系统架构提供与 4G 的互通和迁移、网络功能和许多其他功能。关于 5G 系统架构的完整描述参见 3GPP 规范TS23.501、TS23.502 和 TS23.503。

2.2.1 5G 系统架构中的组件

与过去的移动通信系统不同,5G 系统架构将逐渐取消专用的网元设备,转而采用在通用服务器上部署各种网络功能(network function,NF)的形式。NF 是 5G 系统逻辑架构中的组件,主要包括以下几种。5G 系统的服务化架构如图 2-7 所示。

组件说明如下:

①AMF(access and mobility management function):接入和移动管理功能,是 RAN(无线接入网)控制面接口(N2)的终止,也是 NAS(N1)协议的终止,为 NAS 提供加密和完整性保护。AMF 的主要功能还包括接入授权和认证、连接管理、移动管理等。在与 EPS 互操作的场景中,AMF 负责 EPS 承载 ID 的分配。

②SMF(session management function):会话管理功能,主要负责会话建立、修改和释放,以及 UPF 与接入网(AN access network)节点之间的通道维护。SMF 提供 DHCP(动态主机配置协议)功能,并负责为用户终端分配和管理 IP 地址。SMF 作为 ARP(地址解析协议)代理和 IPv6 邻居征集代理,通过提供与请求中发送的 IP 地址对应的 MAC 地址来响应 ARP 和 IPv6 邻

居征集请求。SMF另一个重要的功能是选择和控制用户面功能,包括控制UPF代理ARP或IPv6邻居发现,或将所有ARP/IPv6邻居请求流量转发到SMF,用于以太网PDU会话。

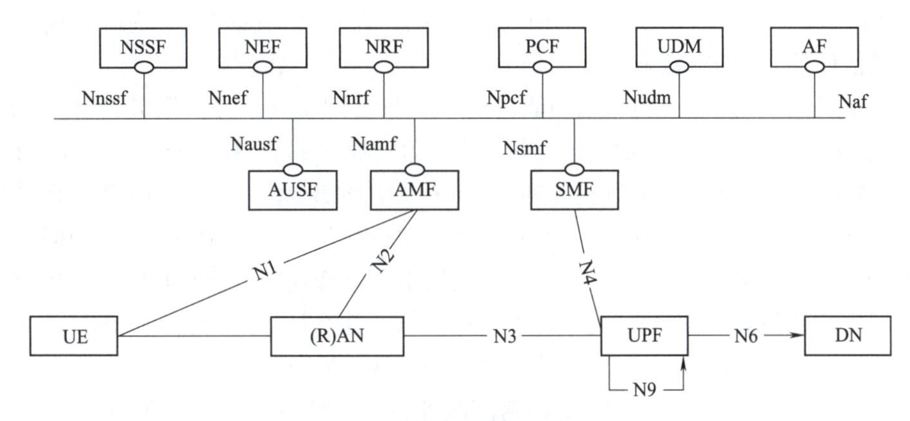

图2-7 5G系统的服务化架构

③UPF(user plane function):用户面功能,是RAT(无线接入网)内及RAT间移动时的锚点,也是与DN(数据网络)互联的外部PDU(UE和特定DN之间的逻辑连接)会话点。UPF负责分组路由和转发相关功能,如支持上行链路分类器将业务流路由到一个数据网络实例、支持分支点以支持多宿主PDU会话。UPF也负责分组检查,如服务化数据流模板的应用检测。

④PCF(policy control function):PCF支持统一的策略框架来管理网络行为。为控制面功能提供强制执行的策略规则。访问与统一数据存储库(UDR)中的策略决策相关的订阅信息。

⑤NEF(network exposure function):网络暴露功能主要包含三类独立的功能。

- 能力和事件曝光:3GPP NF(网络功能)通过NEF向其他NF公开功能和事件,NF暴露的能力和事件可以安全地暴露给第三方、应用功能(application function,AF)、边缘计算。NEF使用标准化接口(Nudr)将信息作为结构化数据存储/检索到UDR(统一数据存储库)。
- 提供从外部应用程序到3GPP网络的安全信息:为AF提供一种安全地向3GPP网络提供信息的方法,例如,预期的用户行为,在这种情况下,NEF可以验证和授权并协助限制AF。
- 内部—外部信息的翻译:在与AF交换的信息和与内部NF交换的信息之间进行转换,例如,在AF服务识别(AF service identifier)和内部5G核心网信息(如DNN、S-NSSAI)之间进行转换。NEF还可根据网络策略处理对外部AF的网络和用户敏感信息的屏蔽。

⑥NRF(network repository function):网络存储功能主要负责NF的发现和维护等。NF服务发现是指从NF实例接收NF发现请求,并将发现的(或被发现的)NF实例的信息提供给NF实例。NF维护是指对可用NF实例及其支持服务的NF配置文件的维护。NRF中维护的NF实例的描述信息主要包含NF实例ID、NF类型、PLMN ID网络切片相关的识别器(如S-NSSAI、NSI ID)、NF的FQDN或IP地址、NF能力信息、NF特定服务授权信息等。

⑦UDM(unified data management):统一数据管理,负责对用户的识别[例如,5G系统中每个用户的SUPI(用户永久标识符)的存储和管理],及生成3GPP认证与密钥协商(authentication and key agreement,AKA)身份验证凭据。UDM负责订阅管理,并基于订阅数据进行访问授权(如漫游限制)。UDM对用户终端的服务NF进行注册管理(如为用户终端存储

服务 AMF,为用户终端的 PDU 会话存储服务 SMF)。UDM 支持服务/会话连续性,如通过保持 SMF/DNN(数据网络名称)分配正在进行的会话。

⑧AUSF(authentication server function):认证服务器功能,支持 TS33.501 中规定的 3GPP 接入和不受信任的非 3GPP 接入认证。

⑨AF(application function):应用功能,与 3GPP 核心网交互以提供服务,支持应用对流量路由的影响、访问 NEF、与策略架构交互等。基于运营商的部署,被运营商信任的 AF 可直接与相关 NF 交互,不被信任的 AF 则需要通过 NEF 采用外部暴露框架与相关的 NF 进行交互。3GPP 仅对 AF 与 3GPP 核心网交互的能力和目的进行规范,不涉及 AF 提供的具体服务。

⑩NSSF(network slice selection function):网络切片选择功能,主要包括为用户终端选择服务的网络切片实例集合、确定允许的和已配置的网络切片选择辅助信息(network slice selection assistance information,NSSAI)、确定服务用户终端的 AMF 集合等。

⑪DN(data network):数据网络,如运营商服务、互联网接入和第三方服务等。

除图 2-7 中包含的 NF,5G 系统架构中还包含以下 NF:

①N3IWF(non-3GPP inter working function):非 3GPP 互操作功能,在不受信任的非 3GPP 访问情况下负责与 UE 建立 IP Sec 隧道、为控制面和用户面 N2 和 N3 接口提供终止、为用户终端和 AME 之间的上行链路和下行链路控制面 NAS(N1)信令提供中继、处理与 PDU 会话和 QoS 相关的 SMF(由 AME 中继)的 N2 信令、建立 IP Sec 安全关联(IP Sec SA)以支持 PDU 会话流量。

②UDR(unified data repository):统一数据存储库中保存的数据及主要功能包括存储和检索 UDM 的订阅数据、存储和检索 PCF 的策略数据、存储和检索结构化数据以便进行暴露、存储和检索 NEF 的有用数据[包括用于应用检测的分组流描述(packet flow description,PFD)和用于多个 UE 的 AF 请求信息]。UDR 与使用 Nudr(PLMN 内部接口)存储和从中检索数据的 NF 服务使用者在相同的 PLMN(公共陆地移动网)中,部署时可以选择将 UDR 与 UDSF 并置。

③UDSF(unstructured data storage function):非结构数据存储功能,是 5G 系统架构中可选的功能模块,主要用于存储任意 NF 的非结构数据。

④SMSF(short message service function):短消息服务功能,支持基于 NSA 的短信服务,包括短信管理订阅数据检查和相应的短信传送等。

⑤5G-EIR(5G-equipment identity register):5G 设备识别寄存器是 5G 系统架构中可选的功能模块,主要用于检查 PEI 的状态(例如,检查它是否已被列入黑名单)。

⑥LMF(location management function):位置管理功能,主要负责用户终端的位置确定。LMF 可从用户终端获得下行链路位置策略或位置估计,也可从 NG RAN(5G 无线接入网)获得上行链路位置测量,同时能够从 NG RAN 获得非用户终端相关的辅助数据。

⑦SEPP(security edge protection proxy):安全边缘保护代理,是一种非透明代理,主要负责 PLMN 之间的控制面接口消息过滤和监管。SEPP 从安全角度保护服务使用者和服务生产者之间的连接,即 SEPP 不会复制服务生产者应用的服务授权。

⑧NWDAF(network data analytics function):网络数据分析功能,代表运营商管理的网络分析逻辑功能。NWDAF 为 NF 提供切片层面的网络数据分析,在网络切片实例级别上向 NF 提

供网络分析信息(即负载级别信息),其并不需要知道使用该切片的当前订阅用户。NWDAF 将切片层面的网络状态分析信息通知给订阅它的 NF。NF 可以直接从 NWDAF 收集切片层面的网络状态分析信息。此信息不是订阅用户特定的。5G 系统与 4G 系统网元比较见表 2-4。

表 2-4　5G 系统与 4G 系统网元比较

5G 网络功能	功 能 简 介	4G 中类似的网元
AMF	接入管理功能、注册管理/连接管理/可达性管理/移动管理/访问身份验证、授权、短消息等。终端和无线的核心网控制面接入点	MME 中的接入管理功能
AUSF	认证服务器功能,实现 3GPP 和非 3GPP 的接入认证	MME 中鉴权部分 + EPCAAA
UDM	统一数据管理功能、3GPP AKA 认证/用户识别/访问授权/注册/移动/订阅/短信管理等	HSS + SPR
PCF	策略控制功能、统一的政策框架、提供控制平面功能的策略规则	PCRF
SMF	会话管理功能、隧道维护、IP 地址分配和管理、UP 功能选择、策略实施和 QoS 中的控制部分、计费数据采集、漫游功能等	MME + SGW + PGW 中会话管理等控制面功能
UPF	用户面功能、分组路由转发、策略实施、流量报告、QoS 处理	SGW - U + PGW - U
NRF	NF 库功能、服务发现、维护可用的 NF 实例的信息以及支持的服务	无
NEF	网络开放功能、开放各网络功能的能力、内外部信息的转换	SCEF(业务能力开放网元)中的能力开放部分
NSSF	网络切片选择功能,选择为 UE 服务的一组网络切片实例	无

2.2.2　服务化架构

与之前几代移动通信系统不同,5G 系统架构是服务化的。这意味着,架构元素在任意适合的位置被定义为网络功能(NF),通过具有通用框架的接口向获得许可的其他 NF 提供其服务。5G 系统架构中的网络存储功能(NRF)允许每个 NF 发现其他 NF 提供的服务。服务化的架构模型进一步采用了 NF 的模块化、可重用性和自包含等原理,旨在使部署能够利用最新的虚拟化技术和软件技术。

图 2-7 是非漫游场景下 5G 系统的服务化架构。图中 Nnssf、Nnef 等是服务化接口,NF 借助服务化接口向其他 NF 提供服务。5G 系统主要的服务化接口包括以下几类:

①Namf:AMF 的服务化接口。
②Nsmf:SMF 的服务化接口。
③Nnef:NEF 的服务化接口。
④Npcf:PCF 的服务化接口。
⑤Nudm:UDM 的服务化接口。
⑥Naf:AF 的服务化接口。
⑦Nnrf:NRF 的服务化接口。
⑧Nnssf:NSSF 的服务化接口。
⑨Nausf:AUSF 的服务化接口。
⑩Nudr:UDR 的服务化接口。
⑪Nudsf:UDSF 的服务化接口
⑫N5g-eir:5G-EIR 的服务化接口。
⑬Nnwdaf:NWDAF 的服务化接口。

图 2-8 所示为本地分汇(local breakout)漫游场景下服务化系统架构。本地分汇漫游场景中漫游用户终端接入受访的公共陆地移动网络(visited public land mobile network,VPLMN)中的 DN,归属 PLMN(home pLMN,HPLMN)提供来自 UDM 和 AUSF 的订阅信息和来自 PCF 的用户终端特定策略。用户服务所需的 NSSF、AMF、SMF 和 AF 由 VPLMN 提供。UPF 提供的用户面控制管理遵循与3GPP 4G 标准相似的控制/用户面分离模型。SEPP 为 PLMN 之间的交互提供保护。

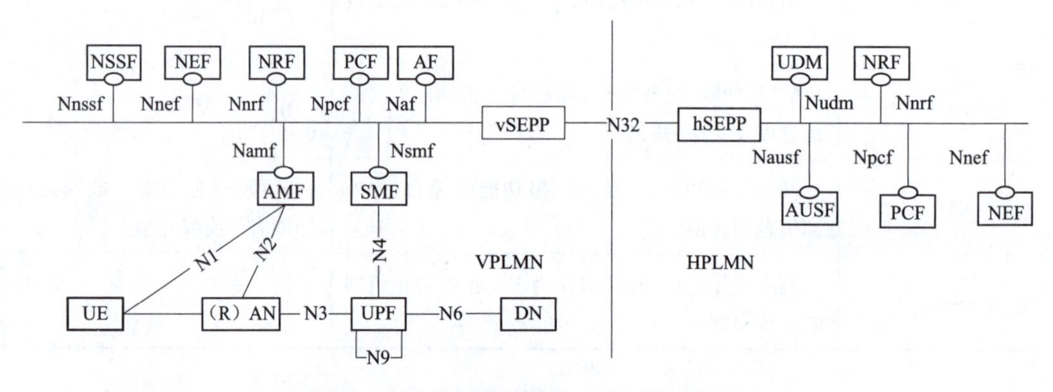

图 2-8 本地分汇漫游场景下服务化系统架构

2.2.3 参考点架构

基于参考点的架构图侧重于表示系统及 NF 之间的互通。图 2-9 描述了非漫游场景的 5G 系统参考点架构。

5G 系统架构中的参考点用来描述 NF 之间的互操作,或者描述 NF 中的 NF 服务之间的互操作。NF 服务间的参考点通过相应的基于 NF 服务的接口,以及为识别的消费者和生产者指定 NF 服务和服务的交互来实现,从而实现特定的系统过程。下述是 5G 系统架构中主要的参考点:

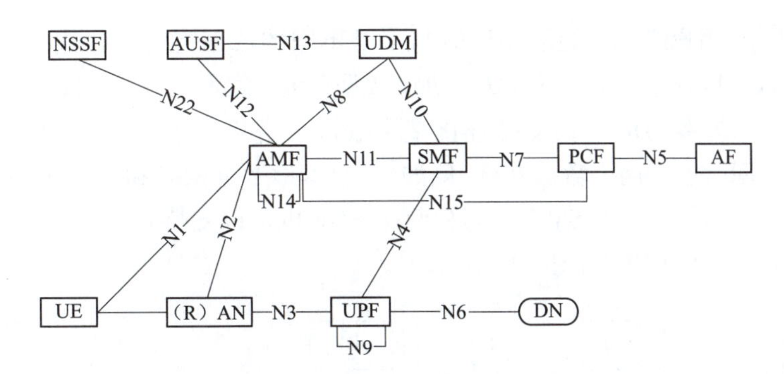

图 2-9　非漫游场景的 5G 系统参考点架构

①N1:用户终端与 AMF 之间的参考点。

②N2:接入网与 AMF 之间的参考点。

③N3:接入网与 UPF 之间的参考点。

④N4:SMF 与 UPF 之间的参考点。

⑤N6:UPF 与一个数据网络之间的参考点。

⑥N9:两个 UPF 之间的参考点。

⑦N5:PCF 和一个 AF 之间的参考点。

⑧N7:SMF 与 PCF 之间的参考点。

⑨N8:UDM 与 AMF 之间的参考点。

⑩N10:UDM 与 SMF 之间的参考点。

⑪N11:AMF 与 SMF 之间的参考点。

⑫N12:AMF 与 AUSF 之间的参考点。

⑬N13:UDM 与 AUSF 之间的参考点。

⑭N14:两个 AMF 之间的参考点。

⑮N15:非漫游场景中 AMF 与 PCF 之间的参考点,漫游场景中 AMF 与受访网络 PCF 之间的参考点。

⑯N16:两个 SMF 之间的参考点,在漫游场景中为受访网络 SMF 与归属网络 SMF 之间的参考点。

⑰N17:AMF 与 5G-EIR 之间的参考点。

⑱N18:任意 NF 与 UDSF 之间的参考点。

⑲N22:AMF 与 NSSF 之间的参考点。

⑳N23:PCF 与 NWDAF 之间的参考点。

㉑N24:受访网络的 PCF 与归属网络的 PCF 之间的参考点。

㉒N27:受访网络中的 NRF 与归属网络中的 NRF 之间的参考点。

㉓N31:受访网络中的 NSSF 与归属网络中的 NSSF 之间的参考点。

㉔N32:受访网络中的 SEEP 与归属网络中的 SEEP 之间的参考点。

㉕N33:NEF 与 AF 之间的参考点。

㉖N34:NSSF 与 NWDAF 之间的参考点。

在实际应用中,用户终端可能需要同时与多个不同的数据网络进行连接。在 5G 的系统架构中,这种场景可以通过建立多个 PDU(协议数据单元)会话实现,也可以由单个 PDU 会话完成。图 2-10 所示为多 PDU 会话支持连接多个数据网络的参考点架构。图中,用户终端通过两个 PDU 会话同时连接两个数据网络(例如,一个本地数据网络和一个中心数据网络),两个 PDU 会话选用了两个不同的 SMF。但是,每个 SMF 也可以支持在一个 PDU 会话中控制一个本地 UPF 和一个中心 UPF,如图 2-11 所示。

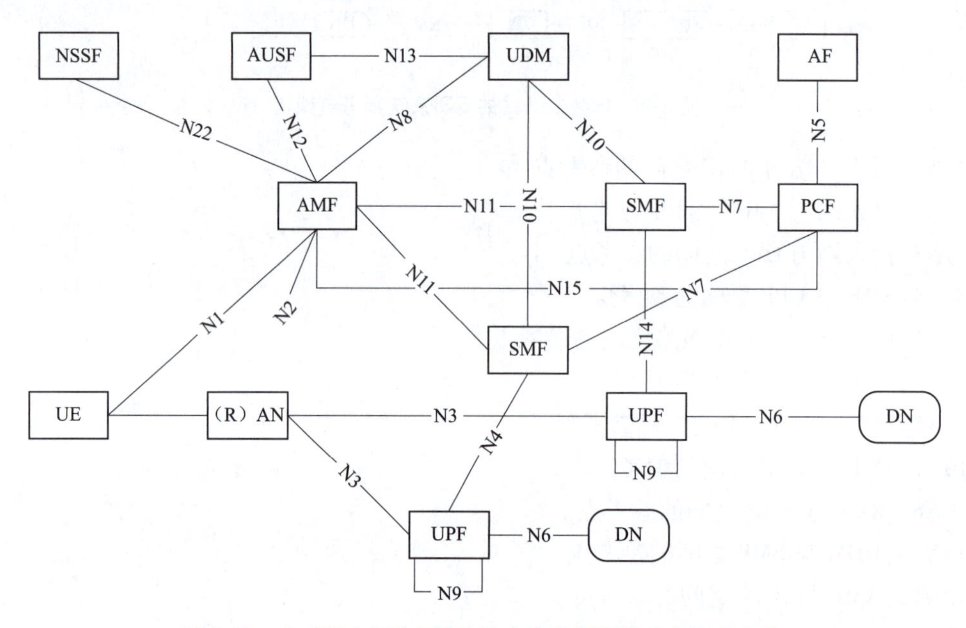

图 2-10 多 PDU 会话支持连接多个数据网络的参考点架构

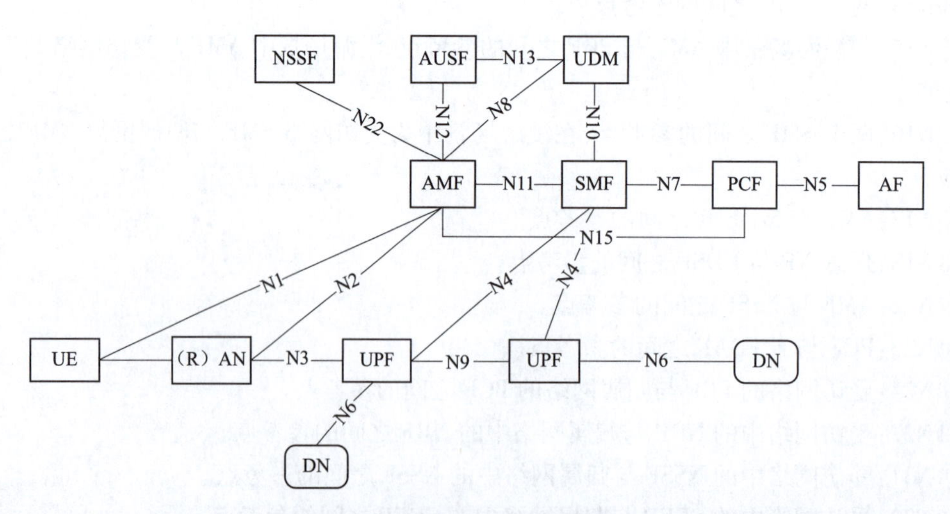

图 2-11 单 PDU 会话支持连接多个数据网络的参考点架构

图 2-12 所示为本地分汇漫游场景的参考点架构。为了使架构清晰,图中省略了 SEEP(完

全边缘保护代理)。在本地分汇漫游场景中,用户终端连接受访网络的 AMF 和 SMF。受访网络中的 AMF 和 SMF 分别通过 N8 接口和 N10 接口与用户终端归属网络的 UDM 互通,同时 AMF 需要通过 N12 接口与归属网络的 AUSF 互通以获取认证信息。为了为用户终端确定适当的传输策略,VPCF 与 hPCF 需要通过 N24 接口互通。

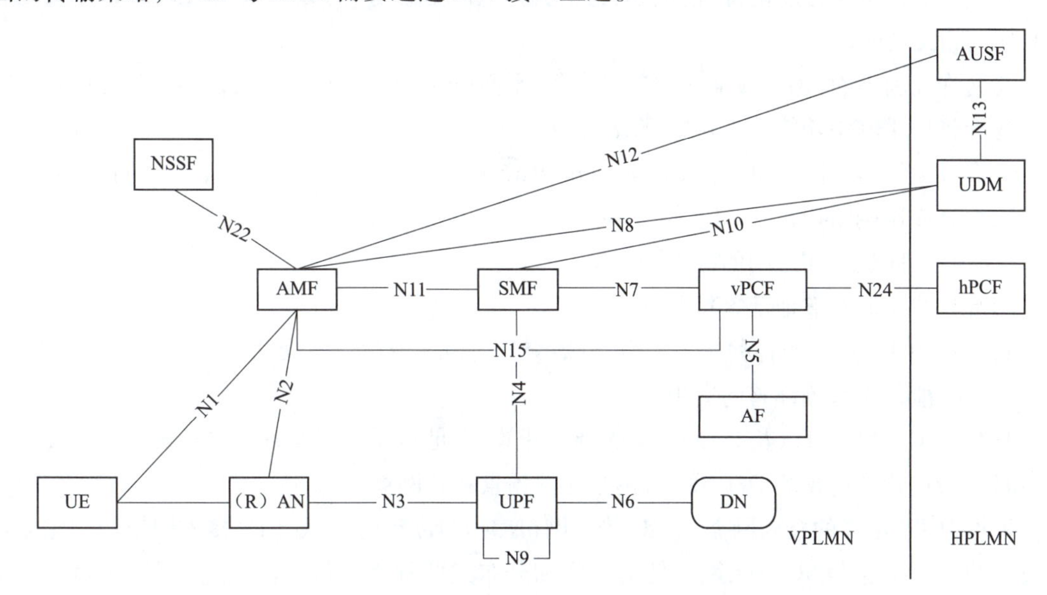

图 2-12　为本地分汇漫游场景的参考点架构

2.3　5G 接入网架构

2.3.1　NG-RAN 架构

在 R14NR 项目中,3GPP 针对 ITU 定义的不同的业务和应用场景给出了 5G 系统需要满足的多项关键能力指标。LTE(4G)系统的接入网采用扁平化架构,用户平面与控制平面紧密耦合,网元实体与网元功能高度耦合,虽然使用了 MIMO(多输入多输出)、OFDM(正交频分复用)等先进的传输技术来增加频谱效率和数据传输速率,但仍然很难满足 5G 多样化场景的差异化性能需求和关键性能指标。

5G 网络将部署大量覆盖范围不同的基站,共同组成异构网络结构,使得网络结构更为复杂。超密集组网场景下,如果采用 LTE 阶段的分布式基站间的资源调度、干扰协同等技术方案,将会出现网络间接口能力受限、移动性管理能力不足等问题;5G 不同的业务场景对网络覆盖和容量的需求存在较大的差异,LTE 单一的接入网架构很难实现覆盖和容量的单独优化设计。因此,5G 的无线接入网架构应考虑具有高度的灵活性、可扩展性,并便于实现网络资源的灵活调配和网络功能的灵活部署。为满足 5G 多样化的业务场景和关键指标要求,5G 接入网的设计需要满足以下基本要求:

①支持 5G 无线接入网和 LTE 接入网的紧耦合操作,支持 Inter-RAT 的移动性以及双连接操作。

②支持多个传输点的连接,如允许分离控制平面信令和用户平面数据传输至不同的基站,支持有效的节点间调度协调的内部接口。

③允许灵活的功能分离。

④允许灵活的网络功能部署,例如,为了支持低时延业务,可以在网络边缘部署接入网和核心网的相关功能。

⑤允许控制平面(control plane,CP)和用户平面(user plane,UP)分离,支持网络灵活部署。

⑥允许使用网络功能虚拟化的部署。

⑦允许无线接入网(radio access network,RAN)和核心网(core network,CN)的独立演进。

⑧允许使用网络切片。

⑨支持不同运营商之间的接入网共享。

⑩允许快速而有效地部署新业务。

⑪支持3GPP定义的各种业务类型,包括交互、背景、流类以及会话类业务。

⑫尽可能减少系统部署的费用。

⑬RAN-CN的接口以及RAN内部的接口开放,满足不同厂家设备间的互联互通。

⑭支持运营商可控的D2D操作,包括在网场景和脱网场景。

根据3GPP定义的接入网需求,5G接入网(NG-RAN)架构和4G LTE接入网架构相比发生了较大的变化。首先,5G接入网支持集中式和分布式两种无线接入网架构,更好地满足了不同业务场景和应用的需求;其次,5G接入网的基站逻辑功能分离、控制平面和用户平面分离,有利于网络功能的虚拟化和灵活部署;最后,演进的LTE基站可以和5G核心网连接,实现了不同无线接入技术之间更好的移动性,提升了系统的无线资源利用率。

NG-RAN由5G基站(gNB)和演进LTE基站(ng-eNB)组成。在分布式架构下,gNP具备完整的协议栈功能;在集中式架构下,gNB分离为gNB-CU节点和gNB-DU节点。NG-RAN与5G核心网(5G core network,5GC)通过NG接口连接,gNB/ng-eNB之间通讨Xn接口连接。gNB/ng-eNB既可以是工作在时分双工(time division duplexing,TDD)模式的基站,也可以是工作在频分双工(frequency division duplexing,FDD)模式的基站,或者TDD/FDD双模基站。5G接入网络的逻辑接口模型如图2-13所示。右图中短直线代表gNB-DU可以与多个gNB-CU-UP连接。

集中式架构下,gNB可以由一个gNB-CU和多个gNB-DU组成,gNB-CU和gNB-DU分别实现不同的协议栈功能。而从其他NG-RAN节点和5GC来看,gNB-CU和gNB-DU是一个gNB节点。gNB-CU和gNB-DU通过F1接口连接,一个gNB-DU只能连接至一个gNB-CU。

gNB-CU可以进一步分离为控制平面网元gNB-CU-CP和用户平面网元gNB-CU-UP,一个gNB可以由一个gNB-CU-CP和多个gNB-CU-UP组成,gNB-CU-CP和gNB-CU-UP通过E1接口连接。

由于gNB-CU的控制平面和用户平面相分离,gNB-CU和gNB-DU之间的F1接口也进一步分离为F1-C和F1-U两个接口。其中,gNB-CU-CP和gNB-DU之间是F1-C接口,gNB-CU-UP和gNB-DU之间是F1-U连接。目前,3GPP协议规定,gNB-DU只能和一个gNB-CU-CP连接,gNB-CU-UP只能连接至一个gNB-CU-CP,gNB-DU可以和一个gNB-CU-CP管理下的多个gNB-CU-UP连接,gNB-CU-UP同样可以和一个gNB-CU-CP管理下的多个gNB-DU连接。

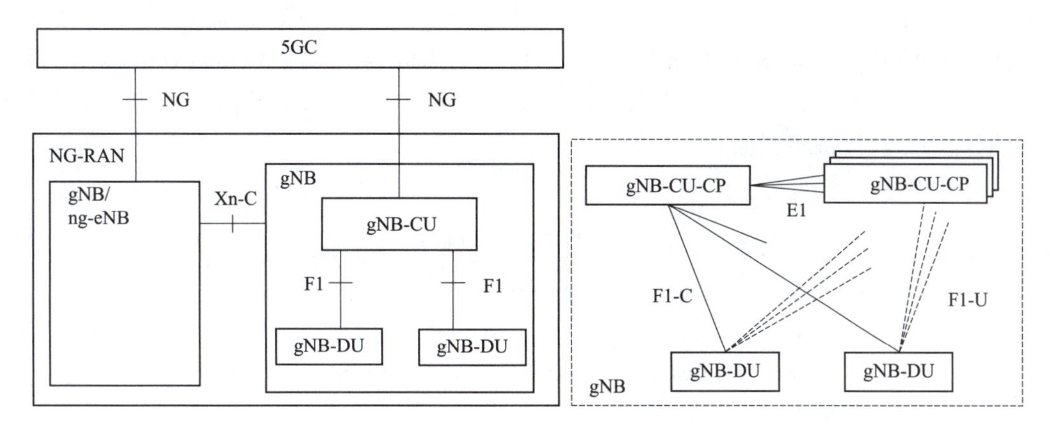

图2-13 5G系统架构及其逻辑接口模型

1. NG接口

NG接口与LTE系统中的S1接口位置类似,一边连接5G接入网中的节点,一边连接5G核心网中的节点AMF/UPF。NG-RAN和5GC的SMF节点之间没有直接的接口。NG接口的主要功能包括PDU会话的控制、UE(用户)上下文管理、移动性管理、NAS消息传输、NG接口寻呼等。

2. Xn接口

Xn接口类似于LTE系统中的X2接口。在5G系统中可以假设gNB/ng-eNB之间具有多对多连接关系的Xn接口,在一定区域内可能所有的gNB/ng-eNB都具有Xn连接。Xn接口的主要功能是支持RRC_CONNECTED和RRC_INACTIVE状态下UE的移动性,支持UE的双连接操作。

3. F1接口

F1接口是5G接入网新引入的接口,gNB-DU通过F1接口和gNB-CU连接。F1接口的主要功能包括系统信息管理、UE上下文管理以及RRC(无线资源控制)消息传输等。

和LTE系统相比,5G系统提出了更高的性能指标,需要满足更多的业务场景,5G接入网的网络架构必须考虑增强基站间的协调、支持灵活的网络功能分布。不同于LTE系统扁平化的设计,5G接入网对基站的功能进行了重新划分,将5G基站分为集中单元(centralized unit,CU)和分布单元(distributed unit,DU),CU和DU可以由独立的硬件来实现。从功能上看,CU/DU分离的网络架构更有利于移动性管理、信令和流程的优化,基站进行集中资源管理和协调,可以获得较大的系统性能增益,也有利于实现网络功能虚拟化(network function virtualization,NFV)和软件定义网络(software defined network,SDN)技术,灵活的网络功能分离便于运营商根据网络需求进行硬件部署,从而带来运营成本与资本性支出的降低。

3GPP在R14NR SI阶段研究比较了各种NR RAN逻辑功能分离的方案,如图2-14所示,NR RAN逻辑功能分离方案包括高层和低层两大类。不同分离方案的适用场景和性能增益不同,对前传接口的带宽、传输时延等参数的要求也有很大差异。总体上看,高层类方案对时延和前传带宽的要求要低于低层类方案。在 R15NR 的 WI 阶段 3GPP 确定标准化其中一种高层分离的方案 Option2，即由 gNB-CU 实现 PDCP 层以上的无线高层协议功能，包括 RRC、SDAP 和 PDCP 协议栈，由 gNB-DU 处理物理层和 PDCP 层以下的层 2 功能，包括 RLC、MAC 和 PHY 协议栈。选择高层 PDCP 和 RLC 分离方案的原因，主要是考虑双连接（dual connectivity，DC）已经支持 PDCP/RLC 分离方式，LTE-NR 融合部署场景下，CU 与 DU 分离使用和 LTE 双连接相同的分离方式，设备实现也更为简单。

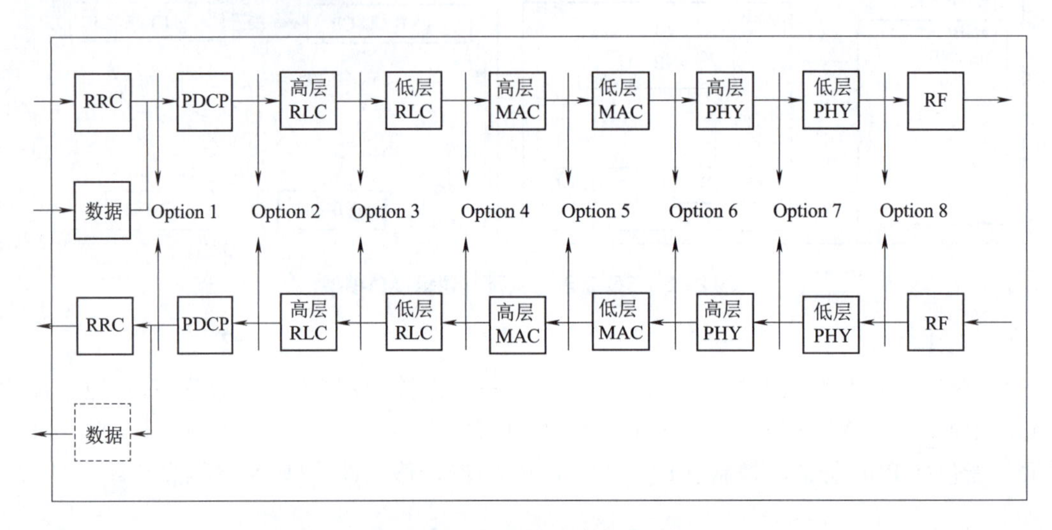

图 2-14　CU/DU 分离方式示例

4. E1 接口

E1 接口是 5G 接入网新引入的接口，gNB-CU-CP 通过 E1 接口和 gNB-CU-UP 连接。5G 接入网也采用类似 5G 核心网的控制平面和用户平面分离的方式，为信令和数据的传输链路提供了不同的管理手段，针对控制平面和用户平面不同的要求和特点，二者可以实现独立的功能演进和性能提升，运营商可以根据不同业务的需求灵活组网部署，满足不同业务场景对 5G 网络性能的需求。

gNB-CU-CP 实现 RRC 和 PDCP（分组数据汇聚协议）控制平面的协议，主要提供 UE 连接、移动性管理寻呼、系统信息等接入网控制平面的功能。gNB-CU-UP 实现 SDAP（服务数据适配协议）和 PDCP 用户平面的协议栈，主要负责用户数据承载和传输的接入网用户平面的功能。gNB-CU-CP 根据 UE 请求的业务为 UE 选择合适的 gNB-CU-UP，并为 UE 的 gNB-CU-UP 和 gNB-DU 建立 F1-U 连接。UE 发生 gNB-CU-CP 内部切换时，通过源 gNB-CU-UP 和目标 gNB-CU-UP 之间的 Xn-U 接口建立数据前转隧道。

2.3.2　CU/DU 组网部署

基于 CU 与 DU 分离的 5G 接入网架构是 5G 网络部署的主要方式。根据业务需求和部署场景的差异性，C-RAN 架构的部署总体可以分为 CU 和 DU 两级配置，CU、DU 和 RRU（射频拉远单元）分离的三级配置，RRU 与 BBU（CU 与 DU 合设）直连共三种配置方式。本节将介绍在不同场景下的 CU 与 DU 的部署。

1. eMBB 业务 CU/DU 部署

为了支持 eMBB 业务的覆盖和容量需求,CU 和 DU 需要进行分离部署,分为两种方式,即 Macro(宏)方式和 Micro(微)方式。CU/DU 分离 Macro 和 Micro 组网部署如图 2-15 所示。

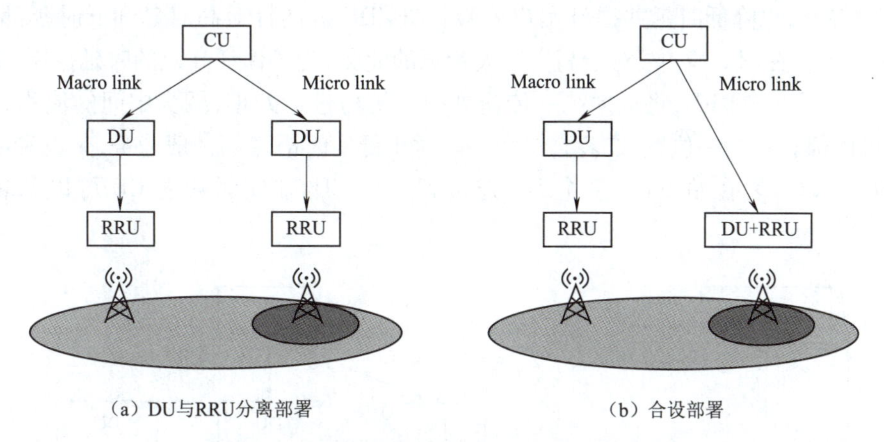

图 2-15　CU/DU 分离 Macro 和 Micro 组网部署

图 2-15 中,一个宏站覆盖一个宏小区,一个微站覆盖一个微小区。宏微小区可以同频或者异频。对于宏基站,DU 和 RRU 通常分离;对于微站,DU 和 RRU 可以分离,也可以集成在一起。实际建设网络时,宏站和微站均支持 CU 和 DU 部署在一起。

当业务容量需求变高时,在密集部署情况下,基于理想前传条件,多个 DU 可以联合部署,形成基带池,提高基站资源池的利用率,并且可以利用多小区协作传输和协作处理以提高网络的覆盖和容量。CU/DU 分离 DU 资源池组网方式如图 2-16 所示。

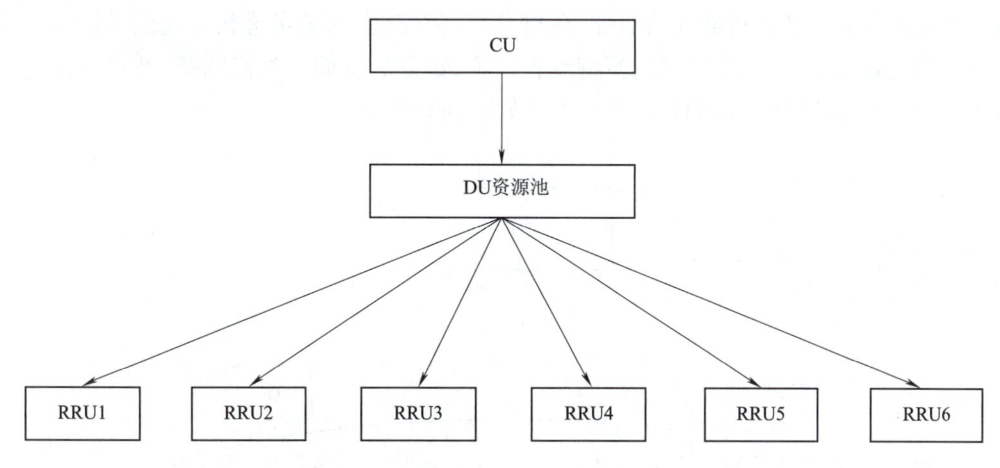

图 2-16　CU/DU 分离 DU 资源池组网方式

在图 2-16 中,所有 RRU 接入 DU 资源池。CU 与 DU 资源池之间的连接方式一般分为两种,分别是光纤直连和 WDM(波分复用),对时延要求较高。DU 资源池支持的小区数目可以达到数十至数百。CU 和 DU 资源池之间的连接方式是传输网络,对时延要求较低。

2. URLLC 业务 CU/DU 部署

语音业务对带宽和时延要求不高，此时 DU 可以部署在站点侧；对于大带宽低时延业务（如视频或者虚拟现实），一般需要高速传输网络或者光纤直接连接中心机房，并在中心机房部署缓存服务器，以降低时延并提升用户体验。CU/DU 分离针对高时延和低时延部署方式，如图 2-17 所示。在图 2-17 中，对于高实时大带宽的业务，为了保证高效的时延控制，需要高速传输网络或光纤直连 RRU，将数据统一传输到中心机房进行处理，减少中间的流程，同时 DU 和 CU 则可以部署在同一位置，二者合二为一。对于低实时语音等一般业务，带宽和实时性要求不高，DU 可以部署在站点侧，多个 DU 连接到一个 CU，非实时功能 CU 可以部署在中心机房。

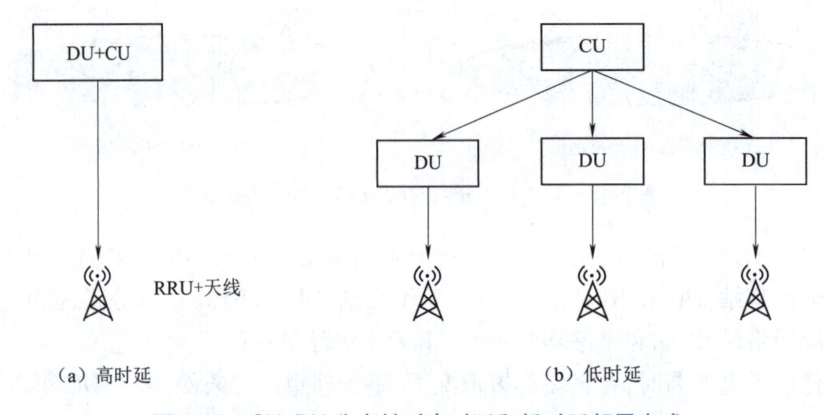

图 2-17 CU/DU 分离针对高时延和低时延部署方式

3. mMTC 业务 CU/DU 部署

对于面向垂直行业的机器通信业务，在建设 5G 网络时，需要考虑机器通信的特点。大规模机器类通信普遍对时延要求较低，其特点有两个：数据量少而且站点稀疏；站点数量多且分布密集。CU/DU 分离针对 mMTC 的部署方式如图 2-18 所示。

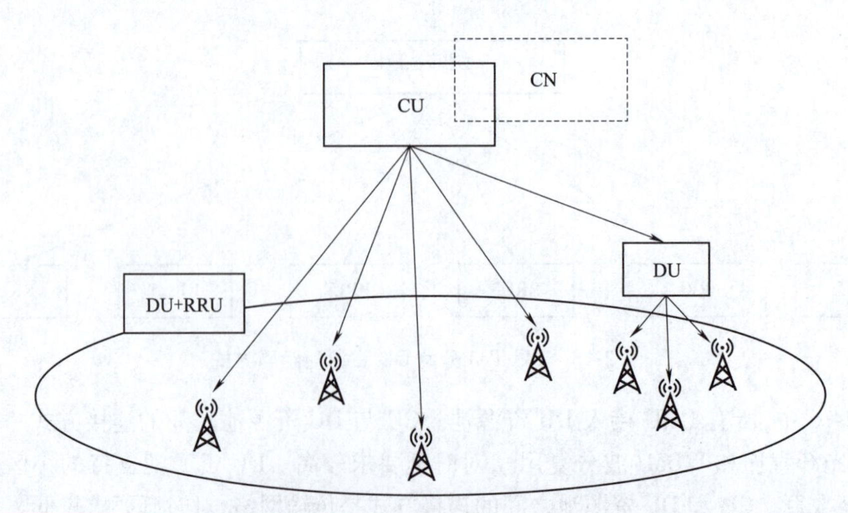

图 2-18 CU/DU 分离针对 mMTC 的部署方式

图2-18中,DU与RRU合设,然后接入CU。在实际应用时,多个DU与RRU合设的设备会接入同一个CU中。DU与RRU也可以分设,一个DU可以连接多个RRU,DU与RRU由CU进行集中管控。不同区域的物联网业务具备不同的特点,为了更好地支持业务,将CU和核心网共平台部署,以减少无线网和核心网的信令交互,降低海量终端接入引起的信令风暴,减少机房的数量。一个CU可以控制数量巨大的DU和RRU。

2.4 5G承载技术

5G的无线接入网架构中,将4G的BBU功能分成了CU和DU两部分。CU、DU可以合设,也可以根据需求进行分离和集中化处理。在CU、DU分离的情况下,5G承载相比于4G承载增加了CU与DU之间的中传部分,即分为前传、中传和回传三部分。其中,前传承载AAU与DU之间的流量,中传承载DU与CU之间的流量,回传承载CU与核心网之间的流量。5G前传仍将以光纤直连为主,中/回传的组网架构主要由城域接入层、城域汇聚层、城域核心层和省内/省际干线组成,如图2-19所示。

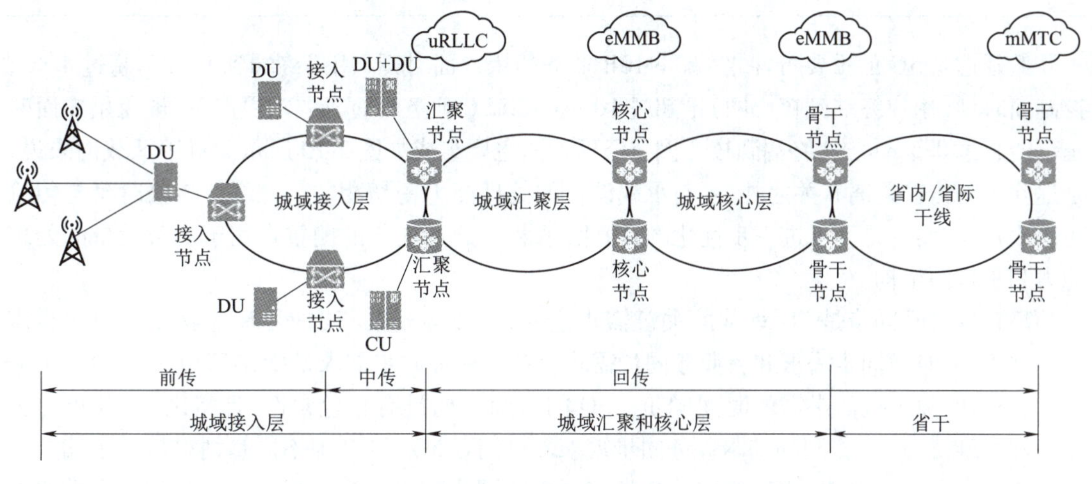

图2-19 5G承载网架构

2.4.1 5G承载需求

IMT-2020(5G)推进组在2018年6月发布的《5G承载需求分析》白皮书中指出,5G承载网需要满足三大性能需求和六大功能需求。在性能方面,5G承载网需要具有更大带宽、超低时延和高精度同步,以满足5G三大应用场景的需求。在组网及功能方面,5G承载网应实现多层级承载网络、灵活化连接调度、层次化网络切片、智能化协同管理、4G/5G混合承载以及低成本高速组网等,促进承载资源的统一管理和灵活调度。

相比于4G,5G单站的带宽将有数十倍的增长,为承载网的能力带来了巨大的挑战。5G前传距离一般为10~20 km,前传带宽需求与基站能力有关,其中频宽和天线数量是影响前传带宽的两个重要因素。为了提供高速率、高可靠性的无线服务,5G基站在低频频段上的频宽可达到 100 MHz(高频频段上可达 800 MHz),天线数量增加到 64T64R,甚至更高。目前,4G 的前传采用通用公共无线接口(common public radio interface,CPRI)。如果沿用 CPRI,5G 前传速率需达到 300 Gbit/s 以匹配基站的无线传输能力,应用压缩技术后速率需求也在 100 Gbit/s 量级。为了降低前传的压力,业界推出了增强通用公共无线接口(enhance common public radio interface,eCPRI),可将前传带宽压缩在 25 Gbit/s 之内。5G 中传的距离与 CU、DU 的集中化程度密切相关,一般情况下在 20 ~ 40 km 范围内。考虑前传 25 Gbit/s 的带宽需求,5G 中传的带宽为 25/50/100 Gbit/s。回传链路的距离最远,一般可达 40 ~ 80 km,5G 回传需要 $N\times100/200/400$ Gbit/s 速率。表 2-5 总结了 5G 承载网的带宽需求。

表 2-5 5G 承载网的带宽需求

位　置	距离/km	速率/(Gbit/s)
前传	10 ~ 20	25 ~ 100
中传	20 ~ 40	25 ~ 100
回传	40 ~ 80	$N\times100/200/400$
	>80	$N\times100/200/400$

低延迟是 5G 的重要特性之一。eMBB 业务的用户面时延(用户终端到 CU)不超过 4 ms,控制面时延(用户终端到核心网)不超过 10 ms;uRLLC 业务对时延要求更严苛,规定用户面时延不能超过 0.5 ms。从终端到核心网,5G 延迟的主要组成如图 2-20 所示。对于承载网来说,延迟除了与传输距离有关之外,还与承载设备的处理能力密切相关。光纤的传输时延与传输距离成正比,而且是不可进一步优化的,因此,承载网延迟优化的侧重点在于承载设备的处理能力和承载网架构。

高精度时间同步是 5G 承载的关键需求之一,主要体现在三方面:基本业务时间同步需求、协同业务时间同步需求和新业务同步需求。基本业务同步需求是指在 TDD 制式中为了避免上、下行时隙干扰而必需的时间同步。5G 的时隙结构具有自包含性,且相比于 4G 更为灵活,因此,维持与 4G 相同的基本业务同步需求即可满足 5G 系统,即不同基站空口时延偏差不多于 5 μs。相比于基本业务,协同业务具有更高的同步需求。为了提高系统性能,5G 需要充分发挥分布式 MIMO、协同多点传输(coordinated multi-point, CoMP)和载波聚合(carrier aggregation,CA)等协同技术的优势。这些技术通常要求同一 AAU(有源天线单元)的不同天线,甚至多个 AAU 之间同步协作,共同完成传输,因此,要求天线或基站之间保持严格的时间同步。对于车联网、工业互联网等新型 5G 业务,业界希望依托 5G 基站实现精准定位。5G 定位技术基于到达时间差(time difference of arrival,TDOA),因此,基站间的时间相位误差直接影响了定位的精度,因而高精度的时间同步尤为重要。

5G 承载的网络架构基于 4G 承载网架构,但有显著区别,如图 2-21 所示。由于出现了 CU、DU 分离的部署场景,5G 承载网将出现前传、中传和回传三级结构,其中,中传是 5G 承载网的新增层级。另外,虽然 5G 的中回传也分为接入、汇聚和核心 3 层,但由于核心网云化、MEC(多接入边缘计算)下沉等,城域核心汇聚网络将演进为面向 5G 回传和数据中心互联统一承载的网络。

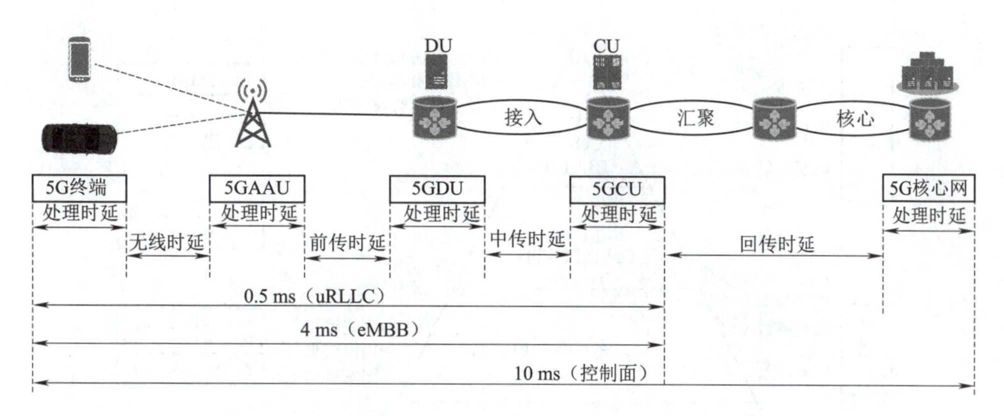

图 2-20　5G 延迟的主要组成

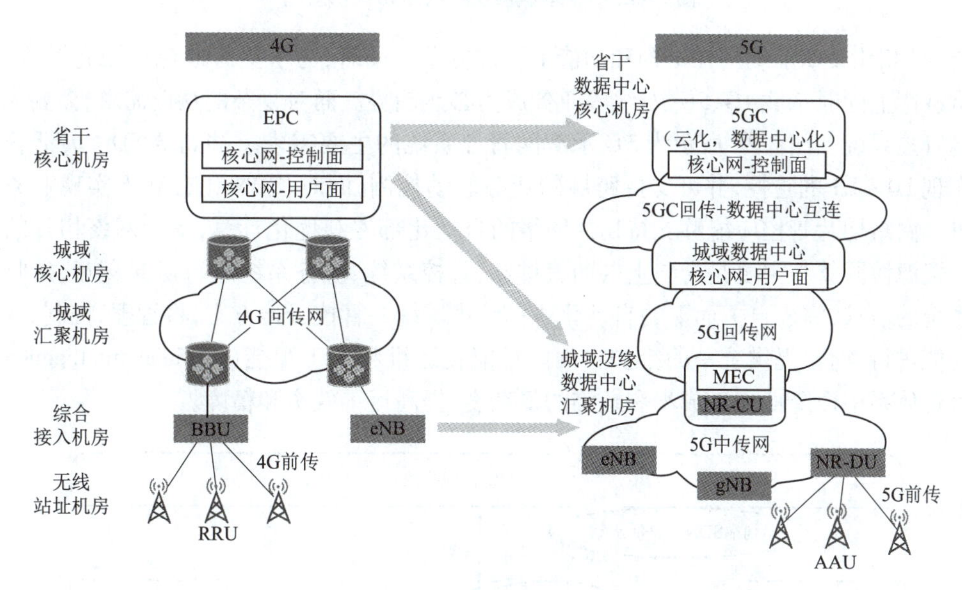

图 2-21　4G、5G 承载网架构对比

5G 网络服务化结构中的网络功能分布部署程度较高，与 4G 网络的集中部署相比，对业务连接的灵活调度需求更高。4G 基站主要以南北向的 S1 接口与核心网连接，且用户面 S1-U 与控制面 S1-C 的终止位置基本相同。5G 将用户面 UPF 下沉，而控制面 AMF 仍然位居集中化程度较高的核心网中，因而用户面 N3 接口和控制面 N2 接口的终止位置有很大差异。另外，5G 中一个用户可与多个 UPF 连接，UPF 与 UPF 之间也可通过 N9 接口连接。在无线侧，基站间的协同技术需要基站间 Xn 接口能力的配合。由此可见，在 5G 网络中的业务流量呈现网状连接，对承载网的调度能力具有很高的要求。因此，5G 承载应至少将 L3 功能下移到 UPF 和 MEC 的位置，以满足灵活连接调度的需求。

为了支持 5G 网络切片，承载需要提供支持硬隔离和软隔离的层次化网络切片方案。对于 uRLLC 业务和政企专线等，5G 承载应提供安全性高、延迟小的硬切片。对于 eMBB 等延迟和可靠性不敏感的业务，可利用软切片技术在 L2 与 L3 层级进行隔离并支持带宽捆绑，既可提高承载资源的利用率，又能满足 5G 高传输速率的业务需求。5G 承载层次化网络切片示意图如图 2-22 所示。

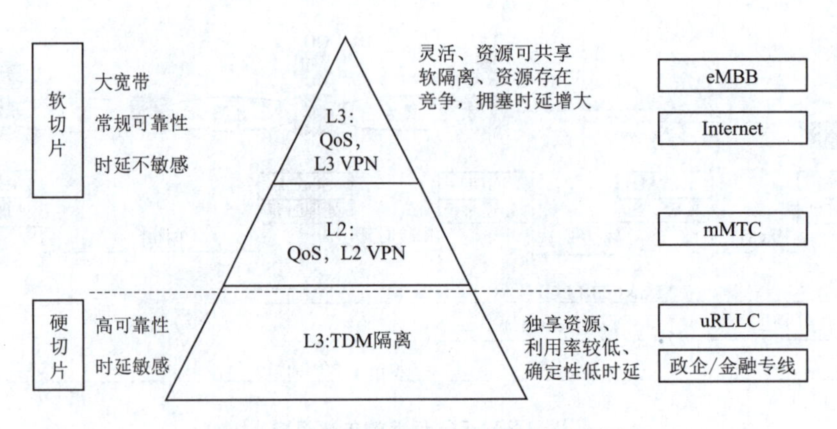

图 2-22　5G 承载层次化网络切片示意图

与 4G 相比,5G 承载网在结构和功能上更加复杂。同时,为了更有效地利用光缆资源,在同一承载网上同时承载 4G、5G、专线等业务成为必然趋势。面对复杂的功能需求,需要先进的承载网管控系统。图 2-23 所示为 5G 承载网管控系统的主要需求。端到端 SDN 灵活管控有助于实现 L0 ~ L3 的管控,并可支持跨层的业务联动控制,同时,SDN 化有利于实现业务的快速提供。网络切片管控应能够支持切片网络的自动化部署和优化计算,支持网络切片的按需定制。资源协同管控主要是指与上层的编排器、管控系统、业务系统进行协同交互,接收来自上层系统的需求,完成自上而下的自动化业务编排。统一管控云化方案,将管理、控制、智能运维等功能进行整合,提供统一的维护界面。智能化运维将人工智能(artificial intelligence,AI)引入管理体系中以降低人工成本和运维的复杂度、提高运维效率和精度。

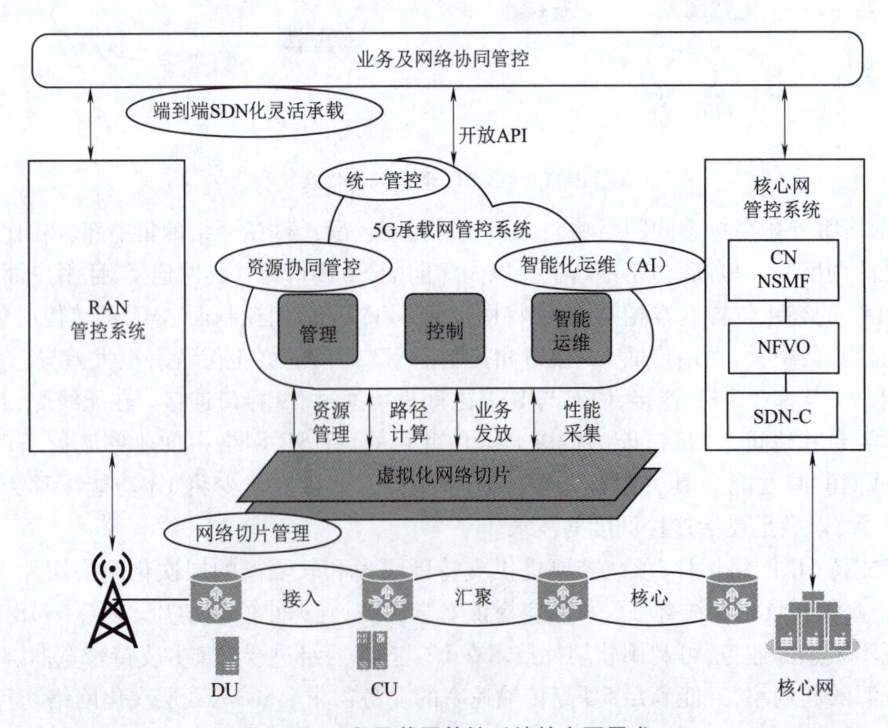

图 2-23　5G 承载网管控系统的主要需求

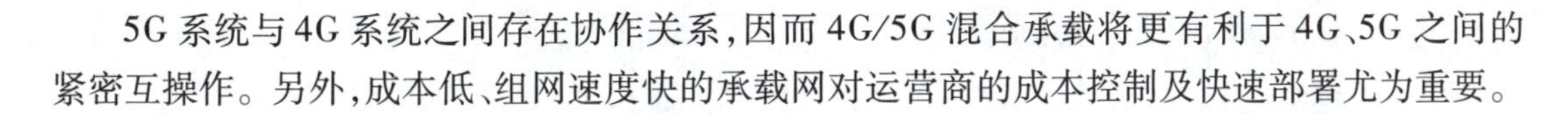

5G 系统与 4G 系统之间存在协作关系，因而 4G/5G 混合承载将更有利于 4G、5G 之间的紧密互操作。另外，成本低、组网速度快的承载网对运营商的成本控制及快速部署尤为重要。

2.4.2　5G 前传技术

5G 前传主要有分布式无线接入网（distributed radio access network，D-RAN）和集中式无线接入网（centralized radio access network，C-RAN）两种部署模式。其中，D-RAN 模式主要针对 CU/DU 合设的场景。C-RAN 又分为小集中和大集中两种部署模式。在 C-RAN 小集中部署模式中，CU/DU 分离、CU 云化部署；在 C-RAN 大集中部署模式中，CU 云化部署的同时，DU 也按需进行池化。5G 前传部署模式如图 2-24 所示。

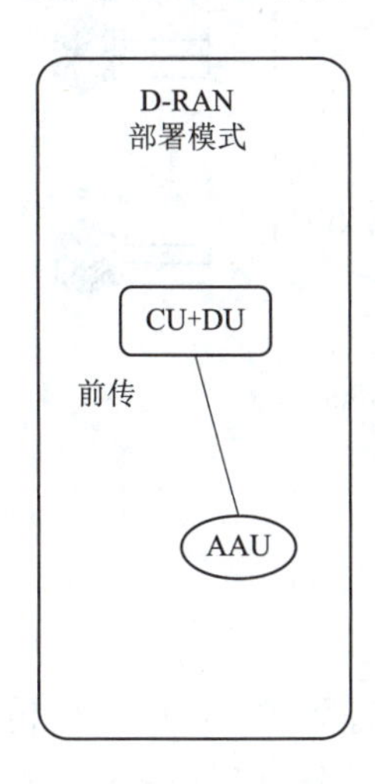

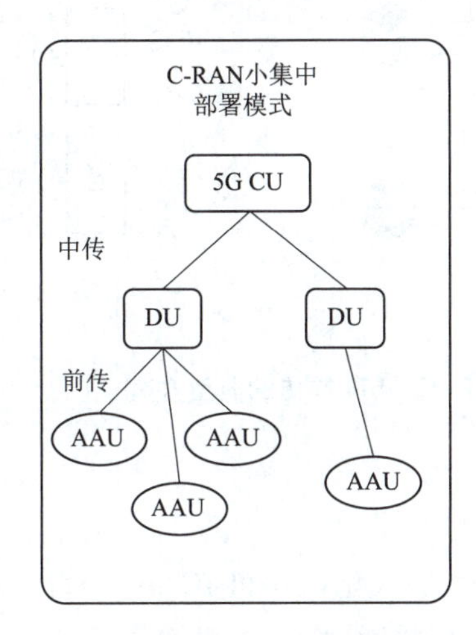

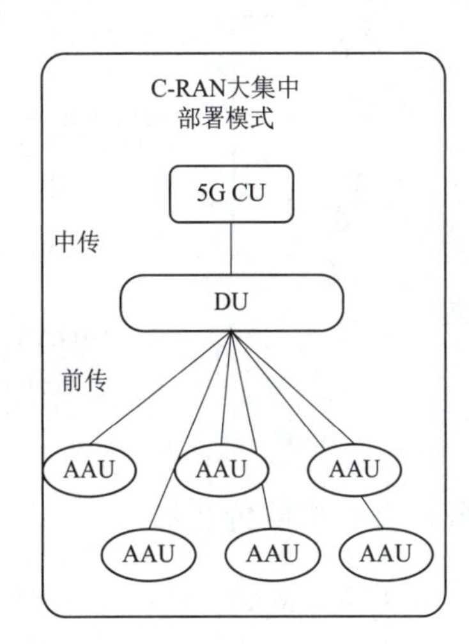

图 2-24　5G 前传部署模式

考虑成本和维护便利性等因素，5G 前传将以光纤直连为主。光纤直连采用点对点的拓扑结构，支持的传输距离较短，尤其需要较多的光纤资源。另外，光纤直连方式无法进行智能运维管理。在光纤资源不足的地区，可通过设备承载方案作为补充。5G 前传考虑的设备承载方案主要包括无源波分复用（WDM）、有源光传输网络（WDM/optical transport network，WDM/OTN）、切片分组网（slicing packet network，SPN）等。波分复用是在单个光纤上同时传输多个不同波长光载波信号的传输技术。波分复用实现了单光纤上的双向通信，同时获得容量倍增。无源 WDM 系统在发射机处使用多路复用器将几个信号连接在一起，并且在接收机处使用多路分解器将它们分开。无源 WDM 仅支持点对点拓扑，其光性能监控、光功率预算和传输距离经常受到限制，并且安装和管理过程比较复杂。有源 WDM/OTN 可实现包括环形、链形、星形等结构在内的全拓扑。ITU-T 将 OTN 定义为通过光纤链路连接的一组光网络元件（optical network element，ONE），能够提供承载客户信号的光信道的传输、复用、交换、管理、监督和恢复能力。WDM/OTN 是 L0/L1 的传输技术，具有大带宽、低延迟等特性。更重要的是，WDM/OTN 技术可同时承载 4G 和 5G 业务。SPN 是中国移动创新提出的一种传输技术，具备前传、中传和回传承载能力，便于实现端到端承载的统一管理。5G 前传的典型方案如图 2-25 所示。图中 25 G、100 G 代表 25 Gbit/s、100 Gbit/s。

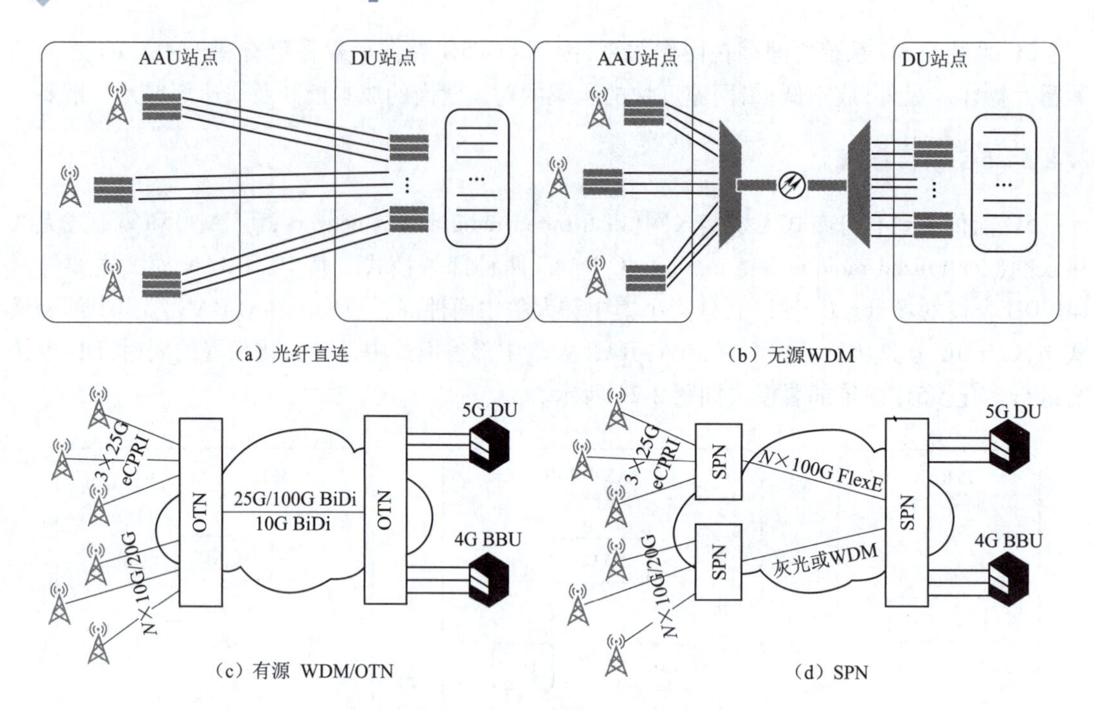

图 2-25 5G 前传的典型方案

2.4.3 5G 中回传技术

为了满足多层级承载灵活化调度、层次化切片和4G/5G 混合承载等需求,5G 的中回传承载需要支持 L0～L3 的综合传送能力,并通过 L0 的波分复用、L1 的时分复用(time division multiplexing,TDM)通道、L2 和 L3 分组隧道来实现层次化网络切片的能力。5G 和专线等大带宽业务需要5G 承载网络具备 L0 的单通路高速光接口和多波长的光层传输、组网和调度能力。L1 层 TDM 通道层技术不仅可以为5G 三大类业务应用提供支持硬管道隔离、OAM、保护和低时延的网络切片服务,还可以为高品质的政企和金融等专线提供高安全和低时延的服务。L2/L3 分组转发层技术是为5G 提供灵活连接调度和统计复用功能的关键,主要包括以太网、面向传送的多协议标签交换(transport profile for MPLS,MPLS-TP)和新兴的分段路由(segment routing,SR)等技术。在我国对5G 中回传承载方案的讨论主要集中在 SPN、面向移动承载优化的 OTN(M-OTN)、IP RAN 增强+光层三种技术解决方案上。IMT-2020(5G)推动组在《5G 承载网络架构和技术方案》中对比了上述三种方案,见表 2-6。

表 2-6 5G 承载典型技术方案研究

网络分层	主要功能	典型承载技术方案		
		SPN	M-OTN	IP RAN 增强+光层
业务适配层	支持多业务映射和适配	L1 专线、L2VPN、L3VPN、CBR 业务	L1 专线、L2VPN、L3VPN、CBR 业务	L2VPN、L3VPN

续上表

网络分层	主要功能	典型承载技术方案		
		SPN	M-OTN	IP RAN 增强+光层
L2 和 L3 分组转发层	为5G提供灵活连接调度、OAM、保护、统计复用和QoS保障能力	Ethernet VLAN MPLS-TP SR-TP/SR-BE	Ethernet VLAN MPLS-TP SR-TP/SR-BE	Ethernet VLAN MPLS-TP SR-TP/SR-BE
L1TDM 通道层	为5G三大类业务及专线提供TDM通道隔离、调度、复用OAM和保护能力	切片以太网通道	ODU_k ($k=0/2/4/flex$)	未定
L1 数据链路层	提供L1通道到光层的适配	FlexE 或 Ethernet PHY	OTU_k 或 OTU_{cn}	FlexE 或 Ethernet PHY
L0 光波长传送层	提供高速光接口或多波长传输、调度和组网	灰光或 DWDM 彩光	灰光或 DWDM 彩光	灰光或 DWDM 彩光

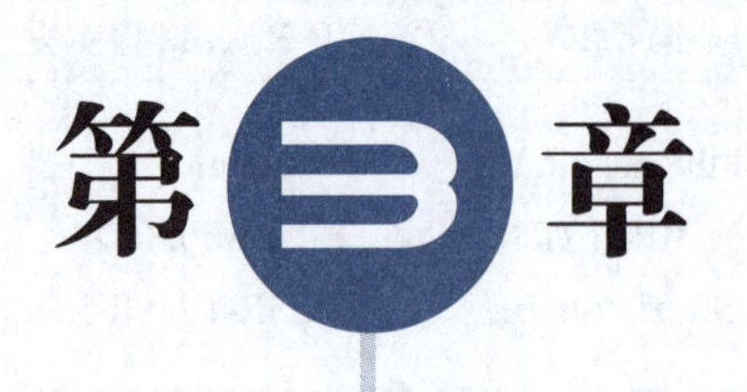

第三章 天线技术

本章导读

天线是一种变换器，它把传输线上传播的导行波变换成在无界媒介（通常是自由空间）中传播的电磁波，或者进行相反的变换。它是无线电设备中用来发射或接收电磁波的部件。馈线是接收天线到接收器之间的连线。馈线能有效地传送天线接收的信号，其畸变小、损耗小、抗干扰能力强。馈线与天线之间、馈线与接收机信号输入端之间应有良好的阻抗匹配。

本章知识点

①天线的辐射特性。
②天线的基本特性。
③天馈系统的基本概念。
④天馈系统的维护。
⑤MIMO 系统技术原理。
⑥大规模 MIMO 天线架构分析。

3.1 天线基础

天线的基本原理是电磁波的辐射。当导线上有交变电流流动时，电流通过导体时，就会产生磁场。当导体放置在磁场中时，就会产生电流，这就是天线的基本原理。在研究天线的工作原理前，先把天线分解，从基本电振子开始，到电对称振子，最后是天线阵列，也就是通常使用的“天线”。

3.1.1 天线的辐射特性

1. 基本电振子

基本电振子指无限小的线电流元，即其长度 L 远小于波长 λ。基本电振子的辐射是有方向性的。

2. 电对称振子

最简单的天线是对称振子。它由两段粗细相同、长度为 L 的直导线构成，在天线中间的两个端点之间馈电。其中，半波振子是指全部天线长度与波长的关系可表示为 $2L=\lambda/2$；全波振子是指全部天线长度与波长的关系为 $2L=\lambda$。

随着长度 L 的增加，方向图变得比较尖锐，$L\geqslant\lambda/2$ 时，除了主瓣外还有副瓣。$L=\lambda$ 时，在垂直于振轴线的方向没有辐射。$\lambda/2$ 的对称振子在 800 MHz 频段约 200 mm 长，在 400 MHz 频段约 400 mm 长。

基本电振子、半波振子、全波振子天线的增益见表 3-1。

表 3-1 基本电振子、半波振子、全波振子天线的增益

天线类型	增益/dBi
基本电振子	1.76
半波振子	2.14
全波振子	3.80

3. 辐射原理

导线载有交变电流时，可形成电磁波辐射。辐射的能力与导线的长短和形状有关，如图 3-1所示，若两导线的距离很近，电场被束缚在两导线之间，因而辐射很微弱；将两导线张开，电场就散播在周围空间，因而辐射增强。必须指出，当导线的长度 L 远小于波长 λ 时，辐射很微弱；导线的长度 L 增大到可与波长相比拟时，导线上的电流将大幅增加，因而就能形成较强的辐射。能产生显著辐射的直导线称为振子。

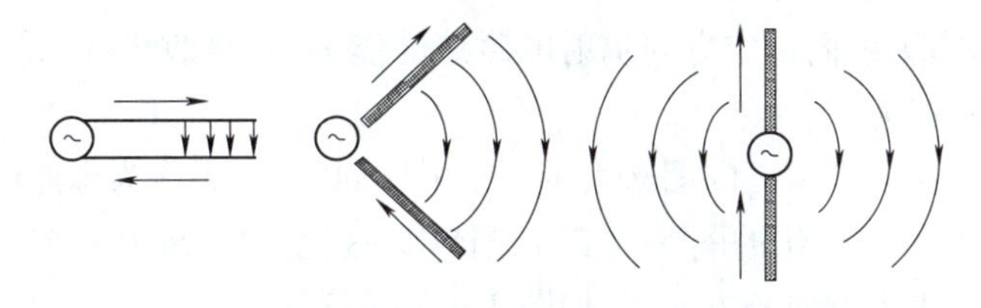

图 3-1 导线载交流电形成电磁波辐射示意图

天线的功能就是控制辐射能量的去向，一个单一的对称振子具有“面包圈”形的方向图。对称振子阵控制辐射能量构成“扁平的面包圈”，把信号集中到所需要的地方，如图 3-2 所示。例如，一个对称振子天线在接收机中有 1 mW 的功率，由四个对称振子构成的天线阵的接收机就有 4 mW 的功率，天线增益为 10 lg(4 mW/1 mW) =6 dBd。

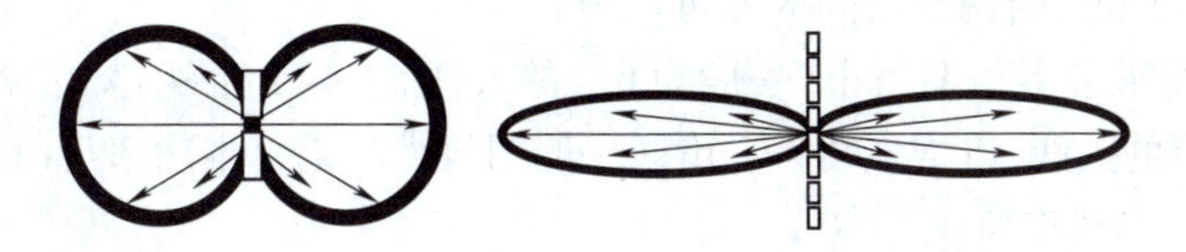

图 3-2 对称振子具有“面包圈”和“扁平的面包圈”形的方向图

利用反射板可把辐射能量控制聚焦到一个方向，反射面放在阵列的一边构成扇形覆盖天线，进一步提高了增益。例如，扇形覆盖天线与单个对称振子相比的增益为 10 lg(8 mW/1 mW) =9 dBd，如图 3-3 所示。

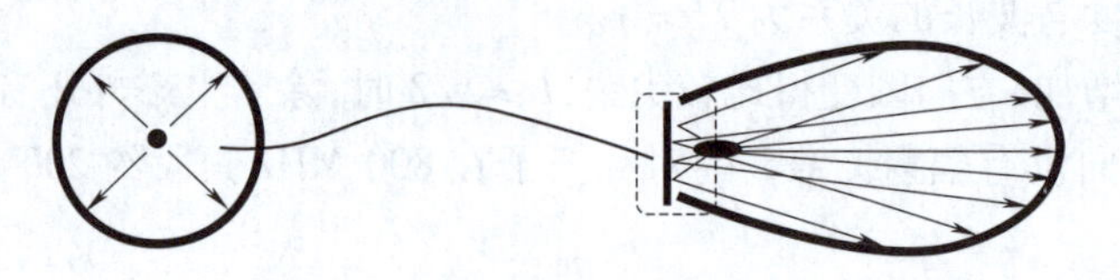

图 3-3 天线的扇形覆盖示意图

4. 天线阵列辐射

为加强某一方向的辐射强度，常把几副天线摆在一起构成天线阵，天线阵根据其排列可分为直线阵、平面阵和立体阵。天线阵的辐射特性主要取决于阵元数、阵元的空间位置、阵元电流振幅分布和阵元电流相位分布。一般主要考虑均匀直线式天线阵，各阵元天线以相等的间距排列成一直线，电流大小相等，相位以均匀比例递增或递减。

3.1.2 天线的基本特性

1. 方向角

天线辐射和接收电磁波是有方向性的，这表示天线具有向预定方向辐射或者接收电磁波的功能。如果用从原点出发的矢量长短表示天线各方向辐射的强度，则连接全部矢量端点所形成的包络就是天线的方向图。这种方向图称为立体方向图，它显示天线在不同方向辐射的相对大小。通常人们采用包括最大辐射方向的两个垂直的平面方向图来表示天线的立体方向图，并称为垂直方向图和水平方向图。

对发射天线，是指天线向一定方向辐射电磁波的能力，对接收天线，是指天线对来自不同方向的电磁波的接收能力。

天线方向的选择性通常用方向图来表示。辐射方向图：以天线为球心的等半径球面上，相对场强随坐标变量 ϕ 和 ψ 变化的图形。工程设计中一般使用二维方向图，可以用极坐标来表示天线在垂直方向和水平方向的方向图，如图 3-4、图 3-5 所示。

在图 3-4、图 3-5 垂直方向图中主瓣上方有旁瓣，该旁瓣越小越好，因为当天线下倾时，该旁瓣是造成对其他小区天线干扰的主要原因。三维方向图如图 3-6 所示。

天线发射和接收的能力一般集中在半功率角内，超过半功率角的范围，天线各个方面的性能将大幅降低。

在半功率角内的辐射场称为主波束宽度，其定义为：在主波束范围内，功率下降到最大值的一半(信号衰落 3 dB)时两点之间的夹角。

一般市区采用水平半功率角小(一般为 6°)的天线，以减少干扰，郊区采用水平半功率角较大(一般为 13°)的天线，以增强覆盖。市区一般用较大的垂直半功率角(13° ~15°)，郊区一般采用较小的垂直半功率角(6° ~9°)。

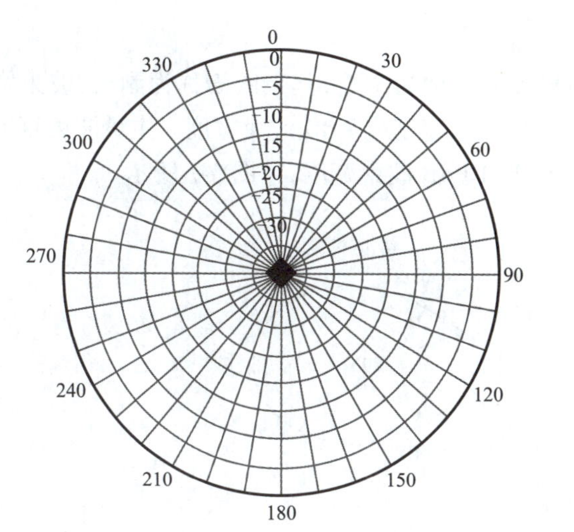

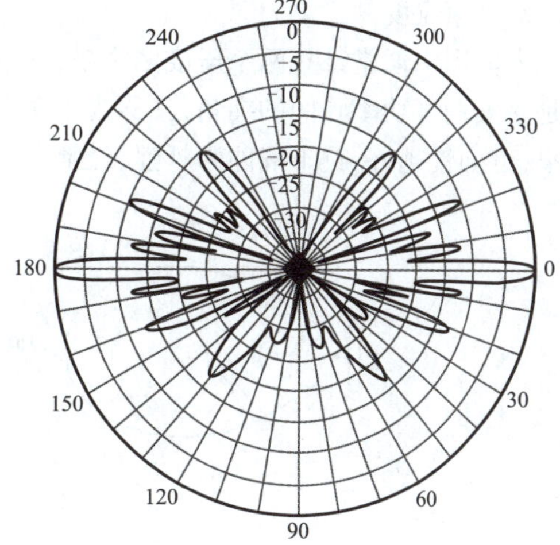

图 3-4 全向天线辐射方向图

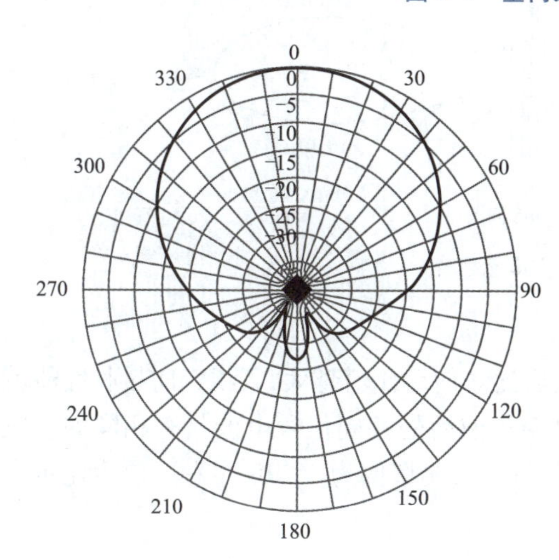

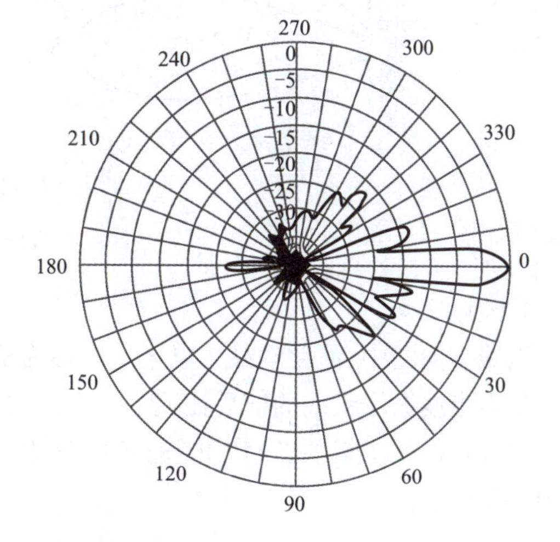

图 3-5 定向天线辐射方向图

图 3-6 三维方向图

2. 波束宽度

方向图中通常都有两个瓣或多个瓣，其中最大的瓣称为主瓣，其余的瓣称为副瓣，波束宽度是主瓣两半功率点间的夹角，又称为半功率（角）波束宽度或3 dB 波束宽度。主瓣波束宽度越窄，方向性越好，抗干扰能力越强，经常考虑 3 dB、10 dB 波束宽度，如图 3-7 所示。

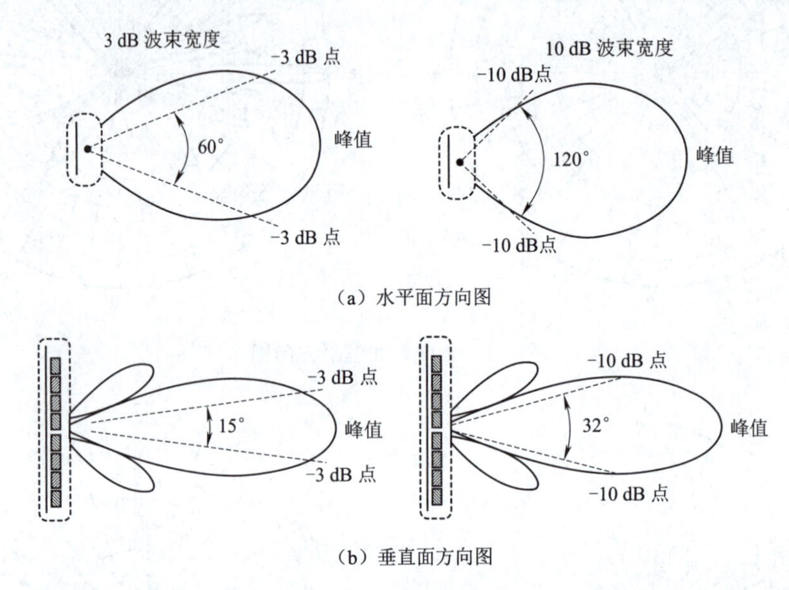

图 3-7 波束宽度示意图

3. 前后比

天线方向图中，前后瓣最大电平之比称为前后比。前后比值越大，天线定向接收性能就越好。基本半波振子天线的前后比，表示了对来自振子前后的相同信号电波具有相同的接收能力。以 dB 表示的前后比 = 10 lg（前向功率/反向功率），典型值为 25 dB 左右。前后比示意图如图 3-8 所示。

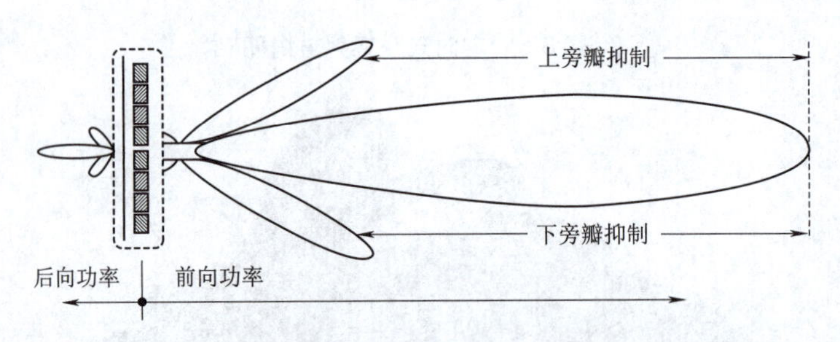

图 3-8 前后比示意图

4. 天线增益

天线的增益是表示天线在某一特定方向上能量被集中的能力。增益的定义为在相同的输入功率下，天线在最大辐射方向上某点产生的辐射功率密度和将其用参考天线替代后在同一点产生的辐射功率密度之比值。

需要注意的是：天线虽然有增益值，但天线通常是无源器件，它并不放大电磁信号。所谓的增益，是指将能量集中到一定方向，但总的能量不变。天线的增益是相对于理想点源天线或者基本偶极天线而言的。可以这样理解增益的物理含义——在一定的距离上的某点处产生一定大小的信号。如果用理想的无方向性点源作为发射天线，需要 100 W 的输入功率；而用增益为 $G=13$ dB $=20$ 的某定向天线作为发射天线时，输入功率只需 100 W/20 =5 W。换言之，某天线的增益，就其最大辐射方向上的辐射效果来说，与无方向性的理想点源相比，就是把输入功率放大的倍数。

如果参考天线为各向同性天线，增益用 dBi 表示；如果参考天线为半波振子天线，增益用 dBd 表示。由于半波振子本身有 2.14 dBi 的增益，所以 0 dBd =2.14 dBi，如图 3-9 所示。

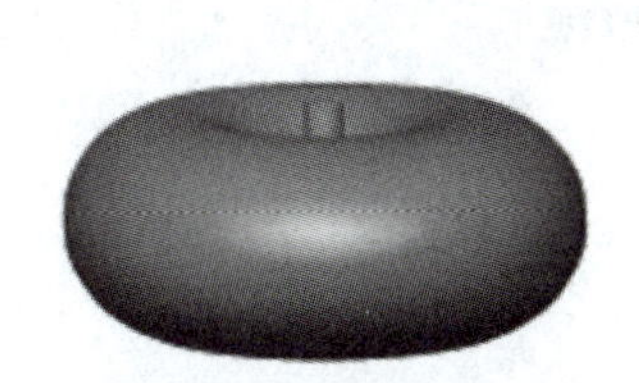
一个单一对称振子具有面包圈形的方向图辐射

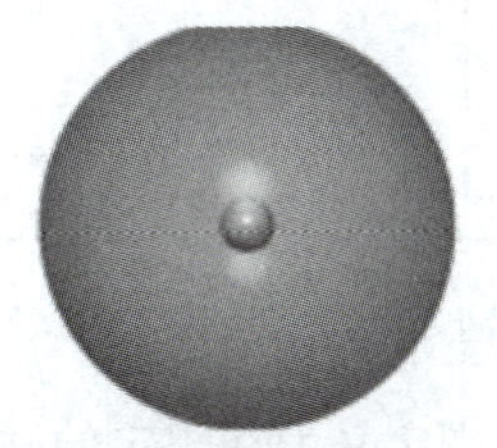
一个各向同性的辐射器在所有方向具有相同的辐射

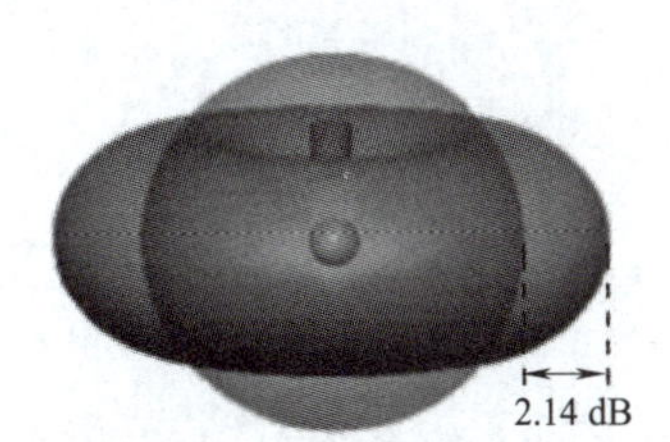

对称振子的增益为2.14 dB

图 3-9 天线的增益示意图

5. 天线的极化

极化是指在垂直于传播方向的波阵面上，电场强度矢量端点随时间变化的轨迹。如果轨迹为直线，则称为线极化波；如果轨迹为圆形或者椭圆形，则称为圆极化波或者椭圆极化波。

平面波按极化方式可分为线极化波、圆极化波（或椭圆极化波）。线极化波可分为垂直线极化波和水平线极化波；还有 ±45°倾斜的极化波。

通常基站使用的都是线极化天线，它可以产生垂直的极化波。也有双极化天线，它可以产生垂直和水平的极化波。为改善接收性能和减少基站天线数，基站天线开始用双极化天线，既能收发水平极化波，又能收发垂直极化波，如图 3-10 所示。

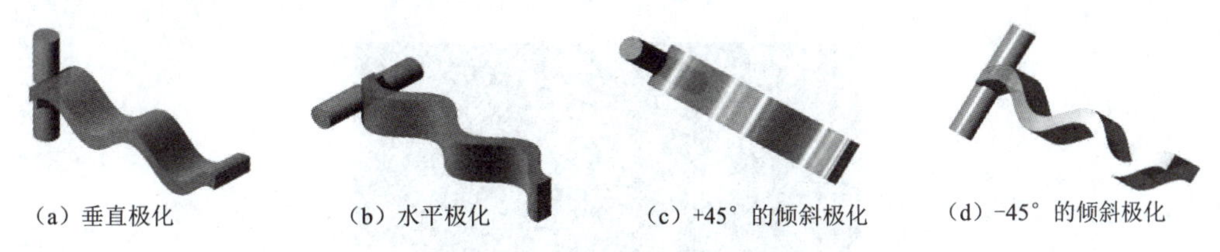
(a) 垂直极化　(b) 水平极化　(c) +45° 的倾斜极化　(d) −45° 的倾斜极化

图 3-10 天线的极化示意图

6. 天线的带宽（工作频段）

无论是发射天线还是接收天线，它们总是在一定的频率范围内工作的。通常，工作在中心频率时，天线所能输送的功率最大，而偏离中心频率时，它所输送的功率都将减小，据此可以定义天线的频率带宽。

带宽通常定义为天线增益下降 3 dB 时的频带宽度，或在规定的驻波比下天线的工作频带宽度。带宽是指天线处于良好工作状态下的频率范围，超过这个范围，天线的各项性能将变差。工作带宽可根据天线的方向图特性、输入阻抗或电压驻波比的要求确定。在移动通信系统中,天线的工作带宽是指当天线的输入驻波比≤1.5 时的带宽,当天线的工作波长不是最佳时,天线性能会下降。在图 3-11 中,天线的频带宽度 = 890 MHz - 820 MHz = 70 MHz。

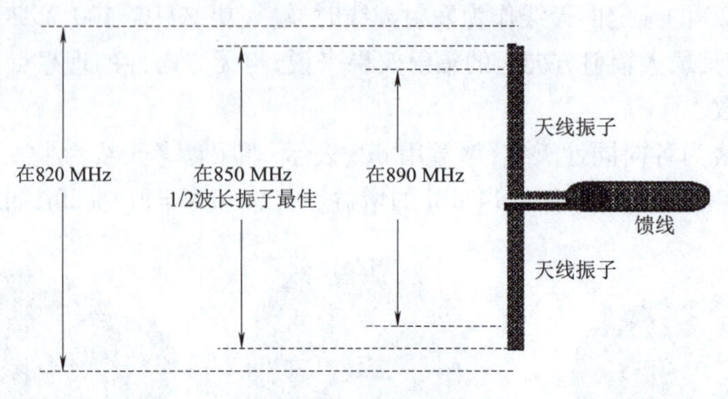

图 3-11 天线带宽示意图

在移动通信系统中,工作频率范围定义为在规定的驻波比下天线的工作频率宽度。当天线的工作波长不是最佳时,天线性能有所下降。在天线的工作频带内,天线性能下降不多,仍然可以接受。天线的特性、功能都与功率相关,天线的各种参数在偏离中心频率后往往会发生变化。

3.1.3 基站天线的应用

1. 基站天线的类型

基站天线主要有以下几类:

(1)板状天线

板状天线(见图 3-12)是用得最普遍的一类极为重要的基站天线。这种天线的优点是:增益高、扇形区方向图好、后瓣小、垂直面方向图俯角控制方便、密封性能可靠、使用寿命长。板状天线也常常用作直放站的用户天线,根据作用于扇形区的范围,选择相应的天线型号。

图 3-12 板状天线

(2)八木定向天线

八木定向天线(见图3-13)具有增益较高、结构轻巧、架设方便、价格便宜等优点。因此,它特别适用于点对点的通信,是室内分布系统中室外接收天线的首选天线类型。八木定向天线的单元数越多,其增益越高,通常采用6~12单元的八木定向天线,其增益可达10~15 dB。

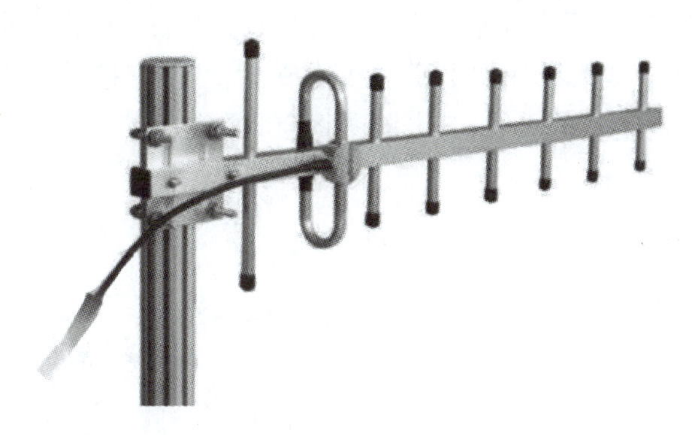

图3-13　八木定向天线

(3)室内吸顶天线

室内吸顶天线(见图3-14)必须具有结构轻巧、外形美观、安装方便等优点。现今市场上见到的室内吸顶天线,外形花色很多,但其内芯的构造几乎都是一样的。这种吸顶天线的内部结构,虽然尺寸很小,但由于是在天线宽带理论的基础上,借助计算机的辅助设计,以及使用网络分析仪进行调试,所以能很好地满足在非常宽的工作频带内的驻波比要求。按照国家标准,在很宽的频带内工作的天线其驻波比指标为VSWR≤2。当然,能达到VSWR≤1.5更好。室内吸顶天线属于低增益天线,一般为$G=2$ dB。

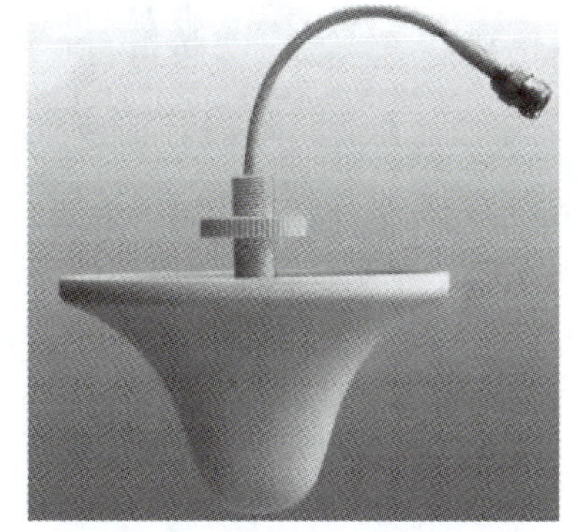

图3-14　室内吸顶天线

(4)室内壁挂天线

室内壁挂天线(见图3-15)同样必须具有结构轻巧、外形美观、安装方便等优点。现今市场上见到的室内壁挂天线,外形花色很多,但其内芯的构造几乎也都是一样的。这种壁挂天线的内部结构,属于空气介质型微带天线。由于采用了展宽天线频宽的辅助结构,借助计算机辅助设计,并使用网络分析仪进行调试,所以能较好地满足工作宽频带的要求。室内壁挂天线具有一定的增益,大约为$G=7$ dB。

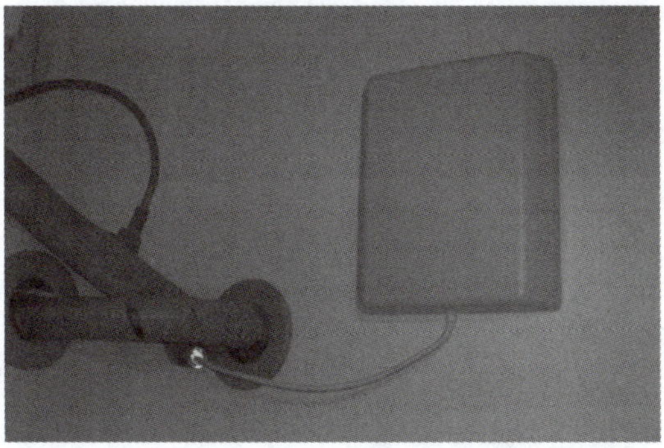

图3-15　室内壁挂天线

(5)全向天线

全向天线(见图3-16)在水平方向功率均匀地辐射,垂直方向图上,辐射能量是集中的,可获得天线增益。水平方向图的形状基本为圆形。一般由半波振子排列成的直线阵构成,并把所要求的功率和相位馈送到各个半波振子,以提高辐射方向上的功率。可以将半波振子按照直线排列,振子单元数量每增加一倍,增益增加 3 dB,通常全向天线的增益值是 6 ~ 9 dBd。它受限制的因素主要是物理尺寸。

(6)定向天线

定向天线(见图 3-17)在垂直和水平方向上都具有方向性,水平和垂直辐射方向图是非均匀的。定向天线一般由直线天线阵加上反射板构成,也可以直接采用方向天线(八木天线),其增益为 9 ~ 20 dBd。高增益的天线,其方向图将会非常狭窄。

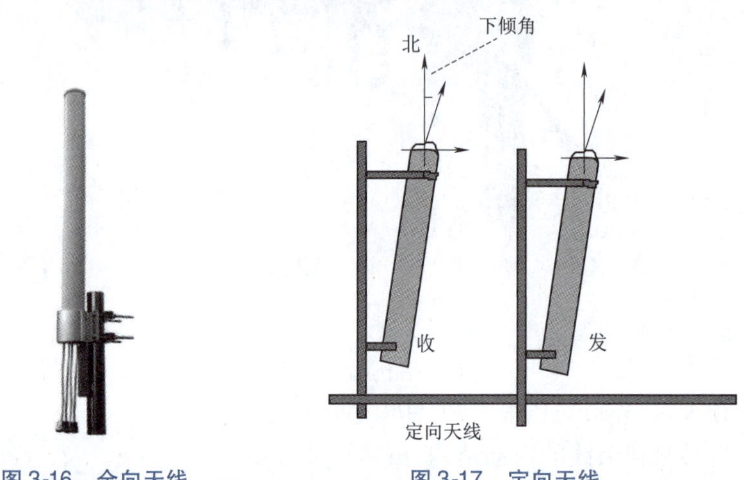

图 3-16 全向天线　　图 3-17 定向天线

定向天线常称为扇区天线,辐射功率或多或少集中在一个方向。使用定向天线有两个原因:覆盖扩展及频率复用。使用定向天线可降低蜂窝移动网中的干扰。定向天线一般由 8 ~ 16 个单元的天线阵构成,如图 3-18 所示。

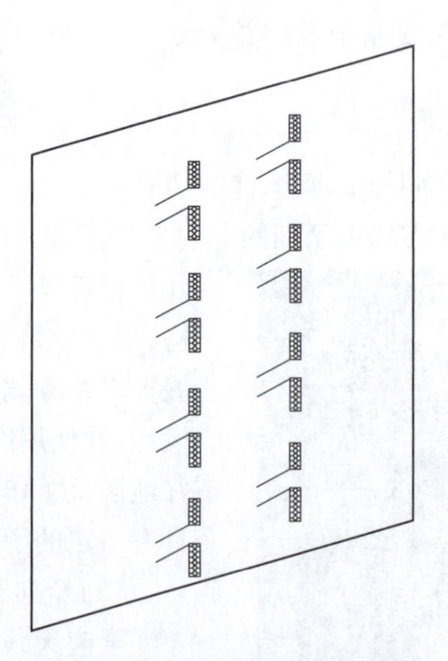

图 3-18 8 ~ 16 个单元的天线阵

(7)智能天线

智能天线最早应用于军事,在20世纪90年代,开始应用在GSM(全球移动通信系统)上。智能天线技术在4G、5G系统中显得非常重要,主要有多波束智能天线与自适应智能天线。

多波束智能天线有多个波束,波束指向固定,宽度随阵元数定,采用波束切换技术跟踪用户移动,基站自动选择不同的波束,使接收信号最强。

多波束智能天线系统如图3-19所示,系统必须在多波束智能天线与基站间添加射频交换矩阵。该天线由四个置于一条直线且相距半个波长的阵元组成,在一个传统基站120°扇区内,产生四个30°的并行窄波束,多波束智能天线通过检测上行链路的到达方向(DOA)选择对应的下行链路的最佳波束。

使用多波束智能天线的系统可实现波束分集,解决衰落问题。分集接收的两个支路信号取自多波束智能天线两个波束的接收信号,采用波束分集时,要求系统选择两个最佳波束,通过射频交换矩阵与接收机的两个分集接收端连接。

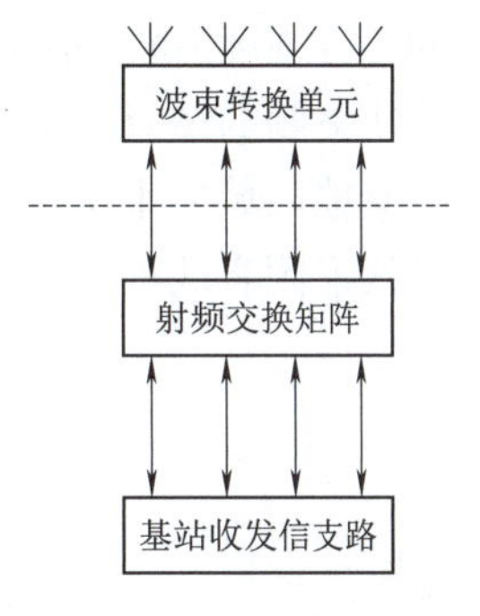

图3-19 多波束智能天线系统

(8)其他特殊的天线

用于特殊场合信号覆盖的天线,例如,泄漏同轴电缆。泄漏同轴电缆外层窄缝允许所传送的信号能量沿整个电缆长度不断泄漏辐射,它能够起到连续不断的覆盖作用,主要用于室内覆盖和隧道的覆盖,使接收信号能从窄缝进入电缆传送到基站。使用泄漏同轴电缆时,没有增益。为了延伸覆盖范围可以使用双向放大器,通常能满足大多数应用的典型传输功率值是20~30 W,但是价格昂贵。

(9)多天线系统

收发双方任意一方配备了多根天线就是多天线系统。最简单的类型是在塔上相反方向安装两个方向性天线,通过功率分配器馈电。其目的是用一个小区覆盖较大区域,比用两个小区所使用的信道数要少。当不能使用全向天线,或所需的增益(较大的覆盖面积)比一个全向天线系统所能提供的要大时,可用多天线系统来形成全向方向图。典型增益是单独天线增益减去功率分配器带来的3 dB损耗。

2. 典型的移动基站天线技术指标

①有效辐射功率(ERP):ERP以理论上的点源为基准的天线辐射功率,基站天线的ERP表示为$ERP=P-L_c-L_f+G_a$。其中,P是基站输出功率,L_c是合路器损耗,L_f是馈线损耗,G_a是基站天线增益。

基站天线增益用dBi表示,为等效各向同性辐射功率(EIRP)。

②典型指标:增益15 dBi;极化方式为垂直极化;阻抗50;反向损耗>18 dB;前后比>30 dB;可调下倾角2°~10°;3 dB(半功率)波束宽度,水平64°,垂直18°;10 dB波束宽度,水平120°,垂直30°;垂直上旁瓣抑制<-12 dB,垂直下旁瓣抑制<-14 dB。

3.1.4 天线下倾技术

天线下倾主要是改变天线的垂直方向图主瓣指向,使垂直方向图的主瓣信号指向覆盖小区,而垂直方向图的零点或副瓣对准受其干扰的同频小区。改善服务小区覆盖范围内的信号强度,提高服务小区内的 C/I(干扰保护比)值,减少对远处同频小区的干扰,提高系统的频率复用能力,增加系统容量,改善基站附近的室内覆盖性能。

天线下倾可改善系统的抗干扰性能,是降低系统内干扰最有效的方法之一。利用调整天线垂直方向的主瓣,使其指向需要覆盖的区域,使天线的能量集中在设计区域里,既能提高该区域的信号强度,也能减少对其他区域的干扰。

天线下倾的结果是覆盖区域场强改变,通常情况下,下倾后覆盖范围将减少,话务量降低,同时对其他区域的干扰也减少。

天线下倾有两种实现方式:机械下倾和电下倾,如图 3-20 所示。

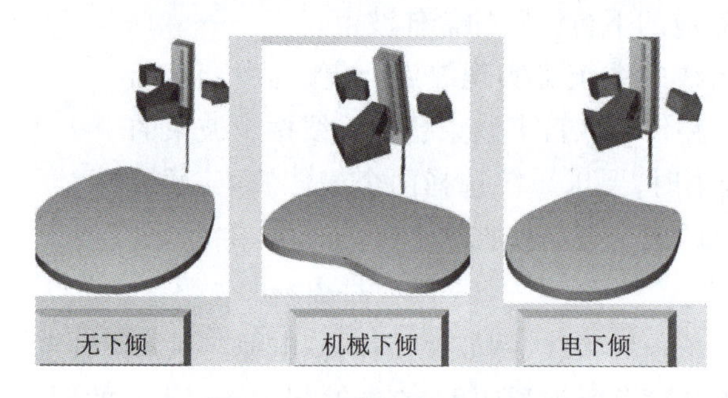

图 3-20 天线下倾示意图

1. 机械下倾

机械下倾是利用天线的机械装置来调节天线立面相对于地平面的角度。机械下倾天线随着下倾角的增加,在超过 10°后,其水平方向图将产生变形,在达到 20°时,天线前方会出现明显的凹坑,如图 3-21 所示。

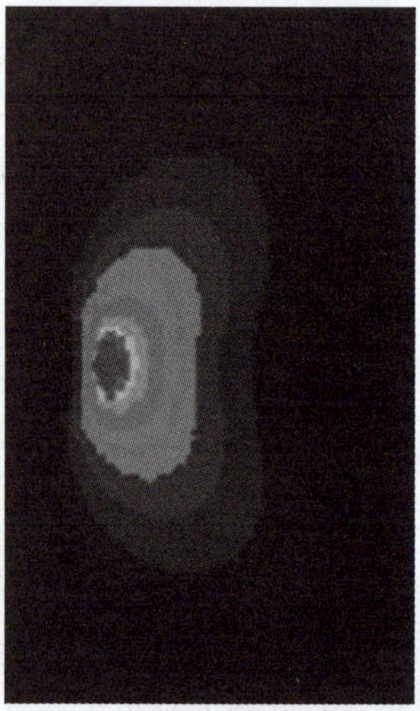

利用方向图中的凹坑可以减少同频干扰,将天线方向图中的凹坑准确地对准被干扰小区。对水平波束宽度为 60°的天线,向下倾斜角应选 14° ~16°,此时凹坑最大。为保证其覆盖范围,还须调整基站发射功率,不同类型的天线,垂直方向图不同,凹坑所对应的下倾角也不同。在城市里,每个小区的覆盖范围不会很大,有的只有 500 m 左右,在这种情况下,即使是机械下倾,其下倾角也可以达到 20°,因为虽然有明显的凹坑,但是 500 m 之内的正前方还是可以满足通话要求,而且,话务量未必就只集中在正前方,两旁的话务也是正常的。

图 3-21 天线前方的凹坑

利用天线下倾降低同频干扰时,下倾角须根据天线的三维方向图具体计算后再选择。改善抗同频干扰能力的大小并不与下倾角成正比。要尽量减小对同频小区的干扰,且要保证满足服务区的覆盖范围。考虑实际地形、地物的影响。下倾角较大时,须考虑天线前后比和旁瓣的影响。进行场强测试和同频干扰测试,确认 C/I 值的改善程度。服务小区天线固定下倾 0° ~13°时的载干比 C/I 分布图如图 3-22 所示。

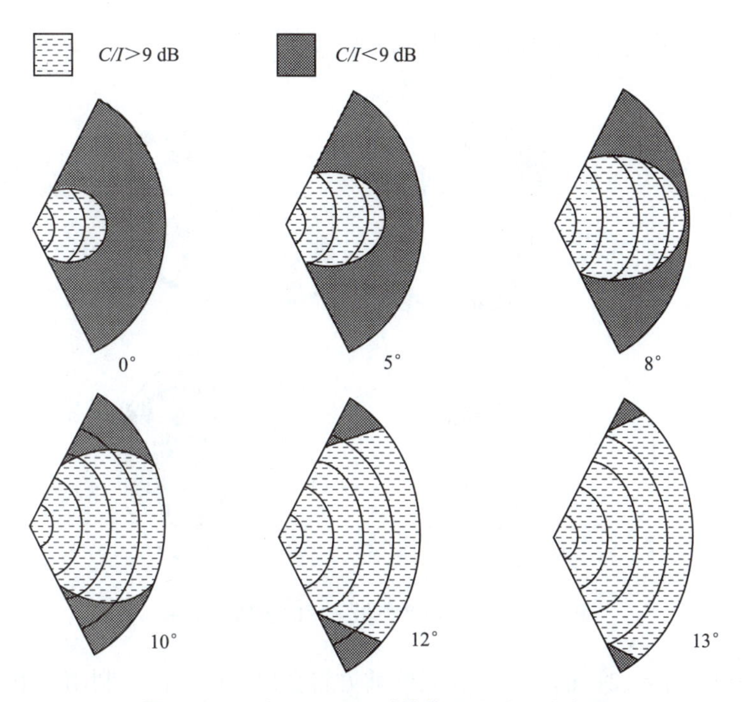

图 3-22　下倾 0°～13°时的载干比 C/I 分布图

2. 电下倾

电下倾是通过调节天线各振子单元的相位来改变天线垂直方向的主瓣方向，此时天线仍保持与水平面垂直，如图 3-23 所示。

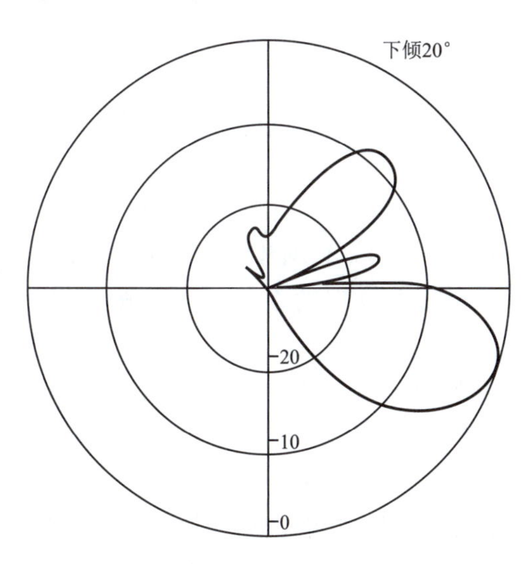

图 3-23　电下倾垂直方向图

理论上电下倾不会改变天线的水平方向图。目前有的电下倾天线在出厂时就已经默认有 3°的下倾角。使用电下倾天线，当下倾角达到 20°时，将可以取得非常好的能量集中效果，但是由于受到天线自身高度的限制，很难取得太大的下倾角。

电下倾和机械下倾的波形对比图如图 3-24 所示。

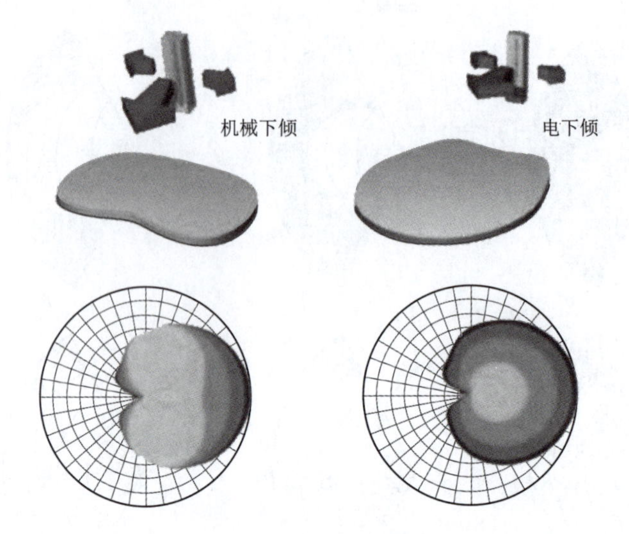

图 3-24 电下倾和机械下倾的波形对比图

但是当天线增益很大时，也要注意在天线前方将会出现的盲区。利用波束赋形技术，设计向下倾斜或抗干扰性更好的阵列定向天线，水平方向图形状不变化，覆盖范围减小，天线辐射能量集中在服务区内，对其他小区干扰很小。

3.2 天馈线安装与测量

3.2.1 天馈系统的基本概念

1. 驻波比

(1)驻波比的概念

驻波比(voltage standing wave ratio, VSWR)定义为线上的电流(电压)最大值与电流(电压)最小值之比或者天线前射和反射功率的一种比值，是用于测量天线好坏的一种参考值。

对天馈线进行测试主要是通过测量其驻波比(VSWR)或回损(return loss)的值及隔离度(isolation)来判断天线的安装质量。

(2)驻波比告警

RBS200 基站发射天馈线的驻波比告警一般设为 1.5，RBS2000 站的驻波比一级告警为 2.2，二级告警为 1.8。

(3)基站发射天线之间的隔离度

RBS200 基站发射天线之间的隔离度应大于 40 dB，发射与接收天线之间的隔离度应大于 20 dB。RBS2000 基站发射天线之间的隔离度应大于 30 dB，发射与接收天线之间的隔离度应大于 30 dB。

（4）驻波比的测量

对天馈线测试的仪器有频谱仪、TDR 和 SiteMaster，如图 3-25 所示。目前使用较多的是 SiteMaster，它是一种用于测量回损、驻波比和电缆损耗的专用工具。SiteMaster 的优点有：可直接测得天馈线驻波比的数值，可以测天线的隔离度和回损；可以快速地进行故障定位（DTF）；可以测缆线的插入损耗和基站的发射功率。天馈线的测试包括天线、硬馈线、软跳线和 ALNA。

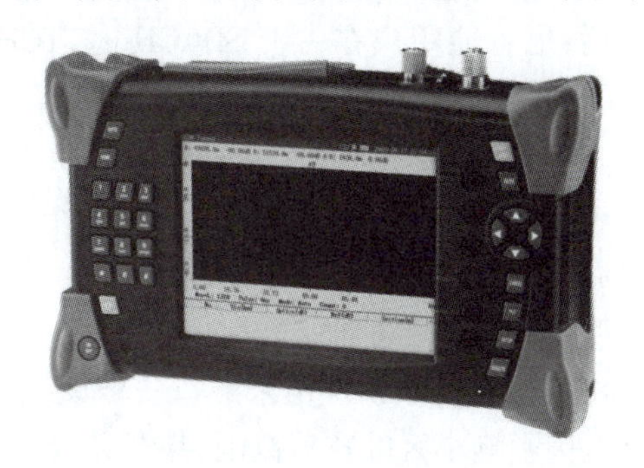

图 3-25 天馈线测试仪

2. 馈线

馈线是连接天线和发射机（接收机）输出（或输入）端的导线，又称为传输线。馈线主要分为主馈线和跳线两部分，如图 3-26、图 3-27 所示。

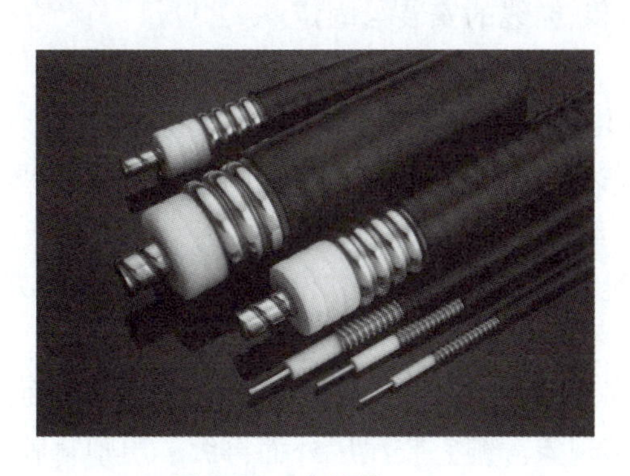

图 3-26 主馈线

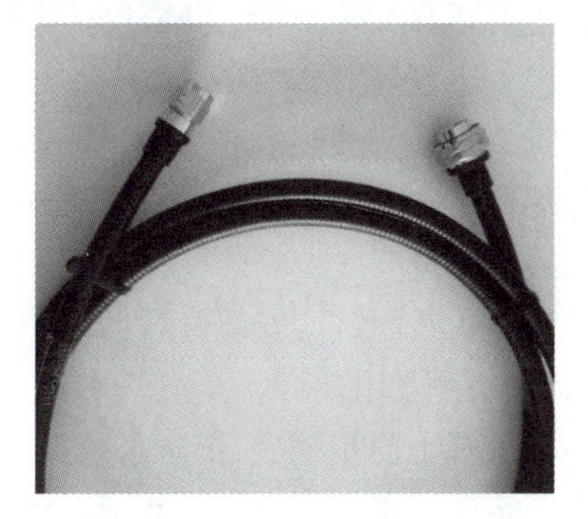

图 3-27 跳线

对于移动通信基站，主馈线是连接基站设备与天线的主要部分。主馈线主要包括 1/2 馈线、7/8 馈线和 5/4 馈线三种。

跳线用于转接主馈缆与机柜之间及主馈缆与天线之间的转接线，用于信号的传输，其特点是具有较深的螺旋皱纹，以便弯曲和抵抗侧压力，外护套使用了低密度聚乙烯，使电缆容易弯曲并且具有耐磨和防潮功能。

3. 天馈系统对覆盖范围的影响

天馈系统是整个基站中经常出现故障的部分，而且对系统的性能影响较大。天线检查工作在硬件清障中工作量较大，特别是在南方沿海地区，由于台风的因素导致对天线系统的影响更加明显。通常，天线检查工作可归纳为以下几部分：

①天线方位角与倾角检查：检查天线方位角与倾角是否符合设计要求，它们是无线网络

规划的重要参数，如果不符合设计要求，必然出现小区覆盖异常、邻区表设置错误等情况，从而产生掉话和切换失败。在早期网络建设中，同一扇区通常采用两副或者三副天线的配置，此时同一扇区的天线方向必须一致，也就是同一扇区的天线的方位角与倾角必须相同。如果天线方向不一致，不仅影响分集接收的效果，而且两副天线的覆盖范围不同，BCCH（广播控制信道）和 SDCCH（独立专用控制信道）有可能从两副不同的天线发出，用户有可能收到 BCCH 后，却无法占上 SDCCH 引起掉话，也可能用户在占上 SDCCH 时，TCH（业务信道）被指定为另一副天线发射，用户有可能收不到信号而掉话。

注意：采用分集接收时，同一扇区两根天线之间的距离还须不小于 3 m。

②馈线的检查：检查每一根馈线的驻波比是否符合要求（小于 1.3）。驻波比过高，即反射功率偏高，会导致小区的覆盖范围缩小，甚至还会发生掉话或者切换失败，从而使得该小区无法有效地吸收话务，引起邻近小区的阻塞。

③馈线与天线连接的检查：检查基站顶部出来的每一根馈线是否正确地连接到相应的扇区。如果连接不正确，不仅直接影响小区的覆盖范围，甚至导致邻频或同频干扰与邻区设置不正确，以至于系统性能下降。

4. 天馈线安装、测量连接方法

天馈线系统的安装正确与否，直接影响系统的性能，其维护质量的好坏，又直接影响网络的通信质量，因此提高天馈线系统工程施工质量和维护质量，是移动通信基站工程建设不可忽视的重要环节。天馈系统安装包括天线的组装、馈线的安装与固定。

（1）天线的组装

①在吊装天线之前，首先对天线进行组装。天线设备通常包括三样物品：天线、固定架、配套螺钉。先固定天线顶部的可调节角度的支架，再安装天线底部的固定架，按设计要求调整好天线倾斜角度。

②在天线固定架安装好后，安装 1/2 软跳线，软跳线起到接口转接的作用。用手对正然后拧入，用扳手紧固即可。

③完成上面步骤后，把防水胶泥从天线根部的接口向下缠。在缠胶泥的过程中，后缠的胶泥一定要压在上面的一层上，不允许有断续现象。缠完胶泥后外面再缠一层塑料胶带，要求松紧适度。

天线系统的安装有两种情况：楼顶增高架和铁塔上安装。两种安装方式在安装工艺、工序上没有大的区别，都是天线安装位置的确定，天线的搬运、吊装，天线的调整、固定。

天馈线安装示意图如图 3-28 所示。

（2）馈线安装与固定

①馈线的量裁布放，按照节约的原则，先量后裁。馈线的允许余量为 3%。制作馈线接头时，馈线的内芯不得留有任何遗留物。接头时必须做到紧固无松动、无划伤、无露铜、无变形。

②布放馈线时，应横平竖直，严禁相互交叉，必须做到顺序一致。两端标识明确，且两端对应。标识应粘贴于两端接头向内约 20 cm 处。

③馈线必须用馈线卡子固定，垂直方向馈线卡子间距≤1.5 m，水平方向馈线卡子间距≤1 m。如果无法用馈线卡子固定，可用扎带将馈线之间相互绑扎。

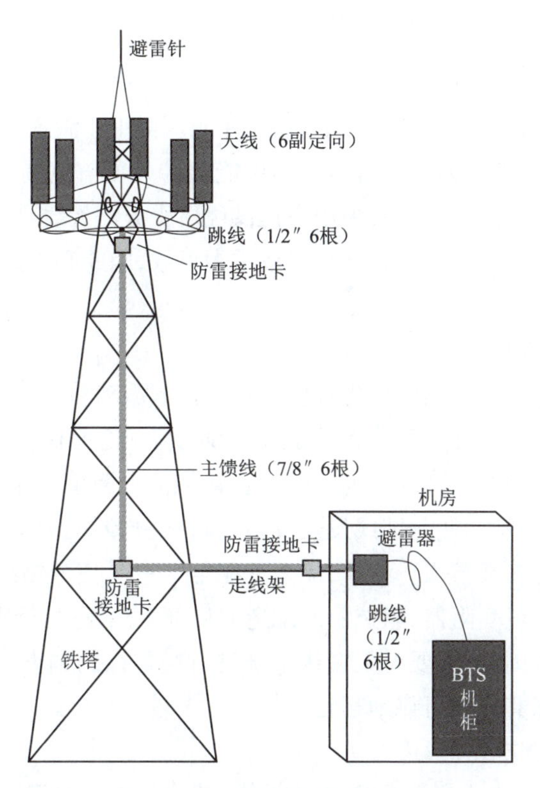

图 3-28　天馈线安装示意图

注意:馈线的单次弯曲半径应符合以下要求:7/8 馈线 >30 cm,5/4 馈线 >40 cm,15/8 馈线 >50 cm,或大于馈线直径的 10 倍。馈线多次弯曲半径应符合以下要求:7/8 馈线 >45 cm,5/4 馈线 >60 cm,15/8 馈线 >80 cm。

馈线位置示意图如图 3-29 所示。

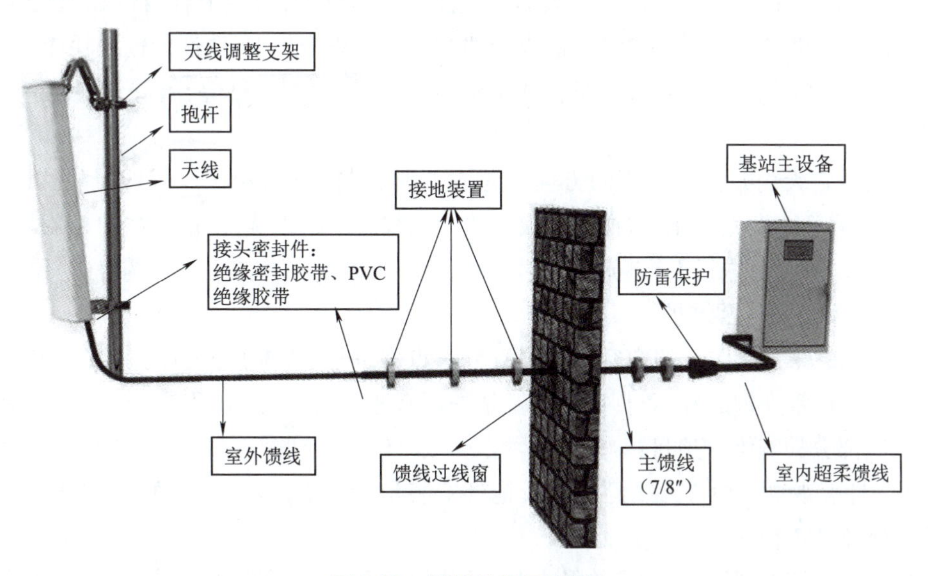

图 3-29　馈线位置示意图

3.2.2 天馈系统的维护

移动通信作为服务行业,只有提高通信质量,才能赢得用户满意。移动网络优化工作的目的在于提高网络质量。天馈线系统正常运行不仅能够扩大覆盖范围,减少盲区,提高覆盖率,而且能够减少干扰、串话、降低掉话率,为用户提供优质服务。天线是发送设备的重要环节,天线不好,不仅传输不畅、损坏设备,而且极易造成重大事故,因此必须高度重视天馈系统维护的重要性。

1. 天馈线的保养与维护

天线常年裸露在室外,工作条件恶劣:高空风大,机械震动易使金属构件疲劳受损;冬冷夏热,温差大;日晒雨淋、风化锈蚀严重。尤其是分馈线与振子之间极易造成打火故障,短时间的打火是由于接触不良处的积炭造成的,但时间一长接触面电阻值越来越大就会造成分馈线阻抗不匹配、功率发不出去,从而使分馈线发热、起包,造成分馈线损坏。另外,馈线接头密封不严,振子上的雨水顺着分馈线落入分线盒,流入变阻器。一是使分馈线铜网锈蚀断裂,使分馈线损坏;二是流入分线盘或变阻器,阻抗不匹配造成局部发热打火,严重时会造成短路,驻波比过大,信号发射不出去。因此,需要对天馈线系统进行经常性的调整和定期维护,以延长天馈线系统的使用寿命,确保其安全可靠地运行。

(1)天馈系统的保养方法

①注意对天线器件除尘。高架在室外的天线,馈线长期受日晒、风吹、雨淋,会粘上各种灰尘、污垢,这些灰尘、污垢在晴天时的电阻很大,而到了阴雨或潮湿天气就吸收水分,与天线连接形成一个导电系统,在灰尘与芯线、芯线与芯线之间形成电容回路,一部分高频信号就被短路掉,使天线接收灵敏度降低,发射天线驻波比告警。这样,就会影响基站的覆盖范围,严重时导致基站失去功能。所以,应在每年汛期来临之前,用中性洗涤剂给天馈线器件除尘。

②组合部位紧固。天线受风吹及人为的碰撞等外力影响,天线组合器件和馈线连接处往往会松动而造成接触不良,甚至断裂,造成天馈线进水和沾染灰尘,致使传输损耗增加,灵敏度降低。所以,天线除尘后,应对天线组合部位松动之处,先用细砂纸除污、除锈,然后用防水胶带紧固牢靠。

③校正固定天线方位。天线的方向和位置必须保持准确、稳定。天线受风力和外力影响,其方向和仰角会发生变化,这样会造成天线与天线之间的干扰,影响基站的覆盖。因此,对天馈线检修保养后,要进行天线场强、发射功率、接收灵敏度和驻波比测试调整。

(2)天馈系统的日常维护

天馈系统的维护所包含的内容广、细,且分布点多,所以对维护人员的素质要求也相对较高。天馈系统日常维护的好坏,直接影响基站的正常通信运行,影响用户手机正常使用。

①天线部分检查维护项目:

• 天线外表观察。检查天线延伸臂及抱杆安装是否牢固,抱杆是否垂直,卡具有无锈蚀,延伸臂及抱杆是否锈蚀。

维护标准或细则:紧固松动螺栓及卡具;调整抱杆垂度;更换锈蚀卡具;对延伸臂及抱杆进

行防腐处理。

• 检查天线安装情况。对于定向天线，天线挂高是否符合设计；方位角、倾角（机械、电调）是否符合要求；安装是否稳固，有无外部损伤及裂痕，天线是否存在左、右倾斜问题；天线扇区同标识是否相同，下部同尾巴线接触是否良好，包扎是否严密，接地是否正确。对于全向天线，挂高、安装是否符合设计，有无倾斜，有无损伤和裂痕，安装是否稳固，接头包扎是否严密。检查天线水平，垂直间距；检查天线同塔体（护栏）的距离。

维护标准或细则：记录天线挂高情况；调整方位角、倾角至符合要求；调整天线倾斜问题；纠正天线标识同扇区不符问题；包扎、更新开裂、老化胶带；检查紧固接地部位；紧固天线紧固部位；调整水平、垂直及同塔体间距要求。

• 天线避雷针检查。检查天线是否处于避雷针保护角度内。

维护标准或细则：调整天线与避雷针45°保护范围。

• 天线环境检查。检查天线所处环境300 m内有无高层建筑，广告牌及地形、地物等障碍物影响通信，天线下部切角5°内处于净空发射距离。

维护标准或细则：整改方案。

• 天线安装。检查天线尾巴线同天线、馈线接触是否良好，安装是否正确，包扎胶带有无老化、开裂及吐胶现象，尾巴线走线是否顺畅，有无弯曲、盘圈现象，固定是否合乎要求，有无破裂、变形，有无防水弯。

维护标准或细则：处理接触不良问题，使其接触良好；重新包扎接头；整理走线，使其顺畅；绑扎尾巴线，预留防水弯；更换破裂、变形尾巴线。

• 天线突发故障。处理天线部位出现的突发故障。

维护标准或细则：更换部件。

• 天线资料建立。做好资料收集，搞好设备建档，包括记录天线型号、类别、天线挂高、方位、倾角、数量，以及维护工作日志。

维护标准或细则：按实际登记建文件，保证资料完整、准确、真实。

②馈线部分检查维护项目：

• 馈线安装情况。检查馈线上、下接头安装是否正确，接触是否良好，包扎是否严密、规范；胶带、胶泥是否老化、开裂、吐胶，接头有无进水现象。

维护标准或细则：按规范安装接头，包扎接头，处理进水问题，更换馈线。

• 馈线连接情况。检查室内、室外馈线标识是否正确、完好，同天线或设备连接是否正确。

维护标准或细则：核对序号，完善标识，更正错误连接处。

• 馈线整理。馈线安装是否顺直、整齐。

维护标准或细则：调整馈线，使其顺直有序。

• 馈线稳定。检查馈线卡具有无松动、脱落、短缺现象，卡具安装间距是否符合要求。

维护标准或细则：紧固松动卡具，重新安装脱落卡具，增补短缺卡具；规范卡具间距在1～1.2 m范围。

• 馈线曲率半径。检查馈线曲率半径是否符合要求，拐弯是否均匀、圆滑。

维护标准或细则：调整曲率半径，使其符合要求。1/2 馈线为 125 mm，7/8 馈线为 250 mm，5/8 馈线为 500 mm。

• 馈线损伤。检查馈线有无破裂、损伤、变形、进水、裸露外导体现象，有无同尖锐物体接触部位。维护标准或细则：在不影响通信质量前提下，包扎破裂损伤处，隔离同尖锐物体接触部位，对影响到通信质量的问题，应向甲方提出处理建议，并做好备忘。

• 馈线接地。检查馈线三点接地是否符合设计要求，引线是否顺直，包扎是否严密，安装是否正确，有无接地铜排及专用接地地线，引线同铜排连接是否牢固，螺栓有无锈蚀，走向是否合理，喇叭口有无反向。

维护标准或细则：调整接地点，使其符合设计；包扎接口，做到“三防”：防水、防腐、防锈；无铜排和母线者，向甲方提请增设；更换锈蚀螺栓；重新安装三点接地，使喇叭口朝下。

• 馈线防水。检查波道口馈线有无防水弯，是否合格，波道口密封是否严密。

维护标准或细则：处理防水弯，使切角 $<60°$，堵塞波道口漏水部位。

• 馈线弯曲。检查馈线弯曲数量是否符合厂家要求。

维护标准或细则：根据实际情况，在不损伤馈线、不影响通信的前提下进行处理，并做备忘录。

• 馈线走线情况。检查馈线走线架是否稳固，高度及安装位置是否符合设计，走向是否平直，有无明显扭曲、起伏及歪斜，馈线是否牢固可靠，有无损伤及扭曲。

维护标准或细则：按设计整改，紧固松动部分及馈线卡具，顺直馈线走向，包扎损伤部位。

• 馈线接触。检查上下软跳线同馈线接触及包扎情况，检查走线是否合理、顺畅，曲率半径是否合格。维护标准或细则：处理包扎开裂、老化、吐胶问题，调整曲率半径，解决接触不良问题。

• 馈线避雷器安装。检查馈线避雷器安装是否正确，固定是否可靠，接地是否良好。

维护标准或细则：纠正不正确接法，紧固松动部位。

• 突发故障。处理突发故障，对需要更换的馈线进行鉴定，提供报告及整改意见。

维护标准和细则：更换故障馈线，提供故障馈线问题检测报告。

• 馈线资料建立。记录馈线型号及各基站馈线长度并建立文件，记录检修情况及问题处理情况。

维护标准或细则：记录准确，描述合理。

2. 防雷接地系统

检查避雷针安装是否符合设计，垂度是否在允许范围，塔上设备是否在其 45°保护范围以内。维护标准或细则：调整垂度使其被测长度偏离 $<5‰$，使天线位于避雷针保护范围。

3. 天馈线常见的故障及形成原因

安装时不合规范造成天线的排水不畅；下雨天导致天线内积水；对接头的处理不好，造成进水；有大型障碍物阻挡；由于人为或老化造成馈线断裂；小区间的馈线调乱；对应天馈线相关的模块出现故障。

3.3　Massive MIMO 原理与应用

3.3.1　MIMO 系统技术原理

MIMO 无线通信技术是天线分集与空时处理技术相结合的产物，它源于天线分集与智能天线技术，具有二者的优越性，属于广义的智能天线的范畴。MIMO 系统在发端与收端均采用多天线单元，运用先进的无线传输与信号处理技术，利用无线信道的多径传播，建立空间并行传输通道。在不增加带宽与发射功率的情况下，成倍提高无线通信的质量与数据传输速率。MIMO 技术利用了无线信道多径传播的固有特性：在无线通信中，如果在发送端与接收端同时采用多天线系统，只要各天线单元间距足够大，无线信道散射传播的多径分量足够丰富，各对收发天线单元间的多径衰落就趋于独立，即各对等效的收发天线间的无线传输信道趋于独立，这些同频率、同时间、同信道特征码的子信道趋于相互正交。$N \times M$ 的 MIMO 系统的框图如图 3-30所示。发射数据流 S 被分离为 N 路子数据流，在调制与射频前端处理后以相同的频率分别经 N 副天线同时发射出去。经无线信道的散射传播，这些并行子流从不同路径到达接收机，由 M 副天线接收，接收机采用先进的信号处理技术对各接收信号联合处理，可恢复出原始数据流。

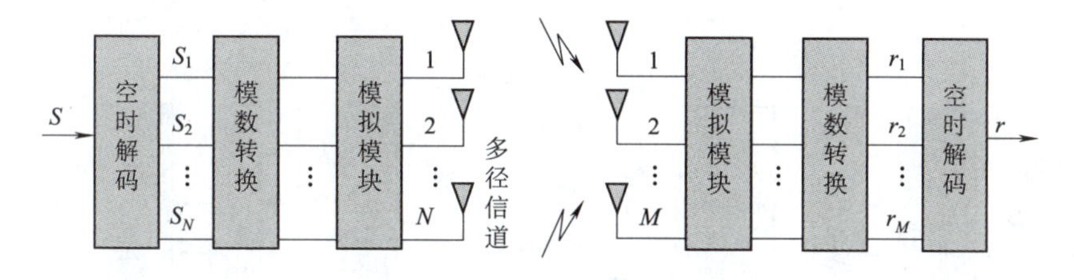

图 3-30　MIMO 系统的框图

发射与接收多天线系统是 MIMO 无线系统的重要组成部分，其性能直接影响 MIMO 信道的性能。多天线发出的信号在无线信道中经散射传播而混合在一起，再经接收端多天线接收后，系统通过空时处理算法分离并恢复出发射数据，其性能取决于各天线单元接收信号的独立程度，即相关性，而多天线间的相关性与散射传播及天线特性密切相关。因此，实现 MIMO 系统的高性能除依赖于多径传播的丰富度外，还依赖于多天线单元的合理设计，MIMO 系统的多天线，一方面，其天线单元间距较大，必须具有分集功能，不同于常规智能天线；另一方面，各天线单元应该尽可能接收各方向的散射达波，因此也不同于常规分集天线。天线单元数目、天线单元间距与天线安装位置等都是至关重要的因素。实验表明，由于散射传播环境不同，提供空间低相关的衰落信号所需要的天线单元间距也不一样，例如，偏远地区的宏小区环境可能需要若干个波长间隔才能获得天线解相关，而丰富散射的室内环境可能只需要半个波长间距。对于极化域而言，交叉极化耦合度决定了能否提供极化分集，或能否提供近似正交的并行信道，因此，MIMO 多天线的设计是与传播环境和天线的安装位置紧密相关的。

3.3.2 大规模 MIMO 天线架构分析

MIMO 天线技术中的空间分集是指多根发射天线或多根接收天线可以同时处理同一信号，这种应用模式虽然对空间传输容量和频谱利用率没什么贡献，但却可以极大地提高无线传输的可靠性；空间复用是指发射天线是多根，接收天线是多根也可能是单根，可组合成多路独立空间子信道用来传输多路不同用户信号，虽然可以较大程度地提高无线传输容量或频谱利用率，但很难改善无线信道的传输质量；波束赋形是指多根天线在相关技术作用下，可以使多天线发射的电磁波在指定方向相长相消，形成较窄的定向波束覆盖目标。用户虽然可以获得较高的传输可靠性，克服邻区干扰，降低设备发射功率，提高通信质量，但同样不能提高传输容量和频谱利用率

MIMO 天线系统的传输原理如图 3-31 所示。在无线链路两侧的基站和终端的发射与接收设备上均有多个天线，发送端将信源比特流通过数字调制成串行码流再经串并变换成为与 MIMO 多天线对应的并行码流、经过空时编码使之成为适应空间分集和时间分集的空时码流，最后送到 MIMO 天线使其在空域子信道上同频、同时传输；接收端 MIMO 天线在收到经过无线信道传输的多径信号后，通过空时解码使其从混合接收信号中分离、计算出与多天线对应的并行码流，再经并串转换、形成传输码流，最后通过数字解调恢复信号。在 MIMO 天线的工作过程中，系统可根据各子天线的间距及相关处理技术，分别实现空间分集、空间复用和波束赋形等应用功能。

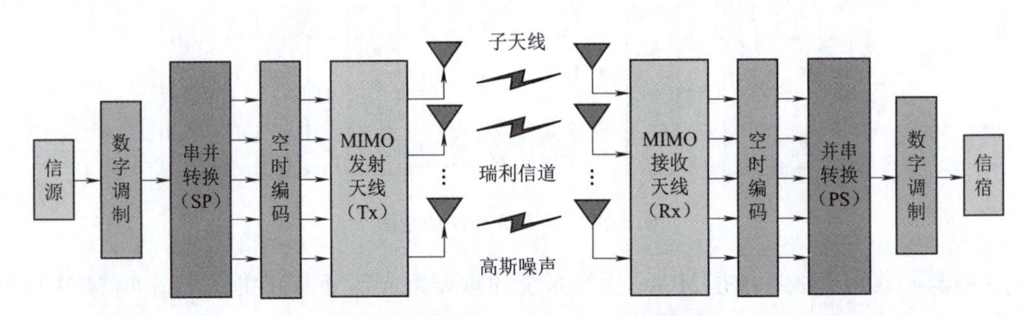

图 3-31 MIMO 天线系统的传输原理

传统 MIMO 天线系统主要是为了获取复用增益和分集增益，要获取更高的增益必须采用空时编码，因为空时编码后的传输信号，不仅可以人为地控制发射信号承载的发射天线和时隙，还可以方便接收天线正确估计和分离这些不同天线和时隙的信号，能正确和高效地重组与恢复信宿，且不管这些信号是同一信源还是不同信源，也不管应用目的是空间复用还是空间分集。空间复用要求各子天线发射不同用户信号，达到提高空间传输信道容量的目的。空间分集要求各子天线发射同一用户信号，达到提高空间传输可靠性的目的。但两者要求各子天线间距越大越好，至少在一个波长以上，尽可能保证空间复用或空间分集中各子天线的独立性和无关性。利用传统 MIMO 天线系统实现波束赋形，理论上是无法兼顾系统同时实现空间复用或空间分集的，因为技术上存在完全相悖的基本要求，波束赋形要求 MIMO 天线系统中各子天线间距只能是半波长或半波长倍数，以保证各子天线上信号具有相长相消的相干性。由于波

束赋形的作用主要是将各子天线上相同信号通过相干性使其辐射波形变得更窄,具有更强的方向性和目标性,从而可以提高无线传输的可靠性,这与空间分集产生的效果相似。也就是说,波束赋形与空间分集的主要作用具有异曲同工之妙。但波束赋形还可以提高发射电磁波的功率密度,可以有效地降低每个阵元上发射信号的强度,可大大节省天线的发射能量,具有环保优势。

移动通信的基站和终端因架设和架构的现实要求,MIMO 天线系统的体积、重量和功耗受到较大限制,而 MIMO 天线振子结构的几何大小与波长同数量级。4G 网络的主频率小于 3 GHz,波长大于 10 cm,属于分米波范围。目前应用于4G 基站和终端中的 MIMO 天线一般为基站有 8 根天线和终端有 2 根天线的 8 ×2 模式,如此少量的子天线数,产生的空间复用、空间分集和波束赋形的效果非常有限。面向 5G 的频谱选择采用毫米波技术,从而使子天线尺寸局限在毫米范围,从几何尺寸和发射功率等方面,都已为5G 系统提供了技术支撑基础,使之完全可以在基站和终端上建立少则几十根、多则上千根子天线的大规模 MIMO 天线系统。

应用于4G 的 MIMO 天线系统因天线数量和几何尺寸的限制,不仅无法同时满足空间复用、空间分集和波束赋形的应用模式,产生的效果也十分有限。应用于 5G 的大规模 MIMO 天线因天线数量和几何尺寸的富余度,完全可以设计出可同时进行空间复用、空间分集和波束赋形应用的 MIMO 天线系统。图 3-32 所示为大规模 MIMO 天线阵面的一款设计模型,由 $N \times M$ 个子天线块组成,各子天线块间距分别为 A、B,一般取 10 个波长。每个子天线块由 $n \times m \times q$ 三维阵元组成,各阵元间距分别为 a、b,一般取半个波长。由于每个阵块既是一个波束赋形阵列,又是一个独立子天线块,所以这种大规模 MIMO 天线可以同时支持空间复用、空间分集和波束赋形应用。

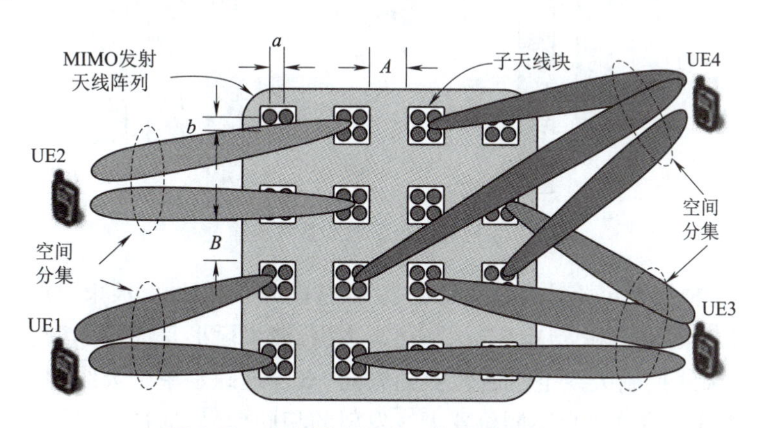

图 3-32　大规模 MIMO 天线阵面设计模型

在图 3-32 所示的大规模 MIMO 天线中,实现空间分集和空间复用功能是以子天线块为单位,每个子天线块相当于多天线中的每个子天线。图 3-32 中所示的每个终端,至少接收两个子天线块发送的信号以实现空间分集。十个子天线块共支持四个 UE,使大规模 MIMO 天线可实现空间复用。而实现波束赋形功能同样是以子天线块为单位,因为每个子天线块实际上是一个阵元数为 $n \times m \times q$ 的阵列模块,所以图 3-32 中的每个子天线块发送的信号都是赋形波束。显然,由 $N \times M$ 个子天线块组成的多天线是一个二维系统,由 $n \times m \times q$ 个阵元组成的阵列是一个三维系统，所以，大规模 MIMO 天线中的总阵元数为 $N\times M\times n\times m\times q$，是一个真正的大规模 MIMO 天线系统。

空时编码是一种将多天线与空间分集和时间分集相结合的编码技术，可同时利用时间和空间两维信号来处理构造码字，有效实现空间分集、时间分集和空间复用，实现对抗信道衰落，提高功率效率，进行并行多路传输，为系统提供分集增益、编码增益和复用增益，最终达到降低信道误码率、提高信道传输性能和频谱效率的目的。空时编码同样可以优化阵列的波束赋形。目前，业界对空时编码准则的基本要求主要集中在"接收端解码最简化、系统错误概率最小化、有效信息传输最大化"三个方面，实际操作中则要求系统找到一个在结构上满足编码准则，并能达到最大程度的兼顾和折中，使之成为最优化的可被合理分配到多天线上的空时发射信号矩阵，如图 3-33 所示。图中，b_n 表示随机比特位信号，$x(i)$ 表示数字调制符号，$x_1,x_2,\cdots,x_n$ 表示经过空时编码器编码后分配到发射端不同天线上的信号，$h_{11},h_{21},\cdots,h_{nn}$ 表示发射端信号经过空间中的不同路径到达不同的接收端天线，受到的白噪声影响参数，$y_1,y_2,\cdots,y_n$ 表示信号经过空间白噪声影响后到达接收端天线时的信号，$y(j)$ 表示数字解调符号，B_n 表示随机比特位信号。

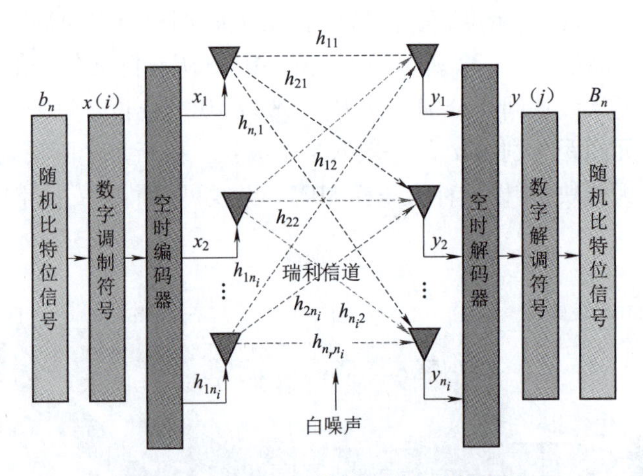

图 3-33 MIMO 天线系统基本传输过程

波束赋形是指根据特定场景自适应地调整天线阵列的辐射图。波束赋形是配合 MIMO 多天线技术使用的，有时也会和 MIMO 混用。通常来讲，波束赋形是 MIMO 概念下的子技术，它是通过使用多个天线控制天线电磁波传播的方向，来合理确定单个天线的信号幅度和相位。也就是说，一个天线会收到来自不同位置天线发射的相同信号，通过确定接收机的位置，天线可以合理调整传播方向和相位，从而达到信号发射和接收的效率最大化。这项技术在毫米波技术下是非常必要的，首先高频毫米波带来的衰减导致其必须采用 MIMO 技术来接收到可靠的信号，而多天线技术必然带来功耗的大幅度增加，使用波束赋形技术可以有效减少不必要的能量损耗。波束赋形示意图如图 3-34所示。

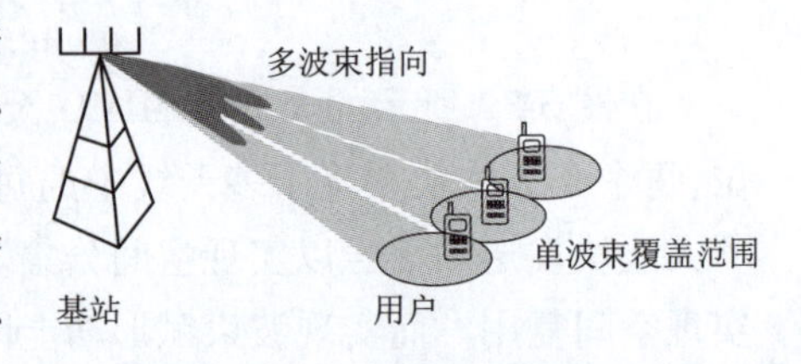

图 3-34 波束赋形示意图

3.3.3　Massive MIMO 应用场景

智能手机和平板计算机的激增所带来的日益增长的远程通信流量超过了无线通信网络容量的增长。

作为一种强有力的对策，在信道矩阵满秩的情况下，MIMO 技术有可能在适当增加天线数量的情况下线性增加容量或减少发射功率。在 5G 和后续演进的无线通信技术中，MIMO 将进一步发展。

本节针对 MIMO 的主要应用场景做简要介绍。应用场景的定义是研究的一个重要步骤，可为关键技术的开发提供指导。所有这些不同网络部署下的场景大致可以分为两种类型：Case1，只有宏站部署的同构网络（HomoNet）；Case2，具有宏站和小站的异构网络（HetNet）。典型应用场景见表 3-2。

表 3-2　典型应用场景

—	类　型	描　述	特　点
同构网络	情景 1A	多层扇区	易于实现高复用增益
	情景 1B	自适应波束成形	光束窄，干扰小，仰角和方位角灵活
	情景 1C	无线回程大规模协作	覆盖范围增强
异构网络	情景 2A	无线回程	基础设施成本低、灵活且可扩展
	情景 2B	热点覆盖范围	高吞吐量、高精度的仰角调节
	情景 2C	动态小区	自适应调整、平衡网络负载

下面分别看一下同构网络场景和异构网络场景。

1. 同构网络场景

(1) Multi-Layer 分区

随着城市环境中终端数量和承载的远程业务的增加，需要增加系统容量以满足客户需求。

传统上，功能分区技术用于向不断增长的人口提供服务，它只是将一个单元划分为多个扇区，从而增加网络容量。通过允许一个 eNB 服务三个 120°扇区或六个 60°扇区，也可以降低设备成本。然而，尽管扇区化能够改善区域带宽效率（BE），但这种好处是以牺牲非理想扇区天线模式而可能增加扇区之间的干扰为代价的。因此，需要更有效的技术来进一步提高可实现的网络容量。

如图 3-35 所示，通过进行高选择性角波束成形，可以实现大规模 MIMO 系统的精确扇形，从而减少扇形之间的干扰。此外，通过调整三维波束形成的仰角，可以改变各波束的覆盖范围。这样，传统的固定扇区可以进一步划分为内扇区和外扇区，每个扇区都可以由水平方向相同但仰角不同的三维波束赋形（BF）服务。相同频率的无线电资源被所有扇区重用，这能够显著增加服务的终端数量或提高网络吞吐量。

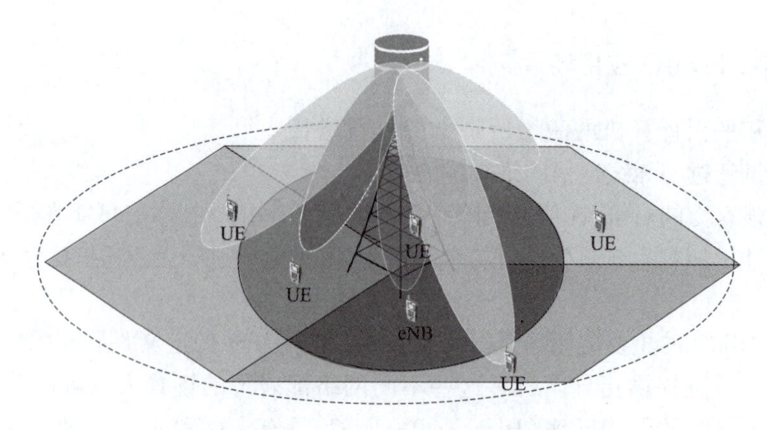

图 3-35 Multi-Layer 分区示意图

(2)自适应波束赋形

固定 BF 的天线阵列(AA)中每个元素的信号相乘的权重在操作过程中保持不变。相反,自适应 BF 的权值会根据接收到的信号不断更新,以抑制空间干扰,如图 3-36 所示。这个过程可以在时域(TD)或频域(FD)中进行。与二维(2D)自适应 BF 相比,三维(3D)BF 在空间域的无线电资源复用方面具有更大的灵活性。

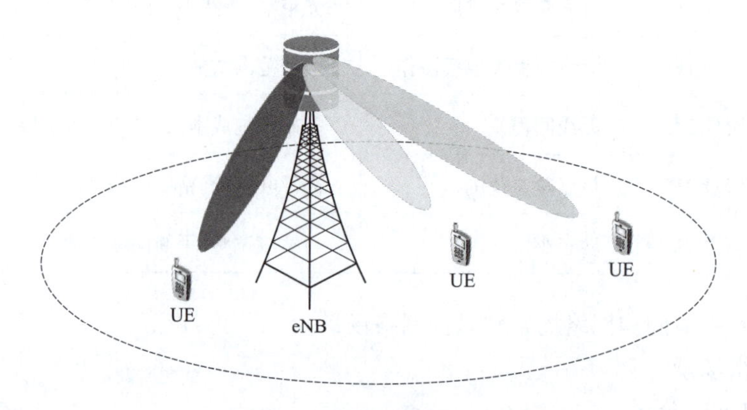

图 3-36 自适应波束赋形示意图

(3)大规模协作

现有的大多数关于大规模 MIMO 的研究都显示了在一个单一基站上安装大量天线的共存部署方案的不同优点。然而,这种协同部署对其硬件设计和现场部署都带来了挑战。另一方面,与空间分离天线相关的分布式天线系统(DAS)已被设想为使用适当数量的天线来提高室内覆盖。最近的研究表明,DAS 除了改善其覆盖范围之外,还能够显著增加网络的 BE,即使存在小区间干扰(ICI)。这促使研究人员识别如图 3-37 所示的特定场景,其中大规模 MIMO 与分布式架构相关联的系统优于依赖于共位置部署的系统。

分布式大规模 MIMO 的优势是可信的,因为从分布式天线到达每个 UE 的信号受独立的大规模随机衰落水平的影响,从而导致其潜在的容量增益超过其对应的值。然而,通过协调小区内干扰来实现这些增益可能是一个挑战,特别是在小区内有几十个甚至数百个射频拉远单元(RRU)的情况下。虽然充分协作是消除小区内干扰的一种有效方法,但由于它高度依赖于完全信道状态信息(CSI)共享,因此不具有实用性。为了在达到的性能和施加的开销之间达成较好的平衡,在这种情况下,高效的大规模协作方案是非常重要的。

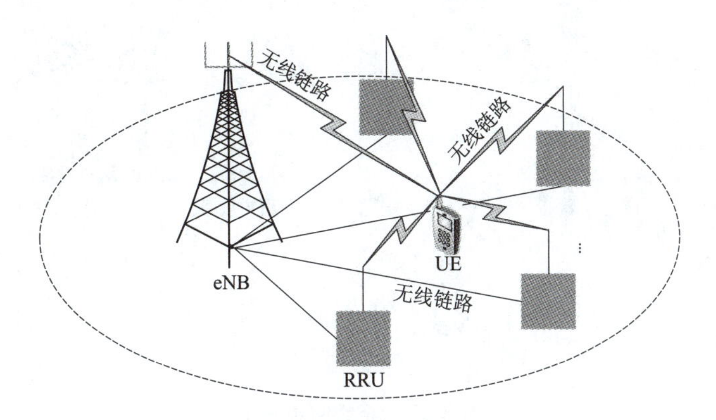

图 3-37 大规模协作示意图

此外,分布式大规模 MIMO 和小型单元部署可能被视为互补而不是竞争。例如,一些方案提出的由 DAS 和皮站蜂窝-宏站蜂窝底层系统组成的协同蜂窝体系结构,该体系结构可以扩展到与分布式大规模 MIMO 协同工作。

2. 异构网络场景

(1)无线回传

在能耗和面积带宽效率方面,具有密集 small cell(低功率的无线接入节点)的 HetNet(异构网络)被认为是一种很有前途的设计结构。它通常由多种类型的无线接入节点组成,例如,一个 macroccell eNB(MeNB)和多个 small-cell eNB(SeNB),如 pico、femto 和中继 eNB。所有 senb(辅基站 enb)需要通过有线或无线回程连接到他们的捐赠 menb(主基站 enb)。一般来说,无线回程比有线回程更可取,因为易于部署。这种情况下,在 HetNet 中,MeNB 上使用了一个巨大的 MIMO,它有很高的自由度支持多种无线回传。

如图 3-38 所示,相同的频谱可以在无线回程、宏蜂窝终端(MUE)和小蜂窝终端(SUE)的访问中重复使用。换句话说,SeNB 可以被视为一种通过无线回程与 MeNB 通信的特殊终端。由于 eNB 的位置通常是固定的,无线回程的信道可能是准静态时变的。因此,MeNB 能够通过预编码的方式消除无线回程与 MUE 之间的干扰。

(2)热点覆盖

统计数据显示,大部分的远程通信来源于建筑物,如超市、办公楼、体育馆等。因此,对于 HetNet 来说,高质量建筑的室内覆盖被认为是最关键的场景之一。由于远程通信是在建筑物的不同高度产生的,传统的采用固定 Downlink(DL)倾斜的天线阵列(AA),主要用于 UE 在街道层面漫游,不再适合这种场景。大型 AA 能够动态调整波束的方位角和俯仰角,可以将光束直接传输到建筑物不同楼层的终端,从而显著提高系统吞吐量。然而,当建筑的室内覆盖由 MeNB 提供一个巨大的 AA 时,可调节范围俯仰角比 SeNB 小,角度分辨率不能满足 UE 的需求,如图 3-39 所示。众所周知,SeNB 和 SUE 之间的近距离可以减少路径损失。因此,配备大规模 AA 的 SeNB 更适合内置覆盖率,前提是部署成本是可接受的。

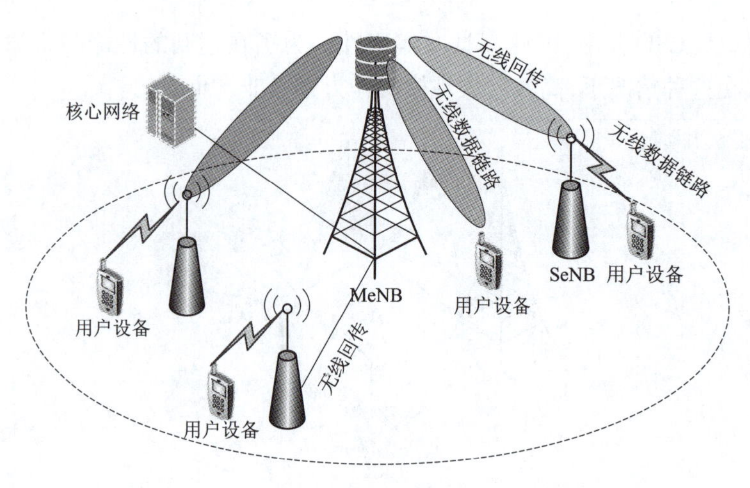

图3-38 无线回传图示

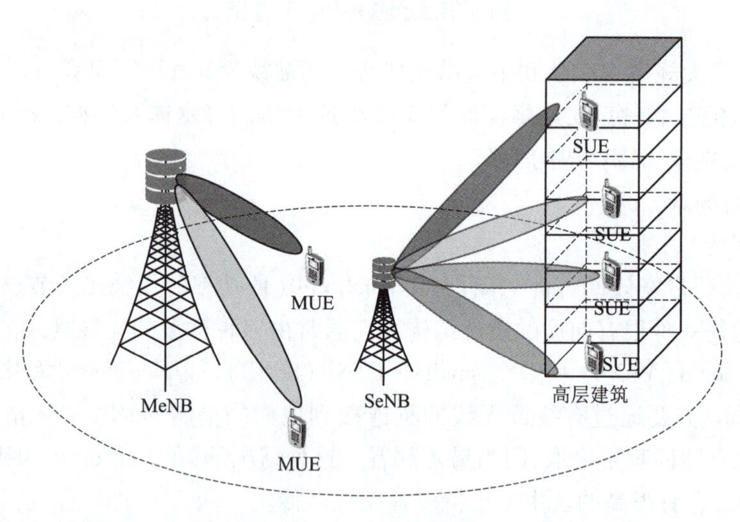

图3-39 热点覆盖示意图

(3)动态小区

由于在HetNet中,从MeNB收集到的参考信号接收功率(reference signal received power,RSRP)通常要高于从SeNB收集到的RSRP,因此可能会有更多的终端连接到MeNB,导致大cell(小区)和小cell之间潜在的流量分布不平衡。小区范围扩展(CRE)技术可用于将通信量从宏小区转移到小小区。然而,由于受到MeNB的强干扰,在扩展范围内的UE以某种方式被迫接触到小的cell,可能会经历低SINR(信噪比)。这可能会导致它们之间不可靠的通信SeNB。为了解决这一问题,可以采用几乎空白的子帧(ABS)技术,通过时域协调来减少MeNB的干扰。也就是说,服务质量(QoS)的性能以牺牲多路复用增益为代价,提高了扩展范围内的多路等效系数。

通过在seNB中引入大量的原子吸收信号,发射信号的下倾角可调,获得了较好的接收质量。如图3-40所示,它有助于自适应地扩大或缩小cell的半径,即dynamic cell。因此,位于小cell边缘的UE可以根据其接收功率等级选择,自适应连接到SeNB。它适用于扩展范围内的宏小区和小小区之间的流量平衡。

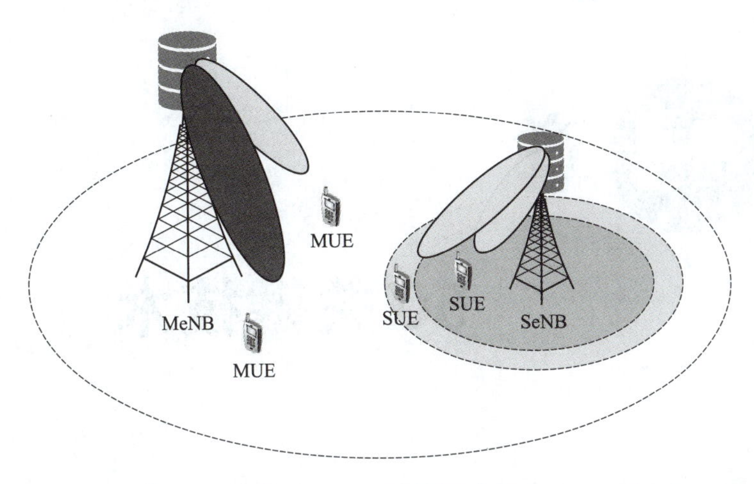

图3-40 动态小区示意图

这里将大规模 MIMO 的典型应用场景分为两类:具有大规模 MIMO 的同构网络和异构网络。前者仅采用宏站部署,包括多层分区、自适应波束形成和大规模协作。多层扇区能够通过分割扇区来增加复用增益。自适应波束形成利用极窄的波束将辐射能量聚焦到期望方向,能够提高终端的期望信噪比,同时减少对其他终端的干扰。与传统的 DAS 技术相比,大规模协作通过扩大协调的分布式天线数量,能够进一步提高覆盖范围、提高吞吐量。

在具有大量 MIMO 的 HomoNet(同构网络)的情况下,有三种典型的应用场景。首先,在 MeNB 和 SeNB 之间采用大规模 MIMO 的无线回程比有线回程更灵活,成本更低。然后,具有巨大 AA 的 SeNB 能够自适应调整方位角和仰角,以提高室内热点(如建筑物)的覆盖率。此外,HetNet 中的小区半径是动态可调的,可以通过改变仰角来平衡 MeNB 和 SeNB 之间的负载。

基于以上讨论,大规模 MIMO 有望应用于多种场景,以提高可达容量和吞吐量。然而,在实际的网络部署中,仍然需要大量的研究。

第4章 5G关键技术

本章导读

从1G到4G,移动通信的核心是人与人之间的通信,个人的通信是移动通信的核心业务。但是,5G的通信不仅仅是人的通信,而是物联网、工业自动化、无人驾驶被引入,通信从人与人之间通信开始转向人与物的通信,直至机器与机器的通信。

5G是目前移动通信技术发展的高峰,也是人类希望改变生活、改变社会的重要力量。随着工业和信息化部5G商用牌照的发放,我国正式进入5G商用元年。5G网络作为第五代移动通信网络,具有超高带宽、超多连接、超低时延三大特性。

5G是在4G基础上,对于移动通信提出更高的要求,它不仅在速度而且还在功耗、时延等多个方面有了全新的提升。与4G相比,5G的提升是全方位的,支持0.1~1 Gbit/s的用户体验速率,每平方千米一百万的连接数密度,毫秒级的端到端时延,每平方千米数10 Tbit/s的流量密度,500 km/h以上的移动性能和20 Gbit/s的峰值速率。由此业务也会有巨大提升,互联网的发展也将从移动互联网进入智能互联网时代。

本章知识点

①5G信号使用的频率。
②5G物理层技术、双工方式和传输方案。
③LTE-NR双连接技术。
④载波聚合。
⑤5G物理信道和信号。

4.1 5G 频率

对于以往的各代移动通信系统,5G不仅立足于移动通信产业本身,实现信息沟通的桥梁,还将与物联网、工业互联网和车联网等领域融合发展,带来海量接入和极速速率需求,引发网络管道流量的爆炸增长。报告显示,2021年底,全球移动数据流量为每月67 EB,而未来5年将增长4.2倍,达到每月约282 EB。这显示在智能手机使用量、移动宽带以及现在社会和行业数字化的持续增长的共同作用下,推动全球移动网络数据流量的快速增长,单在过去两年就翻了一番。预计到2027年,每部智能手机的平均每月移动数据使用量将达到52 GB。

利用新技术提高频谱效率和拓展新的频谱资源是满足增长业务需求最重要的两种途径。在5G新技术方面,大规模天线阵列、超密集组网、非正交传输和全双工等技术的应用将会极大提升系统频谱效率。在5G频谱方面,将根据系统的应用特点,拓展更多、更合适的频谱资源。

为达到上述ITU相关建议书描述的愿景,结合国内和国际所提出的应用场景,5G将很有可能包括三类不同空口,而不同空口技术与频段选择是相关的,其技术路线具体如图4-1所示。第一类为支持超大带宽以毫米波为典型的高频段新空口,具有连续大带宽的频谱,能够实现5G超高的峰值速率能力;第二类为支持中、低频段的新空口,其传播特性具有较强的穿透和广域覆盖能力,能够实现连续广覆盖、低时延高可靠性、海量机器的通信能力,并可兼顾部分场景容量需求;第三类为LTE-Advanced及其演进,考虑到4G系统现部署在3 GHz频段以下,主要提供无处不在的100 Mbit/s用户体验,也兼顾其他场景需求。因此,为满足5G的场景和需求,未来的5G系统将是多种空口技术的组合,其频率框架将涵盖高中低频段,即着眼于全频段:高频段大带宽可解决热点地区的容量需求,但是其覆盖能力弱,难以实现全网覆盖,需要与中低频段联合组网;而中低频段可解决网络连续覆盖的需求,对用户进行控制、管理。要实现高频段和低频段相互补充。

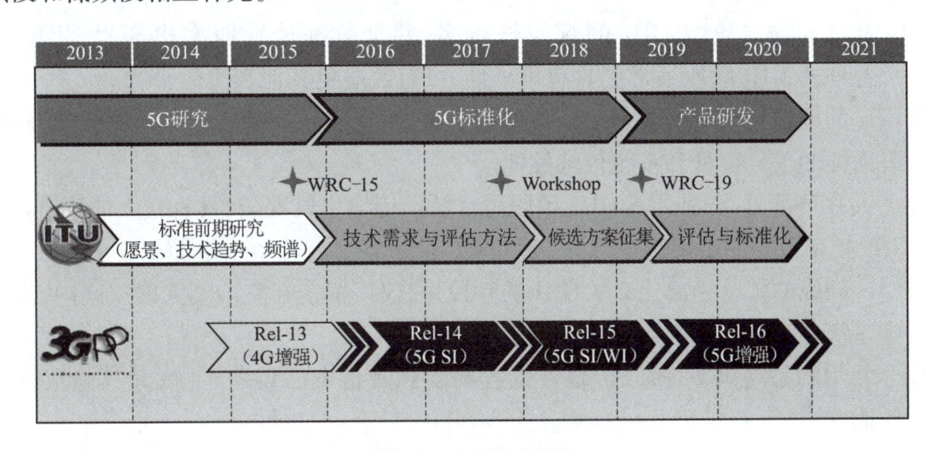

图4-1 5G技术路线

从资源供给角度而言,5G频谱一方面源于目前已规划给IMT系统的频谱,既包括现有2G/3G/4G系统在用频谱,又包括部分规划未分配的频谱;另一方面源于拓展新的频谱,既须挖掘低端频谱,又着眼于高端频谱。

以IMT系统为例,6 GHz频段是对现有5G网络带宽的进一步扩展,可以满足多种不同场景需求。GSMA数据显示,截至2022年第一季度,75%的5G网络使用了3.3~4.2 GHz、4.4~5 GHz等中频频段。随着5G应用快速发展,中频段作为5G部署核心频段的需求将不断增加。GSMA预测,2030年5G中频段将带动超过6 100亿美元的全球GDP,而6 GHz频段是实现5G

社会经济价值的关键。

当前,6 GHz 频段规划和使用成为各国关注的焦点,目前欧洲、美洲、亚太地区的部分国家已经提出或正在研究 6 GHz 频段规划;而 2023 年世界无线电通信大会(WRC-23)的 1.2 议题,将对 6 GHz 等频段新增 IMT 使用标识进行研究。

4.1.1 5 GHz 频率范围

1.5 GHz 频率范围的概念

5 GHz 频率范围是指适用于无线电信号传输、接收和发射的频率范围,可以确保信号可靠传输,采用 5 GHz 发射频率将极大提高信号传播距离及其可靠性。它能够扩大无线覆盖范围,更加具有效率,拥有较高的频段容量,相比 2.4 GHz 的频段,在正常条件下向若干多的用户提供服务。

2.5 GHz 频率范围的计算

5 GHz 频率范围一般以 GHz(吉赫兹)为单位,由 IEEE 802.11a/h 规定,全球使用范围被划分为最低频率是 5.725 GHz,最高频率是 5.850 GHz,占用带宽为 125 MHz,共有 14 个信道,每个信道占用 8/9 MHz 的宽度,有效传输距离比 2.4 GHz 的频段要长得多,可以达到 50 m 以上。

3.5 GHz 频率范围的优势

①5 GHz 频段的无线覆盖范围比 2.4 GHz 的频段大得多,具备更高的频段容量,能够有效向较多的用户提供服务。

②它的传输距离比 2.4 GHz 的频段长得多,并且数据传输速率也高得多,最高可达 54 Mbit/s。此外,5 GHz 频段通常更具有可靠性,可有效避免其他频段的干扰。

③5 GHz 的频段可以支持更多的干扰抑制策略,可以有效抑制其他频段的影响,同时可以有效地提升系统的信号容量和系统传输性能。

④由于共存环境复杂,使用 5 GHz 频段进行数据传输比较安全,具有较大的安全性。

4.5 GHz 频率范围的不足

①5 GHz 频段的传输距离比 2.4 GHz 的频段短,仅可覆盖在室内不大的空间内,而且有很多室内特殊建筑环境也可能影响它的传输距离。

②由于使用的是高频率,所以传输数据容易受到其他电磁设备干扰,尤其是室内环境噪声比较大的地方。

③5 GHz 频段的发射功率要低于 2.4 GHz 频段,所以传播距离受限。

④同一个发射口,由于 5 GHz 频段受到更严格的电磁波辐射管控,功率传输较低,同样的发射功率,5G 的覆盖距离会比 2.4 G 的覆盖距离小。

5.5 GHz 频率范围的应用

2015 年 6 月,ITU-R5D 完成了 5G 愿景建议书,定义 5G 系统将支持增强型移动宽带、海量的机器间通信及超高可靠和超低时延通信三大类主要应用场景。ITU 定义的 5G 主要应用场景如图 4-2 所示。

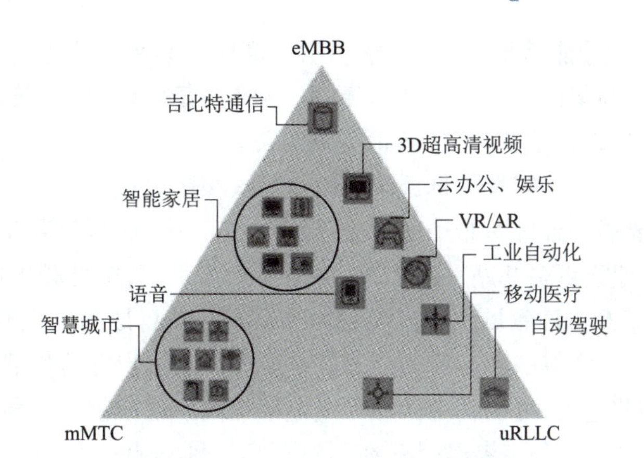

图4-2 ITU定义的5G主要应用场景

①室内无线网络:因为5 GHz的频段容量大,在室内可以覆盖更大的空间,由于国际规范的限制,所以只能作为室内网络,可以实现高速网络传输。

②传输优化技术:5 GHz频段是高频段,可以大大改善网络内噪声以及其他干扰,实现最佳的传输效果。

③多媒体内容传输:多媒体内容通常需要更大的带宽、更高的速率及其可靠性,而5 GHz频段正好满足了这些要求,更能有效地减少功耗。

④虚拟现实:虚拟现实技术需要实时数据传输,5 GHz的频段拥有较高的安全性,能够更有效地接收及传输更多的高位现实、并行数据技术信号。

4.1.2 5G频谱分配

所谓"频谱",是指特定类型的无线通信所在的射频范围。不同的无线技术使用不同的频谱,因此互不干扰。由于一项技术的频谱是有限的,因此频谱空间存在大量竞争,并且人们也在不断开发和增强全新的、高效率的频谱使用方式。频带的带宽越多,接收数据的量越大、速度越快。带宽越多,下载大文件的用时越少。因此,移动网络运营商和监管机构正在尽一切可能,重构、获取或共享频谱资源。所谓"频谱重构",是一种将一个现有应用所使用的频谱转移到新应用的方法(例如,2010年移动网络运营商将2G应用使用的频谱直接转移到4G LTE应用)。4G和Wi-Fi目前使用的调制技术主要是OFDM(正交频分复用技术),这种调制方式的能力相比之前的CDMA等有了大幅提升,但是OFDMA要求各个资源块都正交,这将限制资源的使用,因此如果信号不正交也可以正常解调,将可以极大地提升系统容量,因此NOMA(non-orthogonal multiple-access,非正交多址接入)技术应运而生。在调制技术上提升到极限后,另一种更有效的方法就是多天线技术,通过Massive MIMO实现容量的大幅提升。

5G是怎么样继续提升容量的呢?3GPP为全球各个地区分配国际移动电信(IMT)频带。3GPP是一个由移动系统制造商组成的集体性项目合作伙伴组织。过去几年,3GPP通过重构和清理数字电视等现有服务,稳步增加新的时分双工(TDD)和频分双工(FDD)3G和4G频带。5G的表征维度相对4G更加丰富和全面,很多关键技术指标都与频率是强相关的。因此,可以预见5G时代频率对技术的引导性作用将更加明显。除了低频段频率外,必须引入高频段频率(如毫米波频段)才能满足5G的需求。引入高频段频率需要进行新的空中接口设计,引发物理层、网络协议和架构等一系列技术革新,形成一套全新的5G技术体系。因此,高频段频率的选择及划分进程将是引领5G技术变革的关键。

容量=带宽×频谱效率×小区数量

根据这个公式,要提升容量无非三种办法:提升频谱带宽、提高频谱效率和增加小区数量。增加小区数量意味着建设更多基站,成本太高。至于频谱带宽,中低频段的资源非常稀缺,因此5G将视野拓展到了毫米波领域。毫米波频段高,资源丰富,成为重点开发频谱区域。除了扩展更多频谱资源之外,还有一种有效的方式就是更好地利用现有的频谱,认知无线电经过多年的发展也取得了一些进展,可以利用认知无线电来提高广电白频谱的利用率。

白频谱就是指在特定时间、特定区域,在不对更高级别的服务产生干扰的基础上,可被无线通信设备或系统使用的频谱。所谓广电白频谱就是指在广播电视频段的白频谱。因为广播电视信号所在频段是非常优质的频段,非常适合广域覆盖,因此该频段认知无线电的应用值得关注。运营商更喜欢通过提升频谱效率的方式来提升容量。采用校验纠错、编码方式等办法接近香农极限速率。相对于4G的Tubor码,5G的信道编码更加高效。在5G到来之前,4G LTE就已在许多方面完善了频谱效率。随着高位调制技术的进步。例如,64和256正交波幅调制技术(QAM),以及多入多出(MIMO)和波束赋形技术的推出,每秒峰值数据传输速率被推升至2 Gbit。另外,LTE载波聚合技术也为移动网络运营商新增一个提高带宽的选项,即将多个20 MHz带宽的频率载波合并,提供最高140 MHz的可用频谱。5G更进一步,允许进一步加大分量载波带宽。在7 GHz以下的FR1频段,能够实现100 MHz带宽;对于FR2频段毫米波,则可实现400 MHz的带宽。如果个体移动网络运营商拥有足够的频谱许可证,5G在FR2频段能够聚合达到800 MHz的带宽。5G使用的电磁波谱频段如图4-3所示。

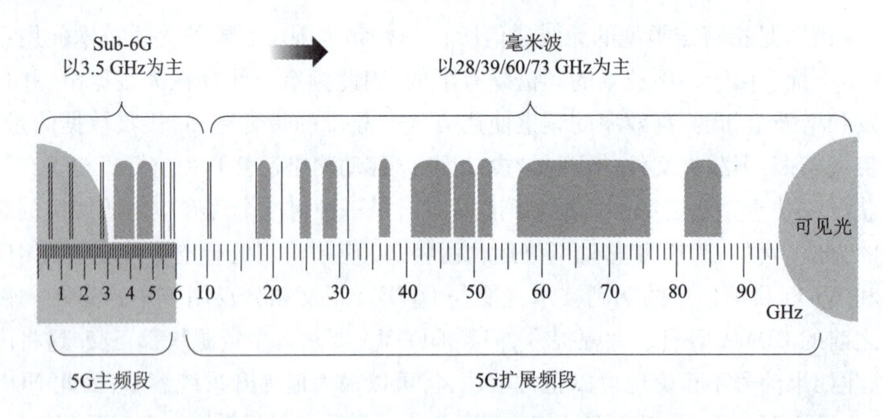

图4-3 5G频谱分配

5G网络一共有29个频段,主要被分为两个频谱范围,其中6 GHz以下的频段共有26个(统称为Sub-6 GHz),毫米波频段有3个。目前国内主要使用的是Sub-6 GHz,包括n1/n3/n28/n41/n77/n78/n79共七个频段。具体介绍如下:

①根据目前3GPP的划分,5G NR主要包括两大频谱范围,450~6 000 MHz频率范围是FR1也就是常说的Sub-6 GHz,24 250~52 600 MHz频率范围是FR2,也就是常说的毫米波。

②FR1(7 GHz以下频段)包括从n1/n2/n3等26个频段,FR2(毫米波频段)包括n257、n258、mn260三个频段,目前国内外主要使用的是n1/n3/n28/n41/n77/n78/n79共7个频段。

③国内5G网络的频段主要是:中国电信和中国联通使用的是n78频段,而中国移动使用的是n41和n79频段,中国广电使用的是n28和n79频段,因此在国内市场发布的5G手机支持这些频段就能满足使用。四大运营商5G频谱分配如图4-4所示。

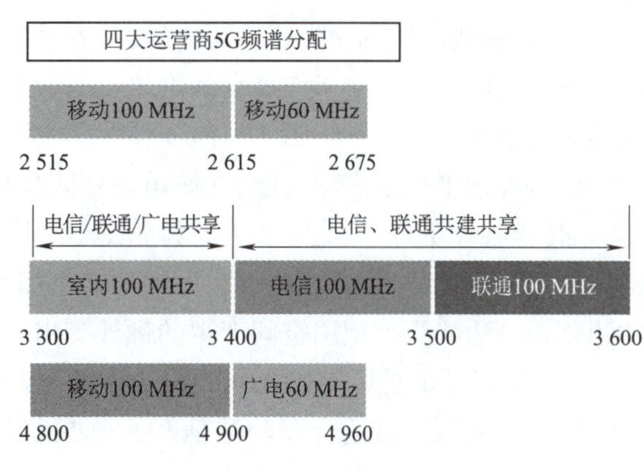

图4-4　四大运营商5G频谱分配

另外,5G频带分为三个明确类别:

● 低频:410 MHz～1 GHz。容量有限,但覆盖面积大,室内穿透率强。峰值数据传输速率最高约为200 Mbit/s。

● 中频:1～7 GHz。适合城镇部署,增加容量,峰值数据传输速率最高约为2 Gbit/s。

● 高频:24～100 GHz(毫米波)。覆盖面积有限,但可能达到极高容量,峰值数据传输速率最高约为10 Gbit/s。

随着运营商和原始设备制造商不断完善毫米波技术,7 GHz以下频率技术将在不久的将来成为首选5G网络技术。7 GHz以下频率技术能够长距离递送高数据传输速率,因此不仅适合农村地区,也适合城镇地区。图4-5所示为LTE-Advanced Pro与5G NR生态系统。

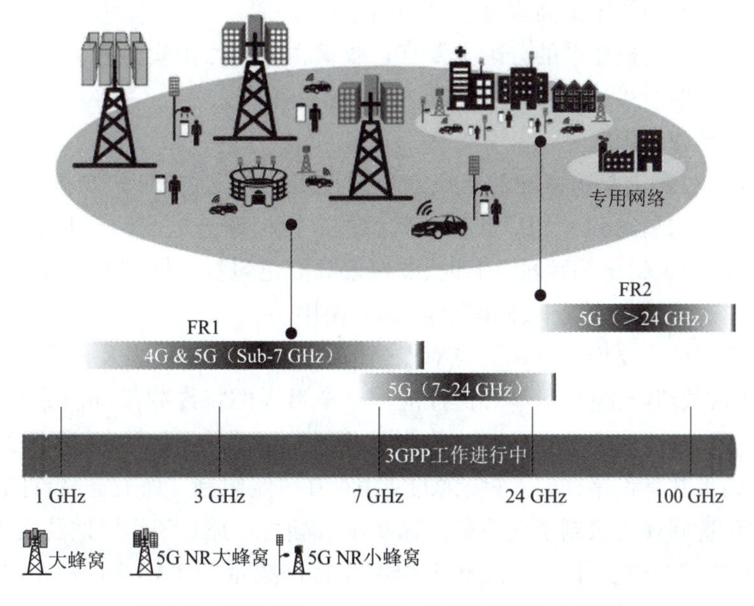

图4-5　LTE-Advanced Pro与5G NR生态系统

毫米波等高频率频带最适合增强移动宽带(eMBB)所需的短距离、低延时、超高容量传输。不过,这些高频率频带传输距离短,更容易因为天气或物体原因而产生信号损耗,并且室内穿透率有限。这种毫米波蜂窝站网络设计就像4G的小型蜂窝,因为二者拥有相似的频率范围和覆盖率。

中频频谱平衡了多项功能,在城镇和郊区环境下能够补充毫米波。中频频谱的传输距离更远、传播特性更好,因此除了人口稠密地区,中频频谱还能在其他地区提供5G。另外,中频部署还有一个优势:运营商能够将中频功能添加到现有的4G蜂窝站区域,从而减少了在建筑物顶部或周边购买或租用空间产生的额外支出。

2 GHz以下的低频提供优秀的覆盖率和移动性。对于低频用户,可以使用载波聚合技术扩大带宽。低频非常适合互动通信和大规模机器类通信(mMTC)。低频频谱也很适合室内穿透。

4.1.3 5G 频谱特许

下面看一下三种频谱分配方法:

1. 特许(授权)频谱

无线电管理规定采用固定频谱分配制度,频谱分为两部分:授权频段和非授权频段。大部分频谱资源被划分为授权频段,只有拥有授权的用户才能使用。在当前的频谱划分政策下,频谱资源利用不均衡,使用效率低下。因此,智能、动态、灵活地使用频谱资源将成为影响未来无线产业发展的关键性要素。在这一思路下,频谱共享开始受到业界的关注。所谓频谱共享,是指在同一个区域,双方或多方共同使用同一段频谱,这种共享有可能是经过授权的,也有可能是免授权的。频谱是移动宽带网络的生命线。目前,移动运营商发展5G的选择是采用授权频段,并采用各种技术创新来提高现有频谱的利用效率。

从全球范围来看,授权频谱的分配主要有行政审批、招标、拍卖3种方式,另外还有选秀、抽签、二次交易等辅助形式。

2. 非特许(非授权)频谱

非特许(非授权)频谱是国家开放给民众免费使用的频谱资源,只要符合占用带宽、发射功率限制等监管要求,就可以使用。我们最熟悉的非授权频谱是Wi-Fi和LoRa的频谱,包含433 MHz、2.4 GHz和5 GHz等频段。有时,非授权频谱还包括一些授权给军方使用的雷达频谱,在军方没有雷达信号的情况下,暂时借给LTE使用。

目前,非特许频谱主要用于Wi-Fi、点对点通信、传送或回传、读表及自动化。另外,国际上的非特许频谱还被预留给工业、科学和医疗应用。全世界的特许频谱都由原产国进行管理和管制。例如,美国联邦通信委员会(FCC)管理着美国的频谱。非特许频谱的频带通常是共享频带。但是,为确保共享秩序,非特许频谱的使用存在一定限制。所有非特许频谱的用户都必须遵守相关规范,这些规范限制了允许的传输功率、辐射方向图、工作周期及接入程序,并确保在服务全体用户的同时减少干扰。共享5 GHz非特许频带的LAA和WLAN就是其中一个例子。

在WRC-03上,正式确定了5 GHz频段用于WLAN的频率,包括5 150~5 250 MHz、5 250~5 350 MHz、5 470~5 725 MHz,共计455 MHz。我国无线电管理部门也陆续开放了部分5 GHz

频段为免授权频段,其中 5 150 ~5 350 MHz 频段仅限室内使用,电台最大等效全向辐射功率不超过 0.2 W;5 470 ~5 725 MHz 频段可用于室内和室外,电台最大等效全向辐射功率不超过 1 W。

作为移动通信系统的优质资源,新的中低频谱已经非常稀缺。因此,在有限的中低频谱条件下,如何探索有效的途径,以进一步提高频谱利用效率,是近来业界的研究重点之一,主要有两种重要的增强中低频谱利用方案:LAA(licensed assisted access,授权辅助接入)和 LSA(licensed shared access,授权共享接入)。3GPP 在 RAN 第 65 次全会上开始 LAA 项目的研究工作。研究工作旨在评估在非授权频段上运营 LTE 系统的性能以及对该频段上的其他系统造成的影响,研究工作集中在定义针对载波聚合方案的相关评估方法、可能场景给出相应的政策需求,以及非授权频段上部署的设计目标、定义和评估物理层方法等。

为什么需要 LAA? 由于授权频谱的短缺,运营商自然而然地把眼光投向了非授权频谱,尤其是未经充分利用的 5 GHz 频段。在非授权频谱上部署 LTE 载波,可以使运营商在几乎不付出任何频谱成本的情况下增加新的可用频谱。LAA 的载波聚合中,由于部分辅小区(SCell)工作在非授权频段,针对 LTE 工作在非授权频谱,需要一些特殊的技术保障。

①LAA 的辅小区如何在非授权频谱上与 Wi-Fi 等技术协同工作,使得 LTE 能够工作在非授权频谱,这里主要涉及的技术是非授权频谱信道竞争接入技术 LBT。

②LAA 的非授权小区如何根据非授权频谱上动态负载变化,动态地选择载波信道(频率),这里主要涉及的技术是动态信道选择技术 DCS。

③LAA 的非授权小区如何实时监控雷达非授权频谱的雷达信号,及时避让,这里主要涉及的技术是动态频率选择技术 DFS。

④LAA 的载波聚合技术,在辅小区为非授权频谱时,如何根据非授权频谱动态变化、动态选择的特点,进行载波聚合流程的适配,这里主要涉及的技术是非授权频谱辅助小区时的载波聚合技术 CA。

3. 频谱共享

频谱共享是向 5G SA 迁移过程中的一个重要组成部分。动态频谱共享技术是促使移动网络运营商快速启用 5G 的“催化剂”。有了动态频谱共享技术,承运商能够在当前 4G LTE 使用的频带内启用 5G。动态频谱技术让现有的 LTE 运营商能够同时运营 5G NR 和 LTE。有了动态频谱共享技术,运营商不必为 4G LTE 或 5G 分割频谱,而是可以在这两种技术之间共享频谱。这让运营商能够智能化地、灵活地、快速地在现有 4G 网络范围内推出和增加 5G。动态频谱共享技术让 5G 和 4G LTE 能够同时在同一频带运行,它是一项改变“游戏规则”的技术。

动态频谱共享(dynamic spectrum sharing,DSS)就是允许 4G LTE 和 5G NR 共享相同的频谱,并将时频资源动态分配给 4G 和 5G 用户。图 4-6 所示为静态与动态频谱共享示意图。

频谱共享可以通过静态和动态两种方式实现:

静态频谱共享:指在同一频段内为不同制式的技术(比如 4G 和 5G)分别提供专用的载波。这种方式“简单透明”,但频谱利用率较低。

动态频谱共享:指在同一频段内为不同制式的技术动态、灵活地分配频谱资源。这种方式可提升频谱效率,且利于 4G 和 5G 之间平滑演进。

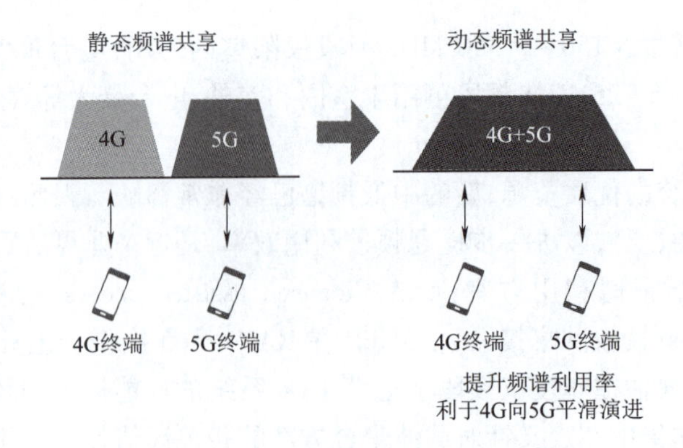

图 4-6 静态与动态频谱共享示意图

(1)使用动态频谱共享的动因

①利用低频段实现 5G 广覆盖。5G 频段更高,单站覆盖距离小,难以在短时间内实现连续的 5G 广覆盖。5G 频段更高,信号穿透能力较弱,即使在密集城区,5G 信号也难以渗透入室内场景。而目前的低频段频谱资源几乎都被 2G/3G/4G 占据,且 2G/3G/4G,尤其是 4G,将与 5G 长期共存,但无法全部重耕这些优质的低频段资源。动态频谱共享技术可动态共享 4G 优质低频资源,快速实现 5G 广覆盖和深度覆盖。

②利于 4G 向 5G 平滑演进,降低 5G 投资成本。行业也可从优质的 4G 低频资源中分割出一段给 5G 重耕使用,但这种方法可能会导致 4G 网络拥塞。更麻烦的是,从 4G 低频段分割出一段频谱给 5G 使用后,还需要新建 5G 基站。由于早期 5G 用户并不太多,低频段主要覆盖的农村场景的 5G 用户更少,这可能会导致 5G 投资浪费。采用动态频谱共享技术后,既可利旧 4G 的低频段资源和基站,也可实现 4G 向 5G 平滑演进,可大幅降低 5G 投资成本。

在 5G 发展早期,4G 用户多,5G 用户很少,可以动态地分配更多频谱资源给 4G 用户。在 5G 发展中期,5G 用户越来越多,就为 5G 用户多分配一些频谱资源。最后,所有的 4G 用户都转为 5G 了,就将整段频谱资源给 5G 用。

③利于实现 SA 组网。众所周知,5G 有两种组网方式:NSA 和 SA。NSA 通过 4G 和 5G 双连接(DC)的方式将 5G 基站锚定于 4G,并沿用 4G 核心网;而 SA 组网断了与 4G 之间的瓜葛,从核心网到接入网都采用全新的 5G 技术。

NSA 组网利用现有的 4G 网络规模引入 5G NR,利于运营商快速推出 5G,抢占市场。但 NSA 组网依然是 4G 生态的延续,主要针对 eMBB(enhanced mobile broadband,增强移动宽带)场景和 2C 消费者市场。

而 SA 组网才是 5G 的重头戏,可使能丰富多彩的 2B 垂直行业应用,为运营商增加收入来源。为此,全球领先运营商都在积极筹备 5G SA。NSA 向 SA 组网演进示意图如图 4-7 所示。

但由于 SA 组网不再依托于 4G 网络规模,需要从头开始部署一张完整的、广覆盖的 5G 网络。5G 频段更高,单站覆盖范围更小,这意味着网络投资更大。采用动态频谱共享技术后,利用 4G 低频段,可快速实现 5G SA 广覆盖。

④利于支持 5G 载波聚合。4G 低频段和 5G 中频段之间的"结合"称为双连接,这种"结合"在性能上要低于载波聚合。例如,载波聚合仅需要一条上行链路,而双连接需要两条上行

链路,会导致 3 dB 的覆盖损耗。采用动态频谱共享后,将 4G 低频段动态给 5G 用,可在 FDD(频分双工)低频段和 TDD(时分双工)中频段之间实现 5G 载波聚合,实现性能最大化。

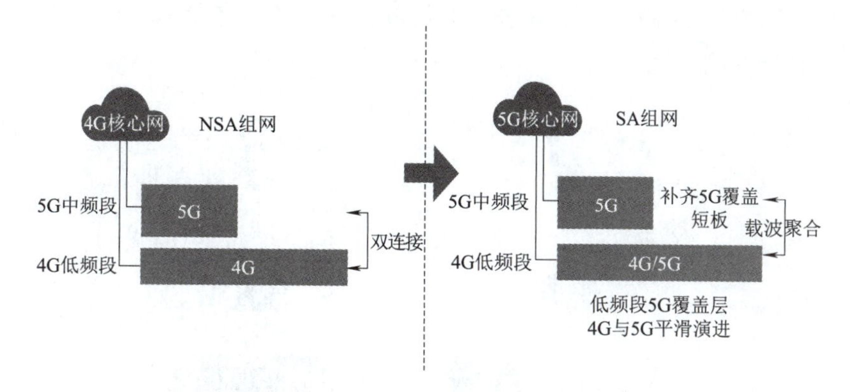

图 4-7 NSA 向 SA 组网演进示意图

(2)动态频谱共享部署方案

①利旧 RRU(射频拉远单元)和天线。传统网络部署方式需新增 5G BBU(基带单元)、RRU 和天线,而动态频谱共享可利旧现有 4G 网络的频段、RRU 和天线。理论上讲,只需要更换或添加 BBU 单元即可快速将 4G 网络升级到 5G,如图 4-8 所示。

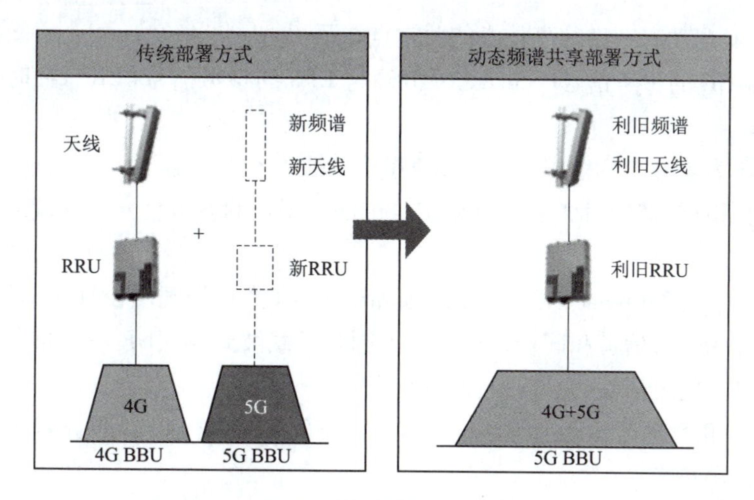

图 4-8 利旧 RRU 和天线

②更换 BBU 或新增 BBU 单元。在基带部分,动态共享频谱有两种部署方式:一种是在原有 4G BBU 的基础上新增 5G BBU 或基带板,两者之间通过厂家的专用接口快速调度;一种是用共享 4G 和 5G 的 BBU 替换原来的 4G BBU,如图 4-9 所示。

注意:专用接口是厂家独有的,非开放的。这意味着动态频谱共享部署绑定于单一厂商,不支持多供应商部署。

(3)动态频谱共享实现原理

5G NR 物理层设计与 4G LTE 具有相似之处,这是 4G 和 5G 之间实现动态频谱共享的基础。在相同的子载波间隔和相似的时域结构下,4G 和 5G 之间动态频谱共享可行。众所周知,手机使用导频信号（如 CRS，公共参考信号）来建立公共参考以与网络同步。导频和同步信号对于手机接入网络和与网络保持通信至关重要。动态频谱共享技术的基本思想就是，在 LTE 子帧中调度 NR 用户，同时确保用于同步和下行链路测量的参考信号不会发生冲突，不会对 LTE 用户产生任何影响。

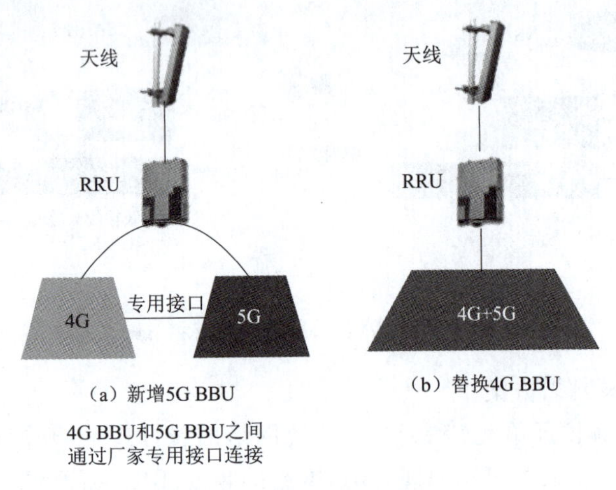

图 4-9　更换 BBU 或新增 BBU 单元

具体地说，实现动态频谱共享技术的关键点如下：

①确保 5G NR 的参考信号（SSB 或 DMRS）与 LTE 的参考信号（CRS）在时频资源分配上不会发生冲突。

②在两者不发生冲突的前提下，将 5G NR 信号插入 LTE 子帧。

4G LTE 的所有信道的时频资源是固定分配的。LTE 的参考信号在连续的时频资源中占用特定的位置。

5G NR 定义了各种（numerologies，系统帧和子帧，时隙），物理层设计灵活可扩展，可根据不同的频段分配为数据信道和同步信道提供不同的子载波间隔。NR 参考信号、数据信道、控制信道都具有极高的灵活性，允许进行动态配置。

因此，利用 NR 物理层的动态灵活性去适配静态的 LTE，可避免 2 种技术之间发生冲突。

4. 主要的三种技术

（1）基于 MBSFN

MBSFN（多播/广播单频网络）指在 LTE 中用于点对多点传输，如 eMBMS 多媒体广播多播服务。若子帧用于传输 MBSFN 时，子帧的前两个 OFDM 符号用于传输小区参考信号，剩下的 12 个 OFDM 符号保留用于 eMBMS 广播服务，并不能用于其他 LTE 用户传输数据，如图 4-10 所示。

动态频谱共享技术的思想就是“鸠占鹊巢”，在这些保留的 OFDM 符号插入 5G NR 信号，而不是 eMBMS 广播服务，这样就避免了与 LTE 冲突。

（2）基于 mini-slot

mini-slot 机制允许符号置于 NR 的任何时隙，它与帧结构没有固定关系，可不受帧结构限制直接调度。其通过缩短持续时间来“压缩”5G 同步符号(SSB 符号),可避免 LTE CRS 符号,可调度空闲符号用于 NR 传输,如图 4-11 所示。

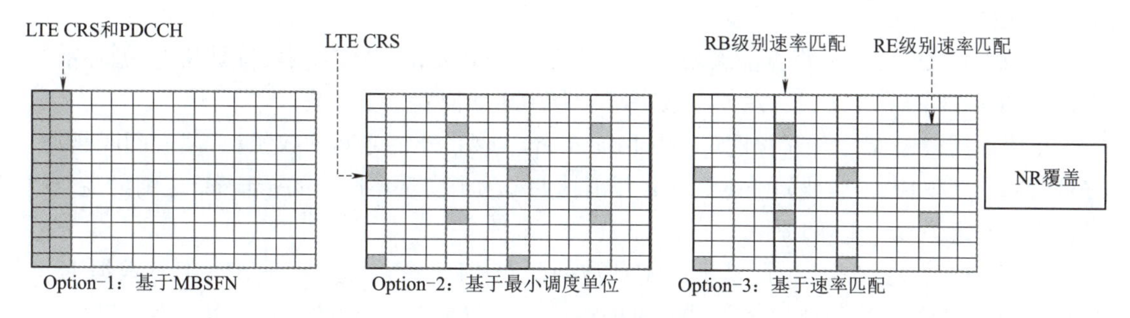

图 4-10　MBSFN 传输区域

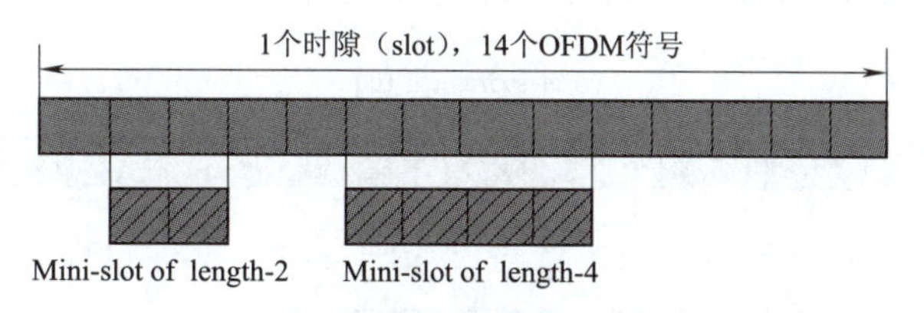

图 4-11　mini-slot 机制

mini-slot 机制主要用于超低时延的 URLLC 场景,不适合 eMBB 大带宽场景。

(3)基于速率匹配

基于速率匹配即基于在非 MBSFN 子帧中的 CRS(用于下行信道估计)速率匹配,常用于 NR 数据信道。其通过 UE 执行 LTE CRS 使用的 RE(资源单位)打孔,以便 NR 调度程序知道哪些 RE 不可用于在 PDSCH(物理下行共享信道)上进行 NR 数据调度。该选项的实现可以是 RB(资源块)级的,也可以是 RE(码无波形的带宽)级的。从原理上看,在动态频谱共享技术下,由于 4G 信令和 5G 信令共存,会带来一定的信道容量损失。容量损失的大小考验设备商的解决方案。

此外,动态频谱共享的实现粒度也是衡量设备商解决方案的标尺之一。动态频谱共享需要跨越两个不同制式的网络来实现调度,需要在 1 ~ 100 ms 之间的粒度范围内响应不断变化的流量需求,粒度越小,性能越好。

4.2　5G 物理层

3GPP 提出了许多波形选项,这是一道很难的选择题,需要考虑与 MIMO 的兼容性、频谱效率、低峰均功率比(PAPR)、URLLC(低时延高可靠通信)用例、实现复杂度等多种因素。CP-OFDM 支持 5G NR 的上行和下行,也引入了 DFT-S-OFDM 波形与 CP-OFDM 波形互补。CP-OFDM 波形可用于单流和多流(即 MIMO)传输,而 DFT-S-OFDM 波形只限于针对链路预算受限情况的单流传输。对于 5G mMTC 场景,正交多址(OMA)可能无法满足其所需的连接密度,因此非正交多址(NOMA)方案成为广泛讨论的对象。

由于 5G NR 面向三大场景，要适用于大量的用例，因而需要一个可扩展且灵活的物理层设计，并且支持不同的、可扩展的 numerologies。numerologies 可翻译为参数集，指一套参数，包括子载波间隔、符号长度、CP 长度等。

OFDM 的核心思想是将宽信道划分为若干正交子载波，子载波间隔、符号长度、循环前缀(cyclic prefix，CP)和 TTI 这一系列参数定义了 OFDM 如何划分子载波。

子载波间隔是符号时间长度(symbol duration)与 CP 开销之间的权衡：子载波间隔越小，符号时间长度越长；子载波间隔越大，CP 开销越大。为了实现不同 numerologies 之间的高复用率，3GPP 确定了 $\Delta f\times 2^m$ 的原则。

所谓 $\Delta f\times 2^m$，指 5G NR 最基本的子载波间隔与 LTE 一样，也是 15 kHz，但可根据 15×2^m kHz，$m\in\{-2,0,1,\cdots,5\}$ 灵活扩展(见图 4-12)，也就是说，子载波间隔可以设为 3.75 kHz、7.5 kHz、15 kHz、30 kHz、60 kHz、120 kHz 等，如表 4-1 所示。其中，ffs 指查找第 1 个置 1 的位。

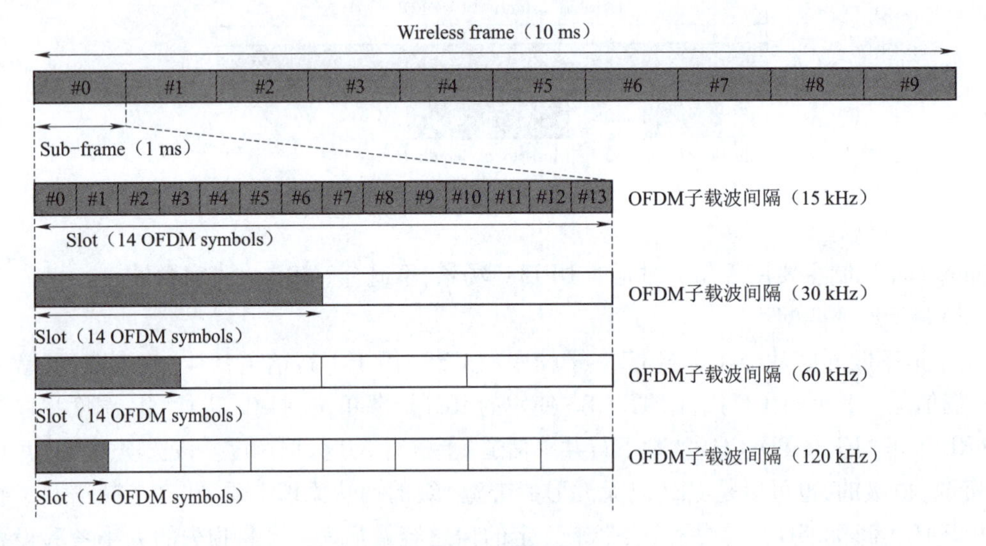

图 4-12　子载波间隔

表 4-1　5G NR 基本子载波间隔

m	−2(ffs)	0	1	2	3(ffs)	…
子载波间隔/kHz	3.75	15	30	60	120	…
符号长度/μs	266.67	66.67	33.33	16.67	8.333	…
子帧长度/ms	4	1	0.5	0.25	0.0125	…

注：ffs 即 find the first bit set，查找第一个置 1 的 bit 位，从 bit0 开始找是否置 1，32 位数值检查完 bit31 后停止，64 位数值检查完 bit63 后停止。

如此一来，子载波间隔可随着其工作频段和 UE 的移动速度变化而变化，最小化多普勒频移和相位噪声的影响。

CP 长度是 CP 开销和符号间干扰(ISI)之间的权衡——CP 越长，ISI 越小，但开销越大，它将由部署场景(室内还是室外)、工作频段、服务类型和是否采用波束赋形技术来确定。TTI

(传输时间间隔)的符号数量是时延与频谱效率之间的权衡——符号数量越少,时延越低,但开销越大,影响频谱效率,建议每个TTI的符号数为2^n个,以确保从2^n到1个符号的灵活性和可扩展性,尤其是应对URLLC场景。

总而言之,不同的numerologies满足不同的部署场景和实现不同的性能需求。例如,子载波间隔越小,小区范围越大,适用于低频段部署;子载波间隔越大,符号时间长度越短,适用于低时延场景部署。

4.2.1 5G NR时频结构

NR采用OFDM作为其上下行的传输机制。OFDM不但具有良好的时间色散鲁棒性,还可以为各种物理信道和信号灵活定义时频资源。LTE则是上行使用DFT(离散傅里叶变换)预编码OFDM,下行OFDM。同时,NR可以把DFT预编码的OFDM(正交频分复用)作为上行传输的可选机制,DFT预编码OFDM的优点是可以降低立方度量(cubic metric)使终端可以获得较高的功放功率。DFT存在以下缺点:

①MIMO接收机的设计非常复杂。

②上下行传输机制保持一致的设计可以在某些场景下带来好处,而DFT预编码OFDM会破坏这种一致性。

考虑OFDM的一个主要课题就是选择合适的参数集(numerologies),特别是子载波间隔和CP长度。大的子载波间隔可以减小频偏和相噪对接收性能的影响。从设备实现的角度看,子载波间隔增大可以减低FFT(快速傅里叶变换)长度,设备也可以较为方便地处理更大带宽。

对LTE而言,主要应用场景是3 GHz以下的载波频率,用以支持室外蜂窝小区的部署。因此,LTE选择了15 kHz的子载波和大于4.7 μs的循环前缀。

对NR而言,除了要支持低频,还要考虑高频。高频毫米波频段,相位噪声的影响会更加明显,因此需要大的子载波间隔。由于高频的传播特性,小区半径一般较小,时延扩展也比较小,因此不需要过长的CP来抵抗时延扩展。同时,高频的波束成形技术也有利于降低时延扩展。因此在高频应用场景下,需要配置更高的子载波间隔和更短的CP。

NR的子载波间隔以15 kHz为基线,可以从15 kHz扩展到240 kHz,循环前缀也等比例下降。

注意:

- 240 kHz的配置只能用于SSB(单边带通信),而不能用于常规的数据传输。
- 尽管NR标准对物理层的设计做到了和频段无关,但是对于不同的频段,NR仅要求终端支持参数集的一个子集。

一个OFDM符号的持续时间包括有效时间T_u和CP时间T_{cp}。T_u取决于子载波间隔(子载波间隔的倒数)。T_{cp}在LTE中有常规CP和扩展CP。扩展CP造成了更多的开销,但是能够更好地抵抗传输过程中的时延扩展。LTE中扩展CP是一个无用的设计,没有用到。但是在NR中有一个特殊情况,即60 kHz定义了常规CP和扩展CP。

为了更精确地描述定时相关概念,NR(新天线/新空口)规定了一个基本时间单位,即$T_c = 1/(480\,000 \times 4\,096)$。所有NR相关时间的定义都被描述为$T_c$的整数倍。$T_c$表示子载波间隔480 kHz下的4 096点FFT的收发机时域抽样间隔。LTE类似,其基本时间$T_s = 64T_c$。

1. 时域结构

从时域来看,NR 标准的传输长度由 10 ms 的帧组成。每个帧被划分为 10 个等时间长度的子帧,每个子帧 1 ms。每个子帧又被进一步划分为若干个时隙,每个时隙由 14 个 OFDM 符号组成。从无线高层协议来看,每个帧都由一个系统帧号(system frame number,SFN)标识。SFN 可以用来标识一些较长的周期。它是一个以 1 024 为模的循环计数器,即循环周期为 1 024 帧(10.24 s)。对于 15 kHz 的子载波间隔,NR 的时隙结构和长度与 LTE 完全相同(配置常规循环前缀的前提下)。这有利于 NR 与 LTE 的共存,同时子载波间隔为 15 kHz 的时隙结构设置需要考虑与 LTE 一样的设计,即第一个和第八个 OFDM 符号的循环前缀会比其他符号的循环前缀符号长。更大的 NR 子载波间隔是基线子载波间隔乘以 2 的幂次,也可以看成是每个参数集是把基线子载波的 OFDM 符号切成 2 的幂个 OFDM 符号,如图 4-13 所示。

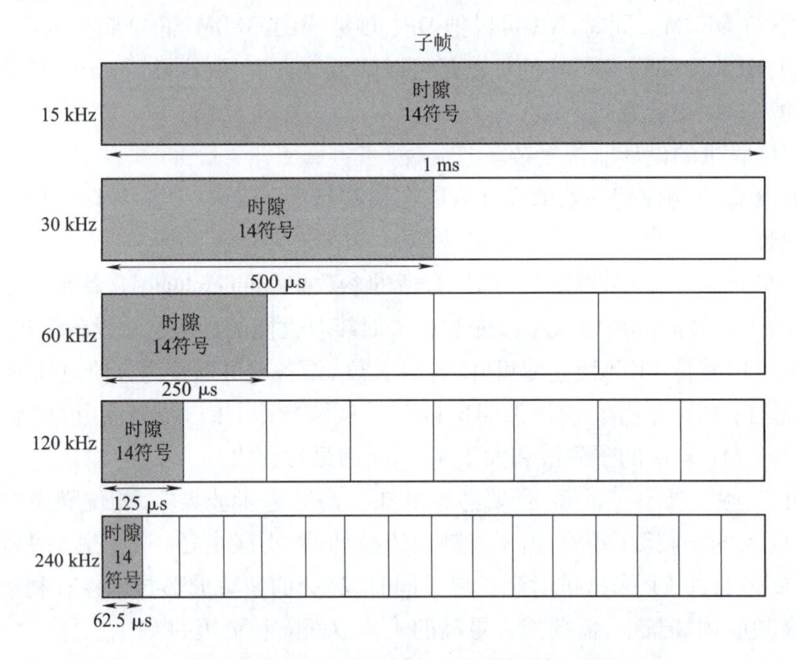

图 4-13 每个子帧的时隙数与子载波间隔之间的关系

时隙是由固定的 OFDM 符号组成,更高的子载波会导致更小的时隙长度,或更小的时间调度粒度,理论上更加适合时延要求高的传输。但是,循环前缀也会随着子载波间隔的增大而减小,此时不再适合高时延扩展传输。NR 引入了一种特殊配置,即子载波配置为 60 kHz,而又保持循环前缀与 15 kHz 配置的循环前缀长度相似。也就是在 60 kHz 子载波的间隔下引入了扩展循环前缀。通过增加扩展循环前缀来满足传输时延的要求。特定场景中选择子载波间隔,应该综合考虑载波频率、空口传输的时延扩展、是否需要和 LTE 在同一个载波上共存的问题。

通过把传输的持续时间和时隙长度解耦,可以选择任意个数的 OFDM 符号进行传输,或者从任意 OFDM 符号开始传输而不需要等待时隙的开头。即 NR 可以使用一个时隙的一部分来传输数据,称为 mini-slot(微时隙)传输。考虑 mini-slot 的原因:

①可以支持时延敏感业务的传输,而且这种传输可以抢占到另一个终端的正在进行的且持续时间较长的传输。

②可以支持模拟波束赋形。

③利于在非授权频谱的部署。

2. 频域结构

资源单位(RE):定义为一个 OFDM 符号上的一个子载波,RB 是 NR 标准里最小的物理资源单位。

资源块(RB):频域上 12 个连续的子载波称为一个资源块。NR 标准对资源块的定义和 LTE 不同,NR 对 RB 的定义是一个一维度量,而 LTE 对 RB 的定义是一个二维度量,即频域上 12 个子载波,时域上 1 个时隙。NR 采用这种新的定义是因为 NR 的传输在时域上非常灵活,而 LTE 中的一次传输固定只占用一个完整的时隙。

NR 可以在一个载波上支持多种参数集,虽然一个 RB 固定包括 12 个子载波,但是可以允许不同的子载波间隔,所以导致一个 RB 实际占用的带宽不相同。

资源网格:NR 中用于描述不同参数集的 RB 在频域上的位置以及不同参数集的 OFDM 符号在时域上的位置。每一个天线端口,每一种子载波间隔都有一个对应的资源网格。资源网格从频域上来看包含整个载波带宽,从时域来看包括一个时隙。NR 的载波最多支持配置 275 个 RB,即对应 275 × 12 = 3 300 个子载波。这就限制了 NR 可以支持的最大载波带宽,也就是说子载波对应间隔为 15/30/60/120 kHz,对应的载波带宽为 50/100/200/400 MHz。

3. 关于 RB 和 RE

①RB 频率上连续 12 个子载波,时域上一个 slot(时隙,14 个 OFDM 符号)。

②RE 频率上一个子载波,时域上一个 OFDM 符号

注意:协议规定,5G 每个时隙(非扩展 CP)的符号数为 14 个(扩展 CP 情况下每个时隙有 12 个符号),而 LTE(非扩展 CP)每个时隙的符号数为 7 个。

简单地说,一个 12 × 14 的方格,大的整个称为一个 RB,每一个小块称为一个 RE。另外,一个 RE 可存放一个调制符号,该调制符号可使用 QPSK(正交相移键控,对应一个 RE 存放2 bit数据)、16 QAM(对应一个 RE 存放 4 bit 数据)、64 QAM(对应一个 RE 存放 6 bit 数据)调制。

③RB 最终要映射到 PRB(physical RB,物理资源块)上。RB 有两个概念:VRB(vitural RB,虚拟资源块)和 PRB。上、下行系统分别将频率资源分为若干资源单元(RU)和 PRB,RU 和 PRB 分别是上、下行资源的最小分配单位。

下行用户的数据以 VRB 的形式发送,VRB 可以采用集中(localized)或分散(distributed)方式映射到 PRB 上。集中方式即占用若干相邻的 PRB,这种方式下,系统可以通过频域调度获得多用户增益。分散方式即占用若干分散的 PRB,这种方式下,系统可以获得频率分集增益。

上行 RU(无线单元)可以分为 LRU(localized RU)和 DRU(distributed RU),LRU 包含一组相邻的子载波,DRU 包含一组分散的子载波。为了保持单载波信号格式,如果一个 UE(用户终端)占用多个 LRU,这些 LRU 必须相邻;如果占用多个 DRU,所有子载波必须等间隔。

4.2.2　帧结构

不论怎么组合,采用哪种 numerologies,5G 无线帧和子帧的长度都是固定的。一个无线帧的长度固定为 10 ms,1 个子帧的长度固定为 1 ms,这与 LTE 是相同的,从而更好地保持 LTE

与 NR 间共存,利于 LTE 和 NR 共同部署模式下时隙与帧结构同步,简化小区搜索和频率测量。不同的是,5G NR 定义了灵活的子构架,时隙和字符长度可根据子载波间隔灵活定义。

所以,简单地将 5G 帧结构划分为由固定结构和灵活结构两部分组成,如图 4-14 所示。

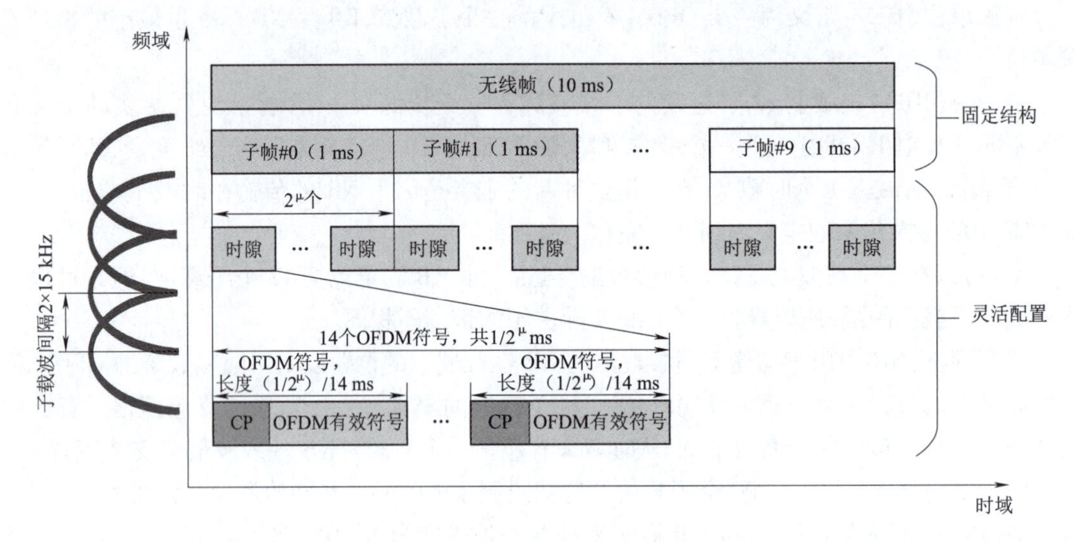

图 4-14 5G NR 帧结构示意图

与 LTE 不同,5G NR 定义了灵活的时隙,长度根据子载波间隔大小变化。一个子帧里时隙的个数会呈 2^{μ}(μ 表示某一带宽部分 BWP 的子载波间距)倍数变化(网络标准的调度单位时域长度 $T_{slot}=1/2^{\mu}$)。与 LTE 按子帧进行调度不同的是,时隙是 NR 的基本调度单位,更高的子载波间隔导致了更小的时隙长度,因而数据调度粒度就更小,更适合时延要求高的传输。

同 LTE 类似,NR 的 OFDM 符号由符号加上其循环前缀组成,那么不同的参数集也会引起不同的符号时间长度,计算方法如下:

①数据部分 OFDM 符号长度 $T_{data}=1/SCS$(子载波间距)。

②CP(循环前缀)长度 $T_{cp}=144/2\,048T_{data}$。

③符号长度(数据+CP)$T_{symbol}=T_{data}+T_{cp}$。

NR 中的时隙能被灵活调度,可以用作以下功能:

①Downlink,D:用于下行传输。

②Flexible,X:可用于下行传输、上行传输以及 GP(相当于 LTE 的特殊子帧,由于下行需要一定时间来转换成上行,因此留一个特殊时隙)。

③Uplink,U:用于上行传输。

在 3GPP 协议中,灵活的时隙调度组合定义了很多种。在我国,根据工业和信息化部和运营商的技术规范,6 GHz 以下 eMBB 场景主流 30 kHz 子载波间隔($\mu=1$),NR 时隙配置和 LTE 类似主要采用 10 ms(20 个时隙,每个时隙为 0.5 ms)静态配置。目前有以下 5 种主流时隙结构:

①Option1 的帧结构:2.5 ms 双周期帧结构,每 5 ms 里面包含 5 个全下行时隙,3 个全上行时隙和两个特殊时隙。Slot3 和 Slot7 为特殊时隙,配比为 10:2:2(可调整):DDDSUDDSUU,如图 4-15 所示。

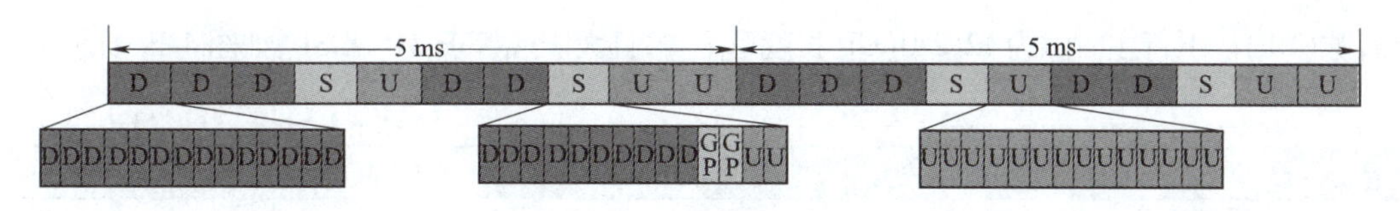

图 4-15　2.5 ms 双周期帧结构

无参数的组合(patter)周期为 2.5 ms,存在连续 2 个上行链路(UL slot),可发送长 PRACH(物理随机接入信道)格式,有利于提升上行覆盖能力。推荐将保温间隔(GP)长度扩展到 4 个,那么就会出现 G 跨子帧的情况。

②Option2 的帧结构:每 2.5 ms 里面包含 3 个全下行时隙,1 个全上行时隙和 1 个特殊时隙。特殊时隙配比为 10∶2∶2(可调整):DDDSU,如图 4-16 所示。

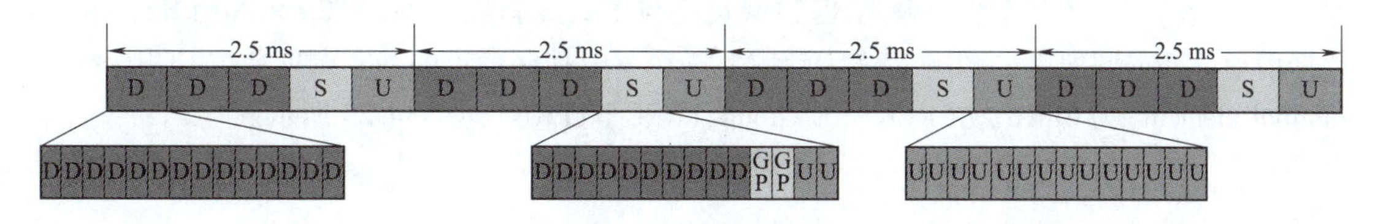

图 4-16　2.5 ms 单周期帧结构

pattern 周期为 2.5 ms,1 个 UL slot,下行有更多的 slot,有利于下行吞吐量。

③Option3 的帧结构:每 2 ms 里面包含 2 个全下行时隙,1 个上行主时隙和 1 个特殊时隙。特殊时隙配比为 10∶2∶2(可调整)。上行主时隙配比为 1∶2∶11(GP 长度可调整):DSDU,如图 4-17所示。

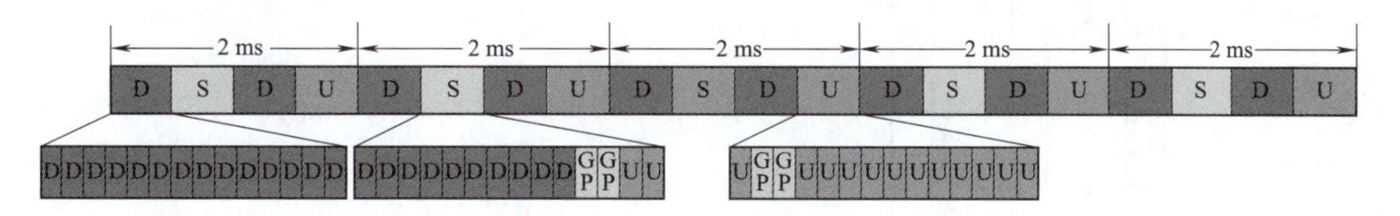

图 4-17　2.5 ms 周期帧结构

pattern 周期为 2 ms,1 个 UL slot,有效减少时延,转换点增多。

④Option4 的帧结构:每 2.5 ms 里面包含五个双向时隙,其中 4 个下行主时隙、1 个上行为主时隙。上行主时隙配比为 1∶1∶12(DL 符号∶GP∶UL 符号),下行主时隙配比 12∶1∶1(DL 符号∶GP∶UL 符号):DDDDU,如图 4-18 所示。

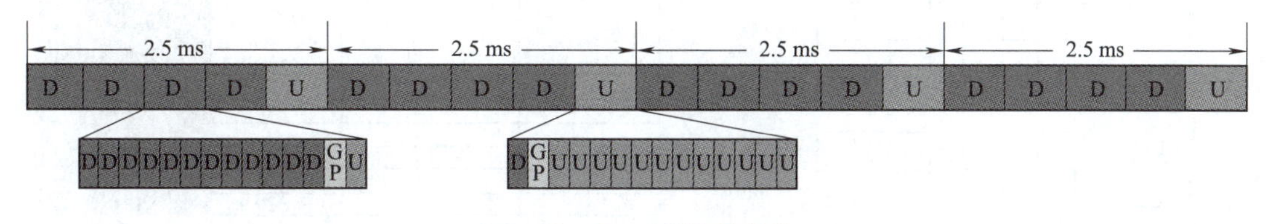

图 4-18　2 ms 周期帧结构

⑤Option5 的帧结构:每 2 ms 里面包含 2 个全下行时隙(DL),1 个下行主时隙(S)和 1 个全上

行时隙(UL)。下行主时隙为 12∶2∶0(GP 长度可配置,且大于或等于 2):DDSU,如图 4-19 所示。

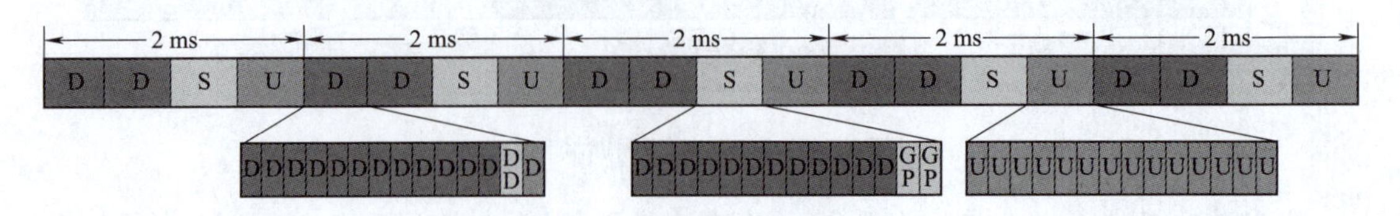

图 4-19　2 ms 单周期帧结构

pattern 周期为 2 ms,周期较短,有利于降低时延

5G NR 物理层资源的最小粒度和 LTE 一致,为一个 RE,这是一个二维概念的资源定义,包括频域一个子载波、时域一个 OFDM 符号。NR 信道资源频域基本调度单位 RB 和 LTE 类似,定义为频域上 12 个连续子载波,但频域宽度与子载波间隔有关,为 $2\mu \times 180$ kHz。NR 中数据信道的基本调度单位 PRB 定义为频域上 N 个 RB,控制信道的基本调度单位 CCE(control channel element)为 6PRB 或 6REG(RE Group,1REG = 1PRB),如图 4-20 所示。

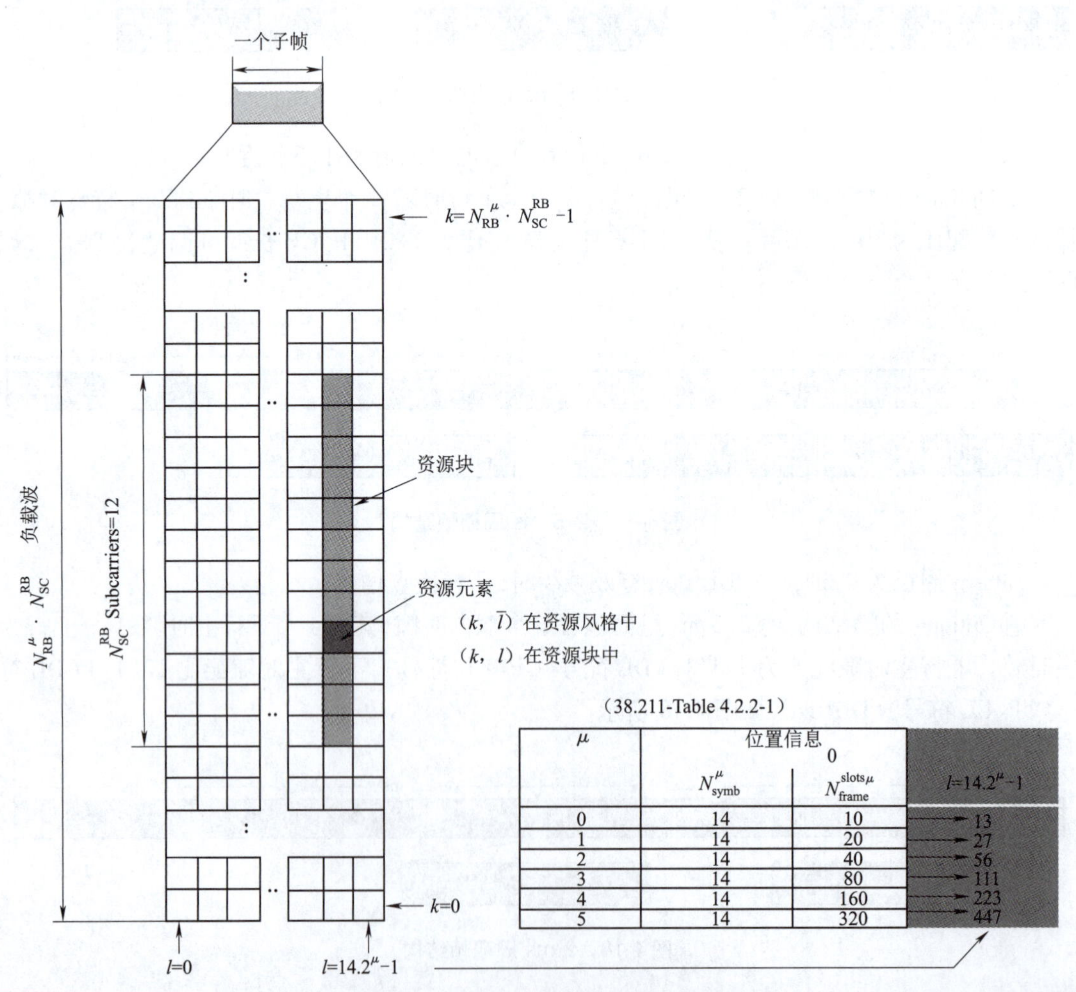

μ	位置信息	0	$l=14.2^{\mu}-1$
	N_{symb}^{μ}	$N_{frame}^{slots\,\mu}$	
0	14	10	13
1	14	20	27
2	14	40	56
3	14	80	111
4	14	160	223
5	14	320	447

图 4-20　5G NR 物理层资源最小粒度

NR R16 中上下行的最大 RB(资源块)数定义见表 4-2,与 LTE 有所不同。相比 4G 最高仅 90% 的信道带宽利用率,5G NR 进一步提高信道带宽利用率,30 kHz 子载波间隔最高可达 98.3%。同 LTE 一样,各设备商对占用带宽设计和带外抑制并没有统一标准,可采用自主的滤波和加窗技术改善信号的带外发射。

表 4-2　NR R16 中上下行的最大资源块数

μ	子载波间隔/kHz	上行最多 RB 数	最大频域带宽/MHz	最大频域利用率
0	15	270	48.6	97.2%
1	30	273	98.28	98.3%
2	60	135	97.2	97.2%
3	60	264	190.08	95%
4	120	264	380.16	95%

1.5G 时隙

其关键定义如下:

①子帧(subframe):对于正常 CP,子帧定义的参考符号 numerology 中 $x=14$。

②时隙(slot):用于传输的 numerology 中的持续时间是 $y=7$ 个 OFDM 符号。

③迷你时隙(mini-slot):在用于传输的 numerology 中,应至少支持短于 $y=7$ 个 OFDM 符号。

关于时隙定义的一个未解决问题是其持续时间,统一向下选择 7 ~ 14 个 OFDM 符号,还可以选择向时隙持续时间发送信号。14 个 OFDM 符号的固定时隙持续时间是优选的。使用迷你时隙可以实现更短的持续时间,而通过时隙可以实现更长的持续时间。例如,后者是在未经许可的频谱中以最佳方式将传输持续时间与 CCA(clear channel assessment)之后的 MCOT(maximum channel occupancy time)匹配的一种方法。时隙聚合也是一种将开销降至最低的有效方法。例如,典型时隙可以包括用于传输 DL 和 UL 分配的下行控制区域、伴随用于在任一双工方向上的数据传输的 DL/UL 交换间隙的灵活数据区域,随后是时隙的上行控制区域。多个时隙的聚合可以允许将大传输块映射到多个连续时隙,或者可以通过跨时隙调度由单个下行控制区域调度多个时隙。无论哪种方式,除了第一时隙之外,聚合时隙可能不具有下行控制区域,从而最大化可用于数据传输的资源。类似地,可通过聚合多个时隙来最小化收发器电路中用于切换双工器的间隙,其中仅第一时隙包含下行控制区域,且仅最后一个时隙包含上行区域。换句话说,前面提到的下行控制的典型时隙结构随后是灵活的数据区域,然后是上行控制,可以在时间上扩展,从而减少给定时间间隔中 UL/DL 切换点的数量。这对于较大的子载波间隔尤其有益,时隙持续时间相对较短。通过将多个时隙聚合到一个传输单元,可以延长传输持续时间,并将该持续时间内的间隙数量最小化。

应支持时隙的半静态和动态聚合。时隙的动态聚合(例如,通过在 DCI(下行链路控制信息)中发信号通知聚合)允许利用前述统计复用增益,因为 gNB MAC 调度器可以瞬间使帧结构适应 gNB MAC 缓冲器状态,即 TTI 持续时间可以与数据传输的分组大小相匹配。此外,应该能够以半静态的方式配置时隙聚合。例如,对于大的子载波间隔,可以通过 RRC 信令聚合时隙。此外,可以根据物理层参数定义默认 RRC(无线资源控制)配置。类似于 LTE Rel-8 在用于接收 PDCCH(物理下行控制信道)和 PDSCH(物理下行共享信道)的传输模式的默认 RRC 配置通过 PBCH(物理广播信道)天线端口的数目来配置的情况下,可以相对于接收同步信号的 numerology 来定义用于时隙聚合的默认 RRC 配置。

如上所述,某些时隙可能不包含下行控制或上行控制信道传输。然而,通常可以设想,下行控制在时隙的开始处发射,而上行控制在时隙的结束处发射。因此,调度持续时间,即传输时间间隔,以时隙为单位定义。此外,迷你时隙可用于 MBB(移动带宽)传输,使得所有传输持续时间和传输时间间隔是这些基本时间单元、时隙和迷你时隙的串联。例如,可以使用迷你时隙将传输持续时间与未授权频谱中的 MCOT(最大未使用信道占用时间)相匹配,或者进一步减少时延。

最后,NR 帧结构的前向兼容性不应通过限制每个时隙的间隙数量来限制。不同的用例可能需要不同数量的间隙,NR 应支持在一个时隙中配置多个间隙。

LTE 支持全下行子帧、全上行子帧和特殊子帧。特殊子帧可以具有包括可变 DwPTS(下行导频时隙)长度和可变 UpPTS(上行导频时隙)长度的 10 种可能配置之一。特殊子帧配置由 UE 公共 RRC 信令发送信号。在 Rel-14 中,除了 PUCCH(物理上行链路控制通道)之外,基本上所有信道和信号的传输都支持在特殊子帧中。

NR 支持全下行传输时隙、全上行传输时隙和“混合”传输时隙。“混合”传输时隙的结构类似于特殊子帧的结构(也可以支持 PUCCH,并且可能有多个 GP)。一个主要的增强是传输时隙结构的自适应率,它可以是动态的(也称为“动态 TDD”)。假设网络不支持同一载波上的 Tx/Rx(发送/接收),则 NR 中 LTE 部署的扩展用于 UE 公共动态信令以指示传输时隙结构。

比较两个备选方案,由于以下原因,优选 UE 公共控制信令:

①由于传输时隙结构的信息不需要在每个上下行 DCI(下行链路控制信息)格式中复制,因此信令开销可能减少。

②在 UE 公共控制信令中包括附加信息的能力,如 CFI(下行控制格式信息)、未来时间资源的不可用性(例如,当用于上行传输或其他垂直行业传输时)以节省功率、上行 RB 在没有 eMBB 业务的情况下可用于 URLLC 传输等。

UE 公共控制信令的一个可感知的缺点是正确调度对 UE 公共控制信令的正确检测的依赖性。然而,与诸如在 LAA(授权频谱辅助接入)中使用 UE 公共控制信令来指示传输结构的其他情况类似,这不是问题,因为相应的 DCI 格式大小可以小于上下行 DCI 格式大小。此外,对于 NR 中的传输时隙结构的情况,实际上不存在任何问题,因为 UE 公共 DCI 格式和上下行 DCI 格式的传输时隙是相同的,并且当 UE 未能检测到其中一个时,也很可能未能检测到另一个(这也是为什么在 LTE FDD(频分双工)的上行 DCI 格式中不包括 DAI(下行分配索引)字段的原因)。

无论传输时隙结构是由 UE 公共 DCI 格式还是由每个 UE 特定 DCI 格式指示,都需要映射预先确定可能的结构。可能的结构取决于多种复用可能性。例如:

①在同一传输时隙中是否支持 DL 数据和 UL 数据传输,这又取决于时隙符号的数量。例

如,对于15 kHz和每个时隙14个符号的子载波间隔,传输时隙作为LTE子帧,并且对于Rel-14中的特殊子帧,DL数据和UL数据传输都可以是TDM(时分复用),而这对于每个时隙7个符号不是很有意义。

②PUCCH是否在某些符号中多路复用。

③SRS(探测参考信号)是TDM还是FDM(频分多路复用)以及其他信道。

显然可能的传输时隙结构可以在等待若干其他决定之前确定,但是也可以合理地预期,对于每个传输时隙没有或仅一个DL到UL切换点,传输时隙结构的最大数量可以限制为8或更少,包括完整的DL传输时隙和完整的UL传输时隙。在每个传输时隙14个符号的情况下,以及在每个传输时隙7个符号的情况下可能到4个或更少。因此,2~3位预期足以指示传输时隙结构。

在LTE中,TDD(时分双工)小区的共存是直接的,因为UL/DL配置对于具有不可忽略的eNB到eNB干扰的小区组是相同的。在LTE eIMTA(4G无线通信技术业务自适应的增强型干扰管理)中也考虑了这个问题,并且引入了子帧集和通过回程信令的eNB间协调来对抗交叉链路干扰。至少对于宏小区部署,或者当NR小区和传统LTE TDD小区之间需要共存时,可以在NR中应用相同的方法。

对于small cell(低功率小区)、NR(新无线/新空口)小区之间的共存以及基于传输时隙的自适应,当DL传输的接收功率实质上大于UL传输的接收功率时,可以使用NOMA(非正交多址接入)原理在接收点执行gNB到gNB干扰消除。假设在DL和UL中使用相同的基于OFDM的波形,并且TRP(发送/接收点)接收机知道在传输时隙期间与相邻TRP中的DL传输相关联的调度信息。在集中式调度程序的情况下,或者当回程时延与总体处理时延相比不重要时,这是可能的。为了能够可靠地检测较弱的信号或预编码的DL传输,需要正交DL/UL DMRS(解调参考信号)复用以在gNB处启用NOMA。无论NR中的DMRS设计如何,例如,基于LTE的DL DMRS设计是否也用于UL DMRS,或者基于LTE的UL DMRS设计是否也用于DL DMRS,都要求各个传输时隙符号相同。这对于控制信令是不可能的,特别是对于UL控制和DL数据之间的干扰。然后可以考虑特定于网络的解决方案,其中,假设UCI(上行控制信息)定时灵活,UCI可以在受到UL干扰(不一定仅来自其他UCI)的情况下传输。

在噪声受限操作的情况下,如通常在6 GHz以上的情况,基本上与网络中的传输是否由同一调度实体协调无关;全动态传输时隙结构可在无须额外规范支持的情况下应用。在干扰受限部署的情况下,通常是低于6 GHz的情况,并且当网络中的传输不由同一调度实体协调时,存在两种设计选择。

第一种选择是通过回程链路在多个子帧上半静态地划分传输时隙的链路方向,从而避免交叉链路干扰。例如,对于eMBB(增强移动宽带),本质上定义了LTE Rel-8 TDD中的UL/DL配置。多个子帧上传输时隙的链路方向的可能分区可留给网络实现。

第二种选择是动态地允许在传输时隙中为每个TRP(或TRP组)自适应链路方向。然后,有必要在传输时隙中定义用于载波/信道感测的附加间隙,并且还定义链路优先级,其中当检测到具有较高优先级的另一链路上的传输时,链路上的传输被暂停。这与未经许可的频谱上的操作有相似之处。然而,对于应用numerology和确保某些信令类型的传输(例如独立组网情况下的同步信号和系统信息)以及 DL 控制和 UL 控制信令不受信道感测的影响,仍然需要 TRP 之间的协调(除非此类信号也将在未经许可的频谱中传输,但将许可的频谱作为未经许可的频谱运行总是有害的)。因此,需要评估传输时隙结构的动态不协调自适应是否会抵消由于每个传输时隙引入额外间隙以及由于在特定链路方向暂停传输而导致的频谱效率损失。

2. 5G 无线技术基础 μ 参数

OFDM 是一种正交频分复用技术。LTE 和 R15 的 5G NR 都使用 OFDM 技术。子载波之间的频率间隔 Δf 为 OFDM 符号(symbol)周期 T 的倒数,每个子载波的频谱以子载波频率间隔为周期反复地出现零值,这个零值正好落在了其他子载波的峰值频率处,所以对其他子载波的影响为零,如图 4-21 所示。其中,f_c 指射频。经过基带多个频点的子载波调制的多路信号,在频域中,是频谱相互交叠的子载波。由于这些子载波相互正交,原则上彼此携带的信息互不影响。

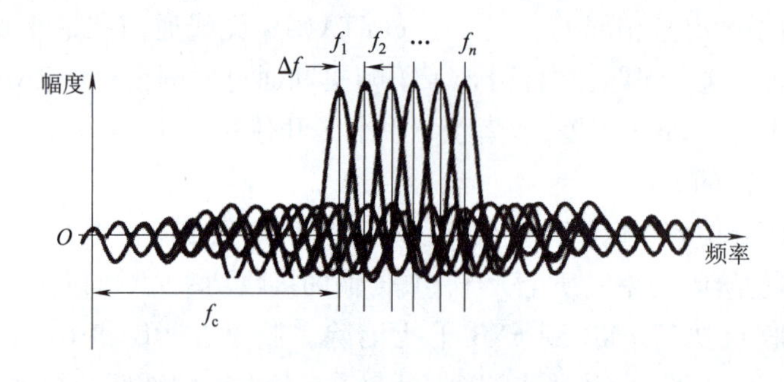

图 4-21 经过 OFDM 调制后的信号频谱

从时域的角度看,每个 OFDM 符号之间要使用的保护时间间隔是 CP(cyclic prefix,循环前缀)。所谓 CP,就是将每个 OFDM 符号的尾部一段复制到符号之前,如图 4-22 所示。加入 CP,比起纯粹的加空闲保护时段来说,增加了冗余符号信息,更有利于消除多径传播造成的 ICI(inter-channel interference)干扰。加入 CP 如同给 OFDM 加一个防护外衣,携带有用信息的 OFDM 符号在 CP 的保护下,不易丢失或损坏。

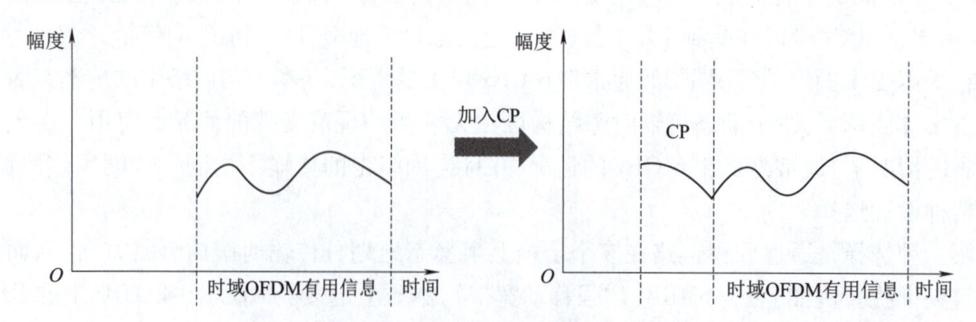

图 4-22 OFDM 符号加入 CP

NR 空口沿用 OFDM 技术,不同于 LTE,NR 的 OFDM 子载波频率间隔 Δf 支持多种配置集(numerologies)。配置集的调节参数为 μ,如同空口资源的调节阀,μ 可以确定空口的时频资源配置。

OFDM 系统的子载波频率间隔 Δf 是影响 OFDM 性能的很重要的参数。Δf 不能设计得过小,否则对抗多普勒频移的影响能力下降,无法支撑高速移动的无线通信;当然,Δf 也不能设计得过大,否则 OFDM 符号周期 T 就会过小。于是,为克服子载波间的干扰,加入 CP 的开销相对于有用符号来说就会过大,使传送效率受到影响。

LTE 常规符号的子载波频率间隔 Δf 为 15 kHz,5G NR 的子载波频率间隔 Δf 和配置集的调节参数 μ 的关系如下:

$$\Delta f = 2^{\mu} \times 15\ \text{kHz}$$

其中,μ 为 Δf 的调节阀,取 0、1、2、3、4 不同的值,对应的子载波频率间隔 Δf 分别为15 kHz、30 kHz、60 kHz、120 kHz、240 kHz,见表 4-3。

表 4-3 μ 参数和 Δf、CP 的关系

μ	$\Delta f = 2^{\mu} \times 15$ kHz	循环前缀(CP)
0	15	常规
1	30	常规
2	60	常规、扩展
3	120	常规
4	240	常规

5G NR 使用不同的频率,支持的子载波间隔 Δf 不同。

①1 GHz 频率以下的 Δf:15 kHz、30 kHz。

②1 ~6 GHz 频率的 Δf:15 kHz、30 kHz、60 kHz。

③24 ~52.6 GHz 的 Δf:60 kHz、120 kHz。

④R15 版本数据业务没有定义 240 kHz 的 Δf。

不同的子载波间隔 Δf 对覆盖性能、移动性、时延的影响也是不同的。15 kHz 的子载波,覆盖性能较好,但由于子载波间隔太小,对抗多普勒频移能力较差,移动性较差,时延也较大。而对于 120 kHz 的子载波间隔来说,移动性的支持能力就比较好,时延也可以很低,但覆盖性能较差。高频段存在相位噪声,120 kHz 的子载波间隔也能很好地应对。所以,在 3.5 GHz 的频率处,常使用的子载波间隔为 15 kHz、30 kHz、60 kHz;在 28 GHz 的频率处,常使用的子载波间隔为 60 kHz、120 kHz。240 kHz 的子载波间隔还没有在 eMBB 场景中定义,但在低时延场景可以考虑使用。

μ 与时域的关系从表 4-2 中可以看到,有两种不同规格的 CP:常规 CP 和扩展 CP。在需要多小区协作的场景使用扩展 CP,可以避免不同位置的基站多径时延的不同。但是大多数场景,需要使用常规 CP。

只有在 $\mu = 2$ 时,$\Delta f = 60$ kHz 时才支持扩展 CP。5G 帧和子帧的时间长度和 LTE 的保持一致,帧的时间长度为 10 ms,子帧的时间长度为 1 ms,1 帧共有 10 个子帧。5G NR 和 LTE 不同,不以子帧为单位调度,以时隙为单位进行调度。为了应对不同的业务时延要求,5G NR 支持灵活的时隙长度。通过 μ 参数的改变可以改变时隙(slot)长度。μ 与每子帧时隙数(N)的关系

如下：

$$N = 2^{\mu}$$

在常规 CP 下，不管 μ 是多少，每个时隙的符号数都是 14，固定不变；但每个子帧的时隙数 (N) 依据参数 μ 变化，见表 4-3。对于扩展 CP，每个时隙的符号数是 12，固定不变，μ 只能是 2，每个子帧有 4 个时隙，那么，每帧有 40 个时隙，见表 4-4。

表 4-3　常规 CP 下参数 μ 与符号数、时隙数的关系

μ	每时隙符号数	每个子帧的时隙数	每个帧的时隙数
0	14	1	10
1	14	2	20
2	14	4	40
3	14	8	80
4	14	16	160

表 4-4　扩展 CP 下参数 μ 与符号数、时隙数的关系

μ	每时隙符号数	每个子帧的时隙数	每个帧的时隙数
2	12	4	40

帧和子帧的时间长度是固定的，$T_{\text{frame}} = 10$ ms，$T_{\text{subframe}} = 1$ ms，那么一个时隙的时间长度可以表示如下：

$$\begin{aligned} T_{\text{slot}} &= T_{\text{subframe}}/2^{\mu} \\ &= T_{\text{subframe}}/(\text{SCS}/15\ \text{kHz}) \end{aligned}$$

随着 μ 参数的增加，每个子帧的时隙数也会增加，每个时隙的时长就会减少，比如 $\mu = 0$ 时，1 个 1 ms 的子帧 1 个时隙，则 $T_{\text{slot}} = 1$ ms；$\mu = 1$ 时，1 个 1 ms 的子帧有 2 个时隙，则 $T_{\text{slot}} = 0.5$ ms；依此类推，当 $\mu = 4$ 时，1 个 1 ms 的子帧有 16 个时隙，则 $T_{\text{slot}} = 0.062\ 5$ ms，即 62.5 μs。根据不同的子载波带宽间隔 SCS（子载波间隔）的配置，T_{slot} 的范围可从 1 ms（SCS = 15 kHz）到 62.5 μs（SCS = 240 kHz）。

μ 参数取值不同，对应的子载波间隔 Δf 和时隙长度 T_{slot} 所形成的图形如图 4-23 所示。

子载波间隔越大，时隙长度越小，但是子载波间隔 Δf 和时隙长度 T_{slot} 的乘积为恒定值 15（kHz · ms/slot）：

$$\Delta f \times T_{\text{slot}} = 15(\text{kHz} \cdot \text{ms/slot})$$

在 5G 空口资源框架下 μ 参数取值不同，对应着不同的空口时间和频率资源。空口时频资源和天线空间资源一起构成了 5G 的空口可调度资源。以 μ 参数为代表的参数集或系统参数实现了空口资源的配置和映射。

3. 子载波间隔

子载波间隔：在 LTE 系统中只有一种类型的子载波间隔，也就是 15 kHz；在 NR 系统中，有 5 种可选的子载波间隔，即 15 kHz、30 kHz、60 kHz、120 kHz、240 kHz。

帧和子帧：上下行传输帧的持续时间是 10 ms，一个帧可以分为 10 个子帧。也就是说，一

个子帧的持续时间为1 ms,由于子载波间隔是可选的,因此一个时隙的持续时间也不是固定的。但是如果子载波间隔固定,其时隙的持续时间也就固定了。

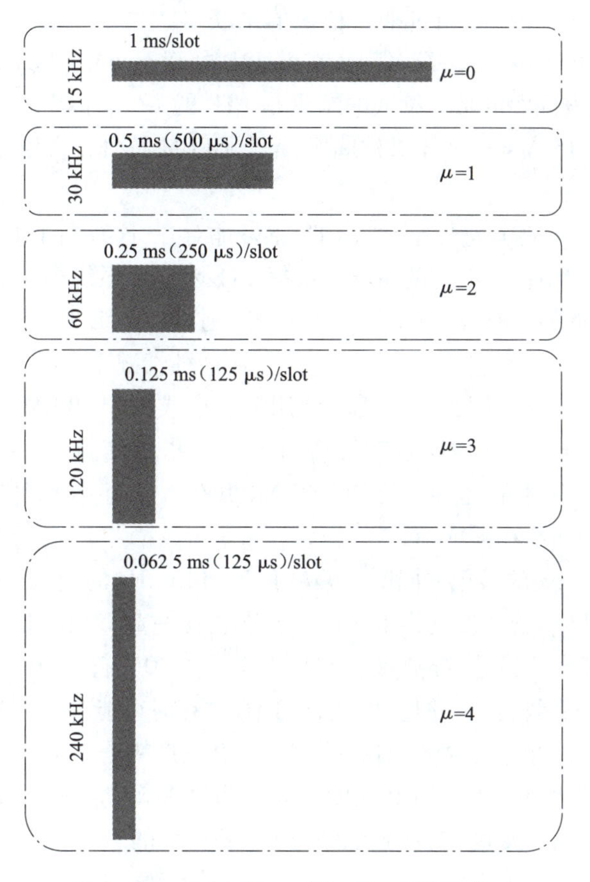

图4-23 μ与子载波间隔和时隙长度的关系

在NR的设计之初,针对子载波间隔给出了几种方案进行讨论:

①子载波间隔值为15 kHz(即基于LTE的numerology)。

②子载波间隔值为17.5 kHz,具有统一符号持续时间,包括CP长度。

③子载波间隔值为17.06 kHz,具有统一符号持续时间,包括CP长度。

④子载波间隔值为21.33 kHz。

OFDM的子载波间隔需要考虑多种要求,如低复杂度、低CP开销和抗多普勒扩展的鲁棒性。虽然这4种方案都能在一定程度上满足这些要求,但也存在差异。对系统带宽为20 MHz的4种备选方案进行了数值比较,结论如下:

方案1:numerology基本上是LTE numerology的再利用。CP长度可以修改,而不改变子载波间距。

方案2:numerology为每TTI维护2^m个OFDM符号(如:0.5 ms或1 ms)。CP长度和子载波间距耦合在一起。换句话说,为了增加CP长度,需要减小子载波间距。

方案3和4:这些备选方案构成了NR numerology的单一提案。方案3是针对典型用例设计的，而方案 4 则针对需要更大 CP 长度的部署场景设计。

方案 1 基于 LTE numerology，具有线性缩放子载波间隔和相关参数的选项。因此，方案 1 的采样率与 LTE 相同，或者可以通过乘以整数值来获得。另一个需要考虑的方面是 LTE 与 NR 共存的情况下的 OFDM 符号持续时间。在方案 1 中，NR numerology 是通过将 15 kHz 乘以整数 N 导出的。子载波间距的整数缩放的结果是 LTE 的 $1/N$ 的 OFDM 符号持续时间。换句话说，如果 NR 设计为 15 N kHz 的子载波间距，N 个 OFDM 符号将占用与 1 LTE OFDM 符号相同的时间持续时间。

设计 NR numerology，使其符号定时与 LTE 很好地对齐，这有利于 LTE NR 共存。LTE NR 共存是指 LTE 和 NR 使用公共频谱的情况。根据 LTE 和 NR 系统的负载，无线资源可以分配给 LTE、NR 或两者。例如，如果没有下行 LTE 业务，则可以在 LTE 配置 MBSFN（多播广播单频网络）子帧的情况下对资源进行 NR 下行传输。在这种情况下，NR 下行传输可以由第二或第三个 LTE OFDM 符号进行，因为 LTE 仍将使用第一个或两个 OFDM 符号用于 DCI 传输，例如上行授予调度上行传输、PHICH（物理混合自动重传指示信道）或 CRS（呼叫再定向服务器）。即使符号定时没有对齐，也可以支持 LTE NR 共存。然而，在这种情况下，由于符号定时不对齐，资源效率将受到不利影响。

方案 2 利用 17.5 kHz 的子载波间距。偏离 LTE 的 15 kHz 的动机是保持 2 m OFDM 符号/TTI。为了实现这一目标，子载波间距和 CP 长度耦合在一起。简单地说，为了使 CP 长度翻倍，子载波间距必须减半。但是，维护每个 TTI 的 2^m 个 OFDM 符号有一些好处，但这不应该是设计 NR numerology 的最终目标，并且要考虑与 LTE 共存时可能存在一些缺点，如 eNB 处的干扰消除。需要进一步考虑的是，要将子载波间距与 CP 长度耦合。例如，垂直（如广播）可能需要支持更宽的子载波间距和较大的 CP 长度。为了为高多普勒终端提供鲁棒性，需要更宽的子载波间隔，而从多个站点发送 SFN（系统帧号）需要更大的 CP 长度。方案 2 不能同时满足这两个要求。

方案 3 和 4 是一个单一方案，旨在解决正常 CP 长度和扩展 CP 长度的需要。这两种替代方案都与方案 2 非常相似，因为它们的设计目的是维护 2^m OFDM（正交频分复用）符号/TTI。不同之处是，为实现更大的 CP 长度而采取的方法。与减少子载波间隔以实现更大 CP 长度的方案 2 不同，方案 4 利用较大的子载波间隔来实现相同的目标。与方案 2 类似，符号定时与 LTE 不一致，导致 LTE NR 共存的资源效率低下。方案 3 和 4 的另一个缺点是，必须实现 17.06 kHz和 21.33 kHz 的基于多子载波间隔，以支持更大的 CP 持续时间。

在子载波间隔值（15 kHz、17.5 kHz、17.06 kHz、21.33 kHz）的 4 种方案中，方案 1 更好，子载波间隔值为 15 kHz 是基于 LTE 的 numerologies。方案 1 在 LTE 和 NR 之间的共存或互通方面是有利的。另一方面，对于子载波间隔的可伸缩性，方案 2（即 $f_{sc}=f_0\cdot M$，其中 f_0 是子载波间隔基值，M 是整数，包括 0）由于其灵活性而更受青睐。

以 15 kHz 子载波间隔为基准，下一个问题是，可伸缩 numerologies 应包括哪些其他值。答案取决于用例、操作频带、部署场景等。

首先，大于 15 kHz 的子载波间隔对高速 UE 而产生的较大多普勒扩展有帮助。此外，在更宽的子载波间隔中短的符号持续时间将是实现低时延需求的一种方法，即通过在缩短的 TTI

中保留符号的数量。

从多普勒角度看，根据高速列车（HST）方案的评价假设，15 kHz 和 30 kHz 子载波间隔（4 GHz载波频率和 500 km/h 移动速度）下，最大多普勒频率和子载波间隔的比值分别为 12.35% 和 6.17% 。

注意：在 LTE HST（4G 无线通道技术的高速技术）场景中，LTE 子载波间隔（15 kHz）时，比率为 8.93% 。在这方面，30 kHz 子载波间隔似乎是合理的选择，它保持可伸缩的 numerology，并且不影响性能。

其次，为了支持更高的频谱，例如，为了解决相位噪声以及多普勒扩频，需要比 15 kHz 宽得多的子载波间隔。在相位噪声方面，75 kHz 子载波间距适合于 30 GHz 频带左右。由于 NR 的频率范围太宽（高达 100 GHz），因此还希望分割和优化特定频率范围，如 4 GHz、30 GHz 和 70 GHz。

再次，可能需要小于 15 kHz 的子载波间距来支持用于大规模连接的 mMTC 或对于较大站间距的 CP 较长的 eMBMS（强多媒体广播多播业务）。mMTC（海量物联网通信）的候选子载波间隔值为 3.75 kHz，NB-IoT 已经引入该值。对于 eMBMS，也可以考虑 7.5 kHz 的子载波间距（并且该选项已在 LTE L1 规范中可用）。

对于 eMBB，可以通过大量的资源调配来支持更高的数据传输速率。为了满足目标峰值数据速率，下行 20 Gbit/s，上行 10 Gbit/s，需要保证足够大的带宽支持。根据协议，至少支持一个 numerology 的不小于 80 MHz 的最大分量载波带宽。还可以通过载波聚合来扩展带宽。尽管就频谱可用性而言，高频段比低频段更有利，但通过频谱重耕和新的频谱分配，仍有机会在低频进行大规模频谱分配。因此，需要考虑大于 20 MHz 的最大分量载波带宽，而不限于更高的频带。

CP 长度从 15 kHz 子载波间隔的长度缩放（即基于 LTE 的 numerology）。还支持扩展 CP，例如，使 MBSFN（多播组播单频网络）能够从多个小区传输。如 LTE 中一样，每个 numerology 集支持正常 CP 和扩展 CP，以便应付各种部署场景，即无论正常 CP 还是扩展 CP，每个 numerology 集的子载波间隔保持不变。

低时延要求是 URLLC（超高可靠与低时延通信）的一个关键特性，用户面时延的目标是上行为 0.5 ms，下行为 0.5 ms。对于 eMBB，用户面时延的目标是上行为 4 ms，下行为 4 ms。这就需要短 TTI 的引入，即小于 1 ms。理解子帧定义物理信道/信号的资源映射，15 kHz 子载波间隔的 1 ms 子帧长度可被认为是 LTE 中的。然后，子帧长度随着缩放因子 M 的增大而缩小，同时保持子帧内的符号数目恒定。

基于上述理解，总结了建议的 numerology 集，包括正常 CP 和扩展 CP。对于特定用例和工作频带，可以额外考虑更窄的子载波间隔（ <15 kHz）和更宽的子载波间隔（ >75 kHz），例如 3.75 kHz（$M=1/4$）和 150 kHz（$M=10$）。

4.5G Point A

Point A 作为资源块栅格（RE）的公共参考点；通常相对于所有子载波间隔公共资源块 RB #0 的最低（小）子载波（SCS#0）称为 Point A。在 5G（NR）无线网络中通过使用带宽部分（BWP）来实现终端（UE）对带宽自适应（bandwidth adaptation，BA）；网络中允许载波支持跨载波带宽的多种参数集,可根据需要和终端能力配置不同的 BWP。因此,终端需要一个共同的参考点来确定 BWP 位置。

5G(NR)网络中终端在解码 SSB 后不会自动获悉 BWP(带宽部分)的起始 PR,需要首先使用以下参数之一确定 Point A 的位置。offset To Point A 表示 Point A 与 SSB 起始重叠,是指公共资源块的最低子载波之间的频率偏移。Point A 字段由网络通过 FrequencyInfoDL-SIB 作为 SIB1 消息的一部分进行广播。absolute Frequency Point A 表示 Point A 的频率位置,用 ARFCN 表示;它提供了最低子载波为 Point A 参考资源块的绝对频率位置。

对于下行链路,Point A 字段在 Frequency Info DL-SIB 或 Frequency Info DL 中强制配置。对于上行链路,没有为 TDD 配置该字段;终端使用为下行链路提供的相同值。在 FDD 或 SUL(补充上行链路)网络中,也在 Frequency Info L-SIB 或 Frequency Info L 中单独配置此字段。

Point A 作为资源块网格的公共参考点,可从以下位置获得:PCell 下行链路的 offset To Point A 表示终端用于初始小区选择的 SS/PBCH 块的最低资源块的最低子载波与 Point A 之间的频率偏移,以资源块为单位。假设 FR1 的子载波间隔为 15 kHz,并且 FR2 的 60 kHz 副载波间隔;对于所有其他情况,absolute Frequency Point A 表示 ARFCN(绝对无线频编号)中 Point A 的频率位置。

absolute frequency Point A 定义为参考资源块的绝对频率位置,它的最低副载波也称为 Point A。其实际载波下边缘不是由该字段定义,而是在 scs-Specific Carrier List 中定义的。

另外,对 Point A 的定义分为 SA(独立组网)和 NSA(非独立组网)两个方面:

(1)SA 组网下的 Point A

从两个方面定义了 Point A:RB 级别和 RE 级别,将 RB 级别和 RE 级别的偏移相加,结合 SSB 的位置,就可以找出 Point A。下面具体分析:

通过同步搜索知道了 SSB 的位置,然后与 SSB 重合且索引最低的 RB(即 N_SSB_CRB,注意这个 RB 的 SCS 定义为 sub Carrier Spacing Common)的子载波 0 与 SSB(同步信号块)子载波 0 的 RE 偏移个数,这个偏移就是 k_ssb。

①FR1 时,k_ssb 的取值范围 0 ~ 23,单位为 15 kHz;

②FR2 时,k_ssb 的取值范围 0 ~ 11,单位为 sub Carrier Spacing Common(子载波间隔)。

UE 通过 SSB 找到 N_SSB_CRB 的子载波 0,然后通过 SIB1(4G 无线通信系统调度的基本时间单元)携带的 offset To Point A 就可以定位到 Point A。需要注意的是,offset To Point A 的单位是这样定义的:FR1 时,offset To Point A 的单位是 15 kHz;FR2 时,offset To Point A 的单位是 60 kHz。

简单总结如下:UE 同步过程找到 SSB 的中心频率 absolute frequency SSB(Step 1)和 SCS,进而找到 SSB 子载波 0 的频率(Step 2),通过 k_ssb 找到 N_SSB_CRB(Step A),通过 offset To Point A 找到 Point A。例如,SSB 的 SCS 是 15kHz,位置为 C,位置 D 和位置 E 分别是 SCS 为 15 kHz和 30 kHz 的 N_SSB_CRB 的子载波 0,那么 k_ssb = 2(15 Hz)或 2(30 kHz)。offset To Point A 就是 FD 或 GE 之间的间隔。

另外,特别说明以下几点:

①上面所说的频率都是某个子载波中间的绝对频率(位置 1、2、A、B、C、D、E、F、G 都是如此)。

②上面所说的两个位置的间隔指的是 2 个子载波的中心频率之间的间隔。

③15 kHz 和 30 kHz 的 N_SSB_CRB 的边缘(即 N_SSB_CRB 的子载波 0 的频率边缘)虽然不同,但是 N_SSB_CRB 的子载波 0 的中心频率是一样的。

④对于 15 kHz 和 30 kHz 的 CRB0,虽然 CRB0 的子载波 0 的频率边缘不同(30 kHz CRB0 子载波 0 的频率边缘更低),但 CRB0 子载波 0 的中心频率一样。也就是说,15 kHz 和 30 kHz 的 Point A 就是同一个位置。

(2)NSA 组网下的 Point A

从 UE 的角度讲,UE 在接收到 RRC 信令 absolute Frequency Point A 后直接定位到 Point A。这是因为 NSA(非独立组网)时 MIB(主信息块)中的字段 ssb-subcarrier Offset 取值不是用来指定 N_SSB_CRB 子载波 0 的。更本质地说,NSA 时的 SSB 是不能找到 Coreset 0 的,也就找不到 SIB1,那么就找不到 offset To Point A,最终找不到 Point A。

类似于 LTE,NR 也有资源网格(resource grid)。不像 LTE 那样除了两边的保护带宽,剩下的都是资源网格,NR 的资源网格是需要进一步配置的。无论 SA 或 NSA,在配置 Point A 的同时也把资源网格的配置也带下来:SCS-Specific Carrier(携带了 offset To Carrier 和 carrier Bandwidth,单位是 sub Carrier Spacing)。从 Point A 向上偏移 offset To Carrier 就是资源网格的起点 N_start_u_grid,资源网格的长度是 carrier Bandwidth,当然,这里的单位就是 SCS-Specific Carrier 定义的 sub Carrier Spacing。协议里定义 SCS-Specific Carrier 用的是 scs-Specific CarrierList,也就是说,可以定义多个资源网格。它们可以有不同的起始位置 offset To Carrier 和长度 carrier Bandwidth, sub Carrier Spacing 也可以不同。

5. 公共资源块

公共资源块(common resource block,CRB)在频域中是从 0 开始并向上编号,与每个 SCS 的 Point A 对齐,即每个子载波间隔中 CRB #0 的子载波#0 中心与 Point A 重合,如图 4-24 所示。不同 SCS 的 CRB 边缘没对齐,与 SCS = Δf 的 CRB 边缘相比 SCS = $2\Delta f$ 的 CRB 边缘偏移了 Δf kHz。例如,与 SCS = 15 kHz 的 CRB 边缘相比 SCS = 30 kHz的 CRB 边缘偏移了7.5 kHz。

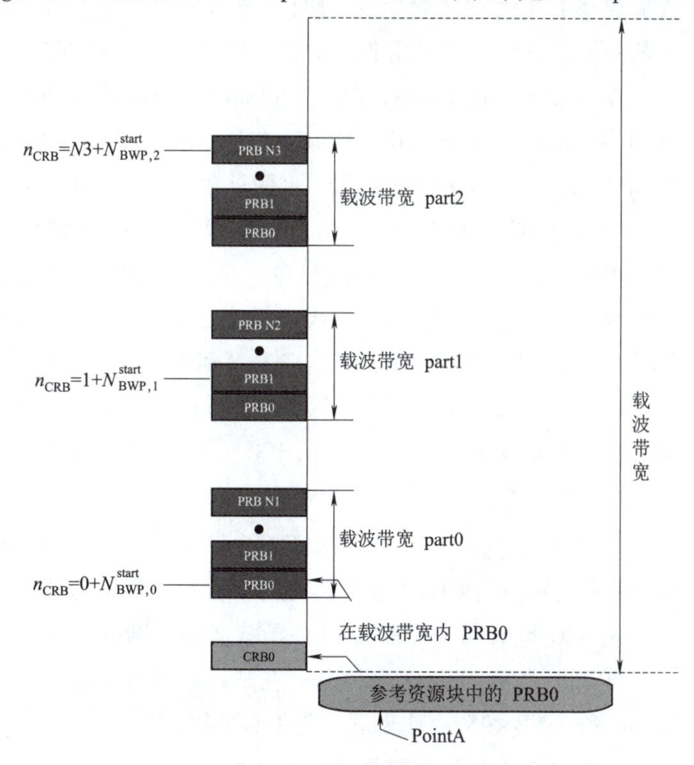

图 4-24　公共资源块

频域中 CRB 编号 nCRB 与资源元素(k,1)之间关系由 nCRB = floor(k/12)给出。值 k 是相对于 Point A 定义的,k = 0 对应 Point A 为中心子载波。

4.3 LTE-NR双连接

LTE在R12引入了双连接的概念,即用户可在无线资源控制(radio resource control,RRC)连接状态下同时利用两个基站独立的物理资源进行传输。LTE双连接扩展了载波聚合的应用,能够有效提升网络容量,并具有提高切换成功率、负载均衡等能力。3GPP基于LTE双连接提出了LTE-NR双连接技术,定义了4G、5G紧密互操作的技术规范,开创性地将RAT(无线接入技术)间的互操作过程下沉至网络边缘。对于5G来说,基于LTE-NR双连接技术的非独立组网模式可使5G核心网和接入网分步部署,有利于5G的快速部署和应用。当5G部署进入较为成熟的独立组网阶段时,LTE-NR双连接技术对扩展5G网络的覆盖、提升网络性能仍具有重要意义。

4.3.1 LTE双连接技术

在LTE双连接技术中,UE同时与两个基站连接,这两个基站分别称为主基站(master eNB,MeNB)和辅基站(secondary eNB,SeNB)。双连接可实现载波聚合,不同的是,载波聚合的承载在MAC层分离,需要MAC层对两个接入点的物理层资源进行同步调度。双连接的承载分离在PDCP(分组数据汇聚协议)层进行,两个接入点可独立进行物理层资源的调度,不需要严格同步,因此,可采用非理想的回程链路连接MeNB和SeNB。

在R12定义的LTE双连接中,仅MeNB与移动管理实体(mobility management entity,MME)有S1接口的连接,SeNB与MME之间不存在S1连接,如图4-25所示。MeNB与SeNB进行协调后产生RRC消息,通过X2-U接口转发给UE。UE对RRC消息的回复同样只发送给MeNB。因此,在LTE双连接中UE只保留一个RRC实体,系统信息广播、切换、测量配置和报告等RRC功能都由MeNB执行。

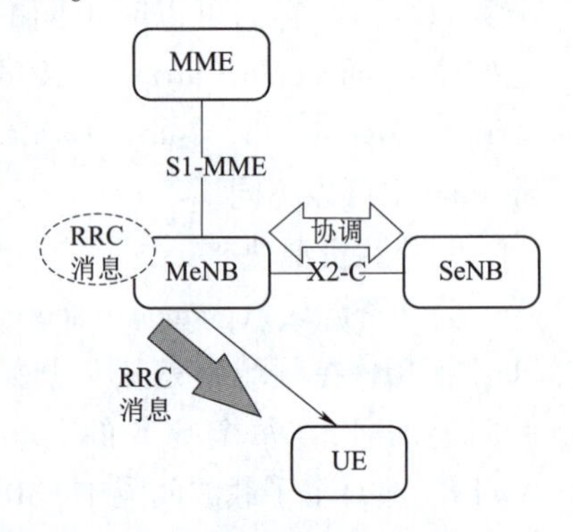

图4-25 LTE双连接控制面示意图

LTE双连接中定义了主小区群(master cell group,MCG)和辅小区群(secondary cell group,SCG),并根据分离和转发方式的不同,将数据承载分为3种形式。

①MCG承载:MCG(主小区组)承载从核心网的S-GW(服务网关)路由到MeNB,并由MeNB直接转发给UE,也就是传统的下行数据转发方式。

②SCG承载:SCG(辅小区组)承载从核心网的S-GW路由到SeNB再由SeNB转发给UE。

③Split承载:Split(分离)承载在基站侧进行分离,可由MeNB或SeNB向UE转发,也可由MeNB和SeNB按分离比例同时为UE服务。

R12定义了两种数据承载转发结构。

①1a结构:如图4-26(a)所示,在1a结构中,MeNB与SeNB都通过S1接口与S-GW连接。数据承载在核心网进行分离,并发送给MeNB或SeNB,经由MeNB转发给UE的即为MCG承

载，由 SeNB 转发给 UE 的即为 SCG 承载。MeNB 或 SeNB 之间的 X2 回程链路上只需要交互协同所需的信令，不需要进行数据分组的交互，所以回程链路的负载较小。同时双连接不需要 MeNB 和 SeNB 之间的严格时间同步，因此，总体上 1a 结构对 X2 回程链路的要求较低。

数据承载通过 MeNB 或 SeNB 向 UE 传送，因此，峰值速率取决于 MeNB 和 SeNB 单站的传输能力。当 UE 发生移动时，小区切换需要核心网参与，切换效率较低，并存在数据中断的问题。

②3c 结构：如图 4-26(b)所示，在 3c 结构中，只有 MeNB 与核心网(S-GW)通过 S1-U 接口连接，因此，数据承载只能由核心网发送给 MeNB。MeNB 对承载进行分离，将全部或部分承载通过 X2-U 接口发送给 SeNB。由于需要数据分组的交互，3c 结构要求 X2 回程链路有较高的容量。

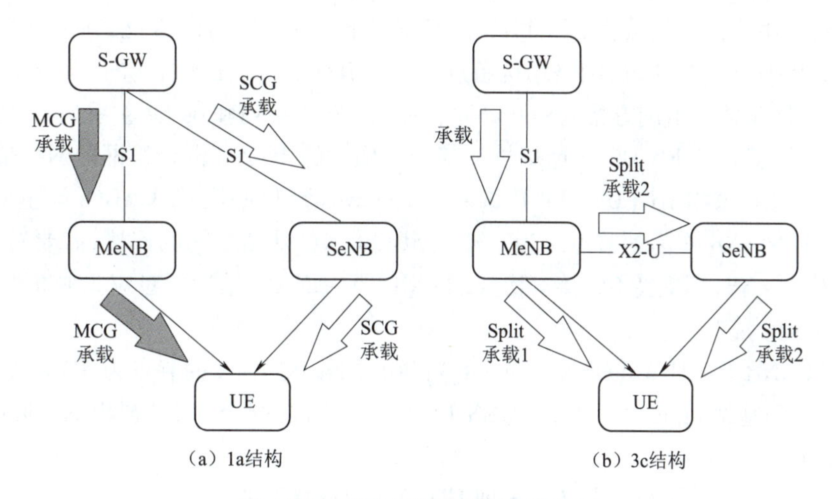

图 4-26　LTE 双连接用户面示意图

3c 结构中数据承载可由 MeNB 或 SeNB 发送给 UE，也可由 MeNB 和 SeNB 同时发送给 UE，因此，下行传输的峰值速率可获得显著提升。另外，SeNB 分担了 MeNB 的承载，可用于负载均衡，有利于提升密集部署异构网络的整体性能。当 UE 发生移动时，3c 结构的切换过程对核心网的影响较小。同时，由于 UE 同时连接了两个基站，提升了切换成功率。

3c 结构不但对回程要求较高，而且需要较复杂的层 2 协议。在 R12 版本中规定，3c 结构只用于下行传输，不用于上行传输。

4.3.2　LTE-NR 双连接技术

从全球范围内看，各国的 5G 首发频段主要有两类：一类是毫米波频段，如美国目前的 5G 商用重点为 28 GHz、39 GHz 等毫米波频段的固定无线接入；另一类是 3.4～3.8 GHz 高频频段，例如，我国确定的 5G 首发频段为 3.5 GHz。可见，相比于过去的移动通信系统，5G 工作在较高的频段上，因此，5G 单小区的覆盖能力较差。即使可以借助大规模 MIMO 等技术增强覆盖，也无法使 5G 单小区的覆盖能力达到 LTE 的同等水平。因此，3GPP 扩展了 LTE 双连接技术，提出了 LTE-NR 双连接，使得 5G 网络在部署时可以借助现有的 4G LTE 覆盖。LTE-NR 双连接有利于4G向5G的平滑演进，对快速部署和发展5G具有重要意义。

与LTE双连接不同，LTE-NR双连接涉及4G的E-UTRA和5G的NR两种不同的无线接入技术的互操作，也就是说，在LTE-NR双连接中，UE可同时与一个4G基站（eNB）和一个5G基站（gNB）连接，在4G网络和5G网络的紧密互操作之下获得高速率、低时延的无线传输服务。与LTE双连接类似，LTE-NR双连接中将作为控制面锚点的基站称为主节点（master node，MN），将起辅助作用的基站称为辅节点（secondary node，SN）。

根据主节点和辅节点的类型，以及连接的核心网的不同，R15标准中定义了3种LTE-NR双连接结构。

①EN-DC（E-UTRA-NR dual connectivity）：核心网接入4G EPC（演进的分组核心网），4G基站eNB作为主节点，5G基站作为辅节点。EN-DC中作为辅节点的5G基站主要为UE提供NR的控制面和用户面协议终点，但并不与5G核心网（5GC）连接，因此，在R15标准中称为en-gNB。3GPP提出了多种5G网络结构备选方案。其中，除了独立组网的option 2之外，目前最受关注的3种非独立组网方案为option 3系列、option 7系列和option 4系列。其中，option 3系列的网络结构就是在EN-DC双连接技术基础上构建的4G、5G混合组网的网络架构。

②NGEN-DC（NG-RAN EUTRA-NR dual connectivity）：核心网接入5GC，但主节点仍然为4G基站，5G基站gNB作为辅节点。为了建立5GC与4G基站之间的连接，需要对4G eNB进行升级，称为ng-eNB，即支持NG接口协议的eNB。NGEN-DC结构可对应非独立组网的option 7系列网络架构。

③NE-DC（NR-E-UTRA dual connectivity）：核心网接入5GC，主节点为5G基站gNB，辅节点为升级的LTE基站ng-eNB。基于NGEN-DC的组网结构符合3GPP提出的option 4网络架构的技术特点。

表4-5总结了R15标准中定义的3种LTE-NR双连接结构。

表4-5　R15标准中定义的3种LTE-NR双连接结构

双连接结构	主节点类型	辅节点类型	核心网类型	网 络 结 构
EN-DC	eNB	en-gNB	EPC	option 3系列
NGEN-DC	ng-eNB	gNB	5GC	option 7系列
NE-DC	gNB	ng-eNB	5GC	option 4系列

LTE-NR双连接的控制面结构如图4-27所示。图4-27（a）表示的是EN-DC结构下的控制面，其中核心网EPC与作为主节点的eNB以S1接口连接、主节点与辅节点以X2-C接口连接。图4-27（b）和图4-27（c）分别表示NGEN-DC和NE-DC两种接口下的控制面，其中，核心网（5GC）与主节点以NG-C接口连接、主节点与辅节点之间以Xn-C接口连接。可以看出，EN-DC结构中的控制面协议依然以LTE的控制面接口协议为主，而NGEN-DC和NE-DC由于接入5G核心网，相应的接口协议也采用了5G的接口协议。

注意：与LTE双连接不同，LTE-NR双连接中的UE既有与主节点的RRC连接，又有与辅节点的RRC连接。辅节点的初始RRC信息必须经由X2-C或Xn-C转发给主节点，再由主节点发送给UE。一旦建立了辅节点与UE之间的RRC连接，之后的重新建立连接等过程可在辅节点与UE之间完成，不再需要主节点参与。辅节点可独立地配置测量报告、发起切换等，具有较高的自主性。但是，辅节点不能改变UE的RRC状态，UE中只维持与主节点一致的RRC状态。

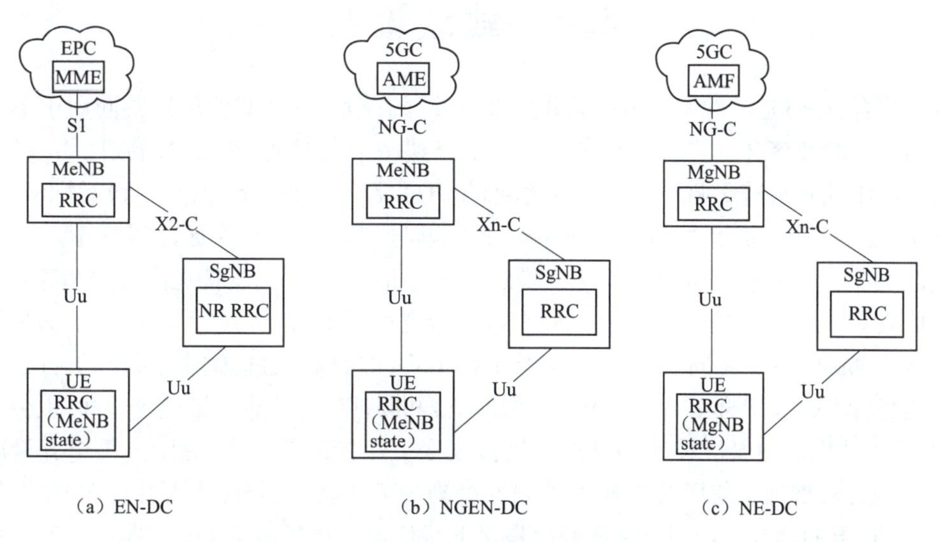

图4-27　LTE-NR双连接控制面结构

LTE-NR双连接用户面与LTE双连接相比有两点较大的不同。首先是协议栈不同，如图4-28所示，在LTE-NR双连接中，除了EN-DC结构中的MCG承载之外，SCG承载和Split承载以及NGEN-DC和NE-DC两种结构中的MCG承载均在NR PDCP（分组数据汇聚协议）子层中分离。另外，由于NGEN-DC和NE-DC两种结构接入了5GC，因此，无线侧协议增加了用于QoS流与数据承载映射的服务数据自适应协议（service data adaptation protocol，SDAP）子层，如图4-28（b）所示。

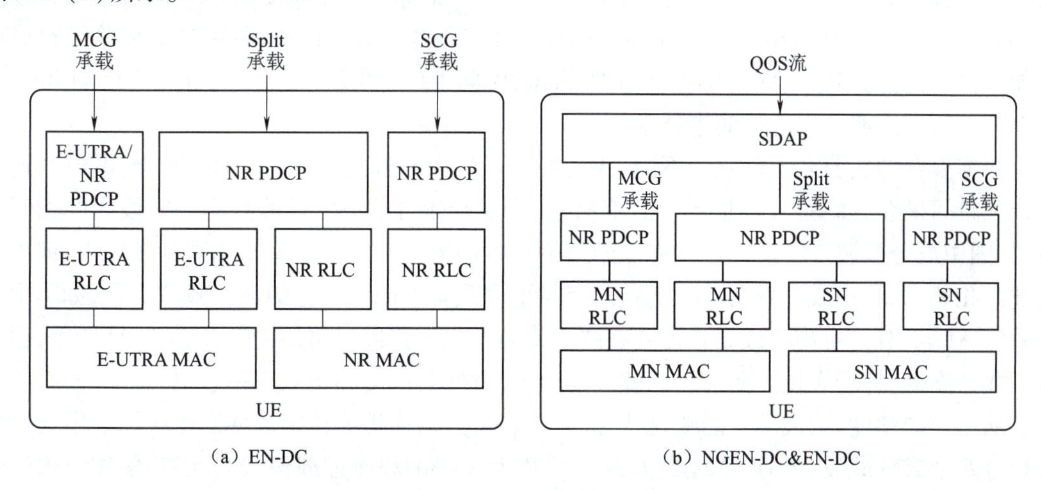

图4-28　LTE-NR双连接用户面示意

LTE-NR双连接的另一个显著的不同是允许辅节点进行承载分离。实际上，由于5G传输的数据流量较大，进行承载分离的基站需要具备较强的处理能力和缓存能力。如果在作为主节点的4G基站中进行分离,为了满足承载,则分离需要占用大量4G基站资源,将会对4G传输产生较大影响。这种情况下,在作为辅节点的5G基站上进行承载分离效率更高。

4.4 载波聚合

载波聚合(CA)是一种聚合多个成分载波(CC)的技术,这些载波可以共同用于单个设备之间的传输。载波聚合是将两个或多个载波组合到一个数据通道中,以增强网络数据容量。载波聚合利用现有频谱资源可为移动运营商(MNO)提供更高的上行(UL)和下行(DL)数据传输速率。部署载波聚合时,帧时隙和SFN(系统帧号)都在可聚合小区之间对齐。

载波聚合是LTE在R10标准中引入增强LTE频谱灵活应用,支持更高带宽和碎片频谱的技术。此版本中最多可聚合5个载波(每个载波带宽可不同),允许最大100 MHz的带宽。所有分量载波都必须具有相同的双工方案,其中在TDD(时分双工)模式中上行和下行必须具有相同链路配置。载波聚合引入后MAC(物理地址)和物理层协议进行了变更,同时也引入了一些新RRC的消息。为保持对R8/R9兼容性协议变更保持最低限度,原则上每个分量载波都被视为R8载波,增加了使用新的RRC消息来处理SCC(辅助成分载波),并且MAC必须能够处理多个CC上的调度。物理层主要变化是在下行信道上提供有关CC上进行调度的信令信息,在上行和下行信道上传递每个CC的HARQ ACK/NACK。

5G(NR)网络在FR1和FR2中都可使用载波聚合,支持多个分量载波。在R15标准中可用于终端(UE)的分量载波聚合最大数目上/下行都是16个。

4.4.1 LTE 载波聚合

载波聚合(CA)是指同时在两个或两个以上的载波上为用户配置传输的技术,其中每个独立的载波称为成分载波,被分为主成分载波(primary component carrier,PCC)和辅助成分载波(secondary component carrier,SCC)两种类型,通过聚合多个成分载波,单用户的传输带宽成倍增加,可显著提高传输速率。3GPP在LTE R10中提出了载波聚合的概念,并在之后的Release版本中不断提出载波聚合的演进技术。

根据聚合的成分载波位置的不同,载波聚合可分为3种类型:带内连续聚合、带内非连续聚合和带间聚合,如图4-29所示。带内连续聚合是指聚合的成分载波是同一频段内的相邻载波,如图中成分载波A1与A2。带内非连续聚合中的成分载波同样位于相同的频段上,但不要求彼此相邻,如图中成分载波A1与A*n*。带间聚合是将不同频段上的成分载波聚合,如图中成分载波A1与B1。带内连续聚合需要有两个或两个以上连续且可用的载波,灵活性较差,但是射频复杂度低、易于实现。非连续的载波聚合灵活性强,同时频谱利用率也更高。

从用户的角度,载波聚合能够显著提高传输带宽,从而提高传输速率。R10标准中最多允许聚合5个成分载波。LTE系统最大载波带宽为20 MHz,通过载波聚合可获得100 MHz带宽。到了R13标准,允许聚合的载波数量提高到32个,最大聚合带宽高达640 MHz,上/下行传输的理论峰值传输速率接近25 Gbit/s。从系统的角度,载波聚合能够将空闲频段充分利用起来,显著提高系统频谱资源的利用率。

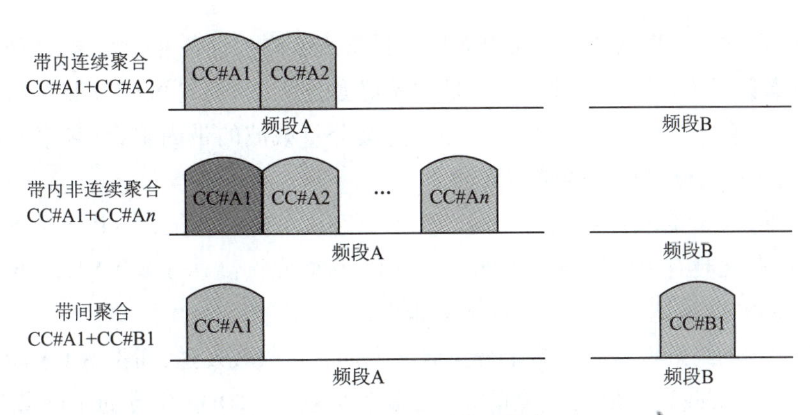

图4-29 3种类型载波聚合

4.4.2 5G NR载波聚合

5G在FR1和FR2两个频率范围内分别支持如下成分载波带宽：

①FR1:5 MHz、10 MHz、15 MHz、20 MHz、25 MHz、40 MHz、50 MHz、60 MHz、80 MHz、100 MHz。

②FR2:50 MHz、100 MHz、200 MHz、400 MHz。

5G技术最大支持16个成分载波的聚合。由此可知,5G在FR1内的聚合带宽最大可达1.6 GHz,远大于LTE的640 MHz最大聚合带宽;FR2内的聚合带宽最大可达到6.4 GHz。

目前,R15标准中对载波聚合配置的说明尚未完成。在R15版本中,可配置的最大聚合载波数量为8,且限于带内连续载波聚合。FR1的最大聚合带宽可达400 MHz,有两种实现方式:聚合4个连续100 MHz载波;聚合8个连续的50 MHz载波。FR2的最大聚合带宽可达1 600 MHz,通过聚合4个400 MHz带宽的成分载波实现。FR2上8载波聚合支持的最大成分载波带宽为100 MHz,可获得最大聚合带宽为800 MHz。R15标准对带间聚合的配置仅限于2个独立频段,每个频段上1个成分载波;FR1上可获得的最大聚合带宽为200 MHz,FR2上可获得的最大聚合带宽为800 MHz。R15标准中对带内非连续载波聚合的配置尚在讨论中,R15载波聚合配置见表4-6。

表4-6 R15载波聚合配置

频率范围	带内连续载波聚合		核心网类型		带内非连续载波聚合
	最大聚合载波数量	最大聚合带宽/MHz	最大聚合载波数量	最大聚合带宽/MHz	
FR1	8	400①	2	200	待定
FR2	8k	1 600②	2	800	

注:①2种实现方式,4×100 MHz或8×50 MHz。

②8载波聚合的最大聚合带宽为800 MHz(8×100 MHz)。

③实现方式:4×400 MHz。

像 LTE 一样，多个 NR 载波可以聚合到同一设备或从同一设备并行发送，从而允许总体上更大带宽及更高数据传输速率。载波在频域中不必是连续的，而是可以分散在相同频带以及不同频带中；载波聚合共有 3 种不同情况：频率连续分量载波的带内聚合、频率不连续分量载波的带内聚合、非连续分量载波的带间聚合。

尽管这 3 种载波聚合整体结构都相同，但 RF 复杂度可能相差很大。R15 标准中聚合多达 16 个载波，这些载波具有不同带宽和不同双工方案，从而允许高达 6 400 MHz（16 × 400 MHz）= 6.4 GHz 的总带宽，这比典型频谱分配要大很多。

具有 CA 能力的终端设备可在多个分量载波上同时接收或发送，而没有 CA 能力的设备可以访问其中一个分量载波。值得注意的是，在多个半双工（TDD）载波的带间载波聚合情况下，不同载波上的传输方向不一定必须相同。这意味着具有载波聚合能力的 TDD 设备可能需要双工滤波器，这与非载波聚合设备的典型情况不同。

3GPP 在规范中使用专用术语"小区"来描述载波聚合，即具有载波聚合能力的设备可从多个小区接收和向多个小区发送；这些小区之一称为主小区（PCell），它是终端设备最初访问并连接的小区；此后一旦设备处于连接模式，便可以配置一个或多个辅小区（SCell）。辅小区可被快速激活或满足业务模式变化。不同设备可能选用不同小区作为其主小区，也就是主小区配置特定于设备。此外，在上行和下行中载波（或小区）数量不必相同。实际上典型情况是在下行中聚合的载波比在上行中聚合的载波更多。

1. 多个同时活动上行链路载波射频（RF）复杂度

载波聚合使用 L1/L2 控制信令的原因与使用单个载波时相同。作为基准，所有反馈都需要在主小区上传输，其中设备所支持下行链路载波的数量可与上行链路载波的数量不同。为了避免单个载波过载可以配置两个 PUCCH（物理上行链路控制信息）组，其中在 PCell 上行链路中发送与第一组有关的反馈，而在主要第二小区（PSCell）上发送与另一组载波有关的反馈，如图 4-30 所示。

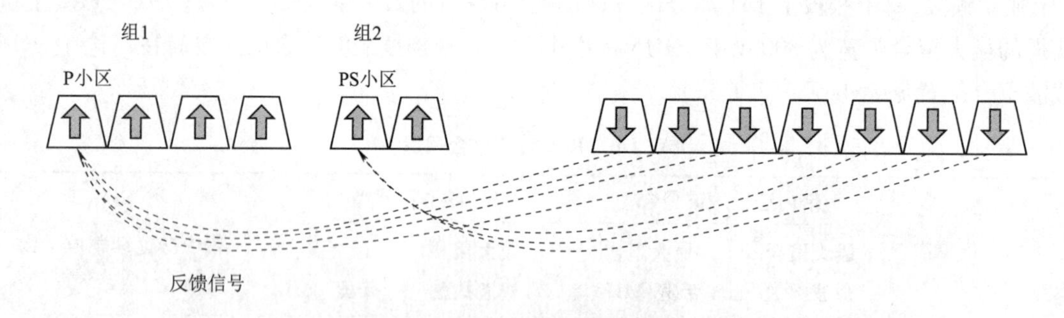

图 4-30　多载波上进行反馈

如果使用载波聚合，则设备可以在多个载波上进行接收和发送，但是通常仅对于最高数据传输速率才需要在多个载波上进行接收。因此，有利的是在保持配置完整的同时，停止接收未使用的载波；可通过包含位图的 MAC 信令来完成成分载波激活和去激活，其中每个位指示配置的 SCell 是应该被激活还是去激活。

2. 自调度与跨载波调度

图4-31所示调度授权和调度分配既可以在与对应数据相同的小区上传输称为自调度，也可以在与对应数据不同的小区上传输，称为跨载波调度。

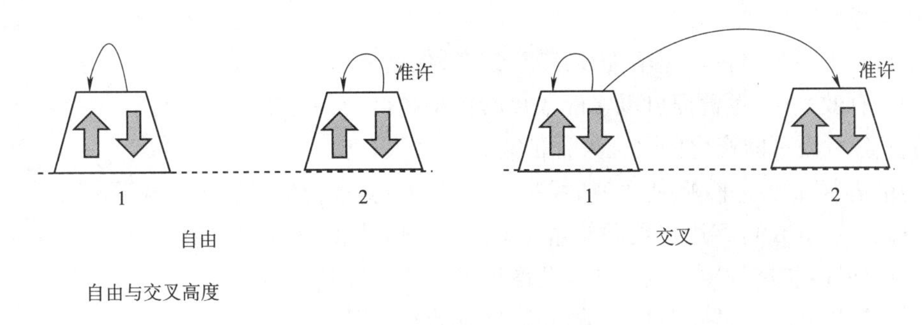

图4-31 自调度与跨载波调度

每个载波都有相应的调度决策，分别发送调度分配，也就是说被调度为从多个载波接收数据的设备会同时接收多个PDCCH(物理下行控制信道)。接收到的PDCCH可以指向同一载波(自调度)，也可指向另一个载波(跨载波调度或跨调度)。如果跨载波调度载波与PDCCH的编号不同，则在PDSCH(物理下行共享信道)编号中调度分配定时偏移(如分配所涉及的时隙，而不是PDCCH参数集)。

3. MAC层对载波聚合的支持

当使用载波聚合时，MAC层负责跨多个分量载波进行数据复用/解复用。对于载波聚合，它负责在不同的成分载波或小区之间分配来自每个流的数据。

载波聚合的基本原理是对物理层中的组成载波进行独立处理，其中包括控制信令、调度和HARQ(混合自动重传请求)重传；而载波聚合在MAC层之上是不可见的。因此，载波聚合主要在MAC层中呈现，其中包括任何MAC控制单元的逻辑信道被多路复用以形成每个成分载波的传输块，每个成分载波具有其自己的HARQ实体，如图4-32所示。

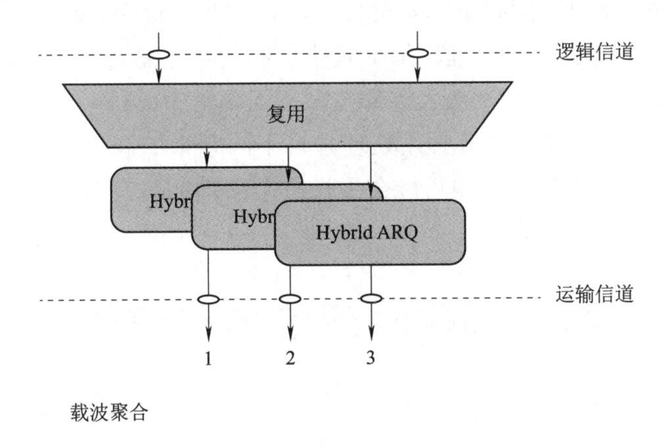

图4-32 MAC层对载波聚合的支持

注：在载波聚合中从终端设备看到每个成分载波只有一个DL-SCH(或UL-SCH)。

4. 载波聚合优点

①更好的网络性能:载波聚合提供了更可靠、更强大的服务,同时减轻单网络压力。

②充分利用未利用频谱:CA 使运营商能够利用未使用和非授权频谱,从而将 5G(NR)优势扩展到这些频段。

③上行和下行数据传输速率提高:带宽越宽,数据传输速率越高。

④频谱有效利用:运营商可以将碎片化的较小频谱合并为更大、更有用的频谱,并且可创建比单个成分载波可能产生的更大聚合带宽。

⑤网络运营商负载平衡:使用实时网络负载数据,实现智能和动态负载平衡。

⑥更高容量:CA 可将用户数据传输速率提高一倍,同时大幅减少延迟。

⑦可扩展性:扩展的覆盖范围使运营商可以迅速扩展其网络。

⑧动态转换:CA 支持跨分量载波(CC)进行动态数据流交换。

⑨更佳用户体验:CA 通过更高峰值数据传输速率(尤其在小区边缘)、更高的用户数据传输速率和更低延迟及更高容量(如 Web 浏览和流视频)来提供更好的用户体验。

⑩启用新移动服务:提供更好的用户体验,为运营商提供创新和新的高带宽/高数据传输速率移动服务机会。

⑪可以与双(重)连接功能结合使用。

5. 载波聚合的劣势及挑战

载波聚合也有许多缺点:带内上行链路 CA 信号使用更多带宽,具有更高峰均功率比(PAPR);资源块(RB)可能配置存在多个分量载波中,信号可能在其中混频并产生虚假带外问题。

带内 CA 信号给终端设备设计带来许多挑战,因为它们可能具有更高的峰值、更多的信号带宽和新的 RB 配置。这可能会使信号功率降低,功率放大器的设计也必须调整为非常高的线性度。另外,须考虑相邻信道泄漏、非连续 RB 互调产物、杂散发射、噪声和灵敏度;而线性度的折中是以效率和热效应为代价的。

频带间 CA 合并了来自不同频带的发射信号。在这些情况下,从移动设备发送的最大总功率不会增加,因此对于两个发送频段,每个频段承载的功率是正常功率的一半,比非 CA 信号下降 3 dB。由于使用了不同功率放大器来放大不同频带中的信号,每个功率放大器发射功率都降低了;其他前端组件(如开关)必须处理来自不同频带的高电平信号,这些信号可能会混合并产生互调产物。这些新信号也可能会干扰一个活动的蜂窝接收器,甚至会干扰电话上的另一个接收器(如 GPS 接收器)。

4.5 5G 物理信道和信号

4.5.1 物理下行

NR 在 R15 中定义了 3 种下行物理信道:

①物理下行共享信道(physical downlink shared channel,PDSCH):主要用于单播的数据传

输,也用于寻呼消息和部分系统消息的传输。

②物理下行控制信道(physical downlink control channel,PDCCH):用于传输下行控制信息,包括用于PDSCH接收的调度分配和用于PUSCH(物理上行共享信道)接收的调度授权,以及功率控制、时隙格式指示、资源抢占指示信息。

③物理广播信道(physical broadcast channel,PBCH):承接UE接入网络所必需的部分关键系统消息。

1. 物理下行共享信道

PDSCH支持基于闭环解调参考信号(DMRS)的空间复用。类型1和类型2DMRS分别支持多达8个和12个正交DL DMRS端口。对于SU-MIMO,每个UE支持多达8个正交DL DMRS端口,并且MU-MIMO支持每个UE多达4个正交DL DMRS端口。SU-MIMO码字的数量是1~4层传输的数量,而2~8层传输的数量是2。

使用相同的预编码矩阵发送DMRS和对应的PDSCH,并且UE不需要知道预编码矩阵来解调传输。发射机可以针对传输带宽的不同部分使用不同的预编码器矩阵,从而产生频率选择性预编码。UE还可以假设在表示为预编码资源块组(PRG)的一组物理资源块(PRB)上使用相同的预编码矩阵。支持时隙中2~14个符号的传输持续时间。支持具有传输块(TB)重复的多个时隙的聚合。

传输信道的下行物理层处理包括以下步骤:

①处理传输块CRC附件;代码块分割和代码块CRC附件;信道编码——LDPC编码。

②物理层混合ARQ(自动重发请求)处理;速率匹配;干扰;调制,包括QPSK、16QAM、64QAM和256QAM;下行信道相干性最小的最大流数层映射;映射到分配的资源和天线端口。

③UE可以假设在其中将PDSCH发送到UE的每个层上至少存在具有解调参考信号的一个符号,并且可以由更高层配置多达3个附加DMRS。

④在附加符号上发送相位跟踪RS(参考信号)以帮助接收机相位跟踪。

PDSCH的时域位置、频域密度、使用资源可配置,其时频资源映射类型有mapping TYPE A和mapping TYPE B。

mapping TYPE A分配的符号数较多,适合于大带宽场景,也称为基于时隙的调度。用于在1个时隙的前3个符号中开始PDSCH,持续时间为3个符号或更多,直到一个时隙结束。

mapping TYPE B中PDSCH起始符号位置可灵活配置,分配符号较少,时延短,适用于低时延场景,也称为基于mini Slot(小时隙)调度。用于启动时隙中任何位置的PDSCH,持续PDSCH时间为2、4或7个OFDM符号。PDSCH信道中,一个时隙可以同时调度TYPE A + TYPE B资源。

此外,PDSCH传输支持的时域时隙聚合可以提高覆盖率。在这种情况下,相同的符号分配用于连续的时隙。聚合时隙的数量可以是2、4或8。

2. 物理下行控制信道

可以用于在PUSCH上调度PDSCH和UL传输上的DL传输,其中PDCCH上的下行链路控制信息(DCI)包括:

①至少包含调制和编码格式、资源分配,以及与DL-SCH(下行共享信道)相关的混合ARQ

信息的下行链路指配。

②上行链路调度许可至少包含与 UL-SCH(上行共享信道)相关的调制和编码格式、资源分配和混合 ARQ 信息。

除了调度之外,还可以使 PDCCH,用配置的授权激活 PUSCH 传输;PDSCH 半持续传输的激活和去激活;通知一个或多个 UE 时隙格式;向 UE 通知 UE 可以假设没有传输的 PRB(物理资源块)和 OFDM 符号的一个或多个 UE;用于 PUCCH 和 PUSCH 的 TPC(传输功率控制)命令的传输;用于一个或多个 UE 的 SRS(探测参考信号)传输的一个或多个 TPC 命令的传输;切换 UE 的有效带宽部分;启动随机接入流程。

UE 根据相应的搜索空间配置在一个或多个配置的 control resource set(CORESET)中,监视配置的监视时机中的一组 PDCCH 候选。CORESET 由一组 PRB 组成,其持续时间为 1～3 个 OFDM 符号。资源单元组(REG)和控制信道单元(CCE)在 CORESET 内定义,每个 CCE 包括一组 REG。控制信道由 CCE 的聚合形成。通过聚合不同数量的 CCE 来实现控制信道的不同码率。CORESET 支持交错和非交错 CCE 到 REG 映射。极化编码用于 PDCCH。承载 PDCCH 的每个资源单元组携带其自己的 DMRS(解调参考信号)。QPSK(正交相移键控)调制用于 PDCCH。

在 4G LTE 中,PDCCH 的符号数[每个 TTI(发射时间间隔)]中可配置的 PDCCH 符号数为 1、2、3 个)由 PCFICH 信道指示。5G NR 中取消了 PCFICH 信道,在 5G NR 中 PDCCH 的符号数通过高层参数指示通知 UE。

同时,5G NR 也取消了 PHICH(物理 HARQ 指示信道)信道。原 PHICH 信道的功能:上行 PUSCH(physical uplink shared channel,物理上行共享信道)的 ACK/NACK(发送确认/发送否认)反馈信息,直接在 PDCCH 中通知 UE。

根据替代的 PCFICH(物理控制格式指示信道)信道使用场景和功能不同,PDCCH 可分为 3 类:

①common PDCCH:用于公共消息(系统消息、寻呼)及 UE RRC(使无线通信成为可能的较高层的协议子层)建立连接之间的数据。

②group common PDCCH:用于 SFI(单频接口)和 PI(外围接口)信息调度。

③UE-Specific PDCCH:用于用户级数据调度和功控调度。

原 PCFICH 传输的内容是 DCI(下行控制信息),可分为 3 类 8 种格式:

①format0-0、format0-1 是 DCI 指示 PUSCH 的调度。

②format1-0、format1-1 是 DCI 指示 PDSCH(物理下行共享信道)的调度。

③format2-0 指示 SFI、format2-1 作用为 PI 信息指示、format2-2 作用为 PUSCH 和 PUCCH(物理上行控制信道)功率控制、format2-3 作用为 SRS(信道探测参考信号)功率命令指示。

PDCCH 中承载的是 DCI,包含一个或多个 UE 上的资源分配和其他的控制信息。在 LTE 中上下行的资源调度信息都是由 PDCCH 来承载的。一般来说,在一个子帧内,可以有多个 PDCCH。UE 需要首先解调 PDCCH 中的 DCI,然后才能够在相应的资源位置上解调属于 UE 自己的 PDSCH(包括广播消息、寻呼、UE 的数据等)。

前面提到过,LTE 中 PDCCH 在一个子帧内(注意,不是时隙)占用的符号个数,是由

PCFICH 中定义的 CFI 所确定的。UE 通过主、辅同步信道，确定了小区的物理 ID PCI（物理小区标识），通过读取 PBCH（物理广播通道），确定了 PHICH 占用的资源分布、系统的天线端口等内容。UE 就可以进一步读取 PCFICH，了解 PDCCH 等控制信道所占用的符号数目。在 PDCCH 所占用的符号中，除了 PDCCH，还包含 PCFICH、PHICH、RS 等内容。其中，PCFICH 的内容已经解调，PHICH 的分布由 PBCH 确定，RS 的分布取决于 PBCH 中广播的天线端口数目。至此，全部的 PDCCH 在一个子帧内所能够占用的 RE 就得以确定。

由于 PDCCH 的传输带宽内可以同时包含多个 PDCCH，为了更有效地配置 PDCCH 和其他下行控制信道的时频资源，LTE 定义了两个专用的控制信道资源单位：RE 组（RE group，REG）和控制信道元素（control channel element，CCE）。1 个 REG 由位于同一 OFDM 符号上的 4 个或 6 个相邻的 RE 组成，但其中可用的 RE 数目只有 4 个，6 个 RE 组成的 REG 中包含了两个参考信号，而参考信号（RS）所占用的 RE 是不能被控制信道的 REG 使用的。协议（36.211）中还特别规定，对于只有一个小区专用参考信号的情况，从 REG 中 RE 映射的角度，要假定存在两个天线端口，所以存在一个 REG 中包含 4 个或 6 个 RE 两种情况。一个 CCE 由 9 个 REG 构成。定义 REG 这样的资源单位，主要是为了有效地支持 PCFICH、PHICH 等数据传输速率很小的控制信道的资源分配，也就是说，PCFICH、PHICH 的资源分配是以 REG 为单位的；而定义相对较大的 CCE，是为了用于数据量相对较大的 PDCCH 的资源分配。

LTE 中，CCE 的编号和分配是连续的。如果系统分配了 PCFICH 和 PHICH 后剩余 REG（资源粒度组）的数量为 NREG（N 个资源粒度组），那么 PDCCH 可用的 CCE 的数目为 N 个控制信道粒度 CCE = NREG/9 向下取整。CCE 的编号为从 0 开始到 NCCE − 1。

PDCCH 所占用的 CCE 数目取决于 UE 所处的下行信道环境。对于下行信道环境好的 UE，eNodeB 可能只需分配一个 CCE；对于下行信道环境较差的 UE，eNodeB 可能需要为其分配多达 8 个的 CCE。为了简化 UE 在解码 PDCCH 时的复杂度，LTE 中还规定 CCE 数目为 N 的 PDCCH，其起始位置的 CCE 号，必须是 N 的整数倍。

每个 PDCCH 中，包含 16 bit 的 CRC（循环冗余校验码）校验，UE 用来验证接收到的 PDCCH 是否正确，并且 CRC 使用和 UE 相关的 Identity（身份确认）进行扰码，使得 UE 能够确定哪些 PDCCH 是自己需要接收的，哪些是发送给其他 UE 的。可以用来进行扰码的 UE Identity 包括 C-RNTI、SPS-RNTI，以及公用的 SI-RNTI、P-RNTI 和 RA-RNTI 等。

每个 PDCCH，经过 CRC 校验后，进行 TBCC 信道编码和速率匹配。eNodeB 可以根据 UE 上报的 CQI（channel quality indicator，信道质量指示）进行速率匹配。此时，对于每个 PDCCH，就可以确定其占用的 CCE 数目的大小。

前面已经提到过，可用的 CCE 的编号为 0 到 NCCE − 1。可以将 CCE 看作是逻辑的资源，顺序排列，为所有的 PDCCH 所共享。eNodeB 根据每个 PDCCH 上 CCE 起始位置的限制，将每个 PDCCH 放置在合适的位置。这时可能出现有的 CCE 没有被占用的情况。3GPP 标准中规定需要插入 NIL（网络接口层），NIL 对应的 RE 上面的发送功率为-Inf（最低门限值），也就是 0。

此后，CCE 上的数据位经过与小区物理 ID 相关的扰码、QPSK 调制、层映射和预编码，所得到的符号以四元组为单位（每个四元组映射到一个 REG 上）进行交织和循环移位，最后映射到相应的物理资源 REG 上。

物理资源 REG 首先分配给 PCFICH 和 PHICH，剩余的分配给 PDCCH，按照先时域后频域的原则进行 REG 映射。这样做的目的是为了避免 PDCCH 符号之间的不均衡。

3. 物理广播信道

物理广播信道(PBCH)，承载部分系统信息并在小区内进行广播，UE 通过该信道获取接入网络的必要信息，如系统帧号 SFN、RMSI(剩余最小系统信息)所在的初始 BWP(部分带宽技术，为节省终端扫描负荷，广播信号传输占用的带宽为总带宽的一部分)的时域频域位置、带宽大小等。

PBCH 用于承载小区/网络特定的系统信息，这些信息通过主信息块(MIB)传输。在 MIB 中包含读取下行链路信号和帮助解调 PDCCH 所需的基本参数集。

根据 3GPP38.331 定义，MIB 的 10 个位串中的 6 个最高有效位，作为信道编码的一部分，4 个(低)LSB 比特在 PBCH 传输块中传送。对于 6 GHz 频段，子载波间隔值为 15 kHz 或 30 kHz，而毫米波频率使用不同的值。

PBCH 用于通知控制资源集(CORESET)、公共搜索空间和必要的 PDCCH 参数。CORESET 由频域中的多个资源块和时域中的 1、2 或 3 个 OFDM 符号组成。

在 5G(NR)中频域范围不是固定的。CORESET 频率跨度为 6 个资源块的倍数，其中 12 个资源元素(RE)组成一个资源元素组(REG)。一个公共控制元素(CCE)等于 6 个 REG，CCE 最多可以传输 140 位的信令。

5G(NR)支持的聚合级别比 LTE 多一层。聚合级别用于将信令信息编码到多个 CCE 中，以提高鲁棒性，从而提高覆盖范围。位于 PDCCH 中的参考信号是 UE(用户设备)特定的，即专用于特定 UE 的下行链路控制信息(DCI)将具有来自 PDSCH 的 UE DM-RS(解调参考信号)进行配置，DCI 设置在 CCE 内。

NR PBCH 解码基于与 NR PSS(主同步信号)或 NR SSS(辅同步信号)资源位置的固定关系，在给定频率范围和 CP 开销内，不考虑双工模式和波束类型，可以考虑采用以下广播方案来传输基本的系统信息：

Option1：NR PBCH 承载用于初始接入的一部分基本系统信息，包括 UE 接收承载剩余基本系统信息的信道所需的信息。

Option2：除了 Option1 中的信息外，NR PBCH 还携带 UE 执行初始上行传输(不限于 NR PRACH)所需的最小信息。

Option3：NR PBCH 携带初始接入的所有基本系统信息。

PSS、SSS 和 PBCH 可在 SSB(同步信号块)内传输，至少对于大于 15 kHz 的子载波间隔，支持 NR PSS/SSS 和 PBCH 比 LTE PSS/SSS/PBCH 更宽的传输带宽低于 6 GHz，包含 NR-PSS/SSS/PBCH 的传输带宽不超过 5 MHz 或 20 MHz，低于 40 GHz，包含 NR-PSS/SSS/PBCH 的传输带宽不超过 40 MHz 或 80 MHz。

广播信号/信道用于 UE 检测 NR 小区的存在并获取初始接入所需的信息。对于多波束操作，广播信号/信道需要在目标覆盖区域进行波束扫描。为了减少波束扫描产生的开销，作为基线，建议在每个 SSB 中包括 SS(即 PSS 和 SSS)和 PBCH，其中提供 UE 执行初始上行传输[不限于 PRACH(物理随机接入信道)]所需的最小信息。这样，PBCH 与 SS 脉冲集具有相同的周期性，SS 和 PBCH 检测之间的时延可以减少/最小化，SS 可以用作 PBCH 的 DM-RS。虽然 UE 执行初始上行传输所需的最小信息中的特定内容变化比较大，但它可以包括基本系统信息(SI)的一部分。对于这种情况，SS 和基本 SI 的传输方案中，SS 和基本 SI 通过常开波束传输。

除了基线配置外，为了在降低广播信号/信道开销的同时满足空闲和活动状态下 UE 的需求，还可以考虑用于 SS 和基本 SI 的分层传输方案，其中 SSB 的层可以具有不同的周期性。

具体来说，第一层是 SS 和基本 SI 的常开波束，但周期相对较长。基于活动 UE 的计数分布，网络可以进一步分配额外资源，以针对具有高 UE 密度的波束传输具有短周期的按需 SS 和基本 SI，其包括第二层 SSB。在该层中，可以关闭未检测到或有限数量的 UE 的波束。与第一层 SSB 的密度增加的情况相比，使用该波束可以减少广播信号/信道的开销。

为了能够基于 PSS/SSS 的固定关系检测 PBCH，同时避免使用不同的子载波间隔增加检测复杂度，希望对 PBCH 和 PSS/SSS 采用相同的子载波间隔。

为了适应具有不同带宽能力的 UE，同时降低用于时间/频率跟踪的检测复杂度，PSS/SSS 和 PBCH 的带宽占用应小于单个载波的最大带宽。

对于多波束操作，除了 SS 和 PBCH 之外，还需要广播一些控制信号。例如，要查找处于空闲或非活动状态的 UE，网络需要在 UE 将侦听的时间实例发送寻呼。由于 Tx-Rx 波束对可能随时间变化，因此此类控制信号需要在预定义/指示的时间场合进行波束扫描。为了避免另一轮波束扫描(这将导致开销增加)，希望在 SSB 中包括这样的控制信号。

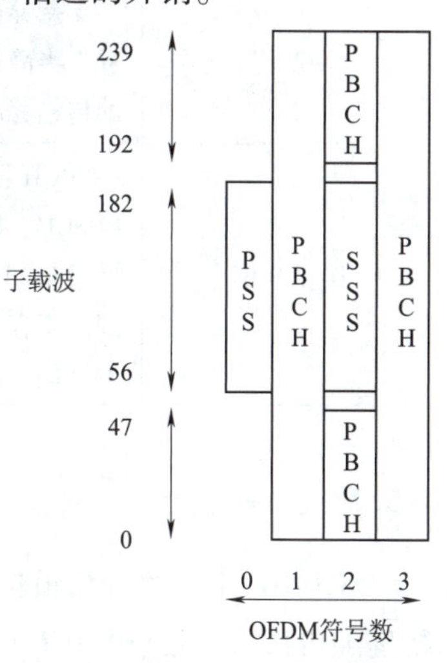

图 4-33　同步信号和 PBCH 块

同步信号和 PBCH 块(SSB)由主同步信号和辅助同步信号(PSS、SSS)组成，每个信号占用 1 个符号和 127 个子载波。PBCH 跨越 3 个 OFDM 符号和 240 个子载波，但在一个符号上留下未使用的部分 SSS 的中间部分，如图 4-33 所示。SSB 的周期性可以由网络配置，SSB 可以发送的时间位置由子载波间隔确定。

在载波的频率范围内，可以发送多个 SSB。这些 SSB 的 PCI(物理小区标识)不必是唯一的，即不同的 SSB 可以具有不同的 PCI。但是，当 SSB 与 RMSI(接收信号的强度指示)相关联时，SSB 对应于具有唯一 NCGI(NR 小区全局标识符)的单个单元。这种 SSB 称为小区定义 SSB(CD-SSB)。PCell 始终与位于同步栅格上的 CD-SSB 相关联。极化编码用于 PBCH。除非网络已经将 UE 配置为采用不同的子载波间隔，否则 UE 可以假设 SSB 的频带特定的子载波间隔，PBCH 符号携带其自己的频率复用 DMRS，QPSK 调制用于 PBCH。

物理层下行流程见表 4-7。

表4-7 物理层下行流程

类 型	作 用
链路适配	具有各种调制方案和信道编码率的链路自适应(AMC,自适应调制和编码)被应用于PDSCH。将相同的编码和调制应用于在一个TTI内和在MIMO(多输入多输出)码字内调度给一个用户的相同L2PDU(2层协议单元)的所有资源块组。对于信道状态估计目的,UE可以被配置为测量CSI-RS(下行信道状态信息参考信号)并基于CSI-RS测量来估计下行链路信道状态。UE将估计的信道状态反馈给gNB以用于链路自适应
功率控制	可以使用下行链路功率控制
小区搜索	小区搜索是UE获取与小区的时间和频率同步并检测该小区的小区ID的过程。NR小区搜索基于位于同步栅格上的主要和辅助同步信号以及PBCH DMRS
HARQ	支持异步增量冗余混合ARQ。gNB在DCI(下行控制信息)中动态地或在RRC配置中半静态地向UE提供HARQ-ACK反馈定时。UE可以被配置为接收基于码块组的传输,其中重传可以调度以携带TB(传输块)的所有码块的子集
接受SIB1	PBCH上的MIB向UE提供用于监视PDCCH的参数用于调度承载SIB1的PDSCH。PBCH还可以指示不存在关联的SIB1,在这种情况下,UE可以指向从哪里搜索与SIB1相关联的同步信号和PBCH块的另一频率,以及UE可以假设的频率范围。不存在与SIB1相关联的同步信号和PBCH块。所指示的频率范围被限制在检测到同步信号和PBCH的同一运营商的连续频谱分配内

4.5.2 物理上行

5G(NR)上行物理信道包括物理上行共享信道(PUSCH)、物理上行控制信道(PUCCH)和物理随机接入信道(PRACH)。上行链路支持的参考信号有DM-RS、PT-RS和SRS;这些参考信号支持在PUSCH和PUCCH上同时传输。

1. 物理上行共享信道

PUSCH用于承载用户数据和可选的上行链路控制信息(UCI),可在PUSCH和PUCCH同时传输是在R16标准之后才支持的。5G网络中有两种循环前缀(CP-OFDM),用于MIMO和离散傅里叶变换扩展OFDM离散傅里叶变换扩频正交频分复用(DFT-s-OFDM),它们用于单层传输,支持时隙内跳频。前置DM-RS位于分配给PUSCH的第一个OFDM符号;上行采用离散傅里叶变换扩频OFDM(DFT-s-OFDM),也称为SC-FDMA,其峰均比(PAPR)比OFDMA(OFDM技术的演讲)低。

PUSCH支持两种传输方案:基于码本的传输和基于非码本的传输。

对于基于码本的传输,gNB在DCI中向UE提供发送预编码矩阵指示。UE使用该指示从码本中选择PUSCH发送预编码器。对于基于非码本的传输,UE基于来自DCI的宽带SRI(完全参考完整性)字段确定其PUSCH预编码器。

PUSCH支持基于闭环DMRS的空间复用。对于给定的UE,支持多达4层传输。代码字的数量是一个,当使用变换预编码时,仅支持单个 MIMO 层传输。支持时隙中 1 ~14 个符号的传输持续时间,支持 TB 重复的多个时隙的聚合。支持两种类型的跳频、时隙内跳频,以及在时隙聚合的情况下,时隙间跳频。

可以在 PDCCH 上使用 DCI 调度 PUSCH,或者可以在 RRC 上提供半静态配置的授权,其中支持两种类型的操作:

①使用 DCI 触发第一 PUSCH,随后在 DCI 上接收到 RRC 配置和调度之后的 PUSCH 传输。

②通过数据到达 UE 的发送缓冲器来触发 PUSCH,并且 PUSCH 传输遵循 RR(无线资源管理)配置。

传输信道的上行链路物理层处理包括以下步骤:

①处理 TranSport Block CRC 附件;处理代码块分割和代码块 CRC 附件;处理信道编码——LDPC 编码;物理层混合 ARQ 处理;速率匹配;干扰;调制:π/2BPSK(仅限变换预编码)、QPSK、16QAM、64QAM 和 256QAM;层映射,变换预编码(通过配置启用/禁用)和预编码;映射到分配的资源和天线端口。

②UE 在发送 PUSCH 的每个跳频点上的每个层上发送具有解调参考信号的至少一个符号,并且可以由更高层配置多达 3 个附加 DMRS。可以在附加符号上发送相位跟踪 RS(参考信号)以帮助接收机进行相位跟踪。

PUSCH 和 PDSCH 都是物理信道,位于 Uu 接口协议栈的最底层。从映射关系看,PUSCH 只对应一种传输信道(UL-SCH),用于传输“数据”(DTCH)和“信令”(CCCH、DCCH),不用关注广播(BCCH)和寻呼(PCH)等过程,比 PDSCH 简单一些。不过,除了“数据”和“信令”,PUSCH 有时也会夹带,包括下行传输的 HARQ-ACK 信息,或 CSI(channel state information)报告。

无论 PUSCH 还是 PDSCH,资源都是 gNB 分配的。通常来说,UE 通过 DCI 获得 UL Grant(上行授权),才可以在对应的时频资源发送上行数据。不过,在 CBRA(contention based random access,基于竞争的随机接入)中,UE 通过 PUSCH 发送 MSG3,此时 UL Grant 来自 MSG2。对 UE 来说,UL Grant 怎么来(DCI 或 RAR)并不重要,在某种程度上,UE 对 UL Grant 指示的资源有一定的自主权。例如,UE 为了业务数据请求 PUSCH,获得 UL Grant 后,PUSCH 可用于发送优先级更高的信令数据。

除了 CBRA 的 MSG3,gNB 无法预知 UE 何时需要发送数据,因而不会为 UE 预留 PUSCH 资源,以免浪费。在上行数据抵达时,UE 需要主动通过 PUCCH 发送 SR(scheduling request,调度请求),向 gNB 请求 PUSCH 资源—— 前提是 UE 出于“上行同步”状态,且有可用于 SR 的 PUCCH 资源。如果 UE 处于“上行失步”状态,UE 只能通过随机接入获得 PUSCH 资源。

与 PDSCH 不同,除了通过 DCI 或 RAR 获得 UL Grant 的 Grant-Based 方式(动态调度),PUSCH 还支持两种 Grant-Free(免授权)方式,基站通过 Configured Grant Config(信令配置授权配置)进行 PUSCH 的 RRC 预配置——实际调度时,Type1 由 RRC 配置(上行数据到达触发),Type2 通过 CS-RNTI 加扰的 DCI 激活(半静态调度)。与 PDSCH 相同,PUSCH 也支持(TB)重复传输,PUSCH Aggregation Factor(参数聚合因子)可配置为 n2、n4 或 n8。

在 NR 中，gNB 通过 DCI1_0 和 DCI1_1 调度 PDSCH，通过 DCI 0_0 和 DCI 0_1 调度 PUSCH。Frequency Domain Resource Assignment 和 Time Domain Resource Assignment 用于指示时频资源。与 PDSCH 不同，PUSCH 不支持交织映射，因此，DCI 0_0 和 DCI 0_1 不包含 VRB（虚拟资源块）到 PRB（物理资源块）Mapping（映射）字段。与 LTE 相似，NR PUSCH 使用另一种方法获得频域分集增益——跳频。

与 PDSCH 相似，PUSCH 支持 HARQ（但没有显性的 HARQ 反馈），因此，DCI 0_0 和 DCI 0_1 包含 MCS（modulation and coding scheme，调制与编码策略）、NDI（new data indicator，新数据指示器）、RV（redundancy version，冗余版本）、HARQ Process Number 等，TBS（TB size）确定方式和 PDSCH 相似。PUSCH 只支持 1 个 Codeword（码字），DCI 0_0 和 DCI 0_1 不包含第二个 TB 相关字段。PUSCH 支持 CBG（代码块组）传输，DCI 0_1 包含 CBGTI（code block group transmission indicator，指针），指示发送（或重传）的 CBG，由于上行传输的 HARQ 缓存就在 gNB，DCI 0_1 不包含 CBGFI（code block group flushing indicator）字段。

从“宏观”角度看，PUSCH（UL-SCH）处理过程比 PDSCH（DL-SCH）多 2 个步骤：Data and Control Multiplexing（数据和控制复用）和 Transform Precoding（DFT 预编码）。前一个解决 PUSCH“嵌入隐藏信息”的需求，后一个用于降低立方度量，提升功放效率。DFT 预编码只用于上行传输，它是否开启，对其他处理步骤会产生影响（如调制模式、预编码矩阵、DM-RS 序列和附加 DM-RS 等），是 PUSCH 的一个关键环节。

PUSCH 和 PDSCH 的扰码都是伪随机码，主要差异是：Cinit（加扰第一下行信道的第一标识）的 nID 分别使用 data Scrambling Identity PUSCH（数据加扰标识）和 data Scrambling Identity PDSCH（数据加扰标识）——如果 RRC 有配置（没有则使用小区 ID）；PDSCH 的 Cinit 输入包含 q（对应不同的 Codeword），两个 Codeword 使用不同的扰码，PUSCH 的 Cinit 输入不包含 q，因为 PUSCH 只支持 1 个 Codeword。在 NR 中，PDSCH 只支持“基于非码本的预编码”，预编码对 UE 来说是“透明”的；PUSCH 支持“基于码本的预编码”和“基于非码本的预编码”，gNB 可通过 PUSCH Config 的高层参数 txConfig 配置——如果使用“基于码本的预编码”，gNB 通过 DCI 向 UE 传递 TPMI（transmitted precoding matrix indicator，发送预编码矩阵指示符），UE 根据层数、天线端口数量和“DFT 预编码”是否开启，在 3GPP TS38.211 的 Table 6.3.1.5-1 ~ 7 选择表格，再根据 TPMI 选择码本（预编码矩阵 $\boldsymbol{W}$）。如果使用“基于非码本的预编码”，W 退化为单位矩阵。

DFT 预编码将长度为 M（符号）的数据块，通过长度为 M 的 DFT（discrete fourier transform，离散傅里叶变换），以降低立方度量，提升功放效率，其中 M 代表 PUSCH 包含 SC 的数量。由于 PUSCH 以 RB 为粒度分配，而 1 个 RB 包含 12 个 SC，因此 M 总是 12 的倍数。从 DFT 实现的复杂度看，M 应限制为 2 的幂，但这会限制调度的灵活性（M 为 12 的倍数，已不可能是 2 的幂），为了在复杂度和灵活性之间取得平衡，协议规定 PUSCH 包含 RB 数量的质因数只能是 2、3 和 5，即 $M = 2^{a2} \times 3^{a3} \times 5^{a5}$。

2. 物理上行控制信道

PUCCH 携带从 UE 到 gNB 的上行控制信息（UCI），用于发送上行链路控制信息和信道状态信息（CSI）报告、HARQ 反馈和调度请求（SR）。有两种类型：长 PUCCH（μ/2BPSK 和 QPSK

调制)和短 PUCCH(BPSK 和 QPSK 调制)。3GPP TS38.211 定义了 PUCCH 格式的 OFDM 符号长度和比特数。其中:

PUCCH Format 0:用于短持续时间 PUCCH,具有最多两个比特的小上行链路控制信息有效载荷。

PUCCH Format 1:用于长 PUCCH,具有最多 2 比特的小有效载荷和最多 84 个无跳频 UE 和 36 个跳频 UE 的用户设备复用容量在同一 PRB(物理资源块)中。

PUCCH Format 2:适用于具有超过两个比特的大有效载荷且没有 UE 复用的短 PUCCH。

PUCCH Format 3:适用于具有大 UCI 有效载荷且在相同 PRB 中没有 UE 复用能力的长 PUCCH。

PUCCH Format 4:用于长 PUCCH、中等 UCI 有效载荷以及在相同 PRB 中最多 4 个 UE 的复用容量。

NR UL 控制信道至少支持两种传输方式,可以在短时间周期内传输和长时间周期内传输。如果使用跳频,则频率资源和跳频可能不会扩展到载波带宽。

可以通过 PUCCH 携带不同的上行控制信息类型,例如 HARQ 反馈、调度请求、CSI 反馈(包括可能的波束相关信息)及其组合。此外,应能够在 UL 控制符号内使用测深参考信号(SRS)复用 PUCCH。

与 LTE 类似,NR 支持 PUCCH 上的定期 CSI 报告。主要动机是减少非周期 CSI 报告中涉及的 DL 控制信道负担。在 LTE 中,周期 CSI 反馈通常用作 PDCCH 链路自适应的基础,并且由于在 NR 中 DL 控制信号预期是波束赋形的,因此这种周期 CSI 的重要性可能增加。DL 控制信道容量可能成为有效系统运行的瓶颈之一,例如,当与数字 RX(接收)子系统以及混合波束赋形架构一起运行时。

对于下行,UE 在频域中由整数个 RB 组成的一个或多个 control subband(控制子带)中监视下行控制信息。将 UL 控制信令也限制为类似的 UL 控制子带是有意义的。此类操作的动机包括前向兼容性、对射频波束赋形的支持、对频域 ICIC(小区间干扰协调)的支持,以及 UE 复杂性和功耗的考虑。

在 LTE 中,PUCCH 数据和 PUCCH DMRS 之间的复用基于时分复用。这对于长 PUCCH 也是一个合理的选择,至少在根据 DFT-S-OFDM 操作时是如此。另一方面,单载波限制可以被视为 PUCCH 设计的一个相当大的限制,特别是在短 PUCCH 情况下。因此,NR 会集中于针对 CP-OFDM(循环前缀正交频分复用)优化的多路复用解决方案。

除 TDM 外,主要的复用方案有 FDM、CDM(码分多路复用)和 I/Q(同相/正交相位)复用。FDM 可以看作是 CP-OFDM 的一个有前途的选择,它允许在子载波和功率域中优化导频/数据比。此外,由于 FDM 在时间上支持连续的参考信号,因此它对高多普勒具有鲁棒性,且具有不同子载波数/PRB 的 FDM 导频结构。FDM 方法也可以被视为最大化 DL 和 UL 控制信道之间公共性的一种方法。这可以将 UL 控制信道结构直接扩展到不同的 D2D/Relay(直接通信/辅助通信)场景中。

PUCCH 参考信号和 PUCCH 数据(符号内)之间的 CDM 可以通过循环移位分离实现。这种方法在 PUCCH 有效载荷方面的能力有限(因为它要求对 PUCCH 数据应用 CDM)。另一方面，通过适当选择序列，CDM 可以提供与 DFT-S-OFDM 相当的立方度量。与 QPSK（正交相移键控）调制数据相比，多序列调制的功率效率损失仅约为 0.2 dB。

WCDMA 中使用的 I/Q 多路复用是 NR 中 UL 控制和 RS 之间多路复用的另一个选项。它支持优化功率域中的导频/数据比，但由于符号速率在参考信号和控制数据之间平均分配，因此控制数据的符号速率有限。

FDM 可用作在同一 PRB 内复用（不同 UE）SRS（信道探测参考信号）和 PUCCH 的方法。在所考虑的示例中，每 6 个数据子载波用于 SRS。CDM 是另一个选项，对应于通过 PUCCH 的参考信号部分（通过循环移位分离）传送 SRS 的情况，可能不需要在同一 PRB 内对同一 UE 复用 SRS 和 PUCCH。背后的原因是 PUCCH RS 也可用于探测目的。

在 PUCCH PRB 内复用不同的 UE。以下选项作为起点：

选项 1：符号内无多路复用（PUCCH Format 4）。

选项 2：CDM 基于 CAZAC（恒包络零自相关序列）序列（PUCCH Format 1/1a/1b、2/2a/2b），每个 UE 具有一个或多个循环移位。在考虑 DMRS 结构的情况下，每个 PRB 最多有 6 个循环移位可用。通过 QPSK 调制，每个循环移位最多可传送两个比特/符号。

选项 3：符号内的 CDM + FDM（码分多路复用 + 频分多路复用）。与选项 2 相比，这提供了更大的有效负载，以减少复用容量为代价。

选项 4：时域正交覆盖码（PUCCH Format 1/1a/1b，3），长 PUCCH 是主要用例。与选项 2 相比，仅此选项可提供更大的有效负载，此选项可以与选项 1 ~ 选项 3 结合使用，以增加多路复用容量，同时降低有效负载。在 CAZAC 序列（选项 2）的顶部应用具有两个独立序列（length-4 和 length-3）的正交覆盖码。

需要支持大范围的不同 PUCCH 有效负载（从一位 HARQ-ACK 到数百个由 HARQ-ACK 和 CSI 组成的 UCI 位）和不同 UCI 类型的各种复用组合。

NR 需要支持频率分集机制。实现频率分集的两个主要选项如下：

①跳频：与 LTE 中类似，UE 在频率上通过多个 PRB 组发送 PUCCH（每个组由 N 个 PRB 组成），根据预定义的跳变模式，使得一次仅使用一个 PRB 组。NR 最相关的跳频方案是时隙级跳频和符号级跳频。

②集群传输：UE 在频率上通过多个 PRB 组传输 PUCCH（每组由 N 个 PRB 组组成），以便一次使用多个 PRB 组。

集群传输似乎是一种自然的选择，至少对 short PUCCH 来说是如此。BS 应能够为每个 PUCCH 格式分别配置 PRB 组。

跳频可以被视为长 PUCCH 的合理选择，至少在根据 DFT-S-OFDM 操作时是如此。另一方面，单载波限制可以被视为 PUCCH 设计的一个相当大的限制，特别是在短 PUCCH 的情况下。由于短 PUCCH 和长 PUCCH 的设计更为协调，集群传输也应被视为长 PUCCH 的一种选择。

PUCCH 上的 HARQ-ACK 资源指示至少包括以下选项：

①隐式资源指示（类似于 LTE PUCCH Format 1a/b）。

②基于 L1-DL 信令的显式资源指示。

③基于高层信令的显式资源集指示与基于 L1-DL 信令的资源选择相结合。类似于 LTE PUCCH Format 3 中的 ARI(存取权识别)。

一般认为 NR 中不需要隐式资源分配。首先,隐式信令受到相对较高的 PUCCH 资源消耗的影响。此外,当系统引入新功能时,它的灵活性(向前兼容性)非常有限。例如,在 LTE 中引入对载波聚合、UL SU-MIMO(单用户多入多出技术)、CoMP(协同多点传输)和 EPDCCH(扩展下行链路控制信道)的 PUCCH 支持时就是这种情况。因此,隐式信令可以看作是一种选项,它要么使调度器操作复杂化,要么在引入新特性时增加 PUCCH 开销。

显式信令具有充分的灵活性。此外,它可以为 PUCCH 提供频域调度增益,特别是在 TDD(时分双工)的情况下。这可以增加的下行信令开销为代价,为上行控制信道提供可观的链路预算改进。最后,显式高层信令与动态资源选择相结合可以提供合理的(可伸缩的)信令开销。

基于以上讨论,与 LTE 相比,基于 CP-OFDM 的 PUCCH 设计可以进一步提供改进性能或功能的某些机会。这些措施包括:

①使用 PUCCH 数据调整 PUCCH 参考信号功率的机会。

②改进了对高 UE 速度的支持(例如,以时间连续参考信号的形式)。

③在 PUCCH 上同时传输不同 UCI 格式的机会(也包括 SRS)。

④使用每个 UE 的多个循环移位(相同或不同的 PRB)进行序列调制的有效载荷扩展的机会。

这些好处具有最大的潜力,尤其是在短 PUCCH 的情况下,在 UL 控制信道设计中还需要考虑基站中使用的波束赋形架构。在有限数量的 RF 波束并行情况下运行的混合波束赋形的典型特征是,波束一次只能覆盖部分小区覆盖。在此示例中基站具有一次形成 2 个 RF(射频)波束的能力。波束越窄,UE 共享同一波束的数量就越少,因此,鉴于可用的高精度和大带宽 TXRU(模拟域虚拟化)的数量较少,复用容量将受到 TXRU 数量的限制。

考虑到上行控制信道接收,并考虑到硬件限制,每个时隙应该可以配置多个 UL 控制符号,应该有机会在连续的 UL 控制符号之间进行 RF 波束切换。另一方面,如果每个符号的复用 UE 的数量很小(由于硬件限制),则每个 UE 可以在频率上占用大量资源元素。

当使用数字波束赋形体系结构或数字接收子系统与主混合接收系统一起工作时,基站可以利用足够高的阵列增益和高的 DoA(波达方向定位技术)分辨率能力一次性处理整个扇区的 PUCCH。数字波束赋形体系结构得益于以下设计原则:

①UL 控制信号和解调 RS 的传输带宽明显小于系统带宽。

②窄带控制信号和宽带信号之间的高效多路复用(可能使用混合架构接收)。

3. 物理随机接入信道

物理随机接入信道(PRACH)是 UE 一开始发起呼叫时的接入信道,UE 接收到 FPACH 响应消息后,会根据 Node B 指示的信息在 PRACH 信道发送 RRC 连接请求消息,进行 RRC 连接的建立。

在 PRACH 信道初始化之前,层 1 将从高层的 RRC(radio resource control,无线资源控制协议)收到下述信息:

①前缀扰码。

②消息长度(10 ms 或 20 ms)。

③AICH 发射时间参数(0 或 1)。

④对应每个 ASC(访问服务类别)的有效签名和有效的 PRACH 子信道号。

⑤AP(接入点)前缀功率攀升步长。

⑥前缀重传最大次数。

⑦最后发送的前缀和消息部分的控制信道的功率偏差(P_p-m)。

⑧传输格式集合(TFS 和 TFCS),包括每种 TFC(业务流量控制)所对应的数据信道和控制信道的功率增益因子。

在物理随机接入过程初始化之前,层 1 将从高层的 MAC 层收到下述信息:

①用于 PRACH 消息部分的传输格式。

②PRACH 传输的 ASC。

③被发送的数据块。

PRACH 的随机接入过程如下:

①在下一个接入时隙集中获得有效的上行接入时隙:在为相应的 ASC 所配置的有效的 RACH(随机接入信道)子信道号所对应的接入时隙集中随机选择一个有效的接入时隙。假如在被选择的时隙集合中没有有效的接入时隙,那么从此 ASC 所对应的下一个接入时隙集中所对应的有效子信道集合中随机选择一个接入时隙。

②在所选的 ASC 所对应的有效签名集中随机选择一个签名。

③设置前缀重传计数器为前导(前置码)重传最大次数。

④设置前缀的初始发射功率。

⑤如果计算的前缀发射功率超过了允许的上行最大发射功率,那么设置此前缀发射功率等于此最大发射功率;如果计算的前缀发射功率小于允许的上行最小发射功率,那么设置此前缀发射功率等于此最小发射功率;然后用所选择的签名、上行接入时隙、前缀发射功率发射 AP。

⑥如果 UE 在上行接入时隙之后确定的下行接入时隙没有收到 AICH(捕获指示信道)上关于所选择的签名肯定的或否定的应答,那么 UE L1 将:

• 在所选择的 ASC 所对应的有效 RACH(随机接入信道)子信道号集合随机选择一个有效的接入时隙。

• 在所选择的 ASC 所对应的有效签名集合随机选择一个有效的签名。

• 以步长 P0 = Power Ramp Step [dB]增加前缀的发射功率;如果前缀的发射功率超过了最大允许发射功率 6 dB,则 UE 的物理层 L1 将向高层(MAC)报告状态(no ack on AICH),并退出物理随机接入过程。

• 把前缀重传计数器减 1。

• 如果前缀重传计数器大于 0,那么跳到第⑤步重新执行;否则 UE 的物理层 L1 将向高层(MAC)报告状态(no ack on AICH),并退出物理随机接入过程。

⑦如果 UE 在上行接入时隙之后的确定时间内收到 AICH 上关于所选择签名的否定的应

答,那么UE的物理层L1将向高层(MAC)报告状态(nack on AICH received),并退出物理随机接入过程。

⑧如果UE在上行接入时隙之后的确定时间内收到AICH上关于所选择签名的肯定的应答,那么在最后发送前缀时隙后的第三个或第四个上行接入时隙发送随机接入的消息部分;是3个时隙还是4个时隙依靠高层所配置的参数AICH transmission timing(捕获指示信道传输定时);消息部分的控制信道和最后一个前缀的发射功率偏差为P_{p-m}。

⑨UE的物理层L1将向高层(MAC)报告状态(RACH message transmitted,随机接入信道发送消息),并退出物理随机接入过程。

存在5种格式的PUCCH见表4-8,这取决于PUCCH的持续时间和UCI有效载荷大小。

最多两个UCI比特的短PUCCH格式基于序列选择,而多于两个UCI比特的短PUCCH格式频率复用UCI和DMRS。长PUCCH格式对UCI和DMRS进行时间复用。对于长PUCCH格式以及持续时间为2个符号的短PUCCH格式,支持跳频,可以在多个时隙上重复长PUCCH格式。

表4-8　5种格式的PUCCH

格　式	内　容
0	具有最多2 bit的小UCI有效载荷的1或2个符号的短PUCCH,其中UE复用容量高达6个UE,在同一PRB中具有1 bit有效载荷
1	4~14个符号的长PUCCH,最多具有2 bit的小UCI(用户类别标识符)有效载荷,其中UE复用容量高达84个UE而没有跳频,36个UE在同一个PRB中具有跳频
2	小区搜索是UE获取与小区的时间和频率同步并检测该小区的ID的过程。NR小区搜索基于位于同步栅格上的主要和辅助同步信号以及PBCH DM-RS
3	具有大于2 bit的大UCI有效载荷的1或2个符号的短PUCCH,在相同PRB中没有UE复用能力
4	具有大UCI有效载荷的4~14个符号的长PUCCH,在相同PRB中没有UE复用能力,具有中等UCI有效载荷的4~14个符号的长PUCCH,在相同PRB中具有多4个UE的复用容量

当UCI和PUSCH传输在时间上一致时,由于UL-SCH(上行共享信道—传输信道)传输块的传输或者由于在没有UL-SCH传输块的情况下触发A-CSI(非周期信道状态信息)传输,支持在PUSCH中的UCI复用。通过打孔PUSCH复用携带1 bit或2 bit的HARQ-ACK(混合自动重传请求确认)反馈的UCI;在所有其他情况下,UCI通过速率匹配PUSCH复用。UCI包含以下信息:CSI(信道状态信息)、ACK/NAK(应答/非应答)、调度请求。

QPSK和π/2BPSK调制可用于具有多于2 bit信息的长PUCCH,QPSK用于具有多于2 bit信息的短PUCCH,并且BPSK和QPSK调制可用于具有多达2个信息的长PUCCH位。变换预编码应用于长PUCCH。

4. 随机接入

支持两种不同长度的随机接入前导序列。长序列长度839，子载波间隔为1.25 kHz和5 kHz，短序列长度139，应用子载波间隔15 kHz、30 kHz、60 kHz和120 kHz。长序列支持无限制集和类型A和类型B的受限集，而短序列仅支持不受限制的集。

利用一个或多个PRACH OFDM符号以及不同的循环前缀和保护时间来定义多个PRACH前导码格式。要使用的PRACH前导码配置在系统信息中提供给UE。UE基于最近的估计路径损耗和功率斜坡计数器来计算用于重传前导码的PRACH发送功率。如果UE进行波束切换，则功率斜坡的计数器保持不变。系统信息为UE提供信息以确定SS块与PRACH资源之间的关联。用于PRACH资源关联的SS（同步信号）块选择的RSRP（参考信号接收功率）阈值可由网络配置。

物理层流程上行见表4-9。

表4-9 物理层流程上行

类型	作用
链路适配	对于信道状态估计目的，UE可以被配置为发送gNB，可以用于估计上行链路信道状态的SRS，并且在链路自适应中使用该估计
上行链路功率控制	gNB确定期望的上行链路发送功率，并向UE提供上行链路发送功率控制命令。UE使用所提供的上行链路发射功率控制命令来调整其发射功率
上行链路时序控制	gNB确定期望的定时提前设置并将其提供给UE。UE使用所提供的TA来确定其相对于UE观察到的下行链路接收定时的上行链路发送定时
HARQ	支持异步增量冗余混合ARQ。gNB使用DCI上的上行链路授权来调度每个上行链路传输和重传。UE可以被配置为发送基于码块组的传输，其中可以调度重传以携带传输块的所有码块的子集

4.5.3 物理信号

从功能上划分：NR下行物理信号包括信道状态信息参考信号（channel state information reference signal，CSI-RS）、解调参考信号（DM-RS）、时频跟踪参考信号（tracking reference signal，TRS）、相位噪声跟踪参考信号（phase noise tracking reference signal，PT-RS）、RRM测量参考信号、RLM测量参考信号等。

NR上行物理信号包括探测参考信号（sounding reference signal，SRS）、解调参考信号（DM-RS）、相位噪声跟踪参考信号（PT-RS）等。其中，上行DM-RS和PT-RS与下行的设计基本相同。

参考信号的设计规范：

①避免持续发送的周期性信号。所谓持续发送，是指不经系统配置即发送，也无法关闭的信号，例如LTE的CRS（小区参考信号）。

②物理信号占用的时频资源可灵活配置。

③支持大规模波束赋形传输。

1. 信道状态信息参考信号(CSI-RS)

CSI-RS的天线端口数最高可以达到32,包括1、2、4、8、12、16、24和32,支持大规模天线技术的CSI测量,CSI-RS的时频资源位置由高层信令灵活配置,包括所占用的OFDM符号和PRB。CSI-RS可以在一个时隙内的任意OFDM符号上传输,可以在BWP内任意的连续PRB内传输(最小带宽为24个PRB),对于给定的天线端口数量,CSI-RS在一个PRB内的图样也不再有固定的形式,而是由基站根据可用时频资源灵活配置。例如,图4-34和图4-35给出了32端口和24端口在一个PRB内的两种图样。实际上可以配置的图样远远多于两种。

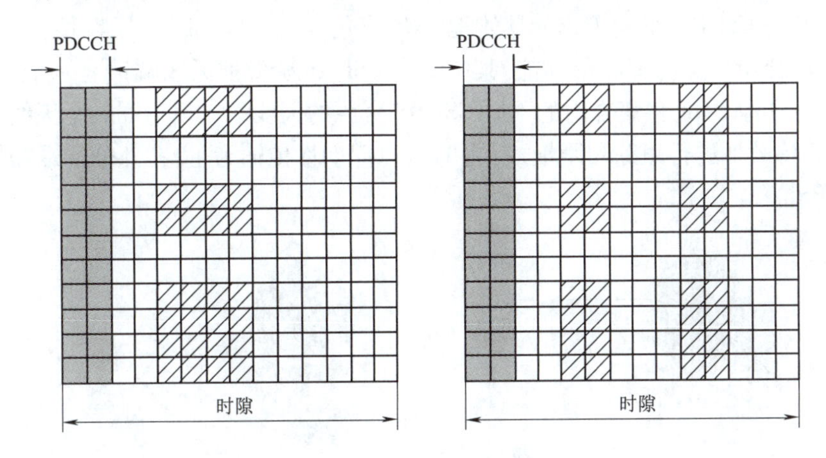

图4-34 32端口CSI-RS图样示例

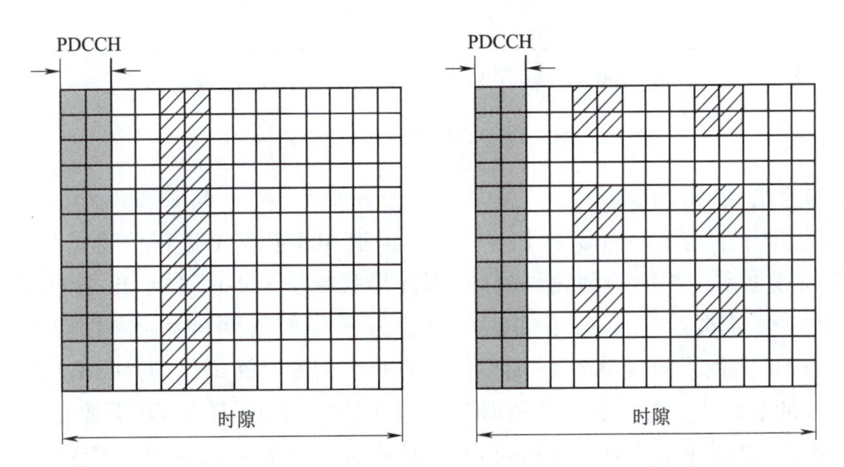

图4-35 24端口CSI-RS图样示例

CSI-RS可以进一步划分为波束管理CSI-RS和CSI获取CSI-RS:

①波束管理CSI-RS:用于波束管理过程中的波束测量和上报,UE接收波束赋形传输的CSI-RS,对其质量进行测量(接收信号功率),选出最佳的发送和接收波束,所以波束管理CSI-RS仅需要测量接收功率(PSRP)。

②CSI获取CSI-RS:CSI获取CSI-RS的传输分为两种情况,其一是宽波束赋形传输,CSI-

RS 的每个天线端口都是宽波束赋形传输，覆盖整个小区的角度范围。为获取完整的 CSI，这种传输方式需要较大的端口数量（最大 32 端口）；其二是窄波束赋形传输，CSI-RS 经过波束赋形以获得赋形增益，增加覆盖距离。此时每个天线端口均为窄波束传输，因此空间覆盖的角度范围较小。为了覆盖一个小区内的所有 UE，往往需要配置并传输多个波束赋形 CSI-RS，但是每个波束赋形 CSI-RS 包含的天线端口数量可以较少，两种 CSI-RS 的传输方式如图 4-36 所示。

2. 时频跟踪参考信号（TRS）

LTE 系统中 CRS 在每个子帧发送，UE 可以通过测量 CRS 实现高精度的时频同步。持续周期性发送的参考信号会带来前向兼容性问题和不必要的功率浪费，因此 NR 引入了可以根据需要配置和触发的 TRS 实现时频同步。因为 CSI-RS 的结构和配置方式都足够灵活，NR 将一种特殊配置的 CSI-RS 作为 TRS。具体地，NR 将包含 N（2 或 4）个周期性 CSI-RS 资源的 CSI-RS 资源集合用于实现 TRS 的功能，其中每个 CSI-RS 资源的天线端口是一个端口，单独占据一个 OFDM 符号。UE 将集合内的不同 CSI-RS 资源的天线端口视为同一个天线端口。时频同步需要 UE 持续地进行跟踪和测量，因此 TRS 以周期性传输为主，在部分特殊场景下配合使用非周期 TRS。

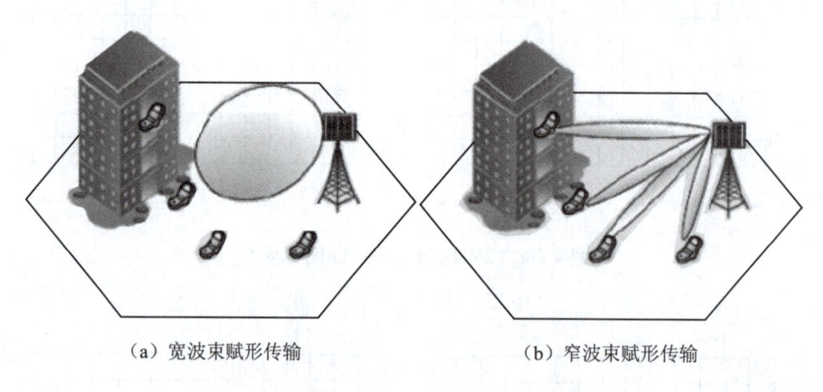

（a）宽波束赋形传输　　（b）窄波束赋形传输

图 4-36　CSI-RS 的传输方式

3. 解调参考信号（DM-RS）

DM-RS 的作用是使用 DM-RS 对上下行业务信道和控制信道进行信道估计，实现相干解调。DM-RS 与数据采用相同的预编码处理，因此接收端从 DM-RS 估计出来的信道直接用于数据解调，无须额外指示预编码相关的信息。为了降低解调和解码时延，NR 数据信道（PDSCH/PUSCH）采用了前置 DM-RS 的设计。在每个调度时间单位内，DM-RS 的位置都尽可能地靠近调度的起始点。UE 接收到 PDCCH 及其调度的 PDSCH 之后，需要在一定的时间内完成解调和解码，以便在基站为其分配的 PUCCH 资源上反馈 HARQ-ACK 信息。如图 4-37 所示，前置 DM-RS 使得 UE 能更早地完成解调和解码，因而降低了传输时延。

为了兼顾对中高移动速率的支持，NR 在前置 DM-RS 的基础上，可以为 UE 配置附加 DM-RS。每一组附加 DM-RS 的图样都是前置 DM-RS 的重复。因此，与前置 DM-RS 一致，每一组附加 DM-RS 最多可以占用两个连续的符号。根据移动速率的不同，基站可以为 UE 配置 1 ~ 3 组附加 DM-RS 符号。

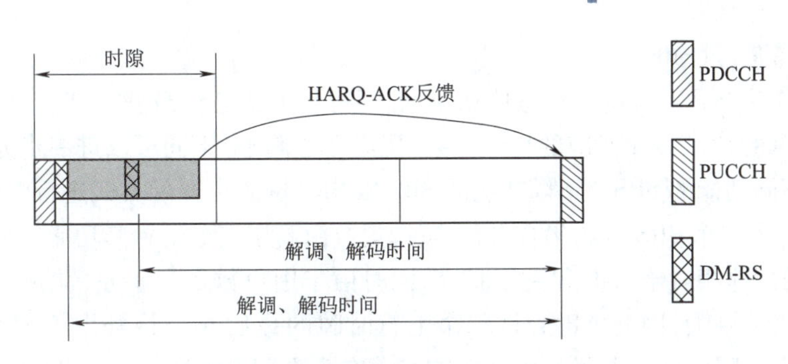

图 4-37　前置 DM-RS 设计

4. 相位噪声跟踪参考信号(PT-RS)

相位噪声(phase noise,PN)主要由本地振荡电路引入。相位噪声会破坏 OFDM(正交频分复用技术)系统中各子载波之间的正交性,引入子载波间干扰。同时,相位噪声在所有子载波上引入相同的公共相位误差(common phase error,CPE),从而导致所有子载波上的调制星座点以固定角度旋转。相位噪声在高频段对系统性能有明显影响,但是 NR 在高频段使用的子载波间隔更大,相位噪声引起的子载波间干扰对解调性能影响不大,因此 NR 设计了 PT-RS,主要实现对 CPE(客户终端设备)的估计和补偿。

PT-RS 在业务信道占用的时频资源范围内传输,配合 DM-RS 使用。PT-RS 映射在没有 DM-RS 的 OFDM 符号上,估计出各个 OFDM 符号上的相位变化,用于相位补偿。由于 CPE 在整个频带上相同,理想情况下,一个子载波用于传输 PT-RS 就可以达到 CPE 估计和补偿的目的。然而,由于干扰和噪声的影响,仅用一个子载波估计 CPE 可能会存在较大的估计误差,因而需要更多的子载波来传输 PT-RS,以提升 CPE 估计的精度。NR 采用若干个 PRB 内占用一个子载波的均匀密度传输 PT-RS。频域密度与调度带宽大致成反比例,调度带宽越大,密度越低。时域内,PT-RS 可以在每 1/2/4 个 OFDM 符号占用 1 个 OFDM 符号传输。PT-RS 的时域密度与业务信道所使用的 MCS(调制和编码方案)等级相关,MCS 等级越高,时域密度越大。这是因为高等级 MCS(调制和编码方案)的解调性能对相位噪声更敏感,需要相对更精确的相位噪声估计和补偿。PT-RS 图样的示例如图 4-38 所示,这个例子中,PT-RS 在一个 PRB 内的每个 OFDM 符号上传输。

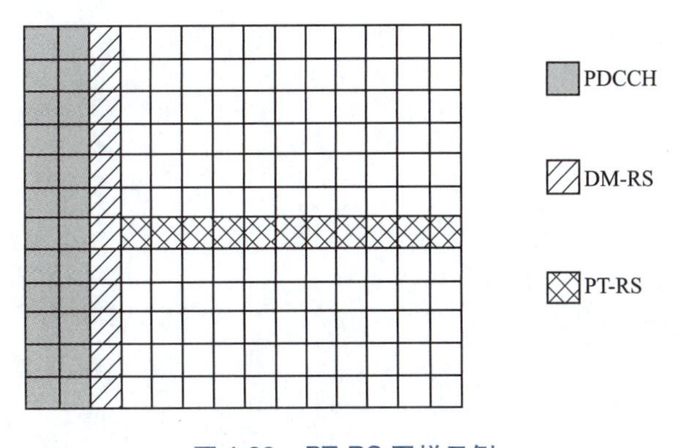

图 4-38　PT-RS 图样示例

5. 探测参考信号(SRS)

SRS 的主要功能是上行信道状态信息获取、下行信道状态信息获取和波束管理。获取上行信道状态信息的 SRS 按照对应的传输方案(码本和非码本)不同可以进一步分为两种,因此 NR 支持 4 种不同功能的 SRS。不同功能的 SRS 以 SRS 资源集合的方式进行管理和配置。基站可以为 UE 配置多个 SRS 资源集合,每个资源集合由高层信令配置其功能。

NR SRS 的用途相对于 LTE 得到了扩充,同时由于用户数量和业务量的提升,NR 系统对 SRS 资源的需求量更大,因此 NR 允许每个上行时隙的最后 6 个符号用于 SRS 传输。每个 SRS 资源在一个时隙内可以占用 1 个、2 个或 4 个连续的 OFDM 符号。允许 SRS 在多个 OFDM 符号上传输的目的是扩展上行覆盖。同一个 SRS 资源在多个 OFDM 符号上可在相同的子带上重复传输,也可以在不同的子带间跳频传输。

一个 SRS 资源可以包括 1 个、2 个或 4 个天线端口,由基站根据 UE 的能力配置。多个天线端口之间以 CDM 或者 FDM + CDM 的方式复用。频域内 SRS 传输采用梳状结构,SRS 占用的子载波间的间距可以配置为 2 或者 4。

UE 可以采用赋形或者非赋形方式传输 SRS。对于非码本传输,UE 对下行信道进行测量,利用信道互易性获得上行的赋形权值,并传输对应波束赋形的 SRS。对于波束管理,SRS 要用 UE 的候选发送波束分别发送,由基站进行测量并选择合适的 UE 发送波束。对于码本传输方案,SRS 是否赋形取决于基站的配置和 UE 的实现结构。如果基站只为 UE 配置了一个 SRS 资源用于码本传输,UE 通常用宽波束传输该 SRS,数据传输的波束赋形(预编码)由基站以 TPMI(transmission PMI,传输预编码矩阵指示)的形式指示。如果基站为 UE 配置了 2 个 SRS 资源,则 UE 可以用 2 个不同的窄波束分别传输这 2 个 SRS 资源,数据传输的波束赋形由基站指示给 UE 的 SRS 资源索引(SRS resource indicator,SRI)和 TPMI 共同确定。

在 TDD 系统中,SRS 的一个重要功能是获取下行信道状态信息。UE 的接收链路往往多于发射链路,因此 UE 一次发送的 SRS 不能获得完整的下行信道信息。这种情况下,NR 支持 UE 的 SRS 天线切换,即 UE 按照预定义的规则,在不同的时间用不同的天线发送 SRS,以使基站能获得完整的下行信道状态信息。

规划篇

网络规划是一种迭代的过程，包括拓扑设计、网络综合和网络实现，旨在确保新的电信网络或服务满足用户和运营商的需求。网络规划的过程可以根据每个新的网络或服务进行定制。在进行网络规划和设计的过程中，需要对网络必须支持的预期流量强度和流量负载进行估计。网络规划的目标是将不同的设备互连，以便在多个用户之间共享资源。在规划网络时，要实现一个给定的目标。例如，网络规划者可能想要最小化成本、最小化延迟、最大化吞吐量等。

规划篇将介绍什么是网络规划，以及它在不同领域的应用和挑战。下面将从几个方面来探讨这个话题：网络规划的基本概念和方法、网络规划的主要步骤和工具、网络规划的案例分析和最佳实践、网络规划的未来趋势和展望。

通过规划篇，能够让读者对网络规划有一个全面而深入的了解，对如何进行有效的网络规划有一些启发和指导。

第5章 5G覆盖规划

本章导读

5G 覆盖规划通过上行和下行链路预算及无线环境最大允许路径损耗、传播模型推算出单站覆盖半径，从而估算出覆盖区域内站点建设数量。

本章主要介绍5G 无线网络覆盖规划流程，对5G 链路预算和传播模型进行详细的分析说明，给出了不同场景下的典型损耗，根据各种情况推算出单站覆盖半径及覆盖区域内站点建设数量。

本章知识点

①无线覆盖场景分类。
②覆盖规划流程。
③链路预算和传播模型。
④推算单站覆盖半径及覆盖区域内站点建设数量。

5.1 5G 覆盖场景分类

5G 覆盖一般可分为面覆盖、线覆盖及点覆盖三大类。其中，面覆盖和线覆盖多为室外覆盖，点覆盖为室内覆盖。

①面覆盖包含城区、郊区、乡镇、农村等场景。城区场景具有楼宇分布密集、高大，楼层相对较高并且楼宇分布不规则或成片分布，穿透损耗很大的特点。郊区(乡镇)场景具有楼宇楼层较低、用户比较集中、覆盖范围较小等特点。农村用户分散，基本分布在村庄附近。

②线覆盖包括高速铁路、普通铁路及地铁、隧道等场景。高速铁路覆盖对信号的切换要求较高，否则容易影响用户感知。普通铁路及高速公路所经过的地形往往复杂多变，只需要保证信号强度即可，基站覆盖范围一般较大。地铁及隧道覆盖具有范围狭长、地铁车厢车速移动、用户密度大、业务需求高等特点。

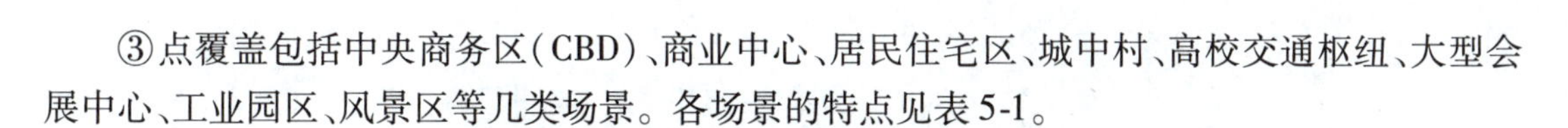

③点覆盖包括中央商务区(CBD)、商业中心、居民住宅区、城中村、高校交通枢纽、大型会展中心、工业园区、风景区等几类场景。各场景的特点见表5-1。

表5-1 5G覆盖场景及特点

序号	典型场景	场景分类	场景特点
1	城区	面	①用户密集,用户话务量较高,数据业务和容量需求很高; ②高楼林立,大多数建筑物高度在30 m(10层)以上; ③站址获取困难,宏基站+微基站覆盖结合,室内覆盖尤其重要
2	郊区		①用户密度较小,业务需求量较低; ②以居民楼为主,建筑分布比较分散,平均高度低于20 m
3	乡镇		①沿街商铺较多,房屋多以2层为主,间或有6层以下的; ②用户密度较高,业务量需求较郊区高楼房小
4	农村		①人口稀疏,用户话务量较小; ②以自然村和行政村为主,楼层3层以下,分布广
5	公路	线	①高速公路所经之处地形复杂多变,有平原、高山、树林隧道等,还要穿过乡村和城镇,是典型的线状连续覆盖; ②高速公路沿线的小区覆盖范围一般都比较大,用户密度低
6	铁路		①高铁场景与高速公路一样,属于典型的线状覆盖场景; ②铁路沿线一般情况下话务量需求较低,而列车经过时话务量剧增,导致忙时话务量和闲时话务量差距明显,呈现强烈的波动趋势
7	CBD	点	①建筑高度密集,且以高层及超高层建筑为主; ②可选站址少,区域内白天人口密度很高,夜间人口密度变化很大,白天话务量及数据流量很高,朝夕现象较为明显
8	商场		①商铺多、纵深较大,室外信号穿透能力差,店内多信号弱区、盲区; ②人流量密集,话务量和数据流量需求很高,尤其是节假日达到话务高峰
9	城中村		①居住用地、工业用地、商业用地等相互交织,建筑物密集杂乱。建筑物以5~7层楼房为主,低层弱覆盖现象比较普遍; ②话务量需求较高
10	高校		①高校区域一般包括宿舍楼、图书馆、行政楼、教学楼、校医院、食堂等室内环境,以及操场、绿化带、校园主干道等室外环境,楼宇稀疏,以中低层为主 ②高校内日间教学楼区域、晚间学生宿舍区域语音及数据业务均忙
11	会展中心		含室内型、室外型两种,以单体建筑中低层为主,面积大。场地部分空旷,办公区域隔断多,建筑结构复杂,穿透覆盖难度大
12	工业园区		①工业园区主要分为办公区、生产区、宿舍区及室外区域; ②生产空闲时间、语音业务需求及数据业务需求均较大
13	风景区		分为重点风景区和非重点风景区:重点风景区分为旅游旺淡季,旺季话务流动性大,业务需求量高;非重点风景区人流量、话务量一般

5.2 5G 覆盖规划流程

5G 无线网络覆盖估算流程如图 5-1 所示。首先,确定规划覆盖目标,计算上行和下行链路预算及最大允许路径损耗;其次,根据传播模型确定小区覆盖半径,根据单个基站覆盖半径和总覆盖面积计算出基站数量;最后,通过网络仿真预测,对估算的基站结合电子地图进行网络仿真纠正规划偏差,以评估规划结果是否满足要求。

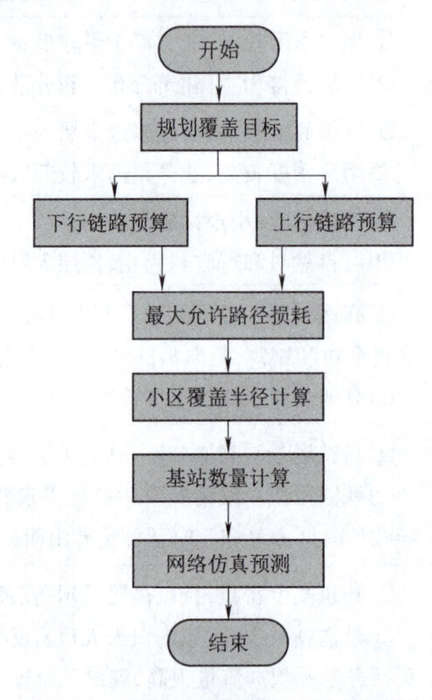

图 5-1 5G 无线网络覆盖估算流程

在规划初期确立建网目标时,先确定覆盖场景、目标区域覆盖范围、覆盖概率等。

5.3 链路预算分析

链路预算是覆盖估算中的核心部分,用于计算传输方向的最大路径损耗。在得到路径损耗以后,选择适合的传播模型,便可得到小区的覆盖半径。5G 的链路预算涉及所有的上下行物理信道。通常,只需要保证上下行覆盖平衡即可。

在创建链路预算工程之前,应先进行需求分析,分析建网区域的环境特征、建网目标、频谱信息等,然后设置设备、终端的相关参数等,最后整理出链路预算的结果,从而预估目标区域对应的站点数。具体步骤如下:

1. 需求分析

①确定建网区域的环境特征,例如,密集市区/一般市区/郊区/农村,楼间距、街道宽度。

②确定建网目标,例如,覆盖率、边缘速率、站间距。

③确定频谱信息:带宽、中心频率。

④确定目标覆盖区域:室内、室外。

⑤确定终端信息:终端类型、安装高度。

⑥确定基站信息:站型、最大发射功率、基站高度。

2. 创建链路预算工程

①设置设备、终端相关参数。

②设置传播模型。

③设置损耗、余量。

④设置边缘速率、小区半径。

3. 整理链路预算结果

①预估建网规模:基于边缘速率可获得对应的小区半径,从而计算单个小区的覆盖面积,预估目标区域对应的站点数。

②目标区域的站点数=目标区域面积/单基站覆盖面积。

5.3.1 下行链路预算

在下行传播中,信号由基站发射,最终被终端接收,在传播的链路上会被放大、衰减等,链路预算会额外考虑一些余量,如图5-2所示。

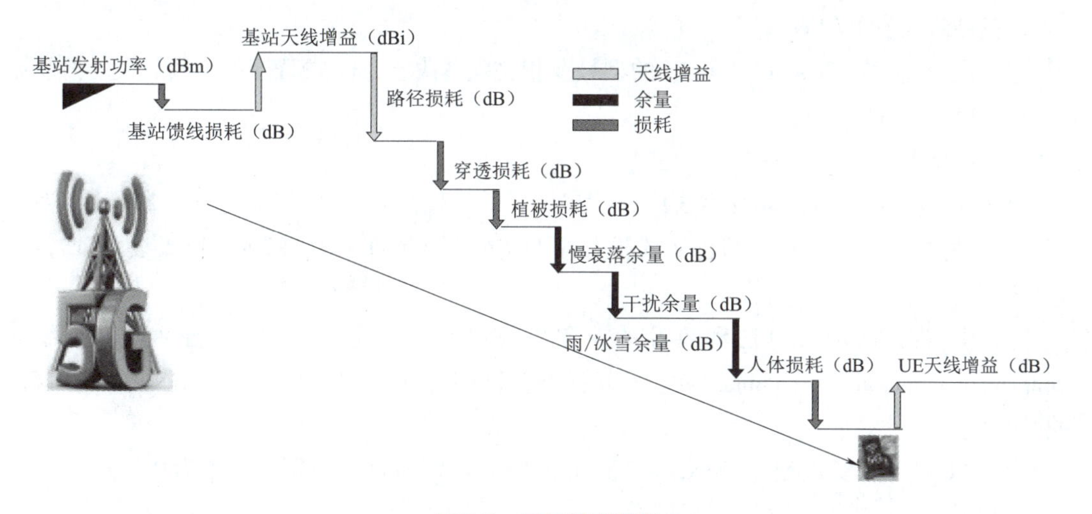

图5-2 下行链路预算

通常,最大允许路径损耗(MAPL)通过发射功率和接收灵敏度等相关因素计算。在传播过程中,损耗一般是静态的,如穿透损耗、人体损耗及馈线损耗。增益(如天线增益、MIMO增益)可以提高最大允许路径损耗,因为它能增强信号强度或者给损耗带来一些补偿。

小区半径与路径损耗和距离的关系如下:

$$小区半径=f^{-1}(路径损耗),路径损耗=f(距离)$$

即路径损耗与发送端和接收端的距离有关,距离越大,路径损耗越大;小区覆盖半径与路径损耗有关,路径损耗越大,小区覆盖半径越小;另外,必须保留余量以确保覆盖性能,根据链路预算计算下行最大允许路径损耗(dB)。相关公式如下:

下行最大允许路径损耗(dB)=基站最大发射功率(dBm)-10lg(子载波数)+基站天线增益(dBi)+UE 天线增益(dB)-基站馈线损耗(dB)-穿透损耗(dB)-植被损耗(dB)-人体损耗(dB)-干扰余量(dB)-雨/冰雪余量(dB)-慢衰落余量(dB)-人体损耗(dB)-接收机灵敏度(dBm)-热噪声功率(dBm)-UE 噪声系数(dB)-解调门限 SINR(dB)

1. 下行等效全向发射功率

一个站点的发射功率通常称为下行等效全向发射功率。它从站点天线的角度反映发射功率水平。5G 系统中,使用 OFDMA(正交频分多址)进行资源分配。对不同带宽而言,接收灵敏度是不同的,所以在链路预算过程中,应该将单 RE(资源粒子)看作一个计算的统一标准。插入损耗是由各个接头带来的损耗,当采用 AAU(有源天线单元)时,一般取 0 dB,其余场景下一般取 3 dB。

下行等效全向发射功率的计算公式如下:

EIRP = gNB 每子载波的发射功率 + gNB 天线增益 - 线损 - 插入损耗

其中,每子载波发射功率=基站最大发射功率(dBm)-10lg(子载波数)。

以 100 MHz、200 W 的 AAU 为例:每载波功率=53-10lg(273×12)=18 dBm。

注:200 W=53 dBm;系统带宽为 100 MHz 时,子载波数为 273×12。

2. 基站最大发射功率

基站最大发射功率由 AAU/RRU 的型号及相关配置决定,典型配置下,小区最大发射功率为 200 W(53 dBm)。

3. 天线增益

由于 5G 采用 Massive MIMO 技术,5G 基站的天线增益一般取值范围为 10~25 dBi。对于普通宏基站的天线增益,按照目前主流推荐用的室外覆盖 64T64R(192 阵列)天线,其增益为 24 dBi。

除以上增益外,部分算法和特性的应用也可以带来一定的增益,如自适应调制编码(adaptive modulation and coding,AMC)和切换增益,典型值取 1 dB,但这些增益一般不在链路预算时体现。

由于 5G 终端的天线增益较小,一般情况下终端天线增益(dBi)可以忽略为 0。

4. 损耗

(1)穿透损耗

以室外基站覆盖室内时,要求链路预算中考虑穿透损耗。链路预算需要估计足够的穿透损耗余量值,过小的穿透损耗余量无法达到满意的室内覆盖效果,过多的穿透损耗余量会增加室外站的密度,造成对其他小区的干扰,因此,合理地选择建筑物的穿透损耗,对网络规划有重要的意义。

3GPP 定义的不同材质的穿透损耗见表 5-2。

各个场景,不同频段的穿透损耗见表 5-3。

表 5-2　不同材质的穿透损耗

分类	材料类型	穿透损耗(3.5 GHz)/dB
办公楼外墙	35cm 厚混凝土墙	28
	2 层节能玻璃带金属框架	26
内墙	12 cm 石膏板墙	12
砖	76×2 mm,2 层	24
	229 mm,3 层	28
玻璃	2 层节能玻璃带金属框架	26
	3 层节能玻璃带金属框架	34
	2 层玻璃	12

表 5-3　各个场景不同频段穿透损耗参考取值

场　景	频带							
	900 MHz	1 800 MHz	2.1 GHz	2.3 GHz	2.6 GHz	3.5 GHz	28 GHz	39 GHz
密集城区	18 dB	19 dB	20 dB	20 dB	20 dB	26 dB	38 dB	41 dB
城区	14 dB	16 dB	16 dB	16 dB	16 dB	12 dB	34 dB	37 dB
郊区	10 dB	10 dB	12 dB	12 dB	12 dB	18 dB	30 dB	33 dB
农村	7 dB	8 dB	8 dB	8 dB	8 dB	14 dB	26 dB	29 dB

由表 5-3 可知,各个场景不同频段的穿透损耗;频段越高,穿透损耗越大。

(2)馈线损耗

馈线损耗主要是指馈线(或跳线)和接头损耗。当 5G 采用 AAU 部署方式时,不需要考虑损耗;当 5G 采用分布式基站时,从 RRU(射频拉远单元)到天线的一段馈线及相应的接头损耗通常取 1 dB。馈线损耗和线长度及工作频带有关。

(3)植被损耗

无线信号穿过植被,会被植被吸收或者散射,从而造成信号衰减。信号穿过的植被越厚、无线信号频率越高,则衰减越大,且不同类型的植被,造成的衰减不同。植被损耗参考值如图 5-3所示。

对于低频通信,在密集城区植被较少时可以不考虑;对于高频通信,树木遮挡导致的衰减非常重要,植被损耗建议取 17 dB 作为典型衰减值。系统工作在 3.5 GHz 时,植被损耗参考值大约取 12 dB;系统工作在 28 GHz 毫米波时,植被损耗参考值大约取 17 dB。

(4)人体损耗

人体损耗指 UE 离人体很近造成的信号阻塞和吸收引起的损耗,语音(VoIP)业务的人体损耗参考值为 3 dB。数据业务以阅读观看为主,UE 距人较远,人体损耗取值为 0 dB。测试结果表明,高频人体损耗与人和接收端、信号传播方向的相对位置,以及收发端高度差等因素相关,人体遮挡比例越大,损耗越严重,室外典型人体损耗约为 5 dB。

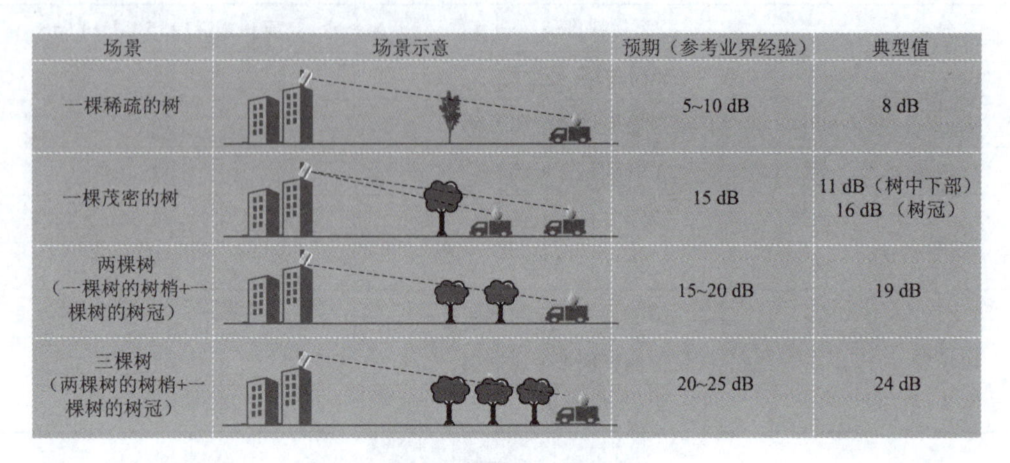

场景	场景示意	预期（参考业界经验）	典型值
一棵稀疏的树		5~10 dB	8 dB
一棵茂密的树		15 dB	11 dB（树中下部） 16 dB （树冠）
两棵树 （一棵树的树梢+一棵树的树冠）		15~20 dB	19 dB
三棵树 （两棵树的树梢+一棵树的树冠）		20~25 dB	24 dB

图 5-3　植被损耗参考值

系统工作在 3.5 GHz 时，人体损耗参考值大约取 3 dB；系统工作在 4.5 GHz 时，人体损耗参考值大约取 4 dB；系统工作在毫米波时，人体损耗参考值大约取 8 ~ 10 dB。

5. 余量

(1) 干扰余量

虽然链路预算仅涉及单个小区、单个终端，但实际网络是由多个基站组成的，因此，网络中存在干扰，包括下行干扰和上行干扰。在链路预算时会考虑通过干扰余量补偿来自负载邻区的干扰。干扰余量和地物类型、站间距、发射功率、频率复用度有关。

干扰余量(IM)表示“干扰信号 + 背景噪声”相对于“背景噪声”的提升，$IM = (1 + N)/N$。在 50% 邻区负载的情况下，干扰余量一般取值为 3 ~ 4 dB。邻区的负载越高，干扰余量就越大。上下行干扰余量如图 5-4 所示。

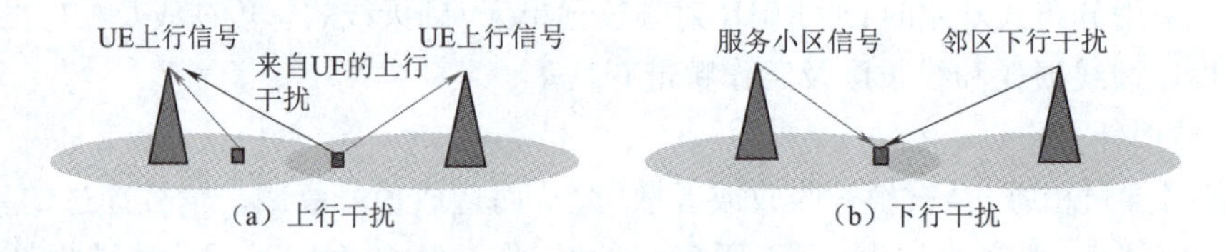

图 5-4　上下行干扰余量

(2) 阴影衰落余量

阴影衰落余量也称慢衰落，其衰落符合正态分布，由此造成了小区的理论边缘覆盖率只有 50% 。为了满足需要的覆盖率而引入了额外的余量，该余量称为阴影衰落余量。要达到运营商设定的覆盖目标，需要考虑阴影衰落余量，用以增强覆盖。

阴影衰落余量依赖于小区边缘覆盖率和慢衰落的标准偏差，要求的覆盖率越高，标准偏差越高，则阴影衰落余量越大，见表 5-4。

(3) 雨衰

对于 Sub6G 频段，不考虑雨衰的影响；对于 Above 6G 高频段(如 28 GH/39 GHz 等)，在降雨比较充沛的地区，当降雨量和传播距离达到一定水平时，会带来额外的信号衰减，链路预算规划设计需要考虑这部分的影响。根据实测结果，使用 28 GHz 和 39 GHz 频段、小区覆盖半径小于 500 m 时，雨衰的取值为 1～2 dB。

表 5-4　典型场景的阴影衰落余量取值

序号	因　素	密集城区	城　区	郊　区	农　村
1	阴影衰落标准差	11.8 dB	9.5 dB	7.2 dB	6.2 dB
2	区域覆盖率	95%	95%	90%	90%
3	阴影衰落余量	9.4 dB	8 dB	2.7 dB	1.8 dB

6. 接收机灵敏度

接收机灵敏度指的是在分配的带宽资源下，不考虑外部的噪声或干扰，为满足业务质量要求而必需的最小接收信号水平。

接收机灵敏度为接收机可以收到并仍能正常工作的最低信号强度。接收机灵敏度与很多因素有关，如噪声系数、信号带宽、解调信噪比等。一般来说，灵敏度越高（数值越低），其接收微弱信号的能力越强，但也带来容易被干扰的弱点。对于接收机来说，灵敏度只要能满足使用要求即可。

接收机灵敏度计算公式为：

$$-174 + \mathrm{NF} + 10\lg B + 10\lg \mathrm{SNR}$$

其中，NF 为噪声系数；B 为信号带宽、SNR 为解调信噪比损耗。

假设终端噪声系数取 7 dB，子载波带宽取 30 kHz，需求 SINR 为 -7.5 dB，则可得出接收机灵敏度为 -118.94 dBm。

通常情况下，接收机灵敏度取值范围为 -110～-130 dBm。

5.3.2　上行链路预算

在上行传播中，信号由终端发射，最终被基站接收，在传播的链路上会被放大、衰减等，链路预算会额外考虑一些余量，如图 5-5 所示。

在物理上行共享信道中，最大允许路径损耗(dB) = 终端发射功率(dBm) + 终端天线增益(dBi) + 基站天线增益(dBi) - 基站灵敏度(dBm) - 上行干扰余量(dB) - 线缆损耗(dB) - 人体损耗(dB) - 阴影衰落余量(dB)。

上行链路预算的原理和下行链路预算的原理基本一致，其不同点如下：

①发射功率：根据协议的定义 UE 最大发射功率分为 23 dBm(200 mW) 和 26 dBm(400 mW) 两类。

②发射带宽：与调度给 UE（终端）的 RB（资源块）数量有关，5G 工作在 3.5 GHz 下，RB 数量一般取 273 个。

③天线增益：UE 天线增益一般设置为 0 dBi。

④上行接收机灵敏度。

⑤上行干扰余量:与 UE 的位置分布相关,一般通过仿真计算取值,通常取 3 ~4 dB。

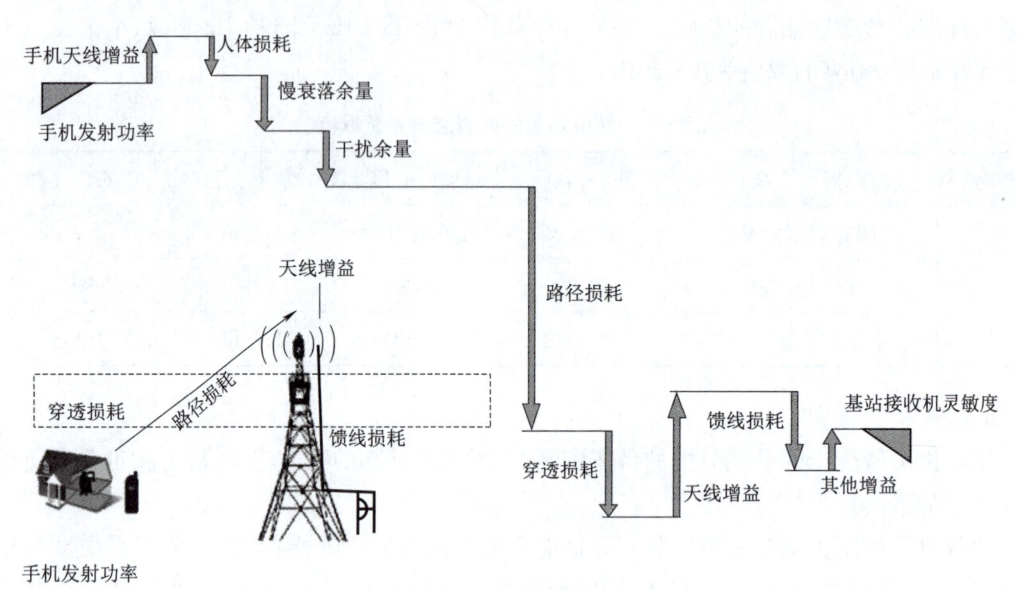

图 5-5 上行链路预算

链路预算中,相关参数的典型取值见表 5-5。

表 5-5 链路预算中相关参数的典型取值

参数名称	类型	参数详细含义	参考取值
系统带宽	公共	包括 5 ~100 MHz 不同带宽对应不同的 RB 数	100 MHz
子载波带宽	公共	根据不同场景,子载波带宽可配置为 15 kHz、30 kHz、60 kHz、120 kHz	30 kHz
TDD 上下行配比	公共	5G 支持灵活的上下行配比	8:2
TDD 特殊时隙配比	公共	特殊时隙由 DL(下行导频时隙)、GP 和 UL(上行导频时隙)符号三部分组成,这三部分的时间比例等效为符号比例	10:2:2/6:4:4
人体损耗	公共	话音通话时通常取 3 dB,数据业务取值为 0 dB,高频通信时要考虑此参数的影响	低频 0 dB
基站接收天线增益	公共	基站接收天线增益	18 dBi
馈线损耗	公共	如果采用 AAU,则不需要考虑馈线损耗,如果 RRU 上塔则有跳线损耗	1 ~4 dB
穿透损耗	公共	室内穿透损耗为建筑物紧挨外墙以外的平均信号强度与建筑物内部的平均信号强度之差,其结果包含了信号的穿透和绕射的影响,和场景关系很大	10 ~30 dB

续上表

参数名称	类型	参数详细含义	参考取值
植被损耗	公共	低频密集城区植被较少区域不需要考虑,高频植被较多区域视场景选择	高频 17 dB
雨衰	公共	低频不需要考虑,高频视降雨量和覆盖半径选择	高频 1 ~2 dB
阴影衰落余量	公共	阴影衰落余量(dB) = NORMSINV(边缘覆盖概率要求) × 阴影衰落标准差(dB)	—
UE 最大发射功率	上行	UE 的业务信道最大发射功率一般为额定总发射功率	23 dBm/26 dBm
基站噪声	上行	基站放大器的输入信噪比与输出信噪比之比	4 dB
干扰余量	上/下行	干扰余量随着负载增加而增加	—
基站发射功率	下行	基站总的发射功率(链路预算中通常指单天线),下行 gNB 功率在全带宽上分配	53 dBm

5.3.3　上下行覆盖性能对比

上下行解耦可以有效解决覆盖不平衡问题,上下行覆盖性能根据系统上下行发射功率、天线增益、干扰余量的不同存在差异。上下行解耦对规划也有影响(见图 5-6),具体表现在:

①上下行覆盖不平衡,通过 SUL 频段弥补上行覆盖。

②SUL 可以利用 LTEFDD 的 UL 频段。

③上下行解耦会影响 LTE 的覆盖、容量,对组网也有要求。

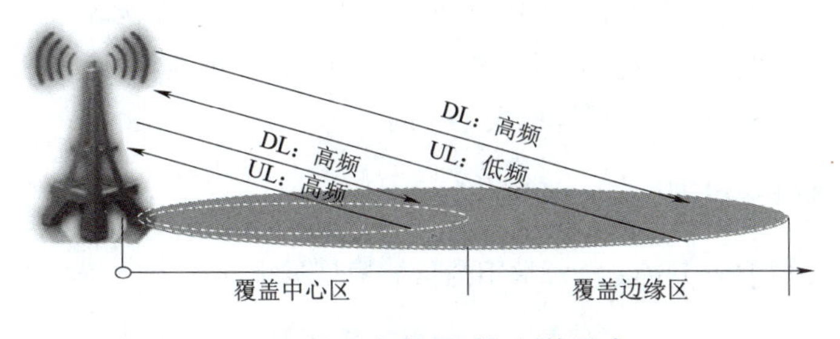

图 5-6　上下行解耦对规划的影响

5.4　传播模型

无线传播模型是描述无线电波在介质中传播特性的数学模型,用于预测无线电波在各种复杂传播路径上的路径损耗,可以精确模拟未来的网络覆盖,为网络规划提供验证的基础。传播模型是移动通信网小区规划的基础。一个相对准确的传播模型结合链路预算结果可以估算基站小区半径。传播模型的准确与否,关系到小区规划是否合理,运营商是否以比较经济合理的投资满足了用户的需求。因此,传播模型为无线网络规划提供重要的依据。

无线传播模型按照来源性质可分为经验模型、半经验模型和确定性模型。

在完成链路预算后可以得到最大路径损耗，最大路径损耗和覆盖半径的转换可以借助传播模型。而传播模型需要根据应用场景进行选择，由于无线传播环境复杂，且差异性较大，因此传播模型中的各参数要通过实际的传播模型测试与校正，以真实反映无线传播特性，进而提高无线网络规划的准确性。

5.4.1 自由空间传播

在研究电波传播时，首先要研究自由空间的传播损耗。

自由空间传播损耗(Lp)公式：

$$Lp = 32.44 + 20\lg f + 20\lg d$$

其中，f 的单位为 MHz，d 的单位为 km，Lp 的单位为 dB。

从公式中可以看出：自由空间传播损耗与频率和距离有关，频率越高，距离越大，自由空间传播损耗越大。

结合自由空间的传播损耗公式，考虑传播环境对无线传播模型的影响，确定某一特定地区的传播环境的主要因素如下：

①一个城市通常会被划分为密集城区、一般城区、郊区、农村等不同的区域以保证预测的精度。

②自然地形复杂(高山、丘陵、平原、水域等)。

③人工建筑的数量、高度、分布和材料特性。

④该地区的植被特征为植物覆盖率，不同季节的植被情况是否有较大的变化。

⑤该地区天气状况，考虑雨雪情况。

⑥自然和人为的电磁噪声状况，周边是否有大型的干扰源(雷达等)。

⑦工作频率和终端运动状况，在同一地区，工作频率不同，接收信号衰落状况各异，静止的终端与高速运动的终端的传播环境也大不相同。

5.4.2 5G 常用的传播模型

5G 常用的传播模型为 Uma 模型，常用的传播模型见表 5-6。

表 5-6 常用的传播模型

编 号	传 播 模 型	应 用 场 景
1	COST231-Hata	频率范围：1 500 ~ 2 000 MHz 小区半径：1 ~ 20 km 天线挂高：30 ~ 200 m 终端天线高度：1 ~ 10 m
2	Uma(3GPP36.873 和 38.901)	适用场景：城市宏蜂窝组网 频率范围：05 ~ 100 GHz 天线挂高：10 ~ 150 m 终端天线高度：1 ~ 10 m

续上表

编　号	传播模型	应用场景
3	Umi(3GPP36.873 和 38.901)	适用场景:城市街道微蜂窝组网 频率范围:05 ~ 100 GHz 天线挂高:10 m 终端天线高度:1 ~ 10 m
4	Rma(3GPP36.873 和 38.901)	适用场景:农村宏蜂窝组网 频率范围:0.5 ~ 100 GHz 天线挂高:10 ~ 150 m 终端天线高度:1 ~ 10 m
5	SPM	由路测数据再经模型校正后得出

5.5　覆盖半径计算及基站数量计算

根据上下行链路预算和最大路径传输损耗,结合传输模型等,可以估算出小区覆盖半径和区域所需基站数量。

5.5.1　覆盖半径计算

传播损耗(PL)与频段、传播路径、所处的地物、基站和终端的高度密切相关。空间损耗一般用传播模型来预测地形、障碍物以及人为环境对电磁波传播中路径损耗的影响。以 Uma 的传输模型为例:

$$PL = 161 - 7.1\lg W + 7.5\lg h - [24.37 - 3.7(h/h_{BS})^2]\lg h_{bs} + (43.4 - 3.1\lg h_{bs})(\lg d_{3D} - 3) + 20\lg f_c - [3.2(\lg 17.63)^2 - 4.97] - 0.6(h_{UT} - 1.5)$$

其中,W 为平均街道宽度;h 为平均建筑物高度;h_{BS} 为天线的绝对高度;f_c 为频率;h_{UT} 为终端高度。

Uma 的传输模型最大路径传输损耗如图 5-7 所示。

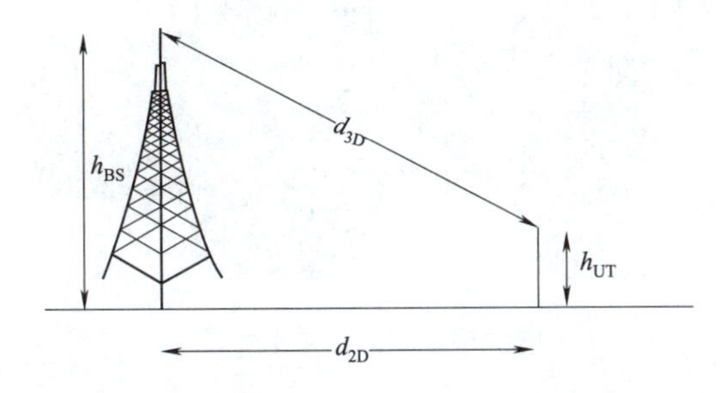

图 5-7　Uma 的传输模型最大路径传输损耗

其中,d_{3D} 为基站天线顶端到终端的距离,d_{2D} 为基站天线到终端的水平距离。

利用链路预算工具,输入相关链路预算的因素及传播模型,可以分别得出上行和下行的小区半径最终结果，见表 5-7。

表 5-7 链路预算举例

参 数	方 向	
	下行（基站-终端）	上行（终端-基站）
路径损耗/dB	102.8	118.3
传输模型	Uma	Uma
频率/GHz	3.5	3.5
（基站/UE 高度）/m	35（基站）	1.5（UE）
基站半径/m	235	201

结合仿真及路测结果，系统工作在 3.5 GHz 时，建议各区域 5G 室外基站站间距见表 5-8。

表 5-8 典型站间距建议

覆 盖 场 景	5G 站间距/m	4G 现网站间距/m
密集市区	200～300	300～500
一般市区	300～450	500～700
郊区	400～650	700～900

5.5.2 基站数量计算

不同站型小区面积计算方式不同：

①对于定向 3 扇区站点，假设小区覆盖半径为 R，站间距离 $D=1.5R$，根据正六边形面积计算公式

$S_{六}=(3\sqrt{3}/2)\times(R/2)^2$，一个基站有 3 个扇区，基站覆盖面积 $S=9\sqrt{3}\times R^2/8=1.949\ R^2$，如图 5-8 所示。

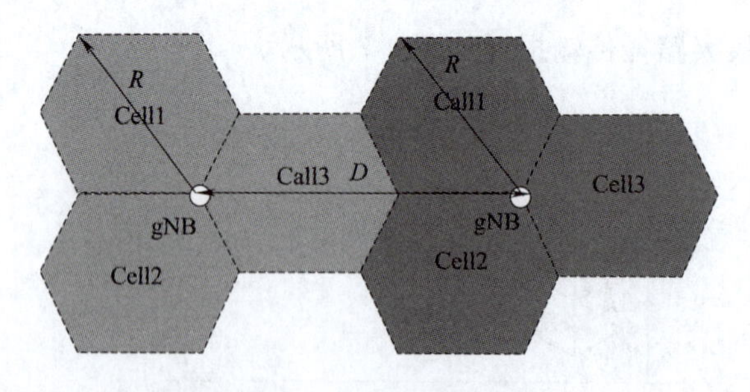

图 5-8 定向站面积计算

②对于全向站点，假设基站半径为 R，站间距离 $D=1.732\ R$，基站覆盖面积 $S=2.598\ R^2$，如图 5-9 所示。

定向 3 扇区站点，假设某一规划区域的面积为 M，则该规划区域需要的基站数 $N=M/$

($\mu * S$)，其中，μ 是扇区有效覆盖面积因子，一般取值为 0.8，S 取 1.949 R^2，R 为小区覆盖半径。基站数量计算举例见表 5-9。

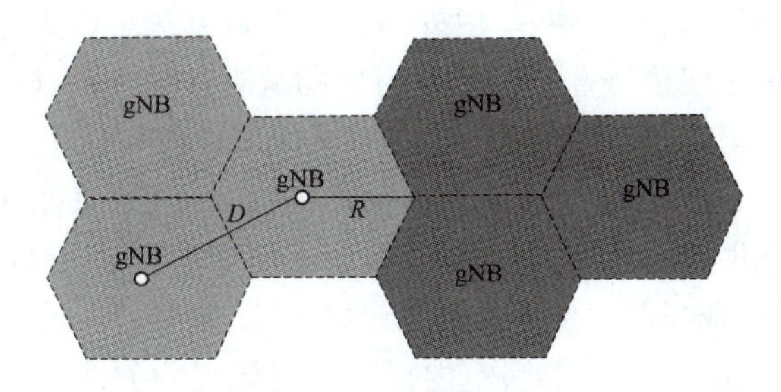

图 5-9　全向站面积计算

表 5-9　基站数量计算举例

覆盖要求	区域类型		
	密集市区(3 扇区)	一般市区(3 扇区)	郊区(3 扇区)
区域面积	100.0 km	100.0 km	100.0 km
连续覆盖业务的小区半径	0.30 km	0.45 km	0.65 km
连续覆盖业务的基站面积	0.18 km	0.39 km	0.82 km
基站数量	694 个	321 个	152 个

5.6　室内覆盖规划

室内分布系统是针对室内用户群、用于改善建筑物内移动通信环境的一种成功的方案，其原理是利用室内天馈系统将基站的信号均匀分布在室内每个角落，从而保证室内区域拥有理想的信号覆盖。

室内分布系统的建设，可完善大中型建筑物、重要的地下公共场所及高层建筑的室内覆盖，较为全面地改善建筑物内的通话质量，提高移动电话接通率开辟出高质量的室内移动通信区域；同时，使用微蜂窝系统可以分担室外宏蜂窝话务，扩大网络容量，从而保证良好的通信质量，整体上提高移动网络的话务水平，是移动通信网络发展的需要。

5.6.1　室内业务需求

对于移动通信网络而言，信号的室内覆盖水平一直是市场竞争力高低的重要体现。到了 5G 时代，室内覆盖则变得更加重要，更加具有战略意义，在某种程度上甚至可以说，室内覆盖的好坏决定着 5G 的成败。5G 时代是数据的时代，而数据业务更多地发生在室内。研究表明，80% ~90% 的移动数据业务是在室内发生的，尤其是学校、商场、办公大楼、会议中心等公共场所。这些高业务区域的信号覆盖对于运营商而言就是收入的来源，如果不能在这些区域提供良好的网络覆盖，无法有效地吸收业务，满足需求，其网络投资必然会受到损害。

随着移动用户渗透率越来越高，越来越多的业务发生在室内，移动网络的室内深度覆盖成为当前网络建设最大的难题之一。第一，由外而内的覆盖方式难以为继。作为传统的室内覆盖方式之一，通过室外基站将信号直接"打入"室内的解决方案在4G时代已经难以奏效，对于5G来讲更是杯水车薪。国际上5G使用广泛的3.5 GHz频段相较于4G频率更高，信号穿透能力更差，损耗严重，如果利用室外宏基站解决室内的接入问题，只能通过新建大量的宏基站来解决，不仅大幅增加建网成本，且随着站址密度的不断增加，站址获取难度加大。

室内应用是移动通信业务两大主要部署场景之一，据预测，5G时代约85%的业务流量将发生在室内场景，如图5-10所示。因此，室内覆盖的好坏直接关系到5G室内应用的体验，那么5G时代的室内覆盖如何部署呢？第一种思路是用室外宏基站进行覆盖室内，第二种思路是建有源室分系统覆盖室内，第三种思路是建无源室分系统覆盖室内。

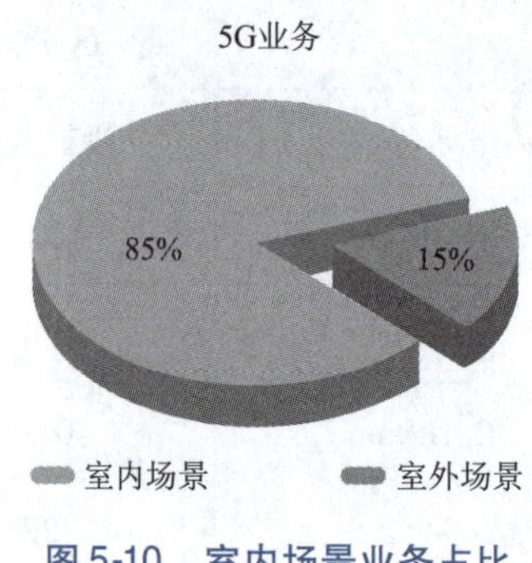

图5-10 室内场景业务占比

5.6.2 数字化室分组网

有源室分系统也称为毫瓦级分布式小基站，一般由基带处理单元(BBU)、扩展单元和远端单元组成，基带处理单元与扩展单元通过光纤连接，扩展单元与远端单元通过网线连接，远端单元通过以太网供电(power over ethernet，POE)，远端为有源设备，可管控。

目前，4G有源分布设备主要包括华为的Lampsite、中兴的Qcell和爱立信的RDS，各厂商的有源分布系统都是由基带处理单元、扩展单元和远端单元三部分组成，不同厂商对各功能单元的命名也不相同，根据各厂家设备的演进情况，现有有源设备大部分都支持升级至5G。以中兴通讯的Qcell解决方案为例，系统采用了如图5-11、图5-12所示的BBU+(P-Bridge)+Pico RRU(5G)组网方式。

中兴通讯的Qcell解决方案可灵活地配置小区，如图5-13所示。

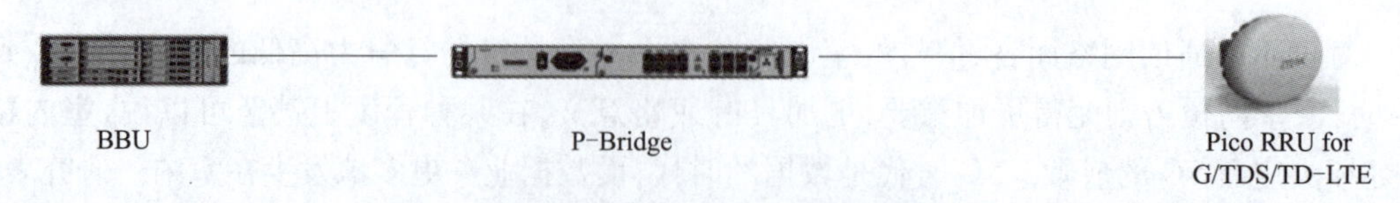

图5-11 中兴通讯的Qcell解决方案组网(一)

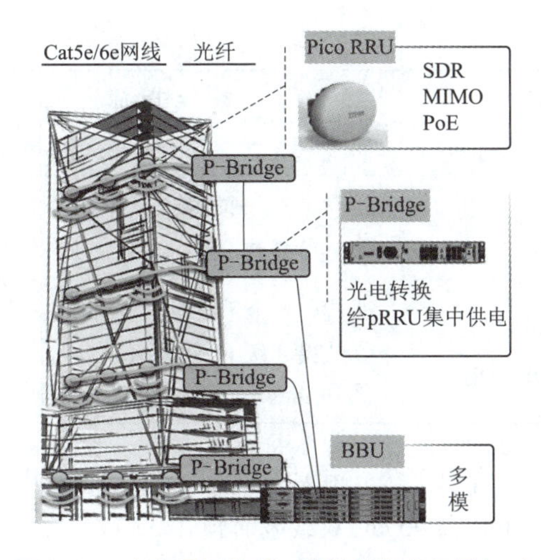

图 5-12　中兴通讯的 Qcell 解决方案组网(二)

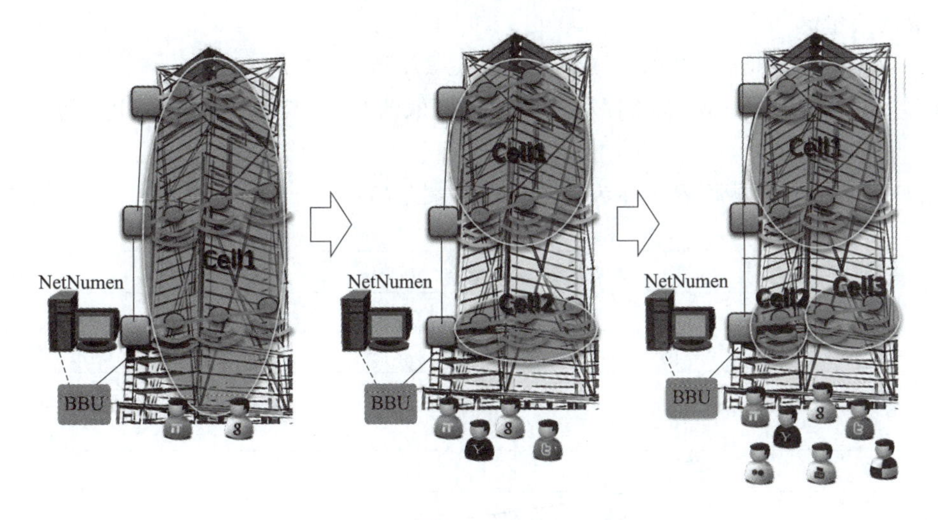

图 5-13　Qcell 解决方案灵活配置小区

Qcell 解决方案,Pico RRU(pRRU)的性能指标见表 5-10。

表 5-10　Qcell(pRRU)的性能指标

设　备	性能指标	
	指标总览	详细指标
pRRU	时尚小巧, 即插即用	①吸顶灯造型,外观时尚,易于伪装; ②物理规格:1.8 L、1.8 kg; ③机顶输出功率:TD-LTE/NR2 × 125 mW; ④GSM 50 mW、1T1R
	支持多模多频	①支持 1.8 GHz、2.0 GHz、2.3 GHz; ②支持 GSM/TDS/TD-LTE/NR 多模

续上表

设　备	性能指标	
	指标总览	详细指标
pRRU	大容量	①单 GE 线缆支持 2×20 MHz LTE(2T2R)+20 MHz; ②连续载波 GSM+6 载波 TDS(2T2R)小区载波
pBridge	灵活组网, 支持 POE 供电	①提供 8 个千兆数据传输和供电网口,可支持 2.5 Gbit/s 带宽; ②支持 4 级 pBridge 级联; ③19 inch/1U/5 kg 可侧挂安装

Los 环境覆盖距离可以综合以下公式和数据计算,如图 5-14 所示。按照 RSRP = −95 dBm 边缘场强,单载波时,pRRU 可覆盖 45 m,双载波时覆盖 32 m。

①覆盖边缘场强 = 设备 RS 输出功率 − 天馈损耗 + 天线增益 − 自由空间链路损耗 − 人体衰减 − 衰落余量。

②自由空间链路损耗 $=20\lg(F)+20\lg(D)-27.56$。

③设备总功率 100 mW,天馈损耗及天线增益取值 0,人体衰减取值 3 dB,衰落余量取值 8 dB。

注:F 表示使用的频率;D 表示发送端与接收端距离。

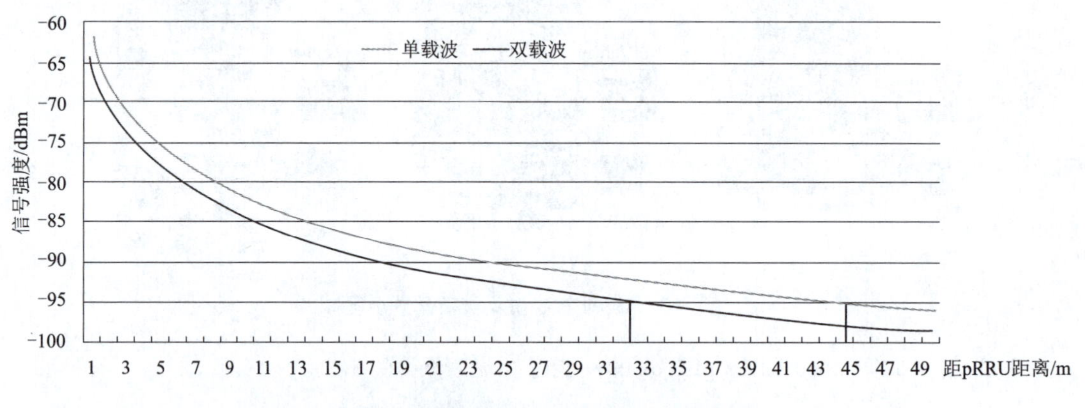

图 5-14　信号强度与 pRRU 覆盖距离关系

5.6.3　无源室分组网

室内分布系统主要由各种制式网络的施主信源和信号分布系统两部分组成。施主信源包括基站、基站拉远设备、无线或有线中继设备;室内信号分布系统由有源器件、无源器件、天线、缆线等组成。

施主信源分为宏基站、微蜂窝、分布式基站和中继接入的直放站等。

施主信源可从分担的业务类别、容量分散过密地区的网络压力、动态地调配业务资源、达到最佳的网络优化角度进行综合考虑选取。无源天馈系统分布方式由除信号源外的耦合器、功率分配器、合路器等无源器件和电缆、天线组成,通过无源器件进行信号分路传输,经馈线将信号尽可能平均地分配至分散安装在建筑物各个区域的每一副天线上，从而实现室内信号的均匀分布。

目前，最常见的无源分布系统信号源由 BBU（基带处理单元）+ RRU（射频对立远单元）组成，信号分布系统主要由天线、馈线、耦合器、功分器组成，即传统 DAS（开放系统的直连式存储）解决方案。无源分布系统中，天线主要有吸顶天线和壁挂天线。传统 DAS 解决方案组网如图 5-15 ~ 图 5-17 所示。

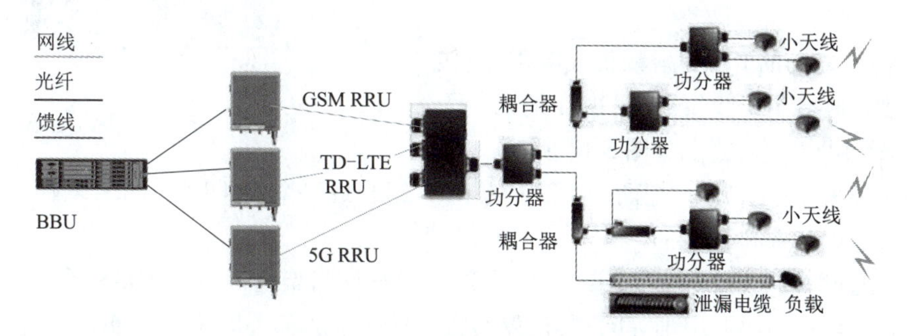

图 5-15　传统 DAS 解决方案组网（一）

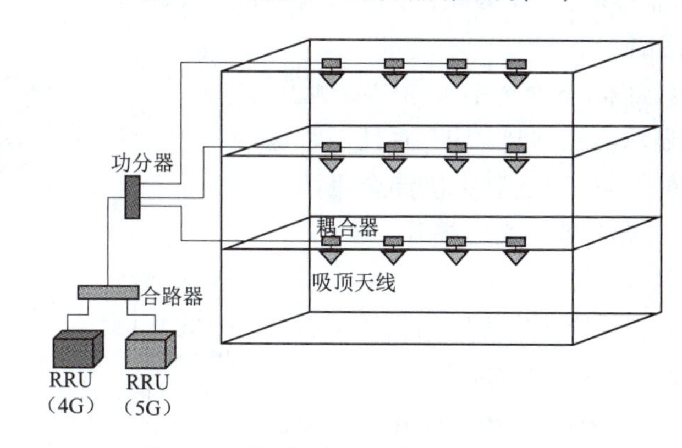

图 5-16　传统 DAS 解决方案组网（二）

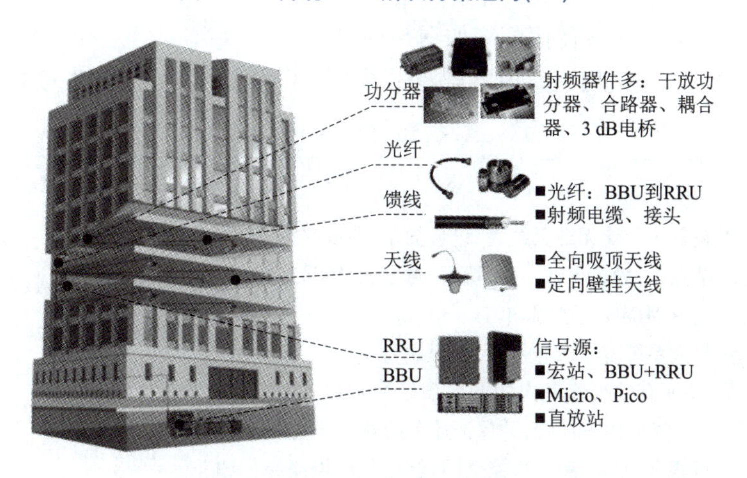

图 5-17　传统 DAS 解决方案组网（三）

多通道 DAS 覆盖可以提升室内容量。多通道 DAS 覆盖解决方案如下：

1. 多通道覆盖

多通道联合收发方案利用一个或多个 RRU 的不同通道，把 DAS 分布式系统的多个收发节点联合起来构建一个更多维度的多天线收发系统，实现上/下行更多流 MIMO 传输，提升系统容量。

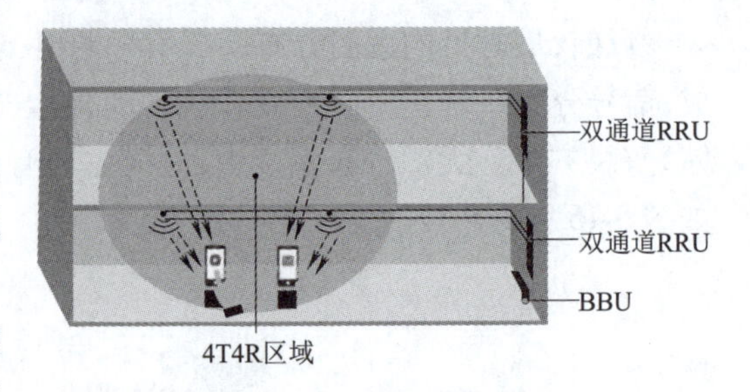

图 5-18 多通道 DAS 覆盖

简单来说，之前的 RFIC(射频集成电路)连接的天线是独立地给用户收发数据，现在把几个天线联合起来给用户收发数据，如图 5-18 所示。

在图 5-18 中，通过 BBU，把两个 2T2R 的 RRU 组合成一个 4T4R 的 RRU，增加了室内覆盖的单小区的容量和吞吐率。

这种多通道联合收发方案不用改变传统 DAS 系统网络架构，避免了 DAS 系统改造工作量大、成本高、站点资源协调困难等问题，仅仅通过软件版本的部署即可快速实现传统 DAS 网络性能的提升，并且可以兼容现有 5G 终端，对于终端没有任何限制。

2. 多通道方案的思路

这种思路不是凭空而来，下面举个工作中的例子。如果办公室的计算机显示器尺寸比较小，而且一时也没有采购大屏显示器的预算，于是有小伙伴会用两个显示器组成双屏来办公，办公效率大幅提升。

3. 多通道联合方案的不足

DAS 系统有了多通道联合收发方案的加持是否就可以完美地解决所有 5G 室内覆盖的问题？

其实还存在一个难点，4G 的 DAS 网络的无源器件仅能支持 sub3G 频段，面对 5G 高频网络(sub 6G 等)则束手无策，多通道 DAS 使用频率如图 5-19 所示。

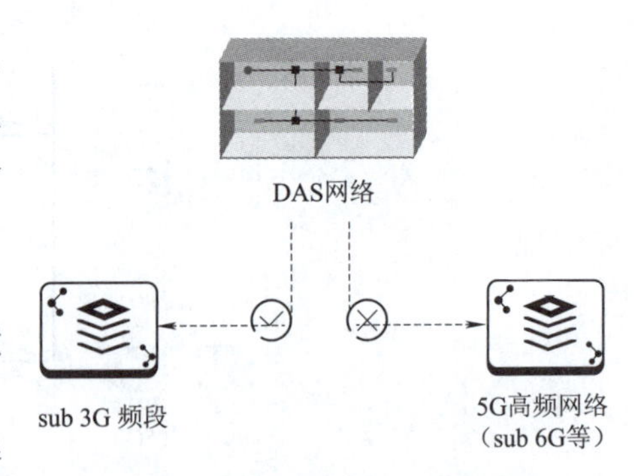

图 5-19 多通道 DAS 使用频段

有源、无源分布系统共同为室内覆盖提供了不同的解决方案。其优劣势对比见表 5-11。

表 5-11 有源、无源分布系统优劣势对比

覆盖方式	优 点	缺 点
有源	①覆盖半径比无源天线大、设计简单、布线灵活。 ②节点少，隐患少，节点都可视、可管，故障易定位。 ③支持 MIMO 且场强均匀。 ④超大系统容量，通过后台即可调整小区合并或小区分裂，从而有效改善室内的弱覆盖区域的覆盖效果，改善覆盖边缘的用户体验，并保证业务的整体连续性。 ⑤可视化管理，直观监控全网设备情况，网络指标收集可细化到远端单元；支持频段与射频端设备有关	①设备需要根据运营商定制，无法实现多家运营商共享一套系统。 ②设备需供电、用电量大，且容易出故障。 ③造价高

续上表

覆盖方式	优 点	缺 点
无源	①系统由无源器件组成、无须供电、故障率低。 ②器件宽频段，一套室分系统只需通过增加信号源，可实现多家运营商共享。 ③造价低	①节点多、隐患多，系统设计复杂，无源器件故障无法定位。 ②建设 MIMO 容易引起链路不平衡，用户体验差，扩容困难，需要两次上站增加信源设备，容量调整不灵活。 ③场强不均匀，信号随着合路器/功分器/馈线路衰减，越到末端，信号越弱，覆盖越差

【案例一】室外覆盖规划

某市运营商联合企业共同探寻 5G + 应用，开展 5G 网络建设，总移动上网用户数为 700 万，规划覆盖区域 1 000 平方千米。现欲新建 5G 网络，主要站点分布在建筑密集的居民区，居民区用户高度集中，根据相应的上下行链路预算及传输模型与组网架构进行网络规划。通过上下行链路预算规划参数和传输模型参数分别计算最大允许路损、终端与基站直线距离、单扇区覆盖半径，最后计算出本市无线覆盖规划站点数。上下行链路预算规划参数和传输模型参数分别见表 5-12 和表 5-13。

表 5-12 上下行链路预算规划参数

上行参数	上行取值	下行参数	下行取值
终端发射功率/dBm	26	基站发射功率/dBm	53
终端天线增益/dBi	0	基站天线增益/dBi	11
基站灵敏度/dBm	-124	终端灵敏度/dBm	-104
基站天线增益/dBi	11	终端天线增益/dBi	0
上行干扰余量/dB	5	下行干扰余量/dB	6
线缆损耗/dB	0.2	线缆损耗/dB	0.2
人体损耗/dB	0	人体损耗/dB	0
穿透损耗/dB	25	穿透损耗/dB	25
阴影衰落余量/dB	11	阴影衰落余量/dB	11
对接增益/dB	4	对接增益/dB	4
单站小区数/个	3	单站小区数/个	3

表 5-13　传输模型参数

传输模型	参数名称	取　值
Uma	平均建筑高度/m	22
	街道宽度/m	20
	终端高度/m	1.5
	基站高度/m	20
	工作频率/GHz	3.5
	本市区域面积/m^2	1 000

通过计算上行最大允许路损及终端与基站直线距离(d_{3D}),可以计算出上行信道的单扇区覆盖半径及本市无线覆盖规划站点数。步骤如下:

第一步:计算上行最大允许路损。

上行最大允许路损(MAPL)=终端发射功率(dBm)+终端天线增益(dBi)+对接增益(dB)+基站天线增益(dBi)-基站灵敏度(dBm)-上行干扰余量(dB)-线缆损耗(dB)-人体损耗(dB)-穿透损耗(dB)-阴影衰落余量(dB)

根据表 5-12 的规划数据,代入公式:

上行最大允许路损(MAPL)=26(dBm)+0(dBi)+4(dB)+11(dBi)-[-124(dBm)]-5(dB)-0.2(dB)-0(dB)-25(dB)-11(dB)=123.8dB

第二步:计算终端与基站直线距离(d_{3D})。

$\lg d_{3D}$ ={最大允许路损(dB)-161.04+7.1lg 街道宽度(m)-7.5lg 平均建筑高度(m)+[24.37-3.7×(平均建筑高度/基站高度)^2)]×lg 基站高度(m)-20lg 频率(GHz)+3.2×[lg(17.625)]^2-4.97+0.6×(终端高度(m)-1.5}/[43.42-3.1lg 基站高度(m)]+3

根据表 5-13 的规划数据,代入公式:

$\lg d_{3D}$ ={123.8(dB)-161.04+7.1×lg 20(m)-7.5×lg 22(m)+[24.37-3.7×(22/20)^2)]×lg 20(m)-20×lg 3.5(GHz)+3.2×[lg(17.625)]^2-4.97+0.6×(1.5(m)-1.5)}/[43.2-3.1×lg 20(m)]+3=2.41

计算出:上行 d_{3D}=257.04 m。

第三步:计算单扇区上行覆盖半径(d_{2D})。

上行覆盖半径(d_{2D})=$\sqrt{[(d_{3D})^2-(基站高度-终端高度)^2]}=\sqrt{[257.04^2-(20-1.5)^2]}$=256.37 m

第四步:计算本市单站覆盖面积及覆盖规划站点数。

上行单站覆盖面积=1.95×(覆盖半径)^2/3×单站小区数目×10^{-6}=1.95×(256.37)^2/3×3×10^{-6}=0.13 km^2

上行覆盖规划站点数目=本市区域面积/单站覆盖面积=1 000 km^2/0.13 km^2≈7 693(个),此处向上取整。

同理,通过计算下行最大允许路损及终端与基站直线距离(d_{3D}),可以计算出下行信道的

单扇区覆盖半径及本市无线覆盖规划站点数。

下行最大允许路损(MAPL) = 基站发射功率(dBm) + 基站天线增益(dBi) + 对接增益(dB) + 终端天线增益(dBi) - 终端灵敏度(dBm) - 上行干扰余量(dB) - 线缆损耗(dB) - 人体损耗(dB) - 穿透损耗(dB) - 阴影衰落余量(dB)

根据表 5-12 的规划数据,代入公式:

下行最大允许路损(MAPL) = 53(dBm) + 11(dBi) + 4(dB) + 0(dBi) - [-104(dBm)] - 6(dB) - 0.2(dB) - 0(dB) - 25(dB) - 11(dB) = 129.8 dB

根据表 5-13 的规划数据,代入公式:$\lg d_{3D} = 2.57$,下行 $d_{3D} = 371.54$ m。

下行覆盖半径(d_{2D}) = $\sqrt{[(d_{3D})^2 - (基站高度 - 终端高度)^2]}$

$= \sqrt{[371.54^2 - (20 - 1.5)^2]} = 371.08$ m

下行单站覆盖面积 = 1.95 × (覆盖半径)^2/3 × 单站小区数目 × 10^{-6} = 1.95 × 371.08^2/3 × 3 × 10^{-6} = 0.27 km^2

下行覆盖规划站点数目 = 本市区域面积/单站覆盖面积 = 1 000 km^2/0.27 km^2 ≈ 3 704(个),此处向上取整。

【案例二】室内覆盖规划

某酒店为三星级酒店,经常接待企事业单位的会议及住宿。该酒店内原无室分覆盖,周边宏基站信号覆盖较差,用户体验差。为保障 5G 系统容量及高端客户的感知,需要对该酒店进行室内覆盖。酒店装修已经完成,传统室内分布系统建设难以满足在极短工期内建设完成并使用,故采用中兴通讯有源室分 Qcell 组网覆盖方案,简单快捷,现场施工对物业要求低,基本无须改造。

该酒店共 6 层楼,一楼主要是前台,二楼主要是餐厅,三楼至六楼为客房。该覆盖方案中,设计安装 1 台 BBU(5G)、5 台 P-Bridge 网桥(P-Bridge 交换机)、34 台 Pico RRU(5G),进行 5G 室内全覆盖。新产品施工简单方便快捷,占地面积小,工期大幅缩短,该酒店概貌如图 5-20 所示。

图 5-20　酒店概貌

该酒店 1F 主要为酒店前台大厅,2F 主要是餐厅,3F 主要是客房及两间大型会议室,4F ~ 6F 主要是客房及两间大型套房,每层的场景分布情况见表 5-14。

表 5-14 楼层分布情况

楼层	场景				
	占地面积/m^2	走廊长度/m	客房/间	会议室/间	套房/间
1F	500	—	—	—	—
2F	500	—	—	—	—
3F	—	70	22	2	—
4F	—	70	22	—	2
5F	—	70	22	—	2
6F	—	70	22	—	2

为满足在极短工期内建设完成并使用,保障 5G 系统容量及高端客户的感知,采用中兴通讯有源室分 Qcell 组网覆盖方案,对该酒店进行室内覆盖。系统组网如图 5-21 所示。

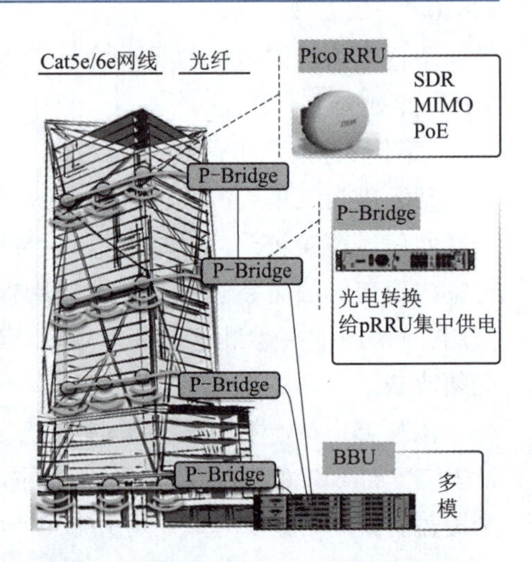

图 5-21 中兴通讯的 Qcell 解决方案组网

综合考虑覆盖场强效果和用户体验及速率需求,设计 Pico RRU 之间的间距大概为 10 m,根据这个设计原则在酒店楼道天花板上安装部署 Pico RRU。其中,1F 和 2F 因为没有客房,只需要满足覆盖即可,部署的 Pico RRU 数量较少;3F 的两间大型会议室开会时用户较多,分别用一台 Pico RRU 进行覆盖。该酒店 Qcell(Pico RRU)部署设计如图 5-22 ~ 图 5-24 所示。

根据酒店 Qcell(Pico RRU)的部署设计,进行设备安装,选择 3F 的强电井和弱电井分别进行供电及通信设备安装,P-Bridge 和 Pico RRU 是 6 类网线连接,P-Bridge 提供 POE 端口通过 6 类网线为 PicoRRU 供电,为减少 P-Bridge 和 Pico RRU 之间的距离,在 3F 部署 2 台 P-Bridge 设备,在 5F 部署 3 台 P-Bridge 设备。各楼层 P-Bridge 和 Pico RRU 之间的连接如图 5-25 ~ 图 5-29所示。

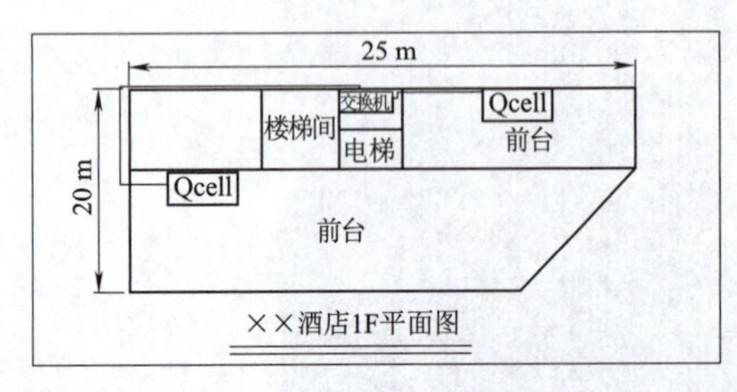

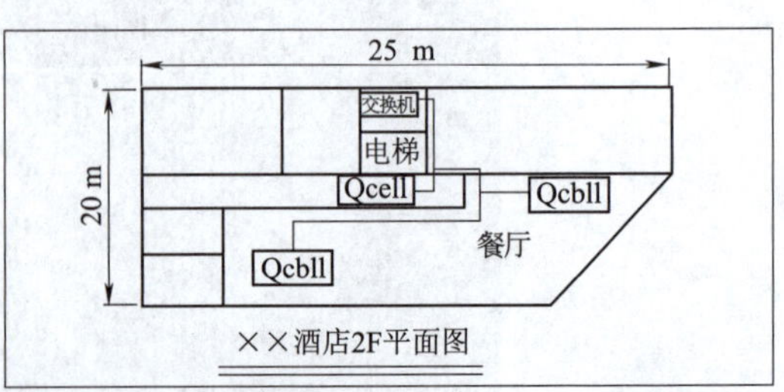

图 5-22 F1 和 F2 对应 Pico RRU 部署设计

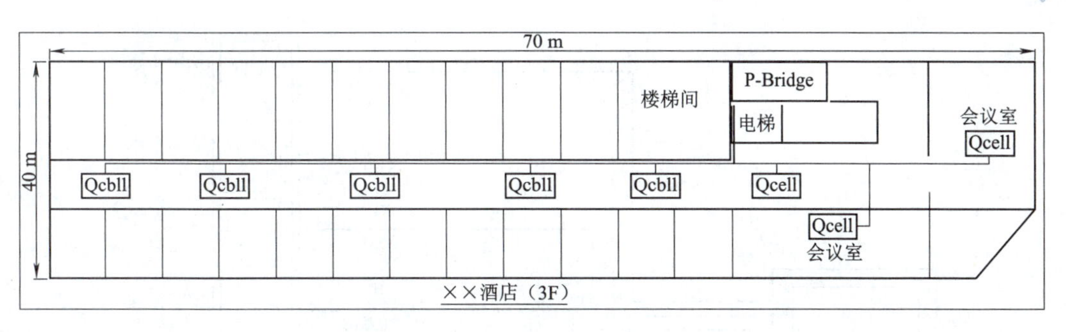

图 5-23　F3 对应 Pico RRU 部署设计

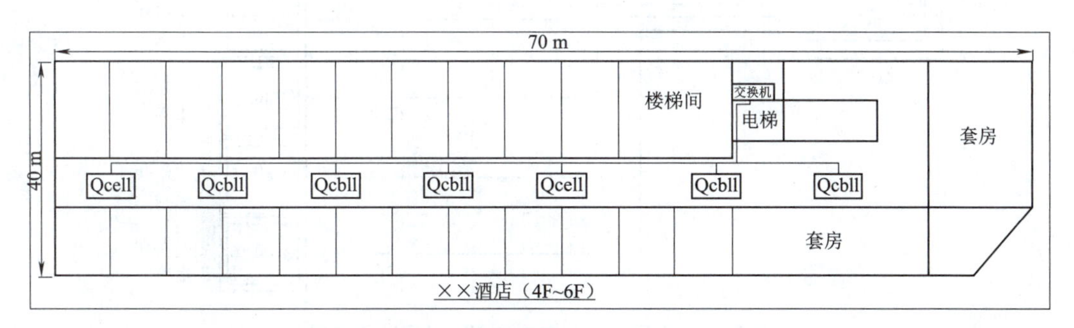

图 5-24　F4 ~ F6 对应 Pico RRU 部署设计

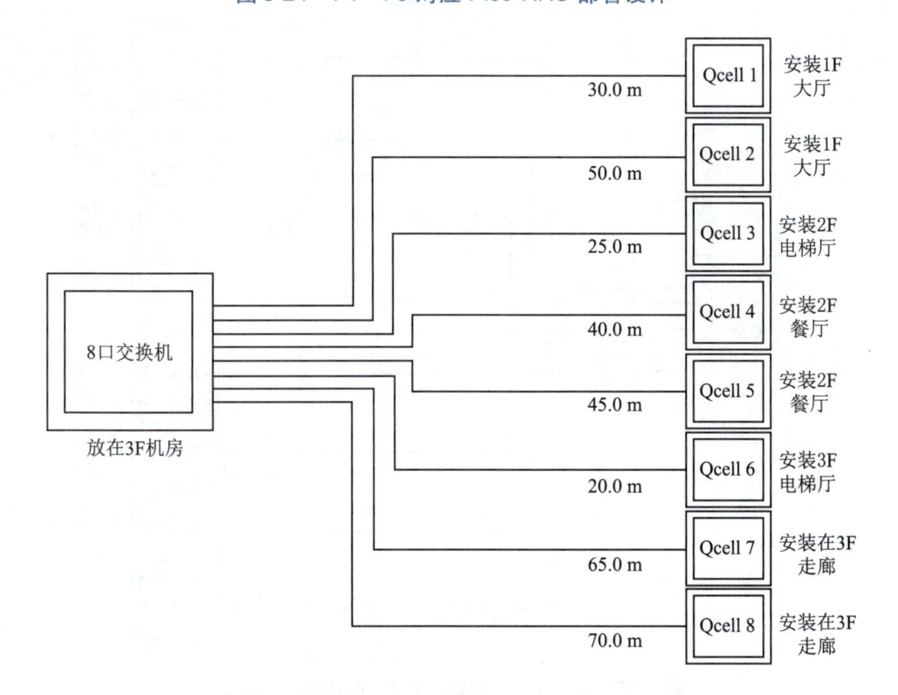

图 5-25　P-Bridge 1 与对应 Pico RRU 的连接

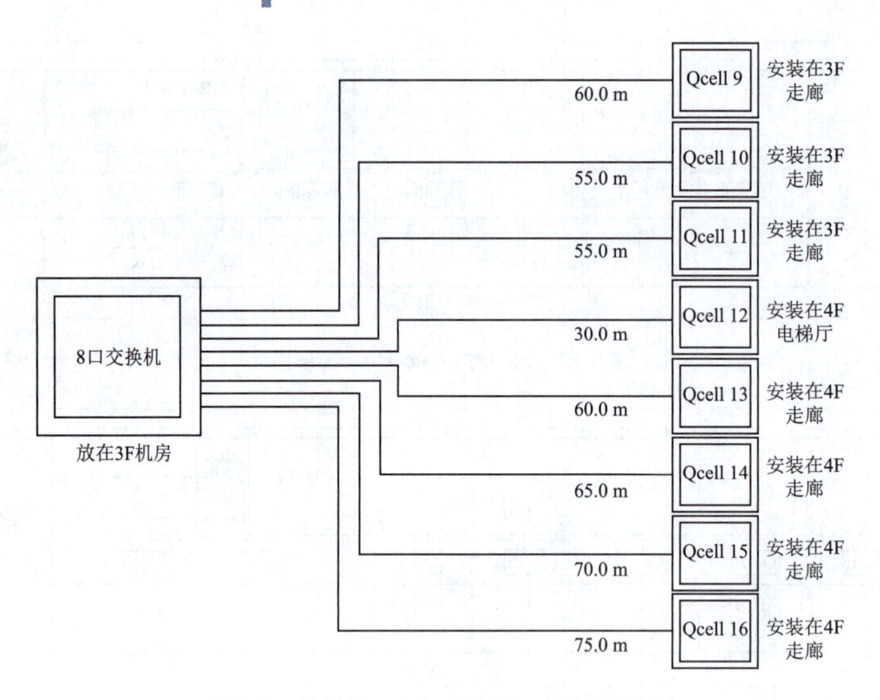

图 5-26　P-Bridge 2 与对应 Pico RRU 的连接

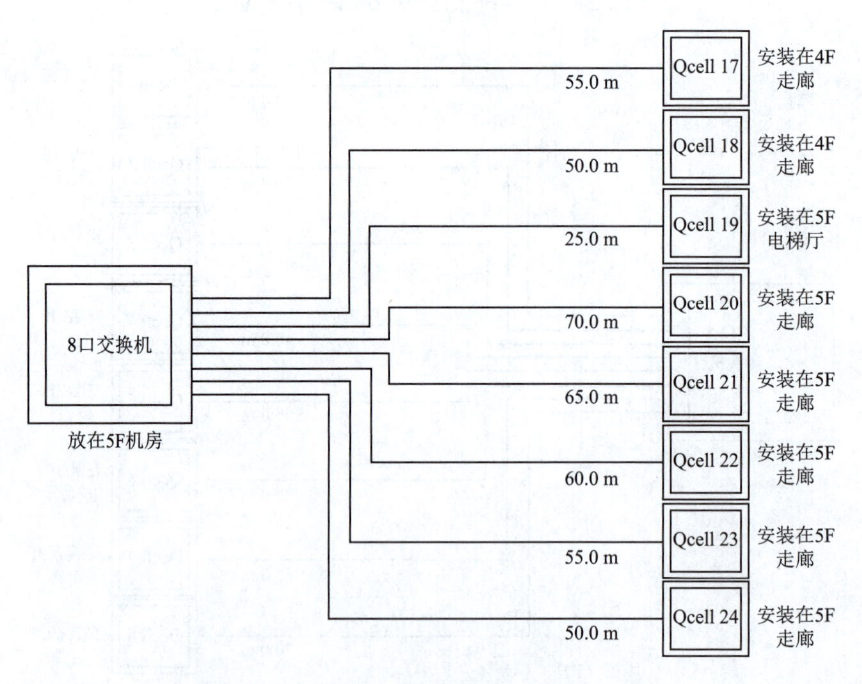

图 5-27　P-Bridge 3 与对应 Pico RRU 的连接

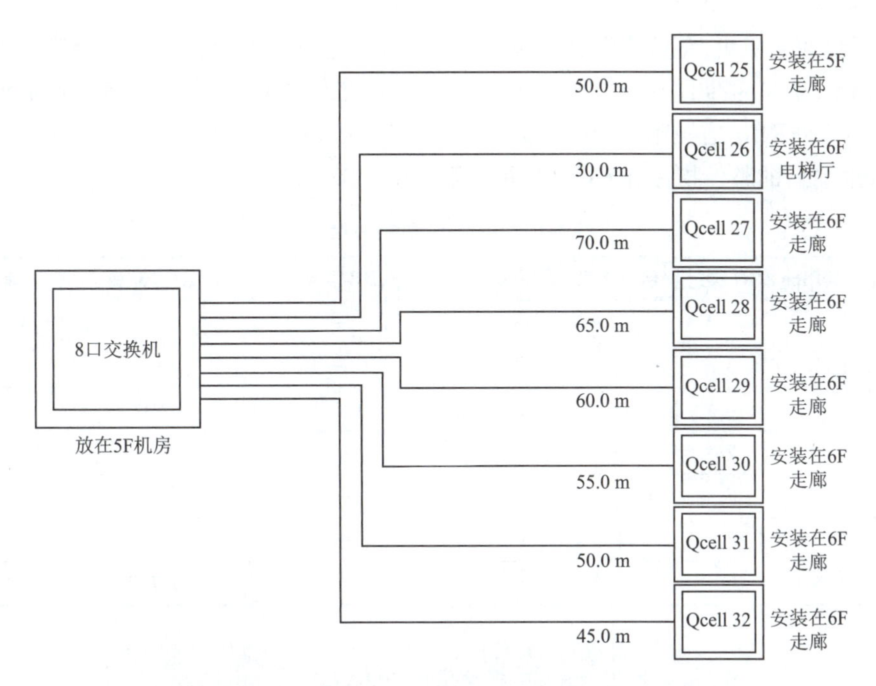

图5-28 P-Bridge 4与对应Pico RRU的连接

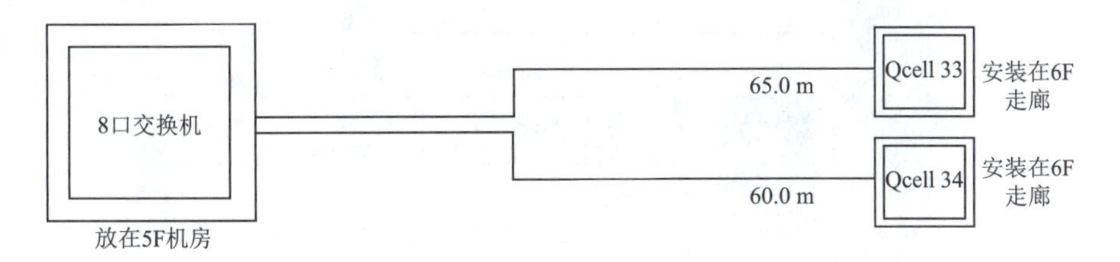

图5-29 P-Bridge 5与对应Pico RRU的连接

P-Bridge和Pico RRU的安装分别如图5-30、图5-31所示。

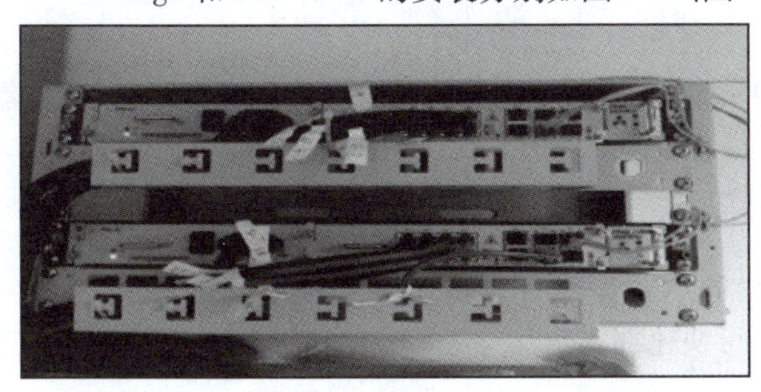

图5-30 P-Bridge安装

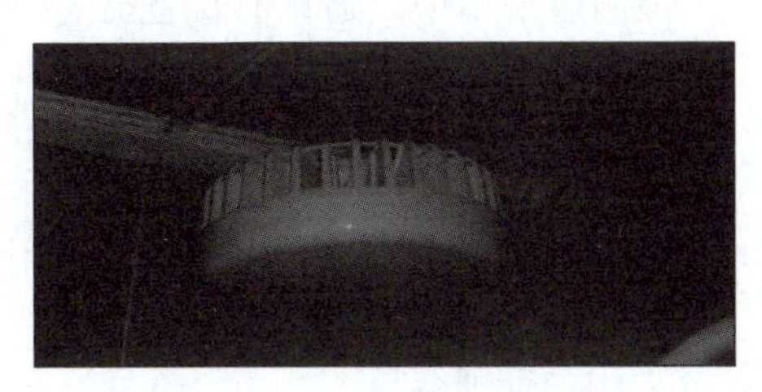

图5-31 Pico RRU安装

最后，需要统计主要设备和材料的数量，方便采购和施工。主要设备和材料统计见表5-15。

为提高系统容量，BBU基带板卡插2块，每块基带板分别使用3个和2个光口，每个光口连接1台P-Bridge，每台P-Bridge连接6~7台Pico RRU。安装Qcell分布后测试，酒店室内信号覆盖及质量改善极大,覆盖率由之前测试的 53.63% 提升至 99.10% ,提升幅度接近 100% ,下载速率由 12.4 Mbit/s 提升至 886.5 Mbit/s,边缘 RSRP(参考信号接收功率)明显增强,覆盖效果显著,平均 SINR(信噪比)由 6.01 提升至 24.67,极大提高了用户体验。

5G 开通前后的整体指标、RSRP、SINR 分别如图 5-32 所示。

表 5-15 主要设备和材料统计

楼　层	Pico RRU 数量/台	P-Bridge/台	BBU/台	RJ-45/m	辅　材
1F	2	—	—	—	—
2F	3	—	—	—	—
3F	8	2	1	760	—
4F	7	—	—	—	—
5F	7	3	—	980	—
6F	7	—	—	—	—
合计	34	5	1	1 740	—

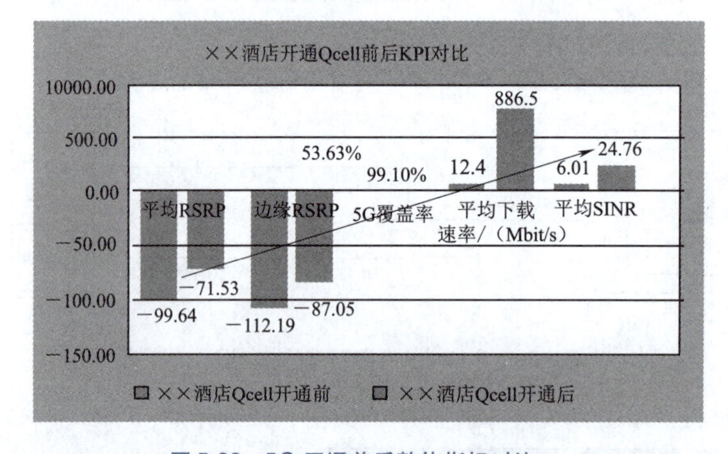

图 5-32 5G 开通前后整体指标对比

该酒店采用中兴通讯有源室分 Qcell 组网覆盖方案建成后,满足了顾客对 5G 业务的需求,保障 5G 系统容量及高端客户的感知,提升了用户体验。

总结该酒店 Qcell 覆盖解决方案的优势:

①物业协调简单、施工简单:

- 设备简单时尚,室内网桥设备占用空间小,对装修无影响。
- 网线安装施工简单,大大缩短工期,可快速部署。

②维护管理容易:

- 与宏基站共同使用一套网管,每一节点都可视可管理。
- 节点少,网线维护简单,成本低。

③性能优化容易:

- 小区按需配置,从而灵活调整容量。
- 速率高,用户体验良好。
- 多频多模一次部署。

第6章 5G容量规划

本章导读

5G容量规划是通过相应的一定话务模型,根据无线资源数目,计算出所需要的载波和小区配置、基站数目,以满足一定的容量能力指标。容量估算的三要素:话务模型、无线资源、资源占用方式。

首先,根据话务模型能够计算出单个用户的平均上行速率和平均下行速率;然后,规划区域内的用户数与以上下行平均速率相乘,可以计算出总上行吞吐量和总下行吞吐量;最后,总吞吐量与单站平均吞吐量求商,计算出满足容量需求的站址数量。

本章知识点

①容量规划的基本概念。
②容量规划流程。
③5G业务模型及影响5G单站容量的因素。
④推算上下行小区半径及站点数量。

6.1 容量规划流程

eMBB(移动带宽增强)、mMTC(海量机器类通信)、uRLLC(超高可靠低时延通信)是5G业务的三大场景。5G协议版本中,R15标准主要针对eMBB业务场景,R16标准包含mMTC、uRLLC场景。5G容量规划的原理与4G相比依然未发生较大变化。5G容量规划流程如图6-1所示。

5G容量规划主要完成两部分的核算:业务总需求与单基站能力。业务总需求为规划区域内用户的总业务需求(总吞吐量、总连接用户数、总激活用户数等);单基站能力为单基站所能提供的容量(吞吐量、连接用户数、激活用户数等)。基站需求数为总业务需求与单基站能力相除的最大数量。同时考虑实际网络中话务分布不均衡等因素,需要对相应结果进行修正。

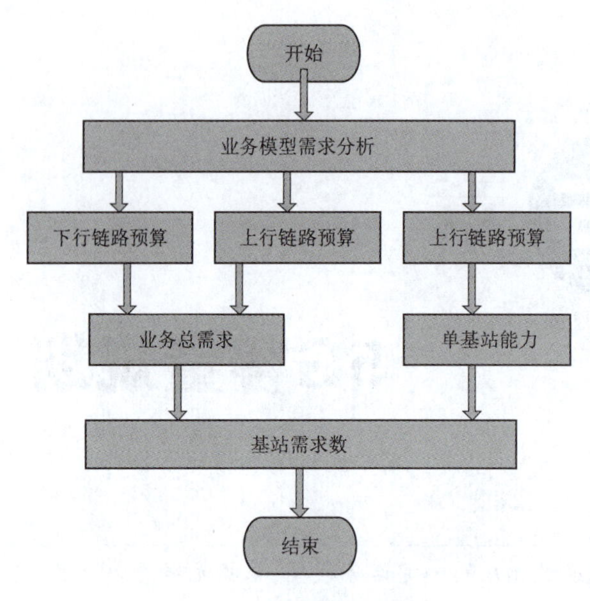

图 6-1 5G 容量规划流程图

6.2 业务模型

5G 业务模型是在对用户使用网络可提供的各种业务的频率、时长、承载速率进行统计的基础上得出的业务量模型。

5G 网络承载的业务类型相较于 4G 更多需要根据各网络承载的业务类型进行增减,同时,业务模型与各运营商的业务发展策略及网络建设情况、用户的使用习惯、用户的终端成熟情况等有很大关系,需要根据实际情况进行科学的统计和调整。

5G 的 eMBB 典型业务有视频通话及 VR 业务,在进行 5G 覆盖和容量规划时,需要确定网络边缘速率或承载速率。

VoLTE(长期演进语言承载)视频通话业务为上下行对称业务,上下行速率需求一致,在规划时主要满足上行业务需求;高清视频及 VR 业务为非对称业务,下行速率要远高于上行速率,在规划时需要满足下行业务需求。

VoLTE 视频业务、高清视频及 VR 业务需求情况如下:

①实现 H. 265 480P 视频业务需要满足上下行速率为 0. 75 Mbit/s。

②实现 H. 265 720P 视频业务需要满足上下行速率为 1. 25 Mbit/s。

③实现高清视频 1080P 视频业务需要满足下行速率为 4 Mbit/s。

④实现高清视频 1080P VR 业务需要满足下行速率为 10 Mbit/s;实现高清视频 4K 视频业务需要满足下行速率为 15 Mbit/s。

⑤实现高清视频 4K VR 业务需要满足下行速率为 40 Mbit/s。

随着视频清晰度的提高、VR/AR 及裸眼 3D 技术的要求,对网络速率的要求快速增加,对网络整体容量提出了更高的要求,后期需要根据网络实际用户需求情况调整容量规划指标。

表 6-1 是根据协议核算的 VoLTE 视频业务、高清视频及 VR 业务需求情况。

表 6-1　高清视频及 VR 业务需求

分辨率名称	业务类型	屏幕分辨率		色深/(bit/pixel)	帧速率/(f/s)	视频编码		网络速率要求/(Mbit/s)		时延要求	可靠性要求/误码率
		H	V			编码压缩率	编码协议	典型速率	建议速率		
1080P	高清视频	1 920	1 080	8	30	165	H. 265	4	[2.5,6]	50	1.40×10^{-4}
	VR	1 920	1 080	10	60	165	H. 265	10	[6,15]		
4K	高清视频	3 840	2 160	8	30	165	H. 265	15	[10,25]	40	
	VR	3 840	2 160	10	60	165	H. 265	40	[25,60]		
8K(2D)	高清视频	7 680	4 320	8	30	165	H. 265	60	[40,90]	30	1.50×10^{-5}
	VR	7 680	4 320	10	60	165	H. 265	150	[90,230]		
8K(3D)	高清视频	7 680	4 320	16	60	165	H. 265	240	[160,360]		
	VR	7 680	4 320	18	120	165	H. 265	540	[360,800]		
12K(2D)	高清视频	11 520	5 760	8	30	215	HEVC/VP9	100	[50,160]	20	1.90×10^{-6}
	VR	11 520	5 760	10	60	215	HEVC/VP9	240	[160,360]		
24K(3D)	高清视频	23 040	11 520	16	60	350	H. 266 3D	900	[600,1 500]	10	5.50×10^{-8}
	VR	23 040	11 520	18	120	350	H. 266 3D	2300	[1 500,3 500]		

6.3 影响 5G 单站容量的因素

6.3.1 系统带宽

根据香农公式 $C = B \times \log_2(1 + S/N)$ 可知，信道容量 C 与系统带宽 B 和信噪比 S/N 正相关，系统带宽越宽，可携带的信息量越大。4G 最大系统带宽为 20 MHz，一般 5G 最大系统带宽远大于 4G 系统，故 5G 传输速率比 4G 高很多。

5G 使用频率可以分为低于 6 GHz 频段（R1）和毫米波频段（FR2）。表 6-2 所示的实际部署中，FR1 频段频率低，覆盖范围广，可以作为广覆盖频段；FR2 频段频率高，传播路径损耗较大，带宽较宽，可以作为容量补充。

表 6-2　5G 频段范围定义

序　号	频率范围名称	频率范围/MHz	描　述
1	FR1	450 ~ 6 000	低频
2	FR2	24 250 ~ 52 600	毫米波高频

5G 支持灵活配置系统带宽，FR1 包括 5 MHz、10 MHz、15 MHz、20 MHz、25 MHz、30 MHz、40 MHZ、50 MHz、60 MHz、80 MHz 和 100 MHz 共 11 种带宽配置；子载波主要支持 15 kHz、30 kHz、60 kHz 配置。

FR2 包括 50 MHz、100 MHz、200 MHz 和 400 MHz 共 4 种带宽配置；子载波支持 60 kHz 和 120 kHz，共 2 种子载波配置。相同子载波配置下，系统带宽越高，资源块（RB）个数越多，传输速率越高。

6.3.2 调制方式

正交幅度调制（quadrature amplitude modulation，QAM）是一种在两个正交载波上进行幅度调制的调制方式，这两个载波通常是相位差为 90°（π/2）的正弦波，因此称作正交载波，这种调制方式因此而得名。星座点数越多，每个符号能传输的信息量就越大。QAM 技术广泛应用于移动通信网络中在有限的带宽里提高频谱利用率和高功率谱密度，用来传输大量的多媒体数据，从而提高吞吐量。

QAM 发射信号集可以用星座图方便地表示。星座图上每一个星座点对应发射信号集中的一个信号。设正交幅度调制的发射信号集的大小为 N，称为 N-QAM。星座图上的点经常采用水平和垂直方向等间距的正方网格配置，当然也有其他的配置方式。数字通信中数据常采用二进制表示，这种情况下星座点的个数一般是 2 的幂。常见的 QAM 形式有 16QAM、64QAM、256QAM。

从 3G 到 5G，数据信道的调制方式演进见表 6-3。

表 6-3　数据信道的调制方式演进

制式	下行调制方式	上行调制方式
3G	QPSK、16QAM	QPSK、16QAM
4G	QPSK、16QAM、64QAM	OPSK、16QAM、64QAM
5G	QPSK、16QAM、64QAM、256QAM	①对带有 CP（循环前缀）的 OFDM 波形采用 QPSK、16QAM、64QAM、256QAM 调制； ②对于处在小区边缘的 UE 使用带有 CP 的 DFT-SOFDM 波形并采用/2-BPSK、QPSK、16QAM、64QAM、256QAM

6.3.3　Massive MIMO

Massive MIMO 是 5G 最重要的关键技术之一，对无线网络规划方法的影响也很大。Massive MIMO 采用用户级的动态窄带波束，以提升覆盖能力；同时，采用 MU-MIMO（多用户多输入多输出天线）技术使波束相关性较低的多个用户可以同时使用相同的频率资源，提升频谱效率，从而提升网络容量。

5G 基站可以支持上百个天线振子，天线通过 Massive MIMO 技术形成大规模天线阵列，这就意味着基站可以同时从更多用户发送和接收信号，从而将移动网络的容量提升数十倍或更大。

Massive MIMO 的主要挑战是减少干扰，波束赋形（beamforming）用来解决多天线带来的更多干扰问题。Massive MIMO 技术每个天线阵列集成了更多的天线，通过有效地控制这些天线，让它发出的每个电磁波的空间互相抵消或者增强，就可以形成一个很窄的波束，而不是全向发射。有限的能量都集中在特定方向进行传输，不仅使传输距离更远了，还避免了信号的干扰。

这一技术的优势不仅如此，还可以提升频谱利用率，通过这一技术可以同时从多个天线发送更多信息；在大规模天线基站，甚至可以通过信号处理算法计算出信号传输的最佳路径，以及最终移动终端的位置。因此，波束赋形可以解决毫米波信号被障碍物阻挡以及远距离衰减的问题。

6.4　单站容量承载能力核算

5G 商用初期不进行语音承载，语音业务主要由 4G 的 VoLTE 承载，后期随着 5G 覆盖的完善及 VoNR（新空口承载语音）技术的发展逐步过渡到 VoNR 承载，因而在现阶段暂不考虑 VoNR 对 5G 容量的影响。因此，本次分析假设系统资源完全提供数据业务情况的整体能力。

峰值速率定义为单用户在系统中被分配最大的带宽、最高的调制编码方式、处于理想的无线环境时所能达到的最高速率。对应到实际网络测试中，2 个用户独占小区所有带宽，靠近基站，邻小区干扰极微弱时，测得的实际速率有可能达到该网络所声称的峰值速率，所以在实际网络中，用户只有在某些情况下才可以达到系统设计的峰值速率，大多数终端在大多数情况下是达不到峰值速率的。峰值速率是无线技术最大频谱利用潜力的表征,是无线技术中的一个专门概念,在研发中是对两种无线技术进行比较的一系列指标中的一个(其他重要指标还包括均值速率、用户平均速率、小区边缘用户平均速率等)。由于峰值速率是单一用户独占模式,在实际网络中大部分基站均处于大量用户分享资源的模式,此时的基站速率远小于峰值速率,该速率对于无线容量规划具有十分重要的意义。在实际容量规划中,将系统实际能达到的平均吞吐量作为基站容量承载能力。对于 eMBB 场景,5G 的最大特点是能提供更高的峰值速率和频谱效率,5G 峰值速率与使用频段、频带带宽、多 MIMO 方式、调制方式等关系密切。根据 5G 低频站和高频站的典型配置参数,按照 NGMN 建议的基站带宽计算方法,可以核算出单基站的峰值、均值速率。

根据 5G 单基站峰值与均值速率可知,5G 低频站使用的频宽为 100 MHz,64T64R 情况下峰值速率为 4.65 Gbit/s,均值速率为 2.03 Gbit/s;5G 高频站使用的频宽为 800 MHz、4T4R 情况下峰值速率为 13.33 Gbit/s,均值速率为 5.15 Gbit/s。单站容量承载能力核算见表 6-4。

表 6-4 5G 单站容量承载能力核算

参　数	5G 低频	5G 高频
频谱资源	3.4~3.5 GHz,100 MHz 频宽	28 GHz 以上频谱,800 MHz 频宽
基站配置	3 小区,64T64R	3 小区,4T4R
频谱效率	峰值为 40 bit/Hz,均值为 7.8 bit/Hz	峰值为 15 bit/Hz,均值为 2.6 bit/Hz
单小区峰值速率	100 MHz×40 bit/Hz×1.1×0.75 = 3.3 Gbit/s	800 MHz×15 bit/Hz×1.1×0.75 = 9.9 Gbit/s
单小区均值速率	100 MHz×7.8 bit/Hz×1.1×0.75×1.05× 0.675 Gbit/s(Xn 流量主要发生于均值场景)	800 MHz×2.6 bit/Hz×1.1×0.75 = 1.716 Gbit/s(高频站主要用于补盲补热,Xn 流量已计入低频站)
单站峰值速率	3.3+(3-1)×0.675=4.65 Gbit/s	9.9+(3-1)×1.716=13.33 Gbit/s
单站均值速率	0.675×3=2.03 Gbit/s	1.716×3=5.15 Gbit/s

注:①单小区峰值速率=频宽×峰值频谱效率×(1+封装开销)×TDD 下行占比。

②单小区均值速率=频宽×均值频谱效率×(1+封开销)×TDD 下行占比×(1+Xn)。

③单站峰值速率=单小区峰值速率×1+单小区峰值速率×(N-1)。

④单站均值速率=单小区均值速率×N。

6.5 上下行小区半径及站点规模计算

NR(新无线)网络建设标准是 LTE 的数倍,并通过采用更复杂的空分传输、多波束、参考信号配置等技术来确保实现网络高性能。这对网络规划工具提出前所未有的高要求。在通常情况下,5G 小区边缘速率不同场景有不同目标,主要有高热区域、城区、郊区。以上标准是基于对 5G 关键业务预测而推算得到，例如，未来大视频业务会比 4G 更普遍，在城区场景下，上行 2 Mbit/s 可以支持 720 P 直播；下行 50 Mbit/s 可以支持 2K/4K 高清视频。为了确保对网络性能的准确规划，网络规划工具在无线环境、用户业务以及无线技术等方面的仿真建模的复杂度都会非常高。不同场景下 5G 小区边缘速率见表 6-5。

表 6-5 不同场景下 5G 小区边缘速率

序号	场景	上行边缘速率/(Mbit/s)	下行边缘速率/(Mbit/s)
1	高热区域	5	100
2	城区	2	50
3	郊区	1	20

根据业务总需求和单站能力，基站输入参数，估算出上下行小区半径及站点数量。满足容量的站址数量 = 该区域总吞吐量/单站平均吞吐量。

在覆盖区域内总用户数明确的条件下，通过分析业务模型及小区吞吐量等指标，可以得出每个基站小区支持的用户数量。然后，分析在满足覆盖条件下得出的站点数量是否满足该区域内的容量需求。若满足，则可确定该区域内站点数量，若不满足，则需要进一步调整站点规模取值，直到满足要求，最终得出同时满足覆盖和容量的站点数量。上下行小区半径如图 6-2 所示。

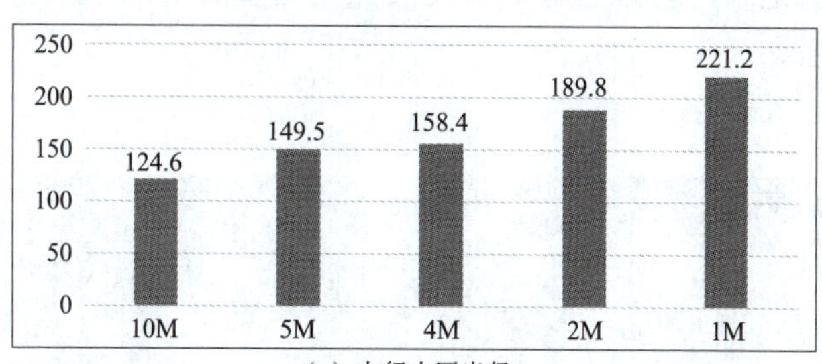

(a) 上行小区半径

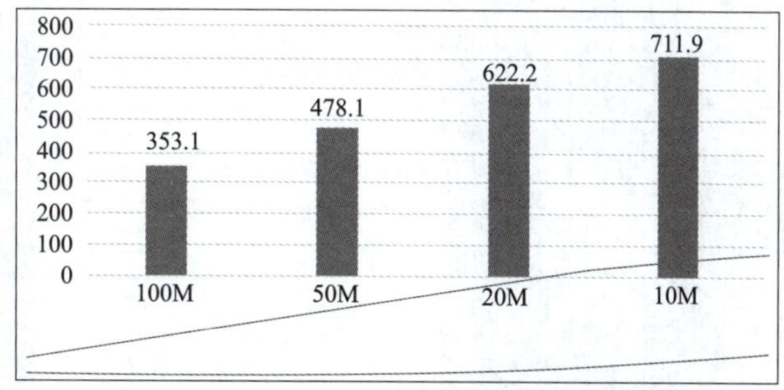

(b) 下行小区半径

图 6-2 5G 上下行小区半径

6.6 站址规划

5G 站址规划应该尽量满足用户的容量需求和网络的覆盖要求，满足城市规划和发展需要，满足电信企业位置需求，满足电信企业天线挂高要求，满足无线传播环境、干扰、安全等要求。5G 基站站址规划流程如图 6-3 所示。

预规划站点
站点可用
Y
N
选择备用站址
通过
N
Y
采集勘测数据
设置天馈系统
勘测报告

图 6-3 5G 基站站址规划流程

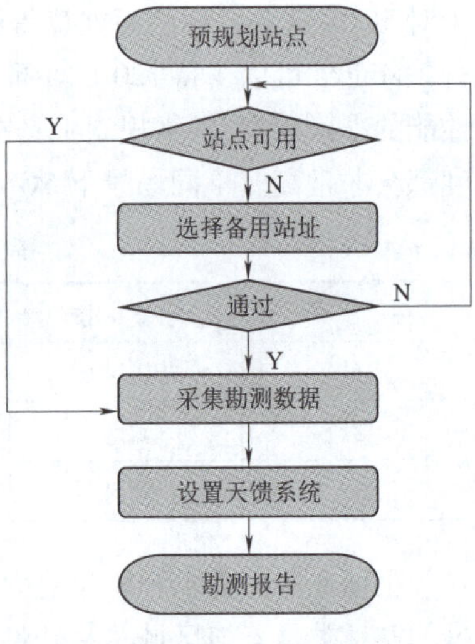

通过与规划和勘察确认，最终确定可实施的 RF 参数。

①经纬度：天面各扇区天线位置较远时，需要经精确到小区级别。

②AAU（有源无线单元）挂高：参考 4G 工参数据和建筑楼层估算；需考虑新建 5G 设备能否与现网设备安装在相同高度。

③方位角：参考 4G 方位角和测试区域，避免扇区正对面有明显遮挡（如 4G 有新建建筑物遮挡，需要调整 5G 覆盖范围）。

④下倾角：基于塔高及覆盖范围选择合理下倾，严格控制越区覆盖。

⑤周边环境：以照片形式记录站点周边各方向环境（45°一张照片），对特殊区域，如可用的测试位置、特殊的建筑或阻挡物等。

⑥天面特殊情况：记录可能影响施工安装或优化调整的情况，如美化安装、挂墙安装、天面空间紧张、设备涂色等。

5G 站点 RF 参数如图 6-4 所示。

属性
塔 高：
扇区1方位角：
扇区1下倾角：
扇区2方位角：
扇区2下倾角：
扇区3方位角：
扇区3下倾角：

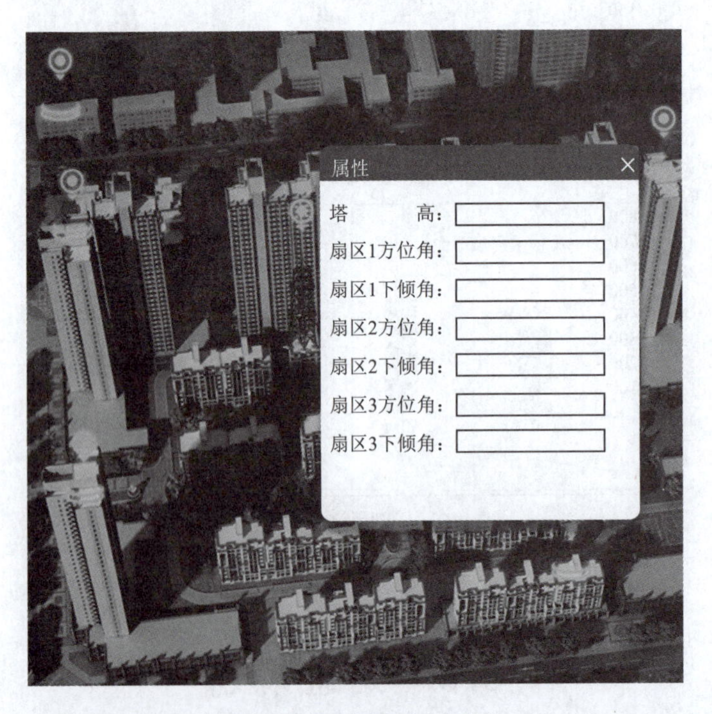

图 6-4 5G 站点 RF 参数

5G 的 BBU（基带处理单元）功能将被重构为 CU（集中单元）和 DU（分布单元）两个功能实体。CU 与 DU 功能的切分以处理内容的实时性进行区分，如图 6-5 所示。CU 设备主要包括非实时的无线高层协议栈功能，同时也支持部分核心网功能下沉和边缘应用业务的部署，而 DU 设备主要处理物理层功能和实时性需求的层 2 功能。CU 和 DU 根据不同需求和场景部署方式不一致。

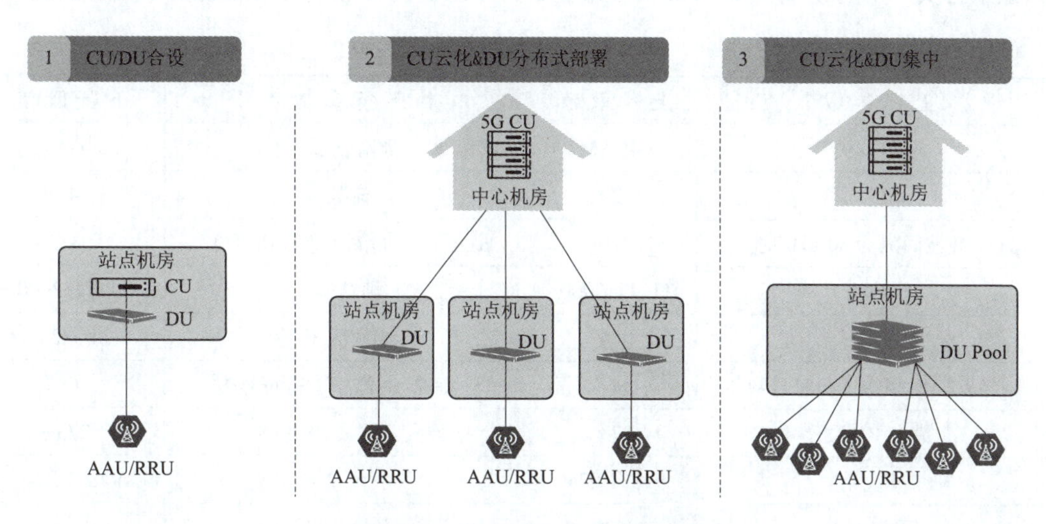

图 6-5　5G 基站 CU 和 DU 部署方式

5G 根据容量规划及小区配置能力，选择配置 5G 基带板卡（BP5G）和接口板（GC）、交换板（SW5G）的规格和数量，根据设备厂家的设备规格配置在不同槽位，提供相应 5G 服务，以满足用户业务需求。现场提供容量的方法有增加基带板数量、升级接口板容量等。图 6-6、图 6-7 所示为 5G 基站的 ITBBU 槽位及板卡分布。

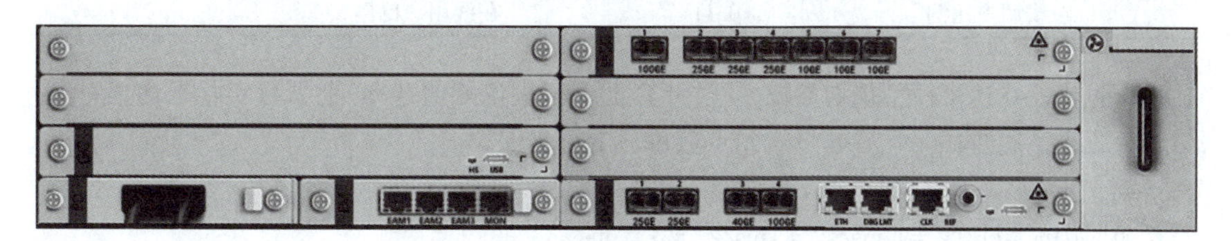

图 6-6　5G 基站的 ITBBU

<table>
<tr><td colspan="2">BP4G/BP5G/GC　SLOT8</td><td>BP4G/BP5G/GC　SLOT4</td><td rowspan="4">风扇
SLOT14</td></tr>
<tr><td colspan="2">BP4G/BP5G/GC　SLOT7</td><td>BP4G/BP5G/GC　SLOT3</td></tr>
<tr><td colspan="2">BP4G/BP5G/GC　SLOT6</td><td>SW4G/SW5G/GC　SLOT2</td></tr>
<tr><td>PD　SLOT5</td><td>PD/EM　SLOT13</td><td>SW4G/SW5G/GC　SLOT1</td></tr>
</table>

图 6-7　5G 基站的 ITBBU 槽位及板卡分布

【案例一】容量规划。

某市总移动上网用户数约为700万，为建设现代智能化住宅小区，该市运营商积极推动加快5G站点建设。主要站点分布在建筑密集的居民区，居民区用户高度集中，根据相应的速率模型进行网络规划。通过上下行速率模型规划参数（见表6-6）分别计算上下行理论峰值速率、上下行实际平均速率，最后计算出本市上下行单站平均吞吐量与站点数。

表6-6 速率模型规划参数

上行参数	上行取值	下行参数	下行取值
调制方式	64QAM	调制方式	64QAM
流数	2	流数	4
μ（子载波间隔为30 kHz时）	1	μ（子载波间隔为30 kHz时）	1
帧结构	1111112000	帧结构	1111112000
缩放因子	0.6	缩放因子	0.82
S（特殊）时隙中上行符号数	4	S（特殊）时隙中下行符号数	6
最大RB数	273	最大RB（资源块）数	273
R_{max}	948/1 024	R_{max}	948/1 024
开销比例	0.09	开销比例	0.12
单小区RRC（无线连接）最大用户数	600	单小区RRC最大用户数	600
本市5G用户数	700万	本市5G用户数	700万
编码效率	0.74	编码效率	0.74
上行速率转化因子	0.65	下行速率转化因子	0.72
在线用户比例	0.11	在线用户比例	0.11

根据表6-6速率模型规划参数，通过计算上下行理论峰值速率、上下行实际平均速率，可以计算出上下行单站平均吞吐量及站点数量。上行步骤如下：

第一步：计算单时隙时长。

单时隙时域长度 $=1\ \text{ms}/2^{\mu}=1\text{ms}/2^{1}=0.5\ \text{ms}$

第二步：计算上行符号占比。

重复周期内上行符号占比=（S时隙中上行符号数个+上行时隙中符号数）/总符号数=（4+42）/140=0.33

第三步：计算上行理论峰值速率。

上行理论峰值速率 $=10^{-6}\times$ 流数 $\times$ 每符号比特数 $\times$ 缩放因子 $\times R_{max}\times$ 最大RB数 $\times 12\times(1-$ 开销比例 $)/[10^{-3}/(14\times 2^{\mu})]=10^{-6}\times 2\times 6\times 0.6\times(948/1\ 024)\times 273\times 12\times(1-0.09)/[10^{-3}/(14\times 2^{1})]=556.4\ \text{Mbit/s}$

第四步：计算上行实际平均速率。

上行实际平均速率=上行理论峰值速率（Mbit/s）×重复周期内上行符号占比×编码效率×

上行速率转化因子 = 556.4 Mbit/s × 0.33 × 0.74 × 0.65 = 88.32 Mbit/s

第五步：计算上行单站平均吞吐量与站点数。

上行单站峰值吞吐量 = 单个小区 RRC 最大用户数 × 在线用户比例 × 上行理论峰值速率（Mbit/s）× 单站小区数目/1 024 = 600 × 0.11 × 556.4 × 3/1 024 = 107.59 Gbit/s

上行单站平均吞吐量 = 单个小区 RRC 最大用户数 × 在线用户比例 × 上行实际平均速率（Mbit/s）× 单站小区数目/1 024 = 600 × 0.11 × 88.32 × 3/1 024 = 17.08 Gbit/s

上行容量规划站点数 = 本市 5G 用户数 × 10 000/单个小区 RRC 最大用户数/单站小区数目 = 700 × 10 000/600/3 ≈ 3 889 个，此处向上取整。

同理，计算下行单站平均吞吐量及站点数量。步骤如下：

第一步：计算单时隙时长。

单时隙时域长度 = $1\ \text{ms}/2^{\mu} = 1\ \text{ms}/2^{1} = 0.5\ \text{ms}$

第二步：计算下行符号占比。

重复周期内下行符号占比 = （S 时隙中下行符号数个 + 下行时隙中符号数）/总符号数 = (6 + 84)/140 = 0.64

第三步：计算下行理论峰值速率。

下行理论峰值速率 = 10 − 6 × 流数 × 每符号比特数 × 缩放因子 × R_{max} 最大 RB 数 × 12 × (1 − 开销比例)/$[10^{-3}/(14 \times 2^{\mu})]$ = $10^{-6} \times 4 \times 6 \times 0.82 \times (948/1\,024) \times 273 \times 12 \times (1 - 0.12)/[10^{-3}/(14 \times 2^{1})]$ = 1 470.68 Mbit/s

第四步：计算下行实际平均速率。

下行实际平均速率 = 下行理论峰值速率（Mbit/s）× 重复周期内下行符号占比 × 编码效率 × 下行速率转化因子 = 1 470.68 Mbit/s × 0.64 × 0.74 × 0.72 = 501.49 Mbit/s

第五步：计算下行单站平均吞吐量与站点数。

下行单站峰值吞吐量 = 单个小区 RRC 最大用户数 × 在线用户比例 × 下行理论峰值速率（Mbit/s）× 单站小区数目/1 024 = 600 × 0.11 × 1 470.68 × 3/1 024 = 284.37 Gbit/s

下行单站平均吞吐量 = 单个小区 RRC 最大用户数 × 在线用户比例 × 下行实际平均速率（Mbit/s）× 单站小区数目/1 024 = 600 × 0.11 × 501.49 × 3/1 024 = 96.97 Gbit/s

下行容量规划站点数 = 本市 5G 用户数 × 10 000/单个小区 RRC 最大用户数/单站小区数目 = 700 × 10 000/600/3 ≈ 3 889 个，此处向上取整。

通过以上步骤的计算，最终得出上下行单站平均吞吐量及站点数量，完成容量规划。

5G网络站点设计

本章导读

本章介绍了网络站点规划中的参数规划，即通过设置合理的参数来优化网站的性能和用户体验。文章重点探讨了参数规划的重要性、方法和应用场景，并提供了一些实用的技巧和建议。总之，本文旨在帮助读者更好地理解和运用参数规划技术，提升网站的质量和竞争力。

本章知识点

①5G 设备介绍。
②5G 基站站地选择。
③5G 论点参数规划。

7.1 5G 设备介绍

7.1.1 华为 gNB 基站介绍

华为技术有限公司生产的 5G 基站设备有多种型号，其中典型的有 DBS3900、DBS5900 等多种，基站硬件主要由机柜、基带单元(BBU)和射频单元组成，图 7-1 所示。

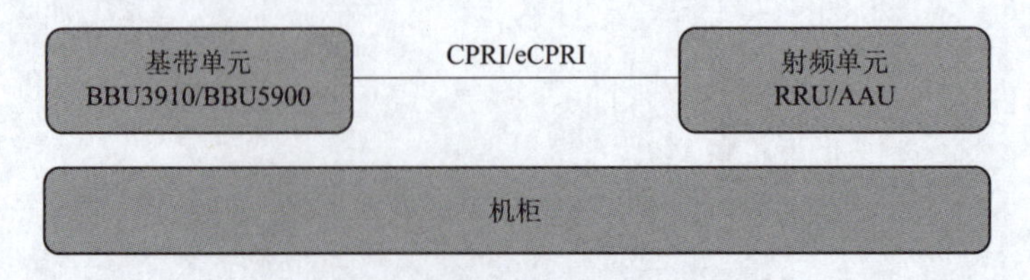

图 7-1 华为 5G 基站硬件结构

BBU5900 和 BBU3910 物理结构如图 7-2 所示。

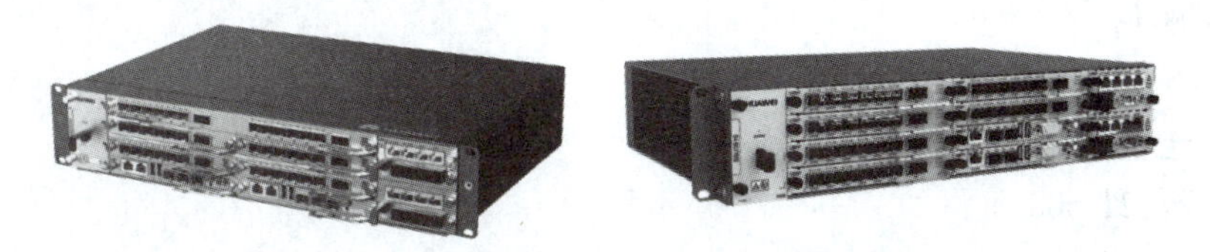

图 7-2　BBU5900 和 BBU3910 物理结构

①BBU5900 尺寸:86 mm×442 mm×310 mm(高×宽×深);质量:满配置≤18 kg。

②BBU3910 尺寸:86 mm×442 mm×310 mm(高×宽×深);质量:15 kg(满配置)。

BBU 采用模块化设计,由基带处理单元、电源模块、监控单元、主控传输单元、主控传输单元基站控制器和时钟星卡单元等组成,如图 7-3 所示。

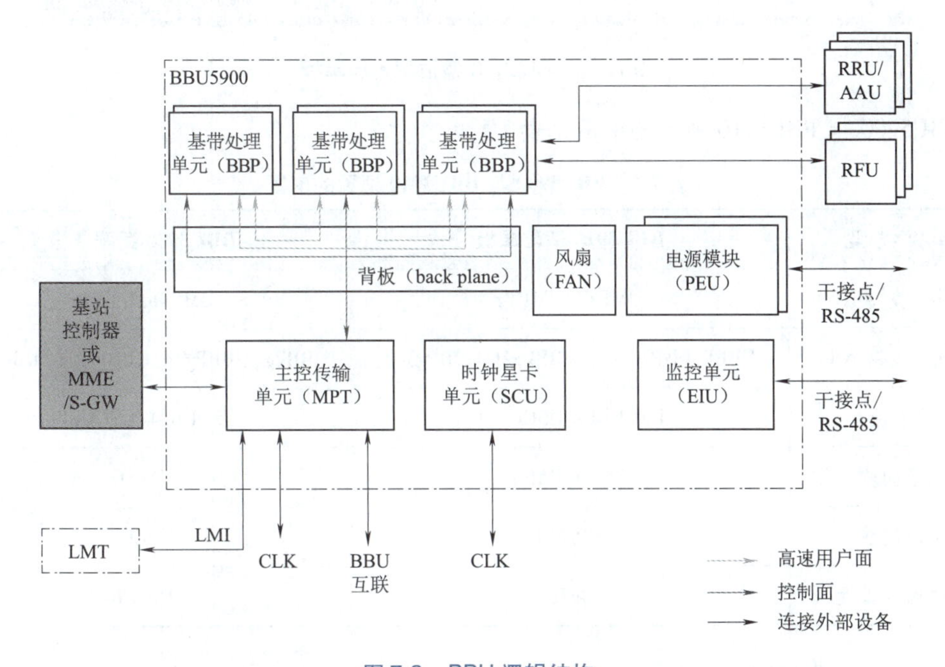

图 7-3　BBU 逻辑结构

BBU5900 上有 11 个槽位,各类型单板在 BBU 槽位中的分布如图 7-4 所示。

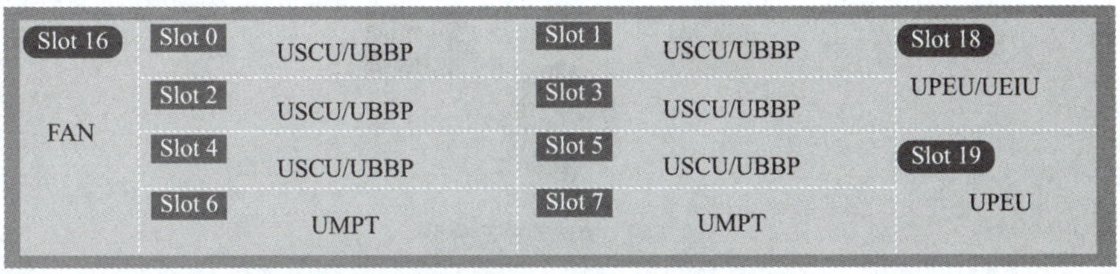

Slot 16	Slot 0 USCU/UBBP	Slot 1 USCU/UBBP	Slot 18 UPEU/UEIU
FAN	Slot 2 USCU/UBBP	Slot 3 USCU/UBBP	
	Slot 4 USCU/UBBP	Slot 5 USCU/UBBP	Slot 19 UPEU
	Slot 6 UMPT	Slot 7 UMPT	

图 7-4　BBU5900 槽位配置和单板

BBU5900 的容量规格为单板配置:2UMPTg+6UBBPg3,其容量为:

①小区数(Sub6G):36 × 100 MHz 4T4R 或 36 × 100 MHz 8T8R 或 18 × 100 MHz 32T32R/64T64R。

②吞吐率:下行+上行为 50 Gbit/s。

③RRC 连接用户数:7 200。

④DRB 数:21 600。

BBU3910 上有 11 个槽位,各类型单板在 BBU 槽位中的分布如图 7-5 所示。

Slot 16	Slot 0	Slot 4	Slot 18
FAN	USCU/UBBP	USCU/UBBP	UPEU/UEIU
	Slot 1 USCU/UBBP	Slot 5 USCU/UBBP	
	Slot 2 USCU/UBBP	Slot 6 UMPT	Slot 19 UPEU
	Slot 3 USCU/UBBP	Slot 7 UMPT	

图 7-5 BBU3910 槽位配置和单板

BBU5900 与 BBU3910 适配的单板见表 7-1。

表 7-1 BBU5900 与 BBU3910 适配的单板

单板类型	BBU3910 适配单板	BBU5900 适配单板
主控板(支持 NR)	UMPTe/UMPTg	UMPTe/UMPTg
基带板(支持 NR)	UBBPg(UBBPg2d/UBBPg2f/UBBPg3e)	UBBPg(UBBPg2d/UBBPg2f/UBBPg3e)
星卡板	USCUb14/USCUb11	USCUb14/USCUb11
风扇模块	FANd/FANe	FANf
电源模块	UPEUd	UPEUe
环境监控单元	UEIU	UEIUb

射频单元分类如图 7-6 所示。

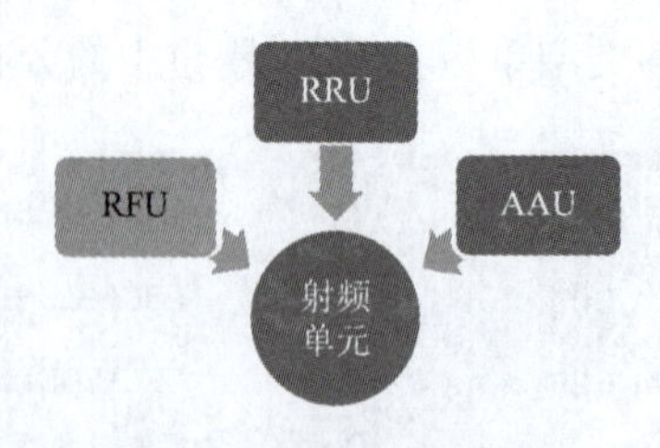

图 7-6 射频单元分类

RRU 单元类型:普通场景。工作频带为 N78 的 RRU 见表 7-2。

表 7-2　N78 工作频带 RRU 参数

RRU 名称	支持的频段/MHz	TX/RX	支 持 制 式
RRU5258	3 500(Band42/N78)	8T8R	LTE(TDD)、NR
RRU5258	3 700(Band43/N78)	8T8R	LTE(TDD)、NR

工作频带为 N41 的 RRU 见表 7-3。

表 7-3　N41 工作频带 RRU 参数

RRU 名称	支持的频段/MHz		TX/RX	支持的制式
RRU5152-d	D 频段	2 515 ~ 2 675	2T2R	TDL、NR、TN
RRU5152-fad	F 频段	1 885 ~ 1 915	2x2T2R	TDL
	A 频段	2 010 ~ 2 025		
	D 频段	2 515 ~ 2 675		TDL、NR(TDD)、TN(TDD)
RRU5155-fad	F 频段	1 885 ~ 1 915	2x2T2R	TDL
	A 频段	2 010 ~ 2 025		
	D 频段	2 515 ~ 2 675		TDL、NR(TDD)、TN(TDD)
RRU5235E	1 800 MHz	接收:1 710 ~ 1 735 发射:1 805 ~ 1 830	4T4R	LTE(FDD)、GL
	2 600 MHz	接收 & 发射: 2 575 ~ 2 635/2 515 ~ 2 675		TDL、NR、TN
RRU5250	2 600 MHz	2 515 ~ 2 675	8T8R	TDL、NR、TN

RRU 逻辑结构如图 7-7 所示。

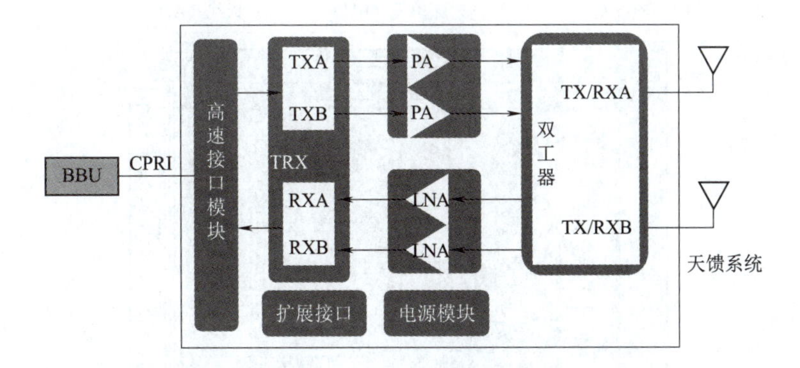

图 7-7　RRU 逻辑结构

AAU 一体化有源天线安装部署如图 7-8 所示。

5900 型号基站 AAU 外观如图 7-9 所示。

5900 型号 AAU 功能如图 7-10 所示。

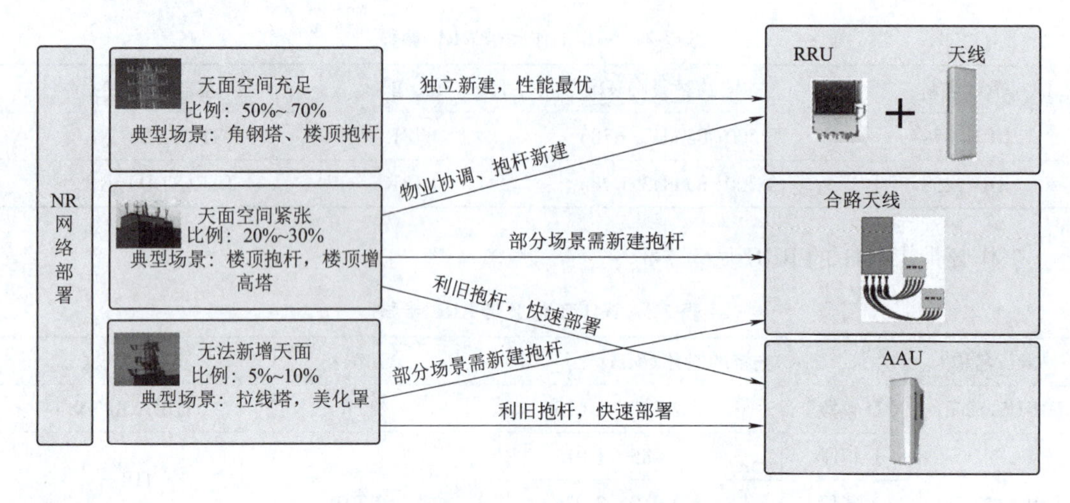

图 7-8 AAU 一体化有源天线

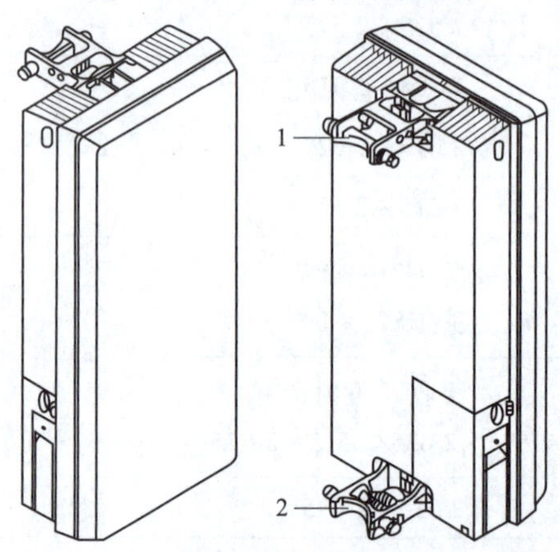

图 7-9 AAU 外观

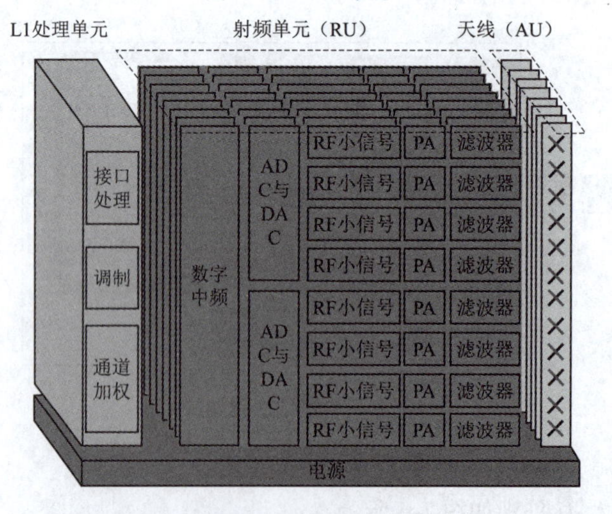

图 7-10 AAU 功能

7.1.2　中兴 5G 700 MHz 主设备介绍

中兴通讯股份有限公司所生产的典型 5G 产品设备 BBU 型号为 V9200。

设备各单板安装槽位如图 7-11 所示。

<table>
<tr><td colspan="2">Slot8-VBP</td><td>Slot4-VBP</td><td rowspan="4">Slot14 VF</td></tr>
<tr><td colspan="2">Slot7-VBP</td><td>Slot3-VBP</td></tr>
<tr><td colspan="2">Slot6-VBP</td><td>Slot2-VSW</td></tr>
<tr><td>Slot5-VPD</td><td>Slot13-VEM</td><td>Slot1-VSW</td></tr>
</table>

图 7-11　设备单板安装槽位

各单板槽位优先级如下：

①VSW 单板槽位优先级 1 >2 槽位。

②VBPd0d 单板槽位优先级 3 >4 >6 >7 >8 槽位。

③VPD 固定于 5 槽位。

④VEM 固定于 13 槽位。

V9200 外观尺寸及相关硬件参数见表 7-4。

表 7-4　V9200 外观尺寸及硬件安装参数

质　　量	9 kg(S111 配置)
尺寸(宽 × 高 × 深)	88.4 mm × 445 mm × 370 mm
满配容量	30 × 20 MHz @ 4TR NR(700 MHz 频段)
典型功耗	210 W @25℃ VBPd0
同步方式	GPS/北斗/1 588 v2
供电方式	直流 -48 V(-40 V ~ -57 V)
安装方式	19 英寸机柜安装、挂墙安装

V9200 基站主要使用的 5G 单板如下：

①交换板(VSW)：实现基带单元的控制管理、以太网交换、传输接口处理、系统时钟的恢复和分发以及空口高层协议的处理。

②基带板(VBP)：处理 3GPP 规定的物理层协议和帧协议，VBPd0d 匹配 700 MHz NR。

③电源板 + 监控板：负责直流供电分配，VEM 板提供外部干接点监控端口。

在该型号 BBU 基础上，搭配的射频主流设备主要满足中移 700 MHz 5G 全场景覆盖，S7200 RRU 详细参数见表 7-5。

表 7-5　S7200 RRU 参数表

通　　道	设备型号	工作频段	OBW/IBW	输出功率	光　　口
4T4R RRU	R9214E S7200	UL 703-748/DL 758-803 MHz	40 MHz/40 MHz	4 × 60 W	2 × 10 G(CPRI)
2T2R RRU	R9212E S7200	UL 703-748/DL 758-803 MHz	40 MHz/40 MHz	2 × 80 W	2 × 10 G(CPRI)

S7200 RRU 主要的特点如下：

①硬件支持 5G NR 制式，满足平滑演进需求；针对 sub1G 700 MHz 频段量身打造的 5G 产品。

② 4T4R 通道升级，支持 4 ×4MIMO 技术，吞吐率更高；其中 2T4R 通道设计，优化频谱效率，提高上行性能。

③体积小、重量轻，多种安装方式，便于快速部署。

另外，天线部分有多种类型产品例如：

①低增益四通道 700 MHz 单频天线和高增益四通道 700 MHz 单频天线。用于天面资源比较丰富但无高增益需求场景，特别是可以进行 700 MHz 独立天面安装的站点。特点是 700 MHz全新建基站，施工简单，不需要对现网其他频段设备做任何操作或断站。

② 4 + 4 + 4700/900/1 800 MHz 三频天线。用于天面空间比较紧张且需要和现网 900 MHz、1 800 MHz 共天线站点。特点是替换现网 900/1 800 MHz 天线后节省天面空间，但需要断站，对现有网络做替换。

③ 4 +4 +4 +8 700/900/1 800 MHz 及 FA 多频天线。

用于天面空间比较紧张且需要和现网 900 MHz、1 800 MHz、FA 频段共天线站点。特点是替换现网 900/1800/FA 天线后节省天面空间，但需要断站现，对有网络做替换。

7.1.3 诺基亚 5G 主设备介绍

1. AirScale BBU

① AirScale 系统模块（AirScale SM Indoor）3U（1U = 4. 445 cm）高，由 1 ~2 块 ASIK（AirScale Common）系统板和 1 ~6 块 ABIL（airScale capacity）容量板，以及放置这些板件的 AMIA（AirScale3U）子框构成。

AirScale BBU 板卡组成如图 7-12 所示。

图 7-12 AirScale BBU 板卡组成

AirScale BBU 同时支持 4G 和 5G，支持 CPRI 接口和 eCPRI 接口；支持多制式，包括 GSM、WCDMA、FDD LTE、TDD LTE、LTE-A Pro 和 5G；支持分布式 RAN（无线接入网）、集中式 RAN 和云 RAN 架构，容量大、耗电量小、是诺基亚 2016 年推出的下一代大容量 BBU。它具备如下特点：

- 配置灵活：可配置全框为一个 eNB，或全框为两个 eNB。
- 高可靠：大配置（6 个基带板）下支持半框间互为热备份。
- 强大的扩充互联能力：支持两个全框 BBU 之间互联，容量再翻翻。

②AirScale BBU 的组成模块及主要接口。AirScale 由 AMIA 机框、ASIK 控制板卡、ABIL 信道板卡组成。AirScale 子架 AMIA 包括用于处理插件之间的高带宽连接的背板，可支持以下配置：

- 1 个或 2 个用于传输接口和集中处理的诺基亚 AirScale Common(ASIK)插件。
- 1 ~6 个诺基亚 AirScale Capacity(ABIL)插件，用于基带处理和为无线设备提供光接口。
- 最小配置是带有一个 ASIK 和一个 ABIL 的子架。

AirScale 系统模块采用 IP20 防护等级，工作温度范围为 -5℃ ~60℃。AMIA3U 高，可以安装在标准 19 英寸(in)机架上，也支持堆叠安装。AMIA 包含风扇和后背板(内部通信、DC 供电)。AMIA 机框外观尺寸如图 7-13 所示。

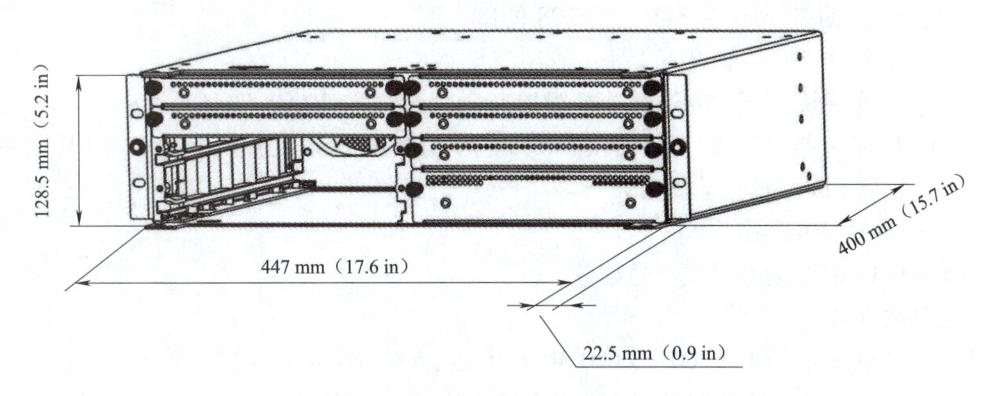

图 7-13　AMIA 机框外观尺寸

ASIK 占用 19 英寸机框的半个框，支持无线接入的数据传送和集中控制功能，还支持天线数据路由功能。ASIK 模块的外观及尺寸如图 7-14 所示。

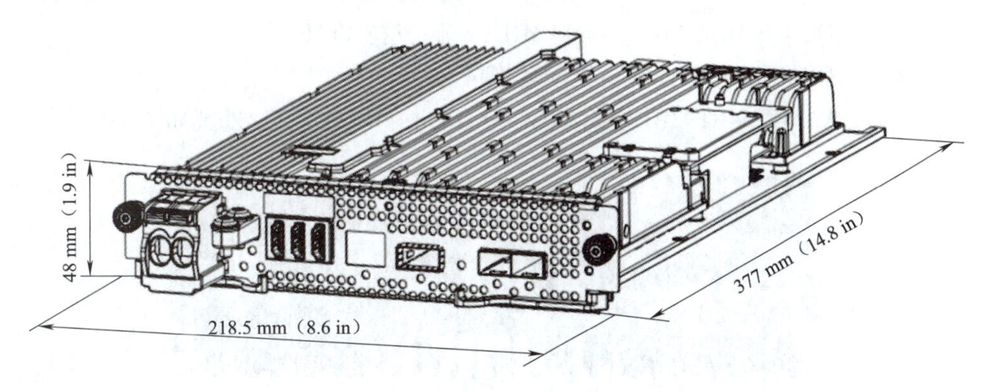

图 7-14　ASIK 模块的外观及尺寸

ASIK 主要提供各种接口，包括 2 个 SFP28 的回传的光接口，支持 2 × 10 Gbit/s 或者 25 Gbit/s传输速率；支持同步信号的输入/输出；通过系统模块扩展接口(QSFP +,4 ×10 Gbit/s)实现与其他系统模块的连接。ASIK 的主要单元功能如下：

- 2 EIF(SFP28)：回传接口 2 ×10 或 25 GE。
- 1 SEI(QSFP +)：系统间连接接口，4 ×10.1 GE。

- 1 LMP(RJ-45):本地维护接口,1 GE。
- 1 SIN(HDMI):同步输入接口。
- 1 SOUT(HDMI):同步输出接口。
- 1 EAC(HDMI):外部告警和控制接口。
- 1 DC 输入接口(直流输入接口):-48 V DC。

诺基亚 Airscale Capacity(ABIL)板卡是诺基亚 AirScale 系统模块的室内基带处理板卡。通过增加诺基亚 AirScale 容量板卡,可以灵活扩展诺基亚 AirScale 系统模块的处理能力。ABIL 占用 19 英寸机框的半个框,一个 AirScale 半框支持 3 片 ABIL 板卡,全框可以支持 6 片 ABIL 板卡。ABIL 上有 4 个光接口可以连接 5G AAU/RRH/ASi HUB 等,其中两个接口是 QSFP+/QSFP28 的口,两个为 SFP+/SFP28 的口。

③常用光模块。具体有以下 2 种:

- S1 接口光模块:每个 AirScale 半框配置一个,光口支持 10 GE/25 GE 速率。
- BBU-RRU 光接口模块:直接插在 AirScale 的 ABIL 板卡以及各型号 AAU/RRU 上使用,能够提供 10/25 Gbit/s 的传输能力。

2.2.5G AAU RRU 射频模块

①5G AAU/RRU 射频模块型号如下:

- 宏基站 AAU:

型号 1:AEQA UL/DL 3 400 ~3 600 MHz,16 流,支持 64T64R。

型号 2:AEQB UL/DL 3 400 ~3 600 MHz,16 流,支持 64T64R。

- 有源室分 ASi:

型号 1:AWHQA UL/DL 3 400 ~3 600 MHz,4 流,支持 4T4R。

型号 2:AWHQJ UL/DL 3 400 ~3 600 MHz,4 流,支持 4T4R。

型号 3:AWHQC UL/DL 3 300 ~3 600 MHz,4 流,支持 4T4R。

②5G AAU/RRU/ASi 射频模块电器配套规格。

- AirScale MAA 64T64R192AE B42200W AEQA,其 AEQA 接口、外观如图 7-15 所示。

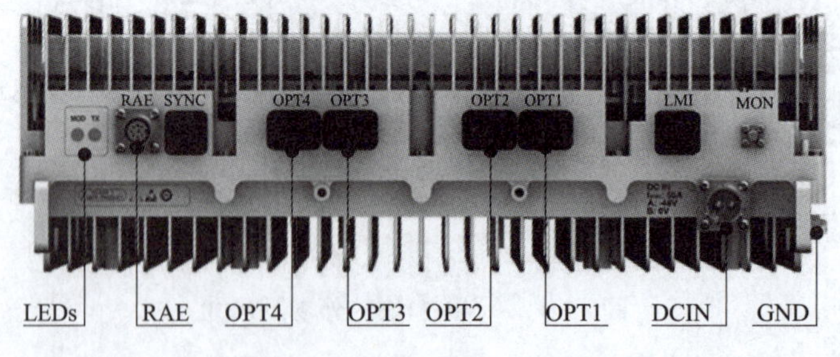

图 7-15 AEQA 接口、外观

AEQA 参数见表 7-6。

- AirScale MAA 64T64R192AE B42200W AEQB,参数见表 7-7。
- 5G ASiR pRRH AWHQA/J/C,接口和外观如图 7-16 所示。

表 7-6　AEQA 参数

工作频段	3 400 ~ 3 600 MHz
下行调制方式	256 QAM
TX/RX 通道数	64T/64R
工作带宽	100 MHz
EIRP	78 dBm
天线阵子数	192
尺寸	1 110 mm × 480 mm × 170 mm
体积	79 L
重量	47 kg
供电	DC −40.5 V ~ −57 V
耗电量	≤1 050 W
前传接口	4 × QSFP + 9.8 Gbit/s CPRI rate

表 7-7　AEQB 参数

无线支持	5G 多用户 MIMO 的数字波束赋形
工作频段	n78 3 400 MHz ~ 3 600 MHz
工作带宽	100 MHz
下行调制方式	256 QAM
上行调制方式	64 QAM
天线阵子数	192
通道数	64
MIMO 流数	16
支持用户数	1 200 连接用户/800 激活用户
输出功率	200 W
EIRP	78 dBm
前传接口	2x SFP28
重量	40 kg
尺寸	750 mm × 450 mm × 225 mm
功耗	≤900 W
供电方式	直流

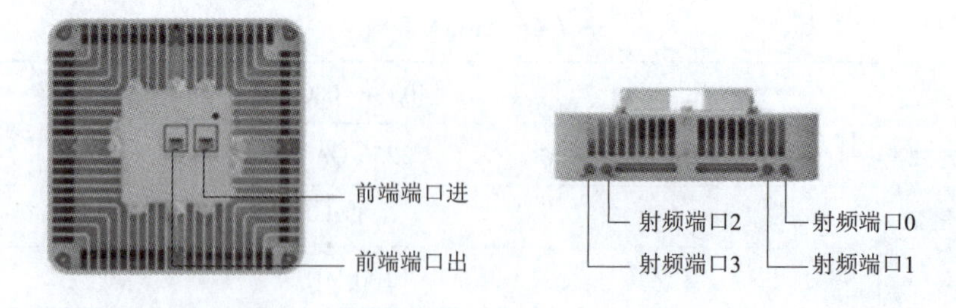

图 7-16 AWHQA/J/C 接口和外观

● ASiR Multi-RAT Hub APHA，可以同时支持 4G/5G。5G ASi Hub 接口和外观如图 7-17 所示。

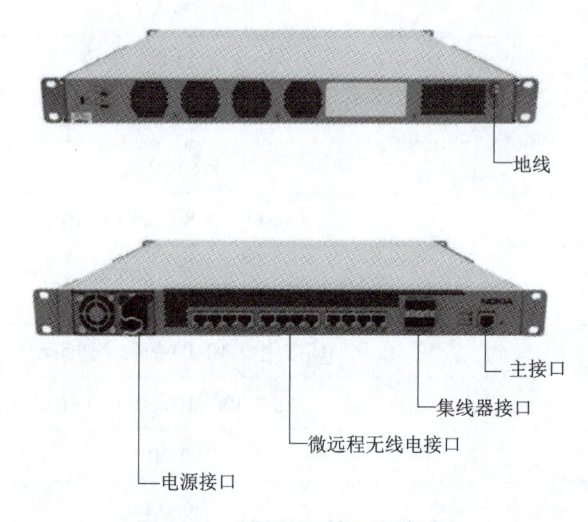

图 7-17 ASi Hub 接口和外观

ASiR Multi-RAT Hub APHA 参数见表 7-8。

表 7-8 ASiR Multi-RAT Hub APHA 参数

无线支持	FDD、TDD、DAS-RF
功　能	CPRI 至 CPRI Ethernet 承载转换
	PoE + + 电源支持
尺　寸	1U(438 mm × 43.6 mm × 360 mm)，<10 kg
供　电	100 ~ 240 VAC 50/60 Hz
输出端口	IEEE 802.3bt Type 4 compliant PoE interface
PoE 电源输出	94 W per port
接　口	12 × 10 GBaseT 用于 ANT
	4 × 9.8 GHz CPRI 用于 BBU 或 mHub 级联

7.2　5G 基站站址选择

5G 站址规划与 4G 站址规划类型采用“宏 + 杆 + 室”三层立体组网，从 5G 与 4G 上下行覆盖半径对比可知，5G 覆盖主要是上行半径受限。可通过 4G/5G 协同，采用上行覆盖增强(SUL)技术利用 4G 上行对 5G 上行进行增强。所以，初期建设采用与 4G 宏站同址建设，是快速开通 5G 的最经济、快捷方式。由于原来城区站址基本均存在多运营商和 2G/3G/4G 多系统多天线的情况，同址新建 5G 原来的天面资源和电力系统压力大，可考虑采用宏站天馈整合和设备整合方式为 5G 设备腾空间。小基站在 4G 建设中使用异构网络的基本概念，利用宏蜂窝与微蜂窝促成多层蜂窝，促使多制式融合趋势的形成。然而，5G 无线网络将会变为多种无线技术，利用先进的技术进行结合，形成可靠密集网络的应用，促使小基站建设能够满足密集组网，并且能够迅速处理和建设室内外覆盖。

7.2.1　选址基本原则

1. 基站选址的难点

①由于地形及地面建筑物的不规则性，会造成信号强度覆盖不均匀。

②在 5G 网络中，相邻节点的传输损耗差别不大，这将导致多个干扰源强度相近，进一步恶化网络性能。

因此，在选址时，既要考虑覆盖要求，也要考虑与相邻基站、相邻系统间的干扰；而且在移动通信网中，不应只考虑一个基站的位置，还要整体把握网络布局。所以，站址选择应满足的一般原则包括方面：布局结构、话务分布、站址高度、干扰、周围配套和成本。

2. 站址布局结构

基站布局要与周边环境相匹配，基站之间要尽量形成理想的蜂窝结构。站址选取应在统一的规划指导下，结合网络实际情况进行选址。为确保实现较好的覆盖效果，实际选址位置偏离规划站址位置应控制在 $R/4$ 范围内(R 为基站覆盖半径)，以保持网络结构的合理性与稳定性。

3. 话务分布尽量集中

避免将小区边缘设置在用户密集区，良好的覆盖是有且仅有一个主力覆盖小区。

4. 站址高度高于周边平均高度

通常情况下，天线挂高宜高于周边建筑物平均高度 5 m 以上，确保覆盖效果。天线挂高应尽量保持一致，不宜过高，避免形成越区覆盖，且要求天线主瓣方向无明显阻挡，满足覆盖的需求。

①密集市区，基站天线挂高，宜控制在 20 ~ 40 m 之间。

②一般市区，基站天线挂高，宜控制在 20 ~ 50 m 之间。

③乡镇农村，基站天线挂高，宜控制在 35 ~ 50 m 之间。

④特殊情况下，如某建筑较为封闭的小区，在小区中心新建基站覆盖本小区，天线挂高需要低于小区建筑物平均高度。

5. 基站应避免大的干扰源

大功率电台附近底噪较高，造成通话质量急剧恶化；频率相近的寻呼、微波设备也会产生互调干扰，造成掉话、通话质量差等问题。

6. 站点应考虑周边情况

站点的选择考虑好配套设施问题，能给基站的建设和维护带来便利。例如，交通方便能提高建设及维护的速度；市电供应良好能使基站更安全地运行；环境安全的地方，能减少移动通信设施被破坏的概率。

细则如下：

①山区选址，选择坡度小、远离悬崖或陡坡地段。

②平原选址，选择地势平缓地段（地势高者最好，方便排水）。

③不选废弃池塘，此地段地势低、地质条件差，排水问题较难解决。

④避开山区冲沟地带，此地段地质稳定性差。

⑤尽量避开河道、垃圾场（地址复杂）。

⑥尽量避开生产易燃易爆物品的工厂。

所有基站选址的选择都要考虑与建筑物之间应留有安全距离。

7. 尽量选择成本低的站址

在不影响总体布局的情况下，选取成本低的站址，对于企业的经营有利。例如，尽量选择没有青苗补偿的地方。

7.2.2 铁塔规划选址原则

在铁塔选址时应站在全网高度，统筹考虑各方面因素，满足网络要求，同时满足城乡规划发展的要求。铁塔选址应遵循以下准则：

1. 技术性要求

①站址选择应符合网络蜂窝拓扑结构要求。

②站址选择应满足无线网络覆盖要求和业务需求。

③站址选择应适应站址周围的无线电波传播环境，并考虑与其他移动通信系统的干扰隔离要求。

④按不同站型来考虑铁塔位置和天线安装位置，铁塔机房位置与天线安装位置尽量靠近。宏基站，铁塔天线位置比周围建筑物高出 8 ~ 20 m，四周 50 m 半径范围内无明显阻挡；微基站，选择人流密集、话务量高的地方，天线位置比周围建筑物低，覆盖视距的有限范围。

⑤为保障突发事件通信指挥调度、交通要道通信覆盖而设置的铁塔点应在规划中作战略考虑，应给予重点保护。

⑥对于靠近边界的铁塔，应该做好与相邻地区的沟通，细化本市边界铁塔的规划，把边界铁塔的覆盖范围限制在本地区内。

2. 经济性要求

①在满足站址技术要求的前提下应最大限度地利用公共设施物业，尽可能避开居民住宅。

②在满足电磁兼容要求和站址条件允许的前提和在技术可行的情况下，不同移动通信运营商应优先考虑采用共站的方式建设铁塔，以避免重复建设和满足城镇景观的要求。

3. 发展性要求

①站址的选取要与城乡规划相结合，与城镇建设发展相适应，考虑中长期城镇发展需要，并符合城镇建设和城镇市容景观的要求。

②在城区、镇区的铁塔的天线安装应采用天线支撑杆，并考虑建筑物上安装的天线与周围景物相融合的美观要求，以及电磁辐射环境保护要求；非城区铁塔因技术条件必需建造铁塔或通信杆。

③在城区和中心镇区原则上不再采用铁塔和独立通信杆，在用其他方法无法解决的情况下，城区和中心镇区才可考虑适当建造铁塔或通信杆满足天线安装高度要求，但必须严格执行城乡规划管理规定，并考虑城镇周围景观及电磁辐射环境保护要求，且新建的铁塔和通信杆必须考虑满足与其他运营商共用站址的条件。

④在城镇道路（包括城镇主干道、城镇次干道、城镇支路）两旁的第一排建筑物上尽量避免新建铁塔。如果需要新建铁塔、其铁塔天线须采用美化天线。

⑤规划中的站址布点作为项目建设的初步规划选址意向，在符合规划原则的前提下，铁塔建设实施过程中可根据实际情况做适当调整。

4. 安全性要求

①站址选择必须满足安全要求，确保网络设备运行的安全。

②不应选择在易燃、易爆的仓库和材料堆积场，以及在生产过程中散发有毒气体、多烟雾、粉尘、有害物质或者容易发生火灾、爆炸危险的工业企业附近设置。

③铁塔天线主射方向100 m范围内、非主射方向80 m范围内一般不得有高于天线的学校、医院、幼儿园、住宅等敏感建筑物。

④铁塔不宜在大功率无线电发射台、大功率电视发射台、大功率雷达站和具有电焊设备、X光设备或生产强脉冲干扰的热合机、高频炉的企业或医疗单位附近设置。

⑤铁塔建设前应由具备资质的电磁辐射监测机构对拟建地点以及周围环境的电磁辐射水平进行监测，其公众照射导出限值的功率密度一般大2于20 $\mu W/cm^2$ 地区不宜建设铁塔。

⑥铁塔应避免设置在雷击区。

5. 工程可实施性要求

①站址选择需要综合考虑机房面积、负荷、天线架设的可行性和合理性等工程实施因素。

②铁塔站址宜选在有适当高度的建筑、高塔和可靠电源可资利用的地点。

③站址选用机房时，应根据铁塔设备重量、尺寸及设备排列方式等对楼面荷载进行核算，以便决定采取必要的加固措施并根据需要适当增加机房面积。

④本规划实施以前，已设置的铁塔站址原则上保留不变，但对经评估核实影响较大，确需要改造的铁塔应落实相关外观整治措施。

7.2.3　塔桅选用原则

塔桅选型应根据具体场景、建设需求及塔桅特点灵活使用，并依据“安全、适用、经济、美观”的原则综合确定，具体见表7-9。

表7-9 塔桅选型方案

序号	典型场景	推荐塔型
1	工业开发区、大型工矿企业等市郊区域、县城、乡镇、农村等，对景观要求低、易于征地的区域	角钢塔
2	工业开发区、大型工矿企业等市郊区域、县城、乡镇、农村等，对景观要求较低、易于征地的区域。三管塔具有占地面相对积小的特点，对于征地面积要求较低，具有更好的适用性	三管塔
3	城市市区和市郊、居民小区、高校、商业区、景区、工业园区、铁路沿线等有一定景观需求的区域	单管塔
4	城市广场、体育场馆、公园、景区等有景观需求区域	双轮景观塔、灯杆景观塔
5	重点市政道路两侧等有景观需求、且天线挂高要求低的区域	路灯杆塔
6	偏远城市郊区、农村等对景观化要求低的地区的楼房屋面，民扰小的地区的楼房屋面，挂载天线数量需求少	屋面拉线塔
7	偏远城市郊区、农村等对景观化要求低的地区的楼房屋面，民扰小的地区的楼房屋面，挂载天线数量需求多	屋面增高架
8	公园、景区等有景观需求的区域	仿生树
9	网络优化，快速覆盖区域；局部热点，扩容补盲区域；居民阻挠，疑难站点区域；城区改造，拆迁施工区域；管线密布，不可开挖区域；应急通信，信号保障区域；市政规划，临时覆盖区域	便携式塔房一体化
10	拉线塔占地面积大，因此在开阔山区、农村应用较多	地面拉线塔
11	偏远城市郊区、农村等对景观化要求低的地区的楼房屋面，民扰小的地区的楼房屋面，对天线挂高要求低	屋面支撑杆
12	城市市区和市郊等有一定景观需求的楼房屋面	屋面美化杆、屋面美化外罩

移动通信中，信息通信基础配套设施重要的一部分是塔桅，其分类说明见表7-10。

表7-10 塔桅分类说明

塔桅分类	具体类型
落地塔	单管塔（路灯杆、美化塔）、角钢塔、三管塔、塔房一体化
楼面塔	拉线塔（拉线桅杆、增高架）、楼面抱杆、其他（美化天线）

7.3　参数规划

作为移动通信网络,5G 无线规划与 4G 类似。5G 网络基于毫米波、大规模 MIMO 等新技术,在规划上必须考虑其系统性能,发挥新技术的特性;规避其劣势,以有效发挥高速传输、高频谱效率的技术优势。

所需规划的无线参数主要有站点经纬度、天线高度、方位角、下倾角、波束、小区参数、跟踪代码 TAC、PCI、PRACH 以及邻区等。这些参数也是 5G 和 4G 网络规划的关键差异。

7.3.1　主要公共参数规划要点

1. NCGI 规划

NCGI 是 5G 网络中服务小区的全球唯一识别码;它由国家代码、运营商和小区代码构成,如图 7-18 所示。

①NCGI = PLMN + Cell Identity。

②PLMN = MCC + MNC。

③Cell Identity = gNB ID + Cell ID。

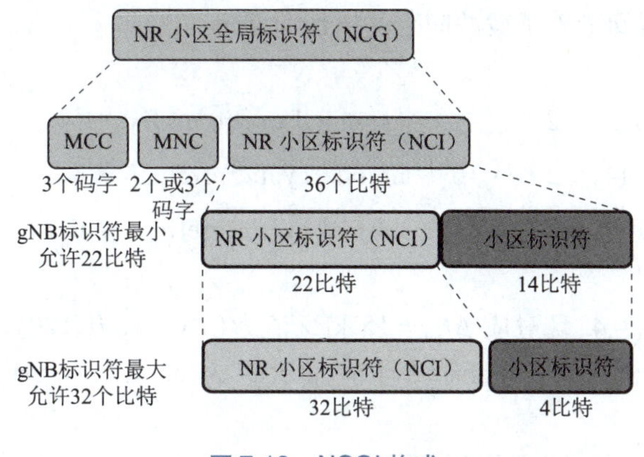

图 7-18　NCGI 构成

(1)5G 小区标识

①5G 网络小区标识(NCI)由 36 位构成,包括 gNB ID 和 Cell ID。

②gNB ID 可配置 22 ~ 32 位,其他 22 位用于 CI(小区识别)分配。

③gNB ID 可分配 2^{22} +1 =4 194 305 个,取值范围为 0 ~ 4 194 304(此取值范围足够支持大多数网络服务商的需求,大型网络在部署大量微小区时可能需要更多 gNB ID)。

④gNB ID 可分段分配:0 ~ 50 000 用于宏小区;50 001 ~ 250 000 用于微小区。这样通过 ID 就能够识别小区属于宏小区还是微小区。

(2)5G 中 DU 和 CU 规划

通常,gNB ID 分配 22 位,小区 ID 剩下 14 位,因此一个 gNB 可提供 2^{14} = 16 384 个小区 ID,取值范围 0 ~ 16 383。

①16 384个小区ID已经足够多,它是单个基站可支持的小区数量。

②在CU/DU架构用于gNB时,单个gNB的小区数可能会变高。例如,1个CU可以最高支持250个DU,而单个DU可以支持12个小区。

③在将CU/DU架构用于gNB时也可以根据DU信息进行小区ID的规划,如前4位可用于标识小区,后3位可用于标识载波,其余7位可用于标识DU。

2. 循环前缀

循环前缀(CP)是指一个符号前缀,无线系统中这个前缀在OFDM末端重复。接收端通常配置是丢弃循环前缀样本,CP可用于抵消多重路径传输影响。

5G(NR)中CP开销与LTE相同,设计思路与LTE相似。CP设计是确保在不同的SCSs(多个子载波间隔)值和参数集(μ = 15 kHz)之间符号对齐。例如,1 kHz一个Slot的7个符号驻留时间为0.5 ms,包括每个符号的CPs(多个循环前缀)和μ = 30 kHz的一个Slot大约有14个符号,包括每个符号间隔相同的0.5 ms。所以,CP长度是适应的子载波间距(fsc)。

①5G(NR)中CP特点如下:

- 3GPP定义了两种CPs,即普通循环前缀(NCP)和扩展循环前缀(ECP)。
- 所有子载波间隔都指定了NCP。
- ECP目前规定只是应用于子载波间隔60 kHz。
- 如果使用标准CP(NCP),每0.5 ms出现首个符号的CP比其他符号的CP长。
- 循环前缀持续时间随着子载波间距的增加而缩短。

②CP长度计算公式如下:

$$N_{\mathrm{CP},l}^{\mu}=\begin{cases}512_{K}\cdot 2^{-\mu} & \text{extended cyclic prefix}\\ 144_{K}\cdot 2^{-\mu}+16_{K} & \text{normal cyclic prefix}, l=0 \text{ or } l=7.2^{\mu}\\ 144_{K}\cdot 2^{-\mu} & \text{normal cyclic prefix}, l\neq 0 \text{ and } l\neq 7.2^{\mu}\end{cases}$$

说明:

- μ取值为0、1、2、3、4,且对应Δf_{ref} = 15 kHz值为(15、30、60、120、240)kHz。k的取值为一个常数k = 64。同样cyclic prefix循环前缀对应为normal、normal、(normal, extended)、normal、normal。
- CP长度计算公式根据3GPP TS 38.211协议5.3节描述得出,如有需要请自行查阅。
- 以子载波间隔为30 kHz,包含14个OFDM符号为例,则子载波间隔配置参数μ = 1,且仅支持normal CP。
- 一个时隙内的CP总长度33.3 μs,其开销占比为33.3 μs/0.5 ms×100% = 6.67%。
- 对于60 kHz子载波间隔以及扩展的Extended CP,CP长度恒定。
- 对于其他情况,每隔0.5 ms有一个OFDM符号的CP较长,其余OFDM符号的CP长度相同,即在1 ms的一个子帧内有两个长CP的OFDM符号。具体的,长CP比短CP长出1 024个5G-NR时间单位。5G-NR中的时间单位定义为T_{C} = 1/480×4 096 ms。

7.3.2 频率、频段(带)规划要点

5G网络频段范围大,包括2~6 GHz的低频段到28~80 GHz的高频段;不同的频段,其覆盖特性和载波容量能力决定了其不同应用场景和应用环境。作为新一代无线接入技术5G

(NR)使用的频段有两个:FR1 和 FR2。

①FR1:sub 6 GHz;频率:410 ~ 7 125 MHz;双工模式:FDD,TDD,SUL/SDL。

②FR2:毫米波;频率:24.25 ~ 52.6 GHz;双工模式:TDD。

其中,FR1 支持最大带宽 100 MHz;FR2 支持最大带宽 400 MHz;规划中可根据运营商频段资源进行灵活运用。

1. 业务场景

Sub 6 GHz 是5G 使用的主要场景,其中 3 300 ~ 4 200 MHz 和 4 400 ~ 5 000 MHz 适合在广域覆盖和良好容量之间提供最好的选项。6 GHz 以上是提供大容量必不可少的频段,也是提供 5G eMBB 应用所需要极高数据传输速率的频段。

2. 覆盖场景

Sub 6 GHz 频段基站覆盖能力较强,有一定绕射能力和建筑穿透能力,适合作为广覆盖频段,用于覆盖城市室内外及郊区、重要场景、道路等。6 GHz 以上频段基站覆盖能力受限,信号绕射能力差,受阻挡后信号衰减大,信号穿透能力很弱;适合于小范围的热点区域覆盖。

7.3.3 PCI、TA、PRACH 及 NR 邻区规划要点

1. PRACH 规划

5G 网络支持的移动速率达到 500 km/h,网络支持更高的频段;为此 3GPP 在 R15 版本中在 PRACH(物理随机接入信道)前导码循环移位前导集(限制集 A)之后,引入了新的限制集(限制集 B)。

5G NR 随机接入过程与 LTE 类似,也包括随机接入过程初始化、随机接入资源选择、随机接入信号发射、随机接入响应接收和竞争解决等步骤。其中,随机接入资源选择包括选择随机接入信号的前导码、初始发射功率、频率等,直接影响了随机接入的成功率。下面主要分析随机接入信号的规划,包括与设计密切相关的 PRACH 前导格式规划,NCS(网络通信标准)规划和根序列规划。

2. TA 规划

5G 中的 TA(trace area,跟踪区)与 LTE 相似。在 5G 系统中 TA 有四方面作用:

①终端寻呼:网络对其覆盖范围内终端按照跟踪区进行寻呼。

②TA 更新:终端在不同跟踪区间移动时,需要进行跟踪区更新(TAU)。

③周期 TA 更新:终端在跟踪区内,需周期性地进行跟踪区更新。

④重新 TA 更新:终端返回 5G 网络时,重新进行跟踪区更新。

TA 规划时需要注意三方面:

①5G 与 4G 协同:建网初期 5G 网络覆盖受限,终端将频繁与 5G 与 4G 系统间进行互操作,从而引发系统重选和位置(跟踪)区更新,增加信令负荷和终端耗电。因此,在规划时 5G 与 4G 的 TA 尽量相同。

②覆盖范围合理:TA 规划范围应适度,不能过小或过大。若 TA 范围过大,网络在寻呼终端时,寻呼消息会在更多小区发送,导致 PCH(寻呼信道)负荷过重,同时增加空口信令;若 TA 范围过小,则终端发生位置(跟踪)区更新的机会增多,同样会增加系统负荷。

③地理位置区分:主要是充分复用地理环境减少终端位置更新和系统负荷。其原则同 LA/RA(位置区/路由区)类似。例如,利用河流、山脉等作为位置区边界,尽量不要把位置区域边界划分在业务量较高的区域,在地理上应该保持连续。

3. PCI 规划

每个 5G NR 小区都有一个物理小区 ID(PCI)用于无线侧标识该小区;5G NR 中 PCI 规划与 LTE 网络 PCI、3G UMTS(通用移动通信系统)中的扰码规划非常相似;错、乱、差的规划将影响信号同步、解调和切换,降低网络性能;与 LTE 相比 NR 的 PCI 规划将相对简单,这是由于 5G NR 比 LTE 多一倍。

5G NR 中有 1 008 个 PCI,LTE 有 504 个。计算公式如下:

$$N_{\mathrm{ID}}^{\mathrm{cell}} = 3N_{\mathrm{ID}}^{(1)} + N_{\mathrm{ID}}^{(2)}$$

$N_{\mathrm{ID}}^{(1)}$ = 次同步信号(SSS),其范围为{0, 1,…,335},辅同步信号(ss)取值(0,1,…,335), $N_{\mathrm{ID}}^{(2)}$ = 主同步信号(PSS),其范围为{0,1,2}主同步信号(PSS)取值(0,1,2)。PCI 与 PSS、SSS 的关系如图 7-19 所示。

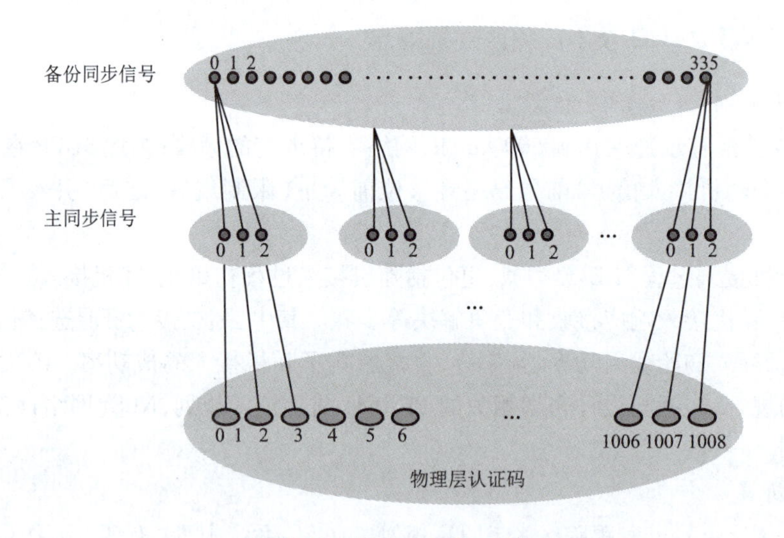

图 7-19 PCI 与 PSS、SSS

5G NR 网络 PCI 规划原则,免 PCI 碰撞作为网络规划原则,相邻小区之间不能使用相同 PCI。如果邻区使用同一个 PCI,越区覆盖区域,初始(小区)搜索中只有一个小区能够同步,这种情景称为碰撞。

物理上间隔使用 PCI 可避免 UE 收到多个(相同 PCI)小区信号,需要尽量增大 PCI 复用距离。PCI 碰撞将延迟 UE 在重叠覆盖区域的下行同步,引起高误块率、物理信道解码失败,或切换失败,如图 7-20 所示。

避免 PCI 混淆,即两个相邻小区不能使用相同 PCI。当 PCI 相同时,(准备)切入 UE 所在的基站将搞不清目标小区,混淆目标小区。邻小区之间不能使用相同 PCI,避免这种情景出现的方法是尽量增大 PCI 复用层数,图 7-21 所示。

网络性能影响最小化基于不同物理层信号(PSS、DMRS、SRS)设计、(PUSCH、PUCCH)信道和时域分配;PCI 规划时须考虑以下模(MOD)的影响,减少相互干扰。在每种模下 UE 应尽量减少同时收到以下多个 PCI 模式的影响:

①CI MOD 3。

②PCI MOD 4。

③PCI MOD 30。

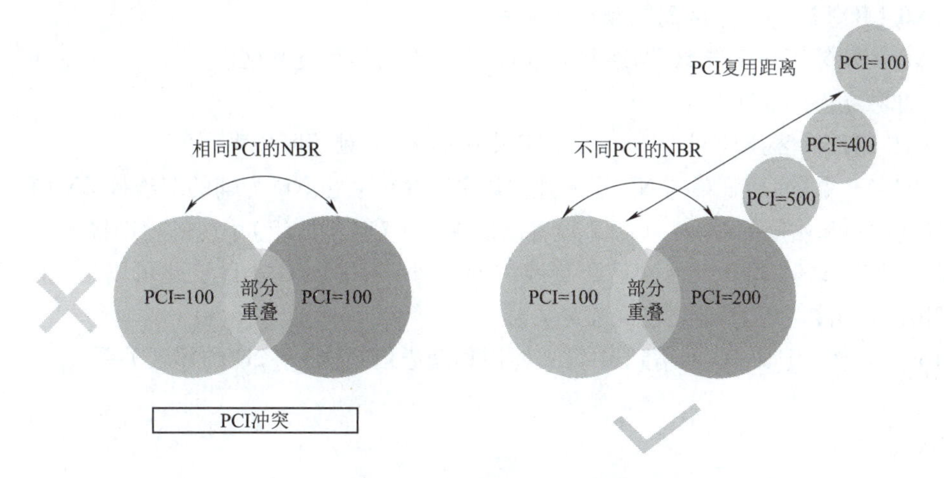

图 7-20　邻区和越区覆盖使用相同 PCI

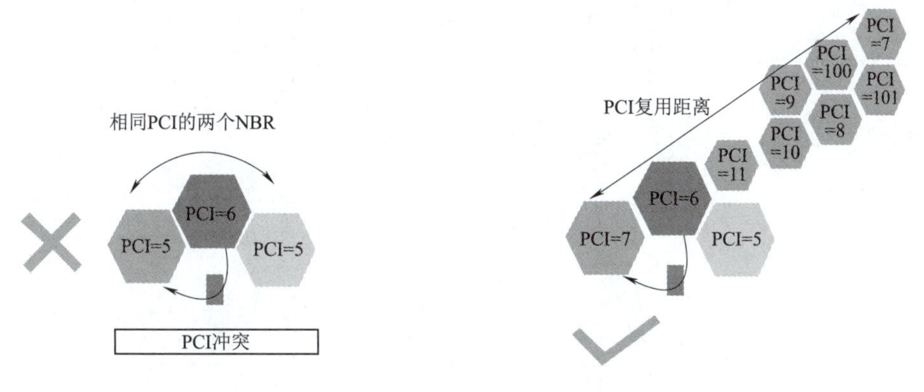

图 7-21　邻区 PCI 相同和 PCI 利用距离

例如,PCI 模 3,邻区中存在 PCI = 25 和 28,它们的 MOD 3 值都为 1。

PCI 模 3 原则:这是由于 PCI 是由 PSS 生成的;网络中只有 3 个 PSS(0,1,2)循环利用;小区的"PCI 模 3"相等,其 PSS 也相等。这将影响 UE 对小区的识别和信道估计错误,其将影响同步和用户感知。

PCI 模 4 原则:这是由于在 PBCH 信道子载波位置上的 DMRS 原因;承载 DMRS 的子载波位置遵循"除 4"原则;如果邻区间 PCI 除 4 结果相同,其 DMRS 之间将相互干扰(SSB 上位置相同,相互干扰)。

PCI 模 30 原则:CH/PUSCH(信道/下行物理共享信道)上的 DMRS 和 SRS 都是根据 ZC 序列生成,每个根有 30 组,它们的根都与 PCI 相关,因此邻区之间不能有相同的"PCI 除 30",否则小区间将产生上行干扰。

4.5G NR 邻区规划

5G 网络在特定模式下可将某邻小区列入黑名单或将功率偏滞设置在特定小区,以便空闲态下的终端尽快重选。独立组网(SA)和非独立组网(NSA)邻区规划原则如下:

(1)独立组网邻区关系

①NR-NR 邻区:NR 小区间同频和异频邻区。

②NR-LTE 邻区:4G 与 5G 网络共存,LTE 小区作为异系统邻区。

(2)非独立组网邻区关系

①LTE-LTE 邻区:LTE 小区与另一 LTE 小区同频、异频邻区关系。

②LTE-NR 邻区:LTE 可与 NR 小区建立以 BUTRA 为主、NR 为辅的双连接 EN-DC 邻区关系;通过基站到基站间的逻辑接口 X2 设置添加主 SCG(辅小区组)小区的辅助接入点。

③NR-NR 邻区:NR 与 NR 小区可更改主 SCG 小区;主 SCG 小区变化可以是频内 gNB 或频间 gNB;NR 相邻小区间必须建立邻区关系。

R15 标准中不定义 5G 网络到 UMTS(通用移动通信系统)和 2G 的邻区关系。

优化篇

随着5G移动通信技术的不断发展，其网络优化工作也变得越来越重要。5G移动通信系统具有更高的传输速率、更低的延迟和更大的连接密度等特点，这使得其在物联网、自动驾驶、虚拟现实等领域的应用前景非常广阔。然而，要充分发挥5G移动通信技术的优势，需要进行有效的网络优化工作，以确保其性能和用户体验达到最佳状态。

本篇将介绍5G移动通信系统的网络优化工作的基本流程和方法。首先，需要对5G移动通信系统的网络结构进行分析，确定网络中存在的瓶颈和问题。然后，根据分析结果制定相应的优化方案，包括调整网络参数、优化路由算法、改进信号处理等措施。最后，通过测试和评估来验证优化效果，并不断迭代优化方案，以实现持续的性能提升。

在实际的网络优化工作中，还需要考虑多方面的因素，如安全性、可靠性、稳定性等。因此，网络优化工作需要与系统集成、软件开发等多个领域密切合作，形成完整的解决方案。同时，还需要不断关注业界最新的技术和趋势，及时引入新的优化方法和技术，以保持竞争力和创新性。5G移动通信系统的网络优化工作是一个长期而复杂的过程，需要不断地投入时间和精力。只有通过不断的实践和探索，才能实现5G移动通信技术的真正价值和应用潜力。

第8章 5G信令流程解

本章导读

在网络中传输着各种信号,其中一部分是人们需要的(例如打电话的语音、上网的数据包等),而另外一部分是人们不需要的(只能说不是直接需要),它用来专门控制电路,这一类型的信号称为信令。信令不同于用户信息,用户信息是直接通过通信网络由发信者传输到收信者,而信令通常需要在通信网络的不同环节(基站、移动台和移动控制交换中心等)之间传输,各环节进行分析处理并通过交互作用而形成一系列的操作和控制,其作用是保证用户信息的有效且可靠的传输。因此,信令可看作整个通信网络的控制系统,其性能在很大程度上决定了一个通信网络为用户提供服务的能力和质量。

信令是一种消息机制,通过这种机制,通信网用户终端以及各业务节点之间可以相互交换各自的状态信息,还能提供对其他设备的解析要求,从而使网络作为一个整体运行。

本章主要对5G移动通信网络的NSA和SA的相关信令流程进行解读,以便加深学员对5G NR常见信令流程的理解,为以后从事网络优化分析打下良好的理论基础。

本章知识点

①5G信令流程的基础知识。
②5G的开机入网信令流程。
③5G的上下文管理信令流程。
④5G的会话管理信令流程。
⑤5G的寻呼流程。
⑥5G的切换流程。

8.1 5G信令基础概述

在前面学习到5G的网络架构有NSA和SA两种组网模式,所以信令也分为NSA组网信令流程和 SA 组网信令流程。其中,NSA 组网时控制面板在 4G 侧,所以 NSA 组网信令流程遵循 4G 的信令流程(本章不会重点介绍);5G SA 采用了独立的 5G 核心网(5GC),其信令流程也采用了独立的信令流程,和传统的 4G 信令流程有一定的差异(5G SA 架构实现是目前和今后的主流趋势,是本章介绍的重点)。同时,信令流程中也会涉及网络架构、用户标识、系统消息等基础知识。5G NR 的端到端(E2E)信令流程概览如图 8-1 所示。

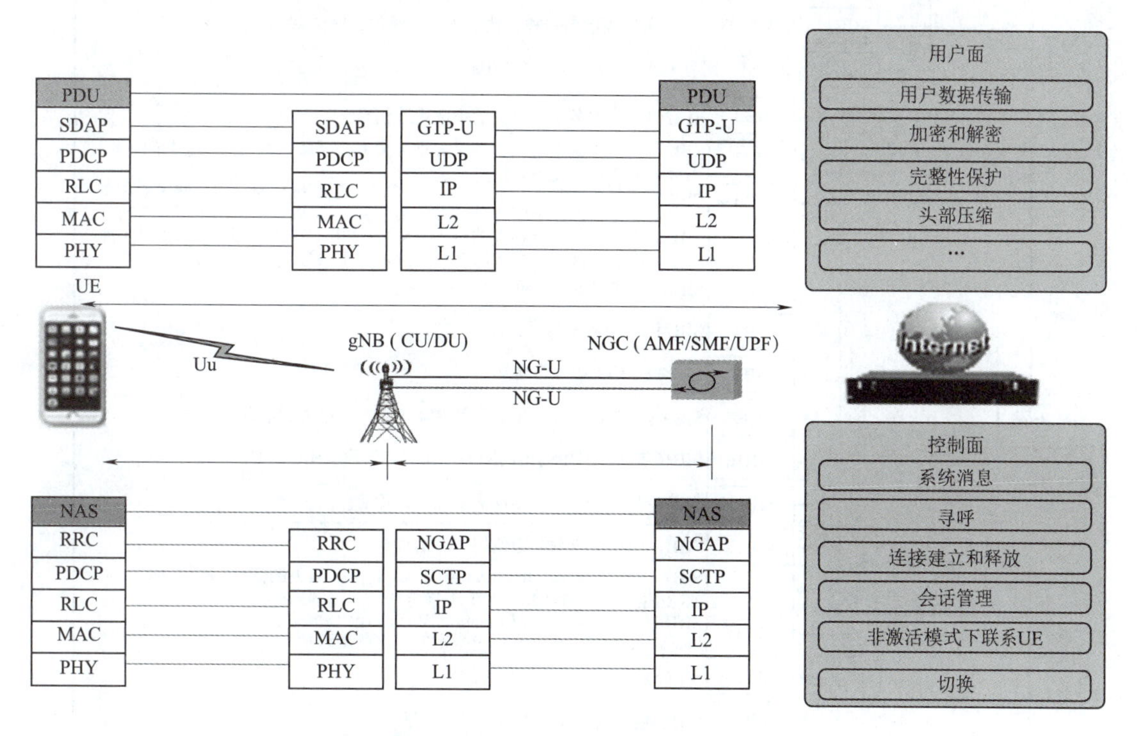

图 8-1 5G NR 端到端信令流程概览

8.1.1 5G NR 系统消息

系统消息是无线网络通过广播信道(BCCH)向终端(UE)广播的系统配置和接入等信息;在系统消息块中包含终端进行小区选择、重选、切换等流程所需的特定信息。由于技术不同,每种无线通信网络的系统消息各有不同。

1. 5G NR 系统消息

5G NR 系统消息:由 1 个 MIB(主消息块)和若干 SIB(系统消息块)消息组成,它们为 Minimum SI 和 Other SI 两类,其具体包含类型及对应功能如图 8-2 所示。

2. 系统消息的获取

(1)系统消息获取流程

系统消息的获取由无线侧发起,具体信令流程如图 8-3 所示。

(2)系统消息变更指示

使用修改周期,即在发送 SI 改变指示的修改周期之后的修改周期中广播更新的 SI。修改周期边界由 SFN(系统帧号)值定义,SFN mod $m=0$,其中 m 是包括修改周期的无线帧的数量。

修改周期由系统信息配置。UE 通过 DCI 与 P-RNTI 一起发送的短消息来接收关于 SI 修改或 PWS(公共警告系统)通知的指示。SI 改变指示的重复可以在先前的修改周期内发生。

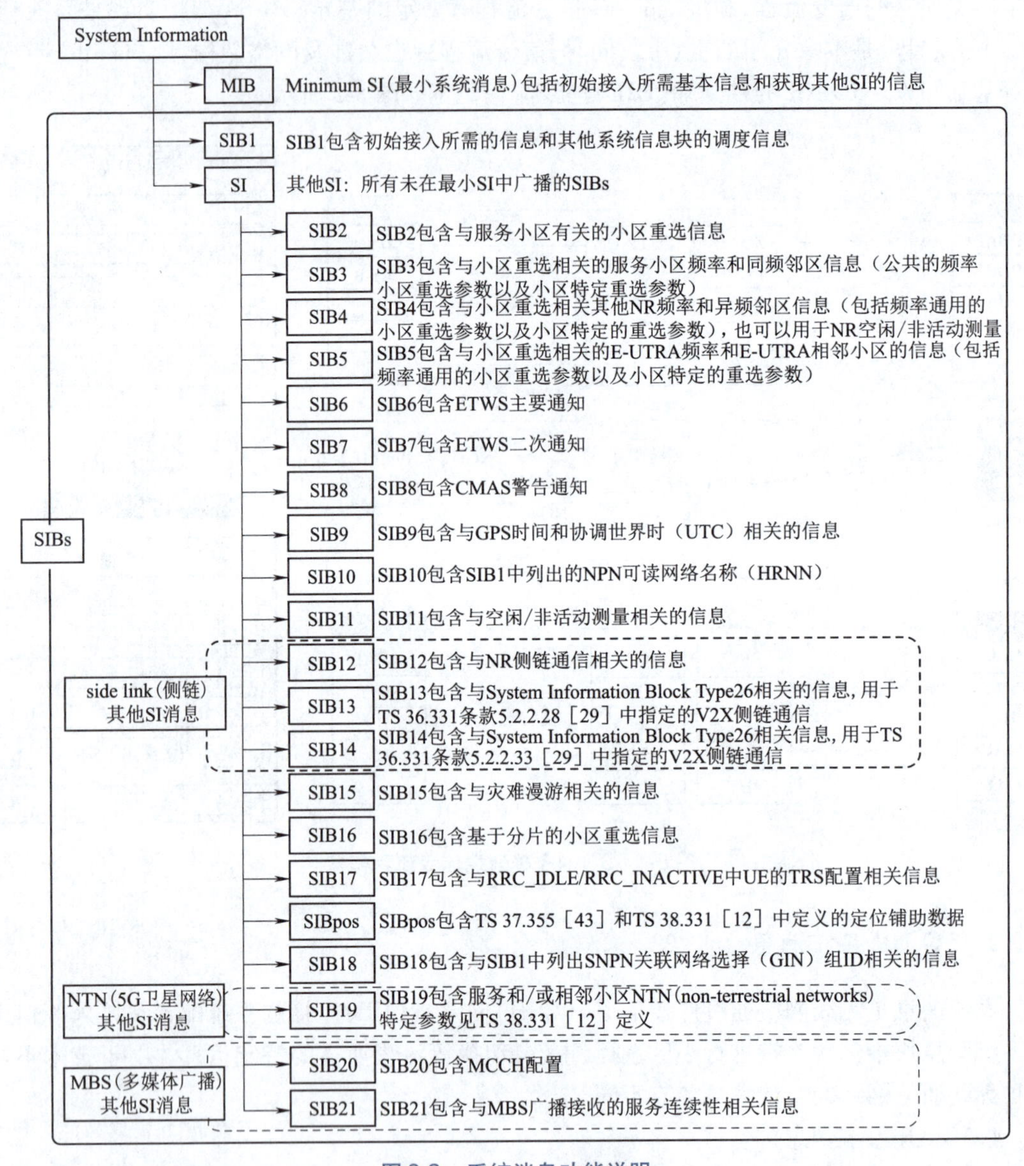

图 8-2　系统消息功能说明

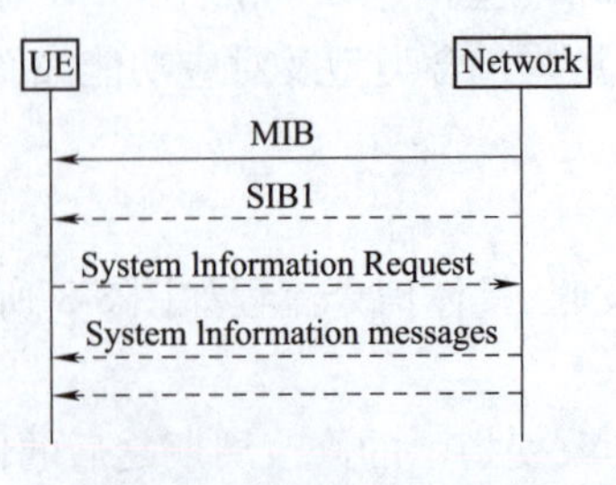

图 8-3　系统消息获取

处于 RRC_IDLE 或 RRC_INACTIVE 中的 UE 将在每个 DRX(非连续接收)周期中在其自己的寻呼时机中监视 SI 改变指示。如果在活动 BWP 上为 UE 提供公共搜索空间以监视寻呼，则 RRC_CONNECTED 中的 UE 将在每个修改周期中监视任何寻呼时机中的 SI 改变指示至少一次。

在 RRC_IDLE 或 RRC_INACTIVE 中的 ETWS 或具有 CMAS 能力的 UE 将在每个 DRX 周期中在其自己的寻呼时机中监视关于 PWS 通知的指示。如果在活动 BWP 上向 UE 提供公共搜索空间以监视寻呼，则 RRC_CONNECTED 中的 ETWS 或具有 CMAS(商用移动告警服务)能力的 UE 应当在每个 Default Paging Cycle(默认寻呼周期)中监视关于任何寻呼时机中的 PWS 通知的指示。

对于寻呼时机中的短消息接收，UE 监视用于寻呼的 PDCCH(物理下行控制信道)监视时机。

3. 终端(UE)系统消息处理

为驻留小区/频率，UE 在接收到系统消息后不需要从另一个小区/频率层获取该小区/频率最小 SI 内容；终端(UE)应用此前已存储的接入小区 SI 参数。此外，对于 RRC_IDLE 和 RRC_INACTIVE 中的终端(UE)其 SDT(小数据传递技术)过程未进行；对其他 SI 的请求触发随机接入过程；其中，MSG3 包含 SI 请求消息，除非请求的是 SI 和 PRACH(物理随机接入信道)资源的子集，在这种情况下 MSG1 用于指示所请求的其他 SI。当使用 MSG1 时，请求的最小粒度是一个 SI 消息(即一组 SIB)，一个 RACH(随机接入信道)前导码和/或 PRACH(物理随机接入信道)资源可用于请求多个 SI 消息，gNB 在 MSG2 中确认请求。当使用 MSG3 时，gNB 在 MSG4 中确认请求。

对于 RRC_CONNECTED 中的 UE，如果网络配置可以专用方式(即通过 UL-DCCH)向网络发送对其他 SI 的请求，并且请求的粒度是一个 SIB。gNB 可以使用包含请求 SIB 的 RRC Reconfiguration(RRC 重配置)进行响应。决定以专用或广播方式传送哪些请求的 SIB 是一种网络选择。

如果终端(UE)无法通过从该小区接收来确定该小区最小 SI 的全部内容，则应认为该小区被禁止。

在 BA(宽带分配)的情况下，UE 仅在激活 BWP 上获取 SI。

4. 系统消息调度

5G 无线网络中 MIB(主信息块)消息映射到 BCCH(广播控制信道)并在 BCH(广播信道)上承载，而所有其他 SI 消息都映射在 BCCH 上通过 DL-SCH(下行同步信道)动态承载；其他 SI 消息部分调度在 SIB1 中指示。其他 SI 也可在 UE 的 RRC_IDLE/RRC_INACTIVE/RRC_CONNECTED 中请求时广播。

对于允许驻留在小区上的 UE，必须从该小区获取最小 SI 内容。系统中可能存在不广播最小 SI 小区，因此 UE 无法驻留。

5. 系统信息更新

系统信息更新(除 ETWS/CMAS)只发生在特定无线帧，即使用修改周期概念。系统信息可以在修改周期内以相同的内容传输多次，修改周期由系统信息配置。

当网络更新系统信息时，首先将此更改通知给 UE，这可以在整个修改期间完成。

在下一个更新周期网络传输更新的系统信息；在接收到变化通知后 UE 从下一个修改周期开始更新使用新的系统信息。UE 应用先前的系统信息，直至更新到新的系统信息。

8.1.2 5G 的承载及分类

5G 的承载（bearer）包括无线承载（radio bearer，RB）、信令承载（SRB）和数据承载（DRB）。

1. RB

RB 是基站为 UE 分配不同层协议实体及配置的总称，包括 PDCP 协议实体、RLC 协议实体、MAC 协议实体和 PHY 分配的一系列资源等。RB 是无线接口连接 eNB 和 UE 的通道（包括 PHY、MAC、RLC 和 PDCP），任何在无线接口上传输的数据都要经过 RB。

2. SRB

（1）SRB 介绍

信令无线承载（SRB）表示 RRC（无线资源控制）和 NAS 消息传输的无线承载，包含 SRB0 ~ SRB3。

①SRB0 用于使用 CCCH（公共控制信道）逻辑信道的 RRC 消息。

②SRB1 用于 RRC 消息（其可以包括搭载的 NAS 消息）以及用于在建立 SRB2 之前的 NAS 消息，全部使用 DCCH 逻辑信道。

③SRB2 用于 NAS（非接入层）消息，全部使用 DCCH 逻辑信道。SRB2 的优先级低于 SRB1，可以在 AS 安全激活后由网络配置。

④SRB3 用于当 UE 处于（NG）EN-DC（EUTRA-NR dual connection）或 NR-DC 时的特定 RRC 消息，全部使用 DCCH 逻辑信道。

在下行链路中，NAS 消息的捎带仅用于一个从属（即具有联合成功/失败）过程：承载建立/修改/释放。在上行链路中，NAS 消息仅用于在连接建立和连接恢复期间传输初始 NAS 消息。

一旦 AS 安全性被激活，SRB1、SRB2 和 SRB3 上的所有 RRC 消息（包括那些包含 NAS 消息的 RRC 消息）都受到 PDCP 的完整性保护和加密。

（2）SRB 结构及内容

5G 无线网络中 SRB2 的优先级低于 SRB1，它在安全激活后始终由无线网络侧进行配置；SRB2 用于无线链路控制和 NAS 消息，全部通过 DCCH 逻辑信道进行信息的传递。其结构和内容见表 8-1。

表 8-1 SRB 结构及内容

Information Element	SRB1	SRB2	SRB3
PDCP-Config	—	—	—
t-Reordering	Infinite	Infinite	Infinite
RLC-Config CHOICE	AM	AM	AM
ul-RLC-Config	—	—	—

续上表

Information Element	SRB1	SRB2	SRB3
sn-FieldLength	size12	size12	size12
t-PollRetransmit	ms45	ms45	ms45
pollPDU	Infinity	Infinity	Infinity
pollByte	Infinity	Infinity	Infinity
maxRetxThreshold	t8	t8	t8
dl-RLC-Config	—	—	—
sn-FieldLength	size12	size12	size12
t-Reassembly	ms35	ms35	ms35
t-StatusProhibit	ms0	ms0	ms0
logicalChannelIdentity	1	2	3
logicalChannelConfig	—	—	—
priority	1	3	1
prioritisedBitRate	Infinity	Infinity	Infinity
logicalChannelGroup	0	0	0

(3)SRB 消息映射

SRB 消息的映射见表 8-2。

表 8-2 SRB 消息映射

Message(消息)	Direction(方向)	Logical Channel(逻辑信道)	RLC Mode(模式)	SRB Mapping(映射)
MasterInformationBlock	UE←NW	BCCH	TM	N/A
SIB1	UE←NW	BCCH	TM	N/A
SystemInformation	UE←NW	BCCH	TM	N/A
RRCSetupRequest	UE→NW	CCCH	TM	SRB0
RRCSetup	UE←NW	CCCH	TM	SRB0
RRCResumeRequest1	UE→NW	CCCH1	TM	SRB0
RRCSystemInfoRequest	UE→NW	CCCH	TM	SRB0
RRCReject	UE←NW	CCCH	TM	SRB0
RRCResumeRequest	UE→NW	CCCH	TM	SRB0
RRCReestablishmentRequest	UE→NW	CCCH	TM	SRB0
RRCSetupComplete	UE→NW	DCCH	AM	SRB1

续上表

Message（消息）	Direction（方向）	Logical Channel（逻辑信道）	RLC Mode（模式）	SRB Mapping（映射）
RRCRelease	UE←NW	DCCH	AM	SRB1
RRCReconfiguration	UE←NW	DCCH	AM	SRB1，SRB3
RRCReconfigurationComplete	UE→NW	DCCH	AM	SRB1，SRB3
MeasurementReport	UE→NW	DCCH	AM	SRB1，SRB3
MobilityFromNRCommand	UE←NW	DCCH	AM	SRB1
Paging	UE←NW	PCCH	TM	N/A
RRCReestablishment	UE←NW	DCCH	AM	SRB1
RRCReestablishmentComplete	UE→NW	DCCH	AM	SRB1
RRCResume	UE←NW	DCCH	AM	SRB1
RRCResumeComplete	UE→NW	DCCH	AM	SRB1
SecurityModeCommand	UE←NW	DCCH	AM	SRB1
SecurityModeComplete	UE→NW	DCCH	AM	SRB1
SecurityModeFailure	UE→NW	DCCH	AM	SRB1
UEAssistanceInformation	UE→NW	DCCH	AM	SRB1
UECapabilityEnquiry	UE←NW	DCCH	AM	SRB1
UECapabilityInformation	UE→NW	DCCH	AM	SRB1
ULInformationTransfer	UE→NW	DCCH	AM	SRB1，SRB2

3. DRB

（1）DRB 的概念

DRB 表示无线接口（Uu）中数据包处理的数据无线承载。DRB 负责为（用户）数据包提供相同的数据包转发处理，无线网络中 gNB 将 DRB 和 QoS 进行映射，如图 8-4 所示。

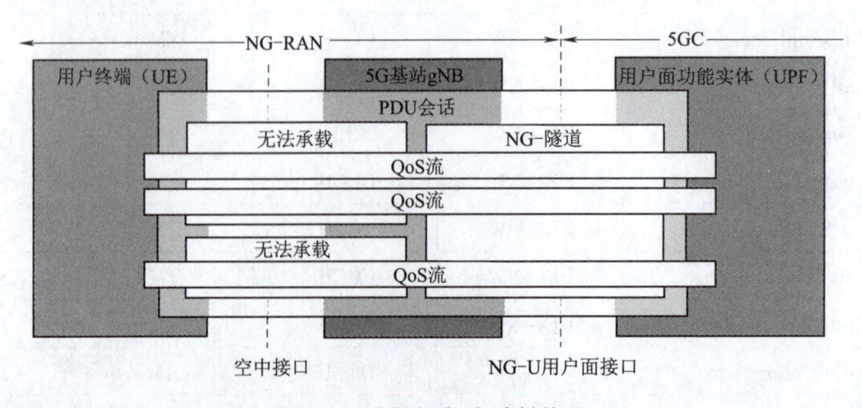

图 8-4　DRB 和 QoS 映射关系

(2)Qos

为了对不同业务提供不同的服务质量,无线网络提供了QoS(quality of service,服务质量),QoS管理是无线网络满足不同业务质量要求的控制机制,它是一个端到端的过程,需要业务在发起者到响应者之间所经历的网络各节点共同协作,以保障服务质量。空口QoS管理特性针对各种业务和用户的不同需求,提供不同的端到端服务质量。非独立组网(NSA)和独立组网(SA)下均支持QoS管理。

(3)5G QoS Flow

①5G NR取消了4G LTE端到端的EPS(演进分组系统)承载,取而代之的是端到端的QoS Flow。

②QoS Flow与EPS承载最重要的区别是,QoS Flow无须端到端的信令,就可以动态创建。

③QoS Flow被切成两段:无线空口侧的DRB(数据无线承载)承载和核心网侧的QoS Flow。

④QoS Flow与DRB承载可以通过SDAP(服务数据适配协议)协议进行动态映射。

8.1.3 5G NR用户标识

1.接入层(AS)UE标识

无线网络临时标识(radio network temporary identifier,RNTI)是无线侧RRC连接中用户的临时身份标识,长度固定为16位。主要有两类用途:用于加扰下行链路控制信息(DCI)的循环冗余校验(CRC),UE只有使用正确的无线网络临时标识(RNTI)才能对接收到的消息解码;基站用于识别UE,UE发送的无线资源控制消息(RRC message)会携带自己专用的RNTI值。5G中有多种类型的RNTI,可分为公共的和专用的两类:公共的RNTI取值是固定的,所有UE都一样(SI-RNTI,P-RNTI),专用的RNTI取值不是固定的,UE需要根据基站指示或者通过相关状态计算得到[如RA-RNTI是通过UE发送前导码(preambles)的随机接入时机(RACH occasion)计算的]。其中,RA-RNTI和临时无线网络临时标识(temporary CRNTI)是随机接入过程中的临时标识,当UE进入RRC连接态(RRC connect)状态后,临时的标识变为小区无线网络临时标识(C-RNTI),该标识实际值等于临时无线网络临时标识(temporary CRNTI),CS-CRNTI用于半静态调度场景,P-RNTI和SI-RNTI固定用于寻呼和系统广播消息的调度,在全网范围内为固定值。常见无线网络临时标识的类型及应用场见表8-3。

表8-3 无线网络临时标识类型及应用场景

标识类型	应用场景	获得方式
RA-RNTI	随机接入中,用于MSG2的调度	根据PRACH的时频位置获取
TC-RNTI	随机接入中,没有竞争解决前的RNTI	MSG2消息中分配给UE
CS-RNTI	半静态调度标识	在UE进入半静态时分配
P-RNTI	寻呼消息的调度	FFFE(固定值)
SI-RNTI	系统广播消息的调度	FFFF(固定值)
I-RNTI	用于RAN寻呼标识用户	gNB分配的临时ID

2. 非接入层(NSA)UE 标识

UE 和 5G 核心网(5GC)之间交互信令的非接入层用户身份标识包括国际移动用户标识(IMSI)、国际移动设备标识(IMEI)和 5G 全局唯一临时 UE 标识(5G-GUTI)。其中,IMSI 和 IMEI 都是 UE 的私有身份标识;5G-GUTI 是由 AMF 分配的用于代替用户的 IMSI 标识,用于保证私有用户信息的安全性。非接入层用户身份标识类别及作用见表 8-4。

表 8-4 非接入层用户身份标识类别及作用

用户标识	来源	作用
IMSI	SIM 卡	为用户的身份标识,存储在 SIM 卡中
IMEI	终端硬件	UE 设备标识
5G-GUTI	AMF 分配	临时代替 IMSI,提高安全性

8.2 UE 开机入网流程

UE 开机入网主要包括以下几个过程:

①小区搜索与选择:UE 开机选网,小区搜索并完成下行同步。

②系统消息广播:UE 读取广播信息,选择合适小区进行驻留。

③随机接入:UE 与 gNB 建立上行同步。

④RRC 连接建立:UE 与 gNB 建立 RRC 连接。

⑤注册过程:UE 注册到 5G 网络,网络侧开始维护该 UE 的上下文。

8.2.1 小区搜索与选择

小区搜索过程是 UE 和小区取得时间和频率同步,并检测小区 ID 的过程。小区搜索与选择的基本流程如图 8-5 所示。其基本过程描述如下:

①UE 开机后按照 3GPP TS38.104 定义的(synchronization raster,同步栅格)搜索特定频点。

②UE 尝试检测 PSS/SSS,取得下行时钟同步,并获取小区的 PCI;如果失败则转步骤①搜索下一个频点,否则继续后续步骤。

③UE 尝试读取 MIB,获取 SSB 波束信息、系统帧号和广播 SIB1 的时频域信息。

④UE 读取 SIB1,获取上行初始 BWP(部分带宽)信息、初始 BWP 中的信道配置、TDD(时分双工)小区的半静态配比,以及其他 UE 接入网络的必要信息等,同时获取广播 OSI(其他系统消息)的搜索空间信息。

⑤UE 读取 OSI,获取小区的其他信息(主要是移动性相关的信息)。

8.2.2 系统消息广播

系统消息广播是 UE 获得网络基本服务信息的第一步,通过系统消息广播过程,UE 可以获得基本的 AS 层和 NAS 层信息：AS 层信息包括公共信道信息、一些 UE 所需的定时器、小区选择/重选信息以及邻区信息等；NAS 层信息包括运营商信息等。UE 通过系统消息获得的这些信息，决定了 UE 在小区中进行驻留、重选以及发起呼叫的行为方式。

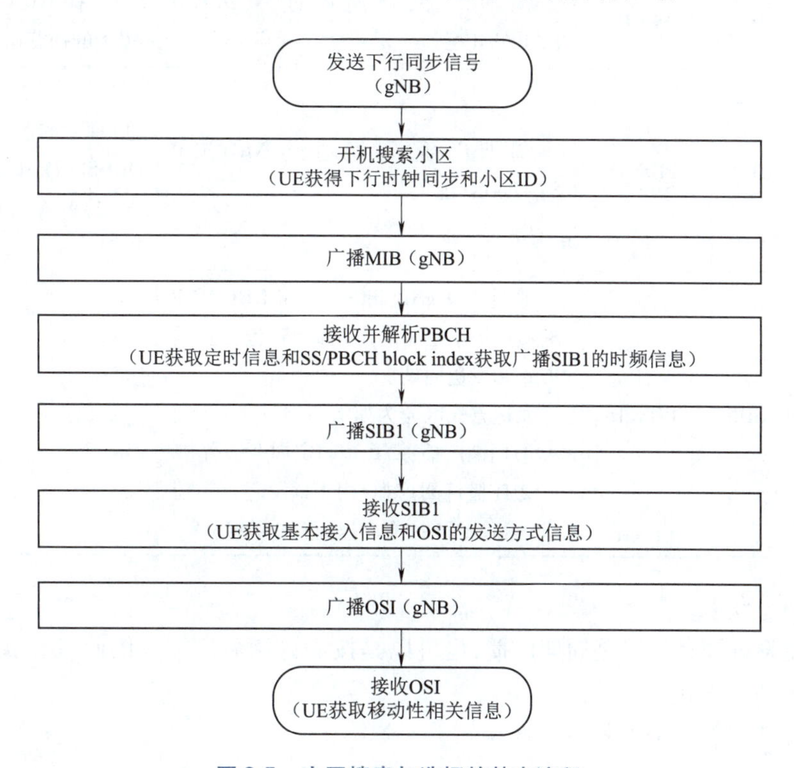

图 8-5　小区搜索与选择的基本流程

UE 在如下场景会读取系统消息：小区选择（如开机）、小区重选、系统内切换完成、从其他 RAT（无线接入）系统进入 5G RAT，以及从非覆盖区返回覆盖区时，UE 都会主动读取系统消息。

当 UE 在上述场景中正确获取了系统消息后，不会反复读取系统消息，只会在满足以下任一条件时重新读取系统消息：

①收到 gNB 寻呼，指示系统消息有变化。

②收到 gNB 寻呼，指示有 ETWS 或 CMAS 消息广播。

③距离上次正确接收系统消息 3 小时后。

系统消息可以分为（minimum system information，MSI）和 OSI（other system information）两大类。

①MSI：包括 MIB 和 SIB1［SIB1 也称为 RMSI（剩余最小系统消息）］。

②OSI：包括 SIB2 ~ SIBn，支持 ODOSI（订阅广播：由 UE 发起订阅请求，然后 gNB 按需广播）模式。

各类系统消息承载信道、下发方式和承载的内容，见表 8-5。

表 8-5　各类系统消息承载信道、下发方式和承载的内容

大　类	子　类	承载信道	下发方式	承载内容
MSI	MIB	PBCH	周期广播，周期通过 NRDUCell SsbPeriod 配置	UE 提供初始接入信息和 SIB1 的捕获信息
	SIB1	PDSCH	周期广播，周期通过 NRDUCell Sib1Period 配置	为 UE 提供 OSI 的捕获信息：OSI 的发送机制包括 ODOSI（Msg1 方式和 MSg3 方式）都在 SIB1 通知所有用户
OSI	SIB2-SIBn	PDSCH	通过 MO gNBSibConfig 和 NRDUCell SibConfigId 定制的发送策略，包括发送方式和发送周期。 发送方式区分为如下两类： ①周期广播：gNB 按固定周期进行。 ②广播订阅广播：由 UE 发起订阅请求，然后 gNB 按需广播（称作 ODOSI）	其他信息

1. 系统消息获取

gNB 下发系统消息可以是周期广播，也可以是按需订阅后广播。因此，UE 获取系统消息过程也有如下两种方式：

①搜索小区，解析 MIB，检查小区状态。

- 如果 CellBarred = barred，则停止系统消息获取过程。
- 否则继续后续步骤。

②使用 MIB 中携带的参数，尝试解析 SIB1。

- 如果 SIB1 解析成功，则存储相关信息，并继续后续步骤。
- 否则停止系统消息获取过程。

③根据 SIB1 中指示的其他 SIB 发送方式，进一步尝试获取其他 SIB。

- 如果其他 SIB 是周期广播方式，则根据 SIB1 中指示的 OSI 搜索空间，尝试接收和解析 SI。
- 否则，UE 通过订阅请求获得其他 SIB（称作 ODOSI）。

系统消息的获取流程如图 8-6 所示。

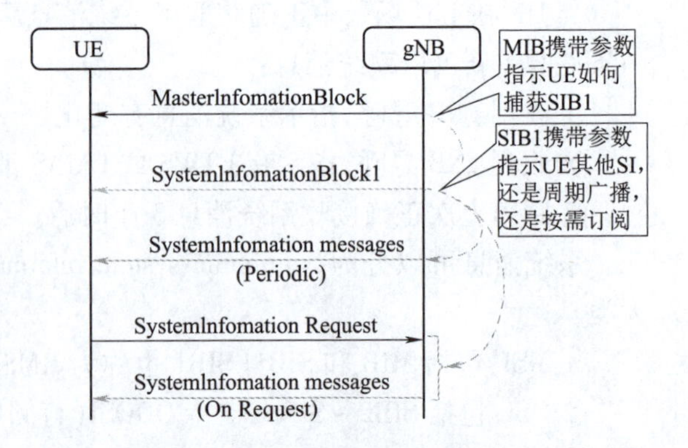

图 8-6　系统消息的获取流程

2. 系统消息变更指示

UE 在开机选择小区驻留、重选小区、切换完成、从其他 RAT（无线接入）系统进入 5G 无线接入网 NR-RAN、从非覆盖区返回覆盖区时，都会主动读取系统消息。当 UE 在上述场景中正确获取系统消息后，不再反复读取系统消

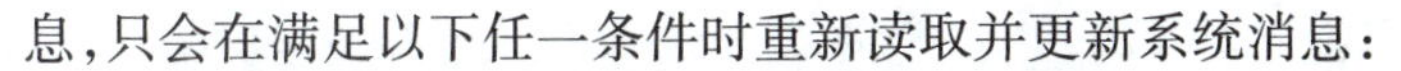
息,只会在满足以下任一条件时重新读取并更新系统消息:

①收到 gNB 寻呼消息指示系统消息变化。

②收到 gNB 寻呼消息指示有 ETWS(地震海啸预警系统)或 CMAS(公共预警系统)消息广播。

③距离上次正确接收系统消息 3 小时后。

系统消息更新过程限定在特定的时间窗内进行,这个时间窗定义为 BCCH(广播控制信道)修改周期。BCCH 修改周期的边界由 SFN mod $m=0$ 的 SFN(系统帧号)值定义,即若某时刻满足 SFN mod $m=0$,则在此时刻(SFN 满足上述公式的时刻)启动 BCCH 修改周期。其中,m 是 BCCH 修改周期的无线帧数。

UE 通过寻呼 DCI 接收系统消息更新指示,在下一个 BCCH 修改周期接收更新后的系统消息。系统消息更新过程如图 8-7 所示。图中不同颜色的小方块代表了不同的系统消息,UE 在第 n 个修改周期接收系统消息更新指示,在第 $n+1$ 个修改周期接收更新后的系统消息。系统消息更新过程示意图如图 8-7 所示。

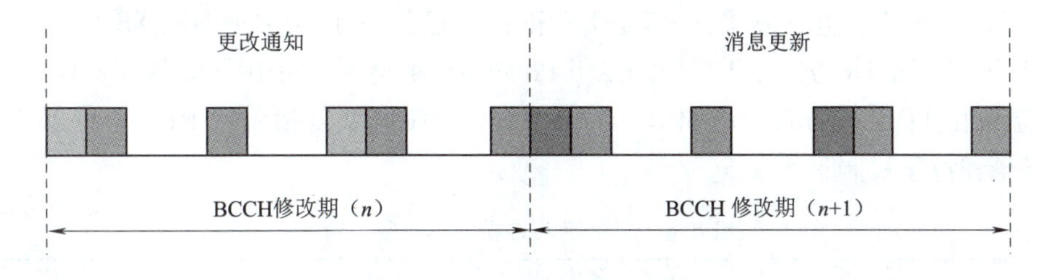

图 8-7　系统消息更新过程示意图

BCCH 修改周期(m 个无线帧) = modificationPeriodCoeff × defaultPagingCycle。其中:

①modificationPeriodCoeff:修改周期系数,指示 UE 在 BCCH 修改周期内监听寻呼消息的最小次数,取值为 2,不可配置。

②defaultPagingCycle:默认寻呼周期,单位为无线帧,可以通过参数 NRDU CellPaging Config Default Paging Cycle 进行配置。

说明:modificationPeriodCoeff 和 defaultPagingCycle 在 SIB1 中广播。对于除 SIB6、SIB7、SIB8 之外的系统消息更新,gNB 将在 SIB1 中修改 valueTag 值。UE 读取 valueTag 值,并和上次的值进行比较。如果变化则认为系统消息内容改变,UE 重新读取并更新系统消息;否则,UE 认为系统消息没有改变,不读取系统消息。UE 在距离上次正确读取系统消息 3 小时后会重新读取系统消息,这时无论 valueTag 是否变化,UE 都会读取全部的系统消息。

8.2.3　随机接入

通信双方要实现相互通信,最重要的先决条件是建立通信双方之间的时间同步,对于 NR 也是如此。NR 下行同步(transmitter = gNB,reciever = UE)通过广播同步信号实现,NR 上行同步(transmitter = UE,reciever = gNB)则是通过随机接入过程实现的。

随机接入(random access,RA)是 UE 和网络之间建立无线链路的必经过程。随机接入可以实现两个基本的功能:

①实现 UE 与 gNB 之间的上行同步(TA)。

②gNB 为 UE 分配上行资源(UL_GRANT)。

随机接入(MSG1 方式)还可实现订阅 OSI 的功能。RA 是 UE 接入网络和建立业务承载的重要环节,是5G 网络的基础功能。根据业务场景不同,随机接入可以分为基于竞争的随机接入和基于非竞争的随机接入。

③基于竞争的随机接入:由 UE 自行选择 Preamble 进行接入,因此不同的 UE 之间可能存在冲突,需要通过竞争解决。

• UE in RRC_IDLE/RRC_INACTIVE:总是使用基于竞争的方式进行初始接入,因为此时网络侧和 UE 还没有 RRC 信令连接,UE 只能基于 SIB1 广播的 RACH 配置选择 Preamble,所以只能是竞争方式。

• UE in RRC_CONNECTED:gNB 无法通过 RRC 信令或者 PDCCH ORDER 方式给 UE 分配专用 Preamble 时,采用竞争方式接入。

④基于非竞争的随机接入:特定的 RACH/PRACH 资源被保留起来,在某一个时刻分配给某个 UE 专用。对于非竞争方式,一定是 UE 和 gNB 已经有了 RRC 连接,gNB 可以通过 RRC 信令或者 PDCCH order 方式给 UE 分配专用 Preamble 时,才可以采用非竞争方式接入。

RA 流程由 PDCCH order、UE MAC 层、UE PHY 层波束恢复指示或 RRC 事件触发。随机接入的场景和竞争机制见表 8-6。

表 8-6 随机接入的场景和竞争机制

序号	触发场景	场景描述	竞争机制	触发主体	版本规划
1	初始 RRC 连接建立	当 UE 从空闲态转到连接态时,UE 会发起 RA	基于竞争的 RA	UE	19B 支持
2	RRC 连接重建	当无线链路失步后,UE 需要重新建立 RRC 连接时,UE 会发起 RA	基于竞争的 RA	UE	19B 支持
3	RRC_INACTIVE 态户状态迁移	当 UE 从 RRC_INACTIVE 态转到连接态时,UE 会发起 RA	基于竞争的 RA	UE	19B 支持
4	切换(包括 SA 和 NSA 的 DC)	当 UE 进行切换时,UE 会在目标小区发起 RA	基于非竞争的 RA,但是在: ①gNB 专用前导用完时或者未获取 SSB 测量结果时,会使用基于竞争的 RA; ②gNB 给 UE 分配的专用 Preamble 所在的波束不满足 UE 最低接入信号门限时,UE 会回退到基于竞争的 RA	gNB RRC 信令	19B 支持

续上表

序 号	触发场景	场景描述	竞争机制	触发主体	版本规划
5	上行失步态 UE 下行数据到达	当 gNB 检测到 UE 处于上行失步态且下行数据需要传输时,指示 UE 发起 RA	基于非竞争的 RA,但是在 gNB 专用前导用完时,会使用基于竞争的 RA	gNB PDCCH-order	19B 支持
6	上行失步态 UE 上行数据到达	当 UE 处于上行失步态且有上行数据需要传输时,UE 将发起 RA	基于竞争的 RA	UE	19B 支持
7	订阅 ODOSI	订阅 ODOSI	MSG1 方式:基于非竞争的 RA; MSG3 方式:基于竞争的 RA	UE	19B 支持
8	波束失败恢复	UE 物理层检测到波束失败恢复	基于非竞争的 RA,但是在 gNB 专用前导用完时,会使用基于竞争的 RA	UE	19B 支持

1. 基于竞争的随机接入

基于竞争的 RA 过程中,接入的结果具有随机性,并不能保证 100% 成功;接入前导由 UE 选择,不同 UE 产生前导可能冲突,gNB 需要通过竞争机制解决不同 UE 的接入。竞争冲突过程示意图如图 8-8 所示。

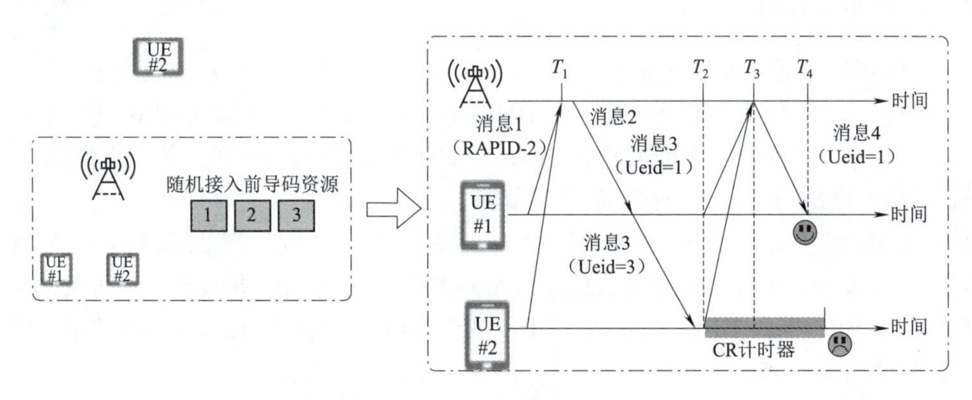

图 8-8 基于竞争的随机接入示意图

SA 组网基于竞争的随机接入过程,消息交互过程如图 8-9 所示。

主要包含以下 4 个步骤:

①UE 发送随机接入前导 MSG1:消息中携带了 preamble 码。

②gNB 发送随机接入响应 MSG2:gNB 侧接收到 MSG1 后,返回随机接入响应,该消息中携

带了 TA 调整上行授权指令及 TC-RNTI。

③UE 进行上行调度发送 MSG3：UE 收到 MSG2 后，判断是否属于自己的随机接入消息（利用 preamble ID 核对），并发送 MSG3 消息，携带 UE ID。

④gNBJ 进行竞争决议 MSG4：UE 正确接收 MSG4，完成竞争决议。

2. 基于非竞争的随机接入

在基于非竞争的 RA 过程中，gNB 为 UE 分配专用的随机接入信道（random access channel，RACH）资源进行接入，但当专用的 RACH 资源不足时，gNB 会指示 UE 发起基于竞争的 RA。其基本信令过程如图 8-10 所示。

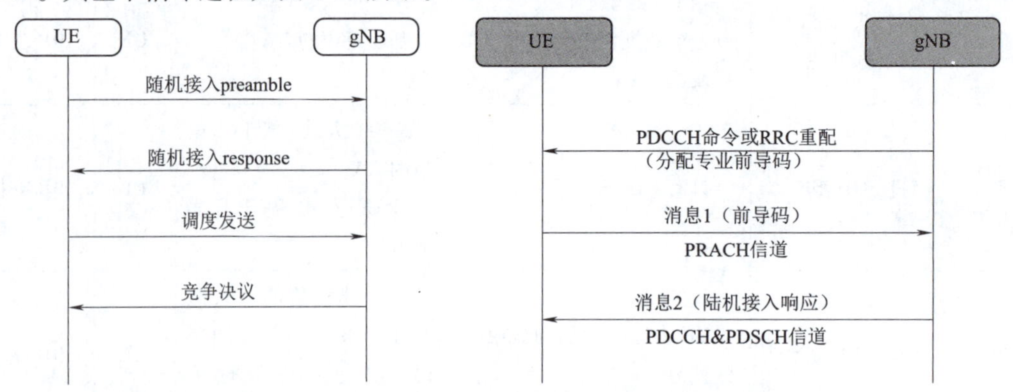

图 8-9　基于竞争的随机接入流程　　图 8-10　基于非竞争的随机接入流程

①gNB 通过下行专用信令给 UE 指派非竞争的专业随机接入前缀。

②UE 在 PRACH（物理随机接入信道）上发送 MSG1（包含随机接入前导码）。

③gNB 通过 MSG2 发送随机接入响应。

8.2.4 RRC 建立过程

处于空闲态的 UE 需要发起业务（语音业务或数据业务）时，第一步就是发起 RRC（无线资源控制）建立请求，触发空闲态到连接态的状态迁移过程，这个过程就是 RRC 建立过程。

与 LTE 相比，5G 引入一个新的状态 RRC INACTIVE，新状态对于用户体检来说，优点在于两方面：能够满足 5G 控制面时延要求；终端节能。

在 RRC INACTIVE 状态下，终端处于省电的“睡觉”状态，但它仍然保留部分 RAN（无线接入网）上下文（安全上下文、UE 能力信息等），始终保持与网络连接，并且可以通过类似于寻呼的消息快速从 RRC INACTIVE 状态转移到 RRC CONNECTED 状态，且减少信令数量。RRC 连接建立过程如图 8-11 所示。

5G 的 RRC 状态主要包括 RRC 空闲态、RRC 连接态和 RRC 去激活态，3 个状态之间可以相互转换，如图 8-12 所示。

①RRC 连接态向去激活态转换。上下文释放流程（RRC 连接态向空闲态转换），其转换流程如图 8-13 所示。

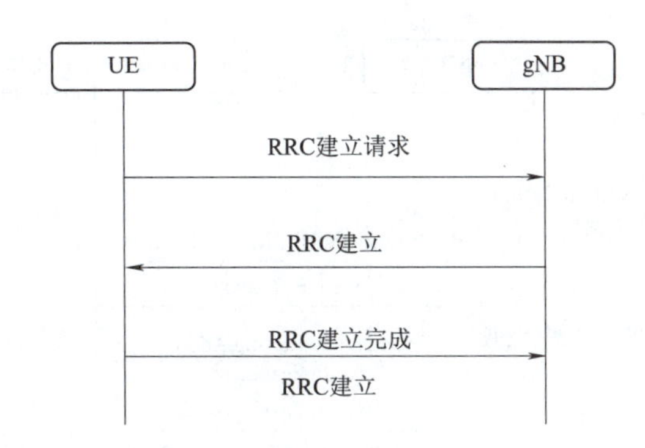

图 8-11　RRC 连接建立过程

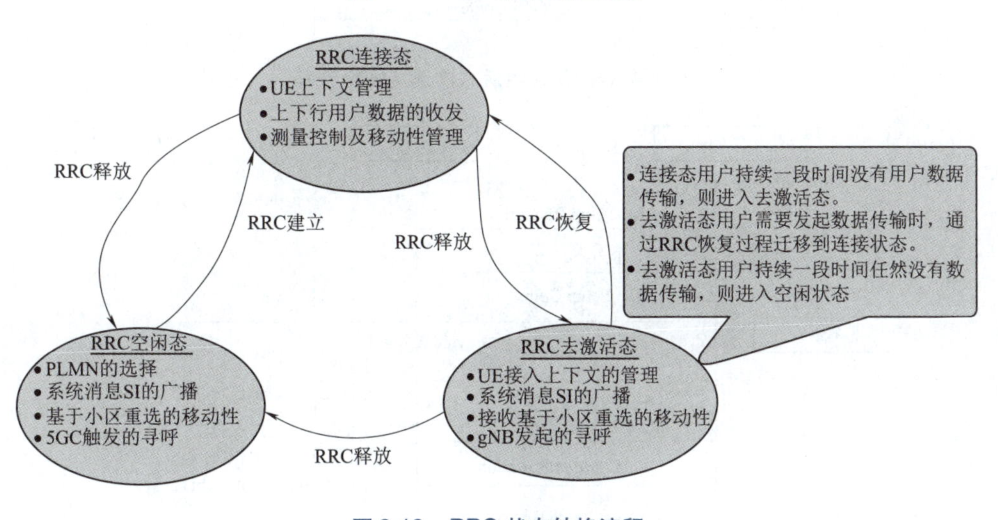

图 8-12　RRC 状态转换流程

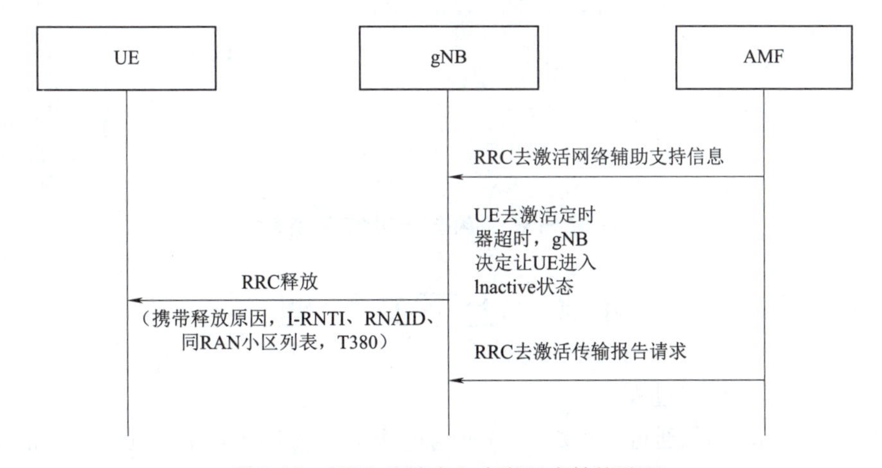

图 8-13　RRC 连接态向去激活态转换流程

②RRC 去激活态向连接转换。支持 RRC Resume 的终端可以发起 RRC Resume 流程。其转换流程如图 8-14 所示。

③RRC 空闲态向连接态转换。即业务请求流程,其转换流程如图 8-15 所示。

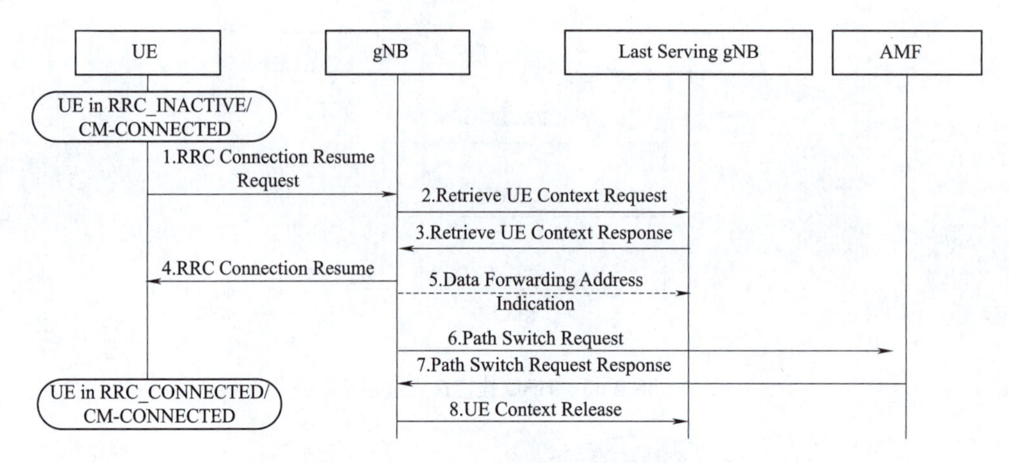

图 8-14 RRC 去激活态向连接转换流程

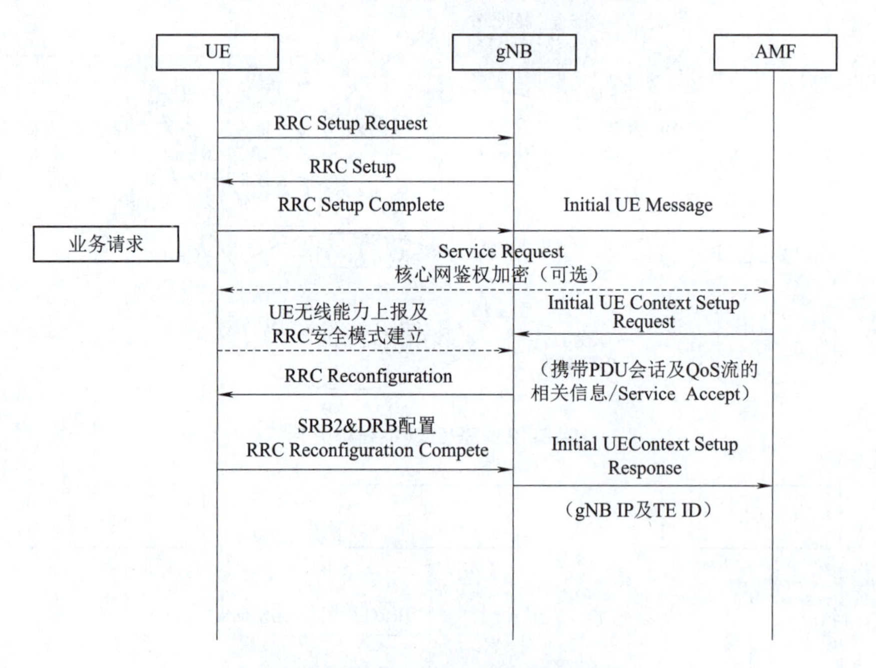

图 8-15 RRC 空闲态向连接态转换流程

8.3 上下文管理

1. UE 初始上下文建立过程

UE 建立 RRC 成功后，通过 Initial UE Message 触发初始上下文建立过程。其信令流程如图 8-16 所示。

①RRC 建立成功后，UE 向 gNB 发送 RRC Setup Complete，携带 selected PLMN-Identity、registered AMF、s-nssai-list 和 NAS 消息。

②gNB 为 UE 分配专用的 RAN-UE-NGAP-ID，根据 selected PLMN-Identity、registered AMF、s-nssai-list 选择 AMF 节点，然后将 RRC Setup Complete 消息中携带的 NAS 消息通过 Initial UE

Message 发送给 AMF。

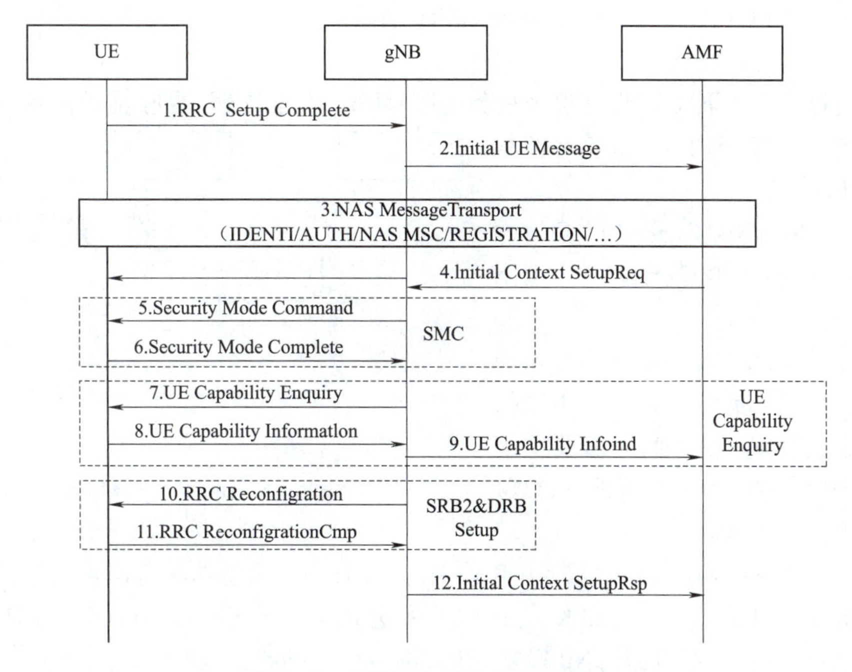

图 8-16　UE 初始上下文建立过程

③gNB 透传 UE 和 AMF 之间的 NAS 直传消息，完成 IDENTITY 查询、鉴权、NAS 安全模式和注册过程。

④AMF 向 gNB 发送 Initial Context SetupReq 消息，启动初始上下文建立过程。

说明：

- 仅当 Initial Context SetupReq 消息中未携带 UE Radio Capability IE 时，在安全模式过程完成后，gNB 才会向 UE 发送 UE Capability Enquiry 消息，发起 UE 能力查询过程，对应步骤⑦～步骤⑨。否则，后续流程跳过步骤⑦～步骤⑨。
- 仅当 Initial Context SetupReq 消息中携带了 PDU Session Resource Setup Request List IE 时，在 UE 能力查询过程完成后，gNB 才会向 UE 下发经过加密与完整性保护的 RRC Reconfiguration 消息，指示 UE 建立 SRB2 和 DRB(数据无线承载)，对应步骤⑩和步骤⑪。否则，后续流程跳过步骤⑩和步骤⑪。

⑤gNB 向 UE 发送 Security Mode Command 消息，通知 UE 启动完整性保护和加密过程。

⑥UE 根据 Security Mode Command 消息指示的完整性保护和加密算法，派生出密钥，然后向 gNB 回复 Security Mode Complete 消息。此后，启动上行加密。

⑦gNB 向 UE 发送 UE Capability Enquiry 消息，发起 UE 能力查询过程。

⑧UE 向 gNB 回复 UE Capability Information 消息，携带 UE 能力信息。

⑨gNB 向 AMF 发送 UE Capability Infoind 消息，透传 UE 能力。

⑩gNB 向 UE 下发 RRC Reconfiguration 消息，指示建立 SRB2 和 DRB。

⑪UE 收到 RRC Reconfiguration 消息后，开始建立 SRB2 和 DRB。建立成功后向 gNB 回复

RRC Reconfiguration Complete 消息。

⑫gNB 向 AMF 回复 Initial Context SetupRsp 消息。

2. UE 上下文修改过程

5GC 通过 UE 上下文修改过程来更新 UE-AMBR、安全密钥、寻呼辅助信息和 AMF UE NGAP ID 更新等字段内容。其信令流程如图 8-17 所示。

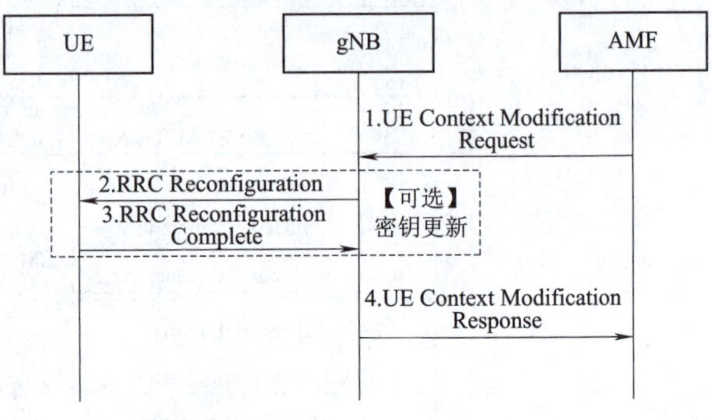

图 8-17　UE 上下文修改过程

① AMF 向 gNB 发送 UE Context Modification Request 消息，触发 UE 上下文修改过程。

说明：当 UE Context Modification Request 消息中携带 Security Key IE 时，gNB 触发密钥更新过程，此时需要重配 UE，对应步骤② ~ 步骤③。否则，后续流程跳过步骤② ~ 步骤③。

②gNB 根据 Security Key IE 信元派生出 K_{gNB} *（其中 * 指基站的密钥），根据 K_{gNB} * 进一步派生出 $K_{RRC\text{-}enc}$、$K_{RRC\text{-}int}$、$K_{UP\text{-}enc}$ 和 $K_{UP\text{-}int}$，向 UE 发送 RRC Reconfiguration 消息，通知更新密钥。

③UE 完成密钥更新后，向 gNB 回复 RRC Reconfiguration Complte 消息。

④gNB 向 AMF 回复 UE Context Modification Response 消息，UE 上下文修改完成。

3. UE 上下文释放过程

UE 上下文释放请求过程的目的是由于 NG-RAN 节点的原因，请求 AMF 释放与 UE 相关的逻辑 NG 连接。其信令流程如图 8-18 所示。

①如果是 gNB 原因导致需要发起 UE 释放，gNB 向 AMF 发送 UE Context Release Request 消息，触发 UE 上下文释放过程。

②AMF 向 gNB 发送 UE Context Release Command 消息，命令 gNB 释放 UE 上下文。

③gNB 向 UE 发送 RRC Release 消息，通知释放 RRC 连接。

④gNB 向 AMF 回复 UE Context Release Complete 消息，同时释放本地资源。

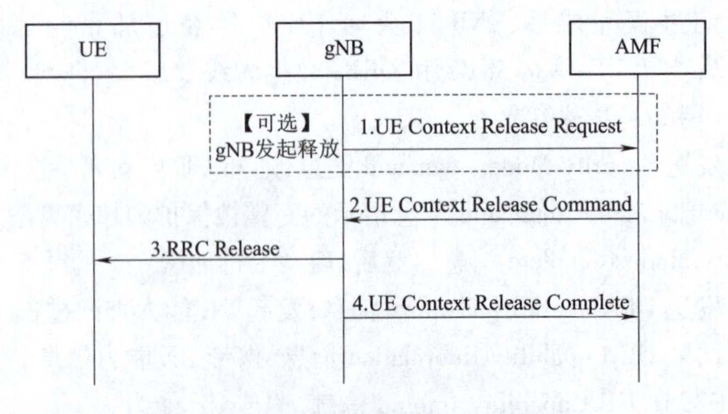

图 8-18　UE 上下文释放过程

8.4　会话管理

本节主要对 5G QoS 架构、PDU 会话建立、修改和释放等过程进行介绍。

8.4.1　5G QoS Architecture 介绍

QoS 是业务网络传输质量的一种表述，更是业务传输质量的保障机制。5G SA 引入基于流（QoS Flow）的 QoS 管理机制。5G SA QoS 架构的主要特点如下：

①基于 QoS Flow 进行端到端的 QoS 管理。

②NG-U 呈现 PDU Session/QoS Flow，不是 E-RAB（演进的无线接入承载）。

③每个 PDU Session 内存在一条默认 QoS Flow 并对应 QoS Rule（映射规则）贯穿整个生命周期。

④UE 侧的 QoS Rule 可通过配置或反射式自学习获取。

QoS Flow 到 DRB 映射规则，由 gNB 配置，多条 QoS Flow 可以映射到同一个 DRB。QoS Flow 到 DRB 的映射示意图如图 8-19 所示。

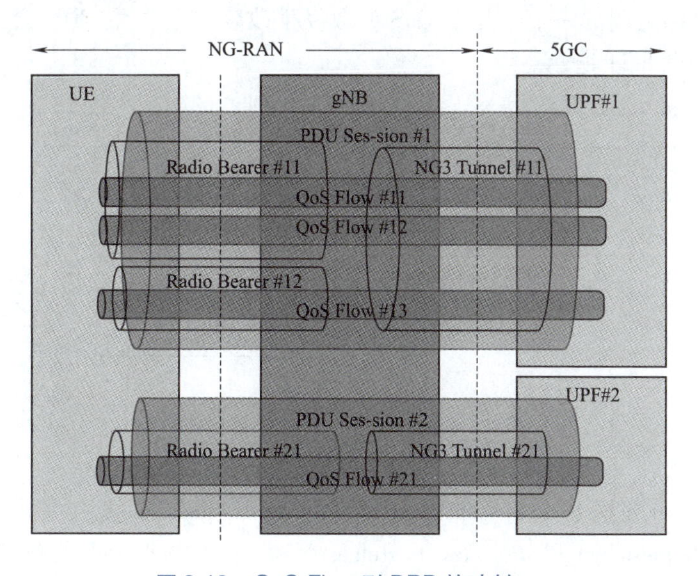

图 8-19　QoS Flow 到 DRB 的映射

8.4.2　PDU 会话建立过程

PDU 会话在 5G NR 网络中终端（UE）的 PDU 会话建立相当于 4G 中的 PDU 的连接过程；PDU 会话建立可由终端或网络[Network（NW）移动性注册后紧急呼叫]发起。PDU 会话建立过程如图 8-20 所示。

①AMF 向 gNB 发送 PDU Session Resource Setup Request 消息，携带需要建立的 PDU 会话列表、每个 PDU 会话的 QoS Flow 列表，以及每个 QoS Flow 的质量属性等。

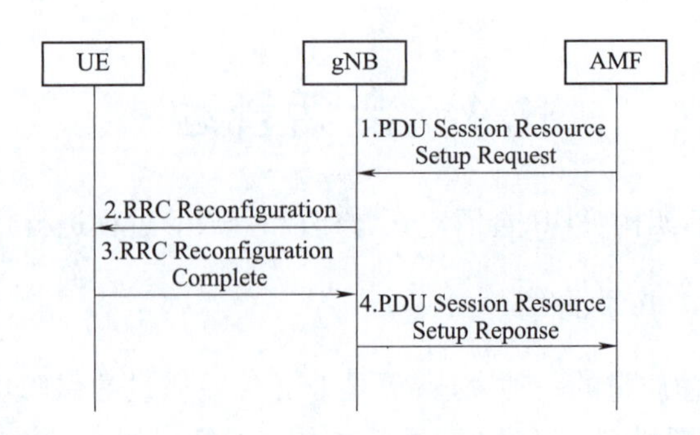

图 8-20 PDU 会话建立过程

②向 UE 发送 RRC Reconfiguration 消息,发起建立 DRB 承载。

③UE 完成 DRB 承载建立后,向 gNB 回复 RRC Reconfiguration Complete 消息。

④gNB 向 AMF 发送 PDU Session Resource Setup Response 消息,将成功建立的 PDU Session 信息写入 PDU Session Resource Setup Response List 信元中。

8.4.3 PDU 会话修改过程

当用户和网络之间的一个或几个 QoS 参数发生改变时会发生 PDU 会话修改动作。PDU 会话修改过程如图 8-21 所示。

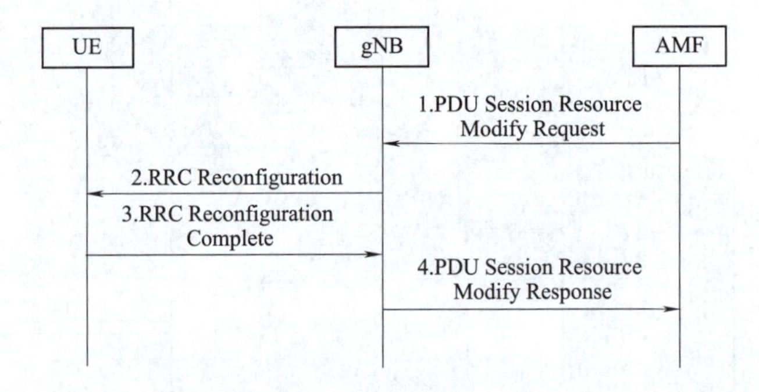

图 8-21 PDU 会话修改过程

①AMF 向 gNB 发送 PDU Session Resource Modify Request 消息,携带需要增删的 QoS Flow Add or Modify Request List 和 QoS Flow to Release List。gNB 根据 QoS 策略进行判决,其结果有 3 种可能:

- 新增 DRB:新增的 Qos Flow 无法映射到存量的 DRB 上,需要新增 DRB 满足其 QoS 要求。
- 删除 DRB:映射在某 DRB 上的 QoS Flow 被全部删除,则该 DRB 需要删除。
- 修改 DRB:在存量的 DRB 上增加新的 QoS Flow 映射,或者删除 QoS Flow 映射。

②gNB 向 UE 发送 RRC Reconfiguration 消息。

③UE 向 gNB 回复 RRC Reconfiguration Complete 消息。

④gNB 向 AMF 发送 PDU Session Resource Modify Response 消息,将修改的信息写入 PDU Session Resource Modify Response List 信元中。

8.4.4　PDU 会话释放过程

PDU 会话释放过程可以由 AMF 主动触发,也可以由 gNB 主动触发。PDU 会话释放过程如图 8-22 所示。

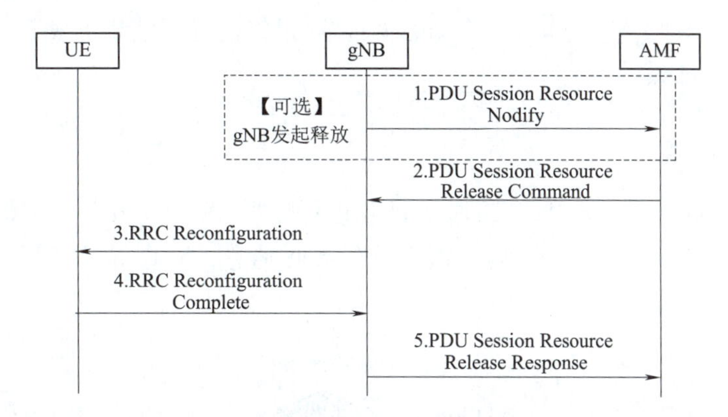

图 8-22　PDU 会话释放过程

AMF 主动触发 PDU 会话释放过程:AMF 通过发送 PDU Session Resource Release Command 到 gNB 来释放 PDU Session。gNB 主动触发 PDU 会话释放过程:

①gNB 检测到 NG-U 传输故障后,重新分配新的 NG-U 地址。如果分配失败,则向核心网发送 PDU Session Resource Notify,触发核心网发起 PDU 会话释放过程。

②QoS Flow GBR 速率无法满足后,gNB 向核心网发送 PDU Session Resource Notify,触发核心网发起 PDU 会话修改或释放过程。

③【可选】gNB 检测到 NG-U 传输故障后,先尝试重新分配新的 NG-U 地址。如果分配失败,则向核心网发送 PDU Session Resource Notify,触发核心网发起 PDU 会话释放过程。

④AMF 向 gNB 发送的 PDU Session Resource Release Command 消息,携带需要删除的 PDU Session 列表。

⑤gNB 向 UE 发送 RRC Reconfiguration 消息,通知释放 PDU 会话。

⑥UE 完成 PDU 会话释放后,向 gNB 回复 RRC Reconfiguration Complete 消息。

⑦gNB 发起该 PDU Session 对应的 DRB 承载和 NG-U 传输的删除操作,然后向 AMF 发送 PDU Session Resource Release Response 响应消息。

8.5　寻呼信令流程

寻呼(paging)是网络侧发起的查找移动用户的过程,其触发条件是网络有信令或者数据需要发给移动终端时,但是移动终端的状态不是连接状态。此时,网络侧不能直接发数据到终端,甚至不知道终端的具体位置,这时网络侧就要进行一次寻呼动作。寻呼功能是移动网络中的特殊功能,有线网络中是不需要此功能的。网络通过寻呼找到 UE。按照消息的来源,寻呼可以分为如下两类：

①来自 5GC,称作 5GC 寻呼。RRC_IDLE 状态 UE 有下行数据到达时,5GC 通过寻呼消息通知 UE。

②来自 gNB,称作 RAN 寻呼。RRC_INACTIVE 状态 UE 有下行数据到达时,gNB 通过 RAN(无线接入网)寻呼消息通知 UE 启动数据传输,最终的寻呼消息下发都是由 gNB 通过空口下发给 UE 的。

8.5.1 5GC 寻呼

当 UE 有下行数据到达时,5GC 将通知 gNB 进行寻呼,由 gNB 发起对 UE 的寻呼。UE 接收到寻呼消息后将发起服务请求,响应核心网的寻呼消息。5GC 寻呼原理示意图如图 8-23 所示。

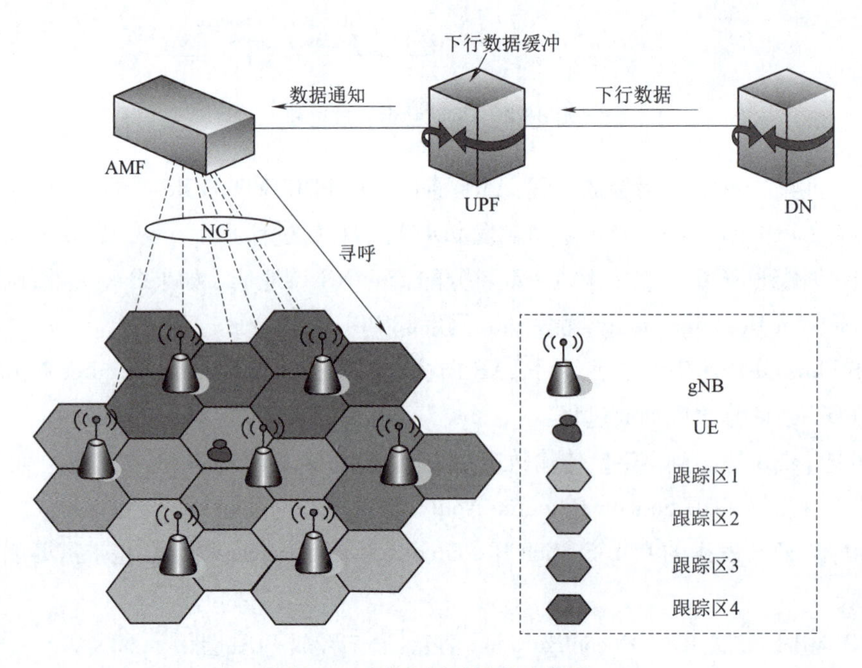

图 8-23 5GC 寻呼原理示意图

1.5GC 信令流程

当 UE 有下行数据到达时,5GC 将通知 gNB 进行寻呼,由 gNB 发起对 UE 的寻呼。UE 接收到寻呼消息后将发起服务请求,响应核心网的寻呼消息。5GC 寻呼过程如图 8-24 所示。

2.5GC 寻呼 NR 信令流程

①寻呼条件:UE 已注册且处于 CM_IDLE/RRC_IDLE 状态,核心网检测到 UE 有下行数据需要发送。

②寻呼过程:5GC 发起,gNB 在 TAC 范围内寻呼 UE。

③寻呼范围:Tracing Area(跟踪区域)。

5GC 寻呼 NR 信令流程如图 8-25 所示。

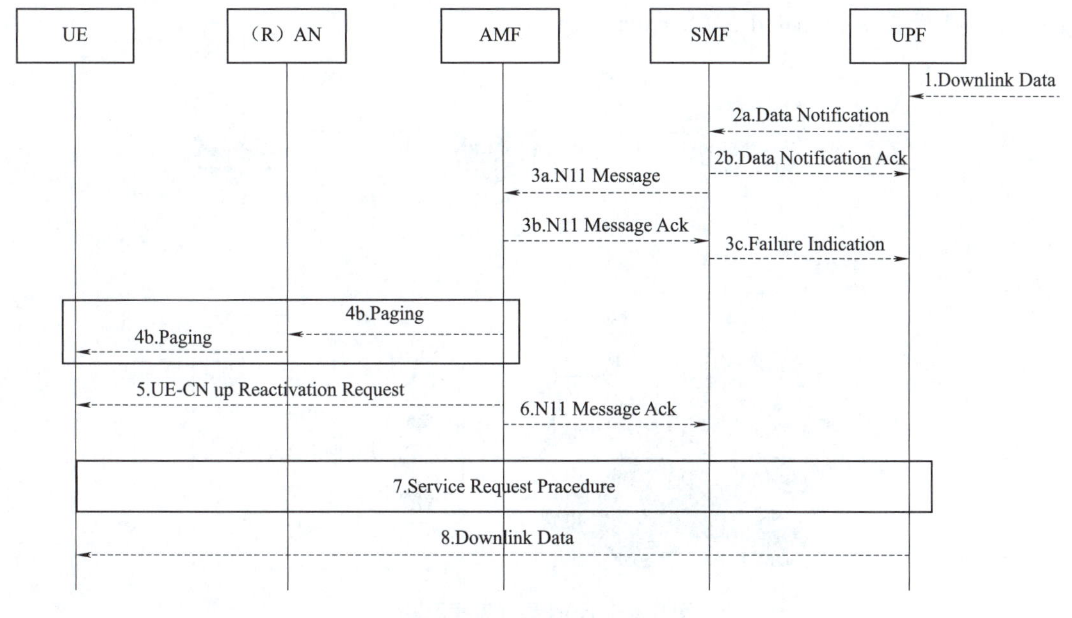

图 8-24　5GC 寻呼过程

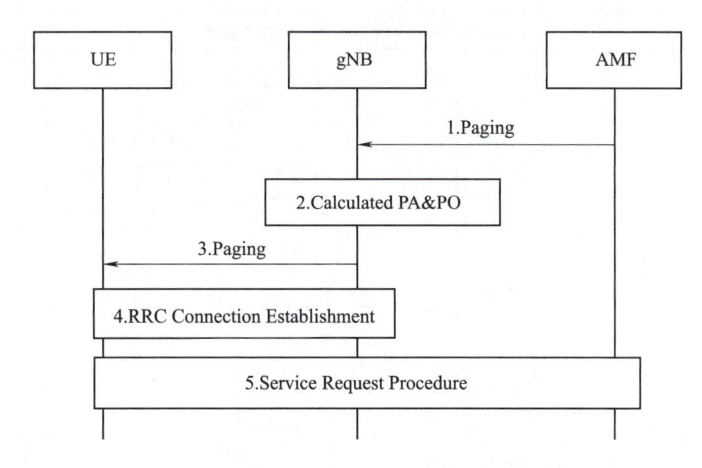

图 8-25　5GC 寻呼 NR 信令流程

8.5.2　RAN 寻呼

RRC_INACTIVE 状态 UE 有下行数据到达时，gNB 通过 RAN 寻呼消息通知 UE 启动数传。其 RAN 寻呼流程示意图如图 8-26 所示。

1. 信令流程

RRC_INACTIVE 状态 UE 有下行数据到达时，gNB 通过 RAN 寻呼消息通知 UE 启动数传。信令流程如图 8-27 所示。

①寻呼条件：UE 处于 RRC_INACTIVE 态，Source-gNB 检测到 UE 有下行数据需要发送。

②寻呼过程：Source-gNB 检测到处于 RRC_INACTIVE 态的 UE 有下行数据需要发送，则在 RNA 区域内发起对 UE 的寻呼。

③寻呼范围:RAN-based Notification Area。

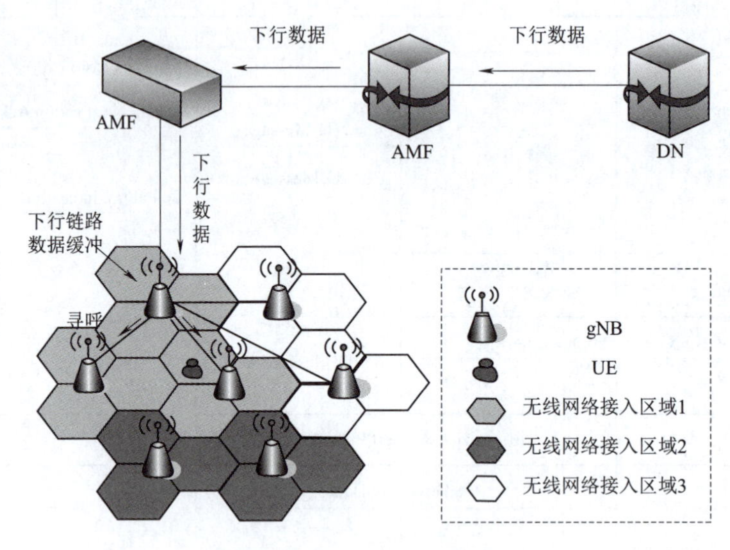

图 8-26 RAN 寻呼流程示意图

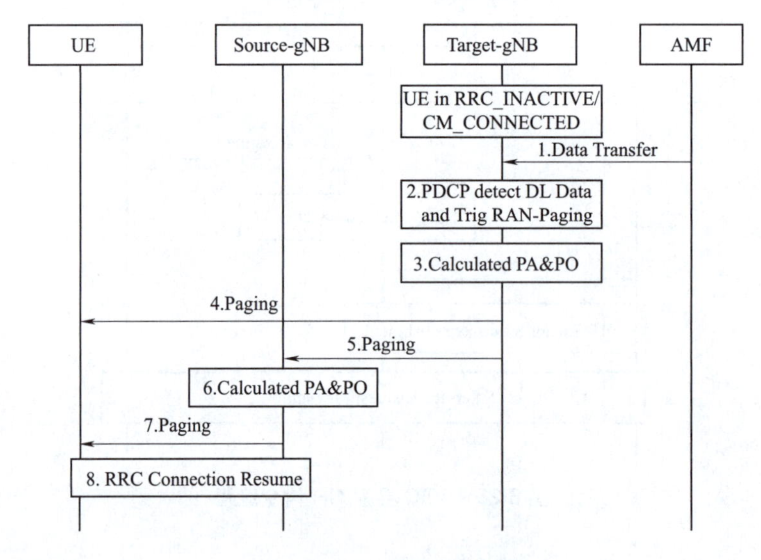

图 8-27 RAN 寻呼信令流程

8.6 切换流程

8.6.1 站内切换

站内切换是指 UE 在同一个基站(CU)下不同 DU 小区之间移动时,将会触发站内切换流程,其信令流程如图 8-28 所示。

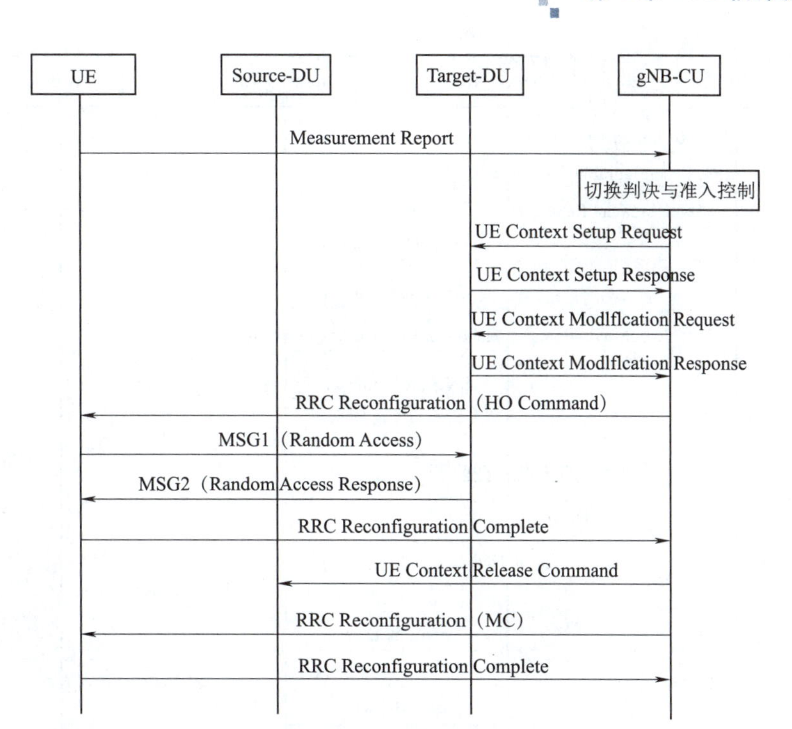

图 8-28 站内切换信令流程

①UE 上报邻区测量报告。

②gNB 根据测量报告携带的 PCI,判决切换的目标小区与服务小区同属一个 gNB 的不同 DU 并启动同站跨 DU 内切换流程,目标小区根据 UE 源小区的上下文做准入判决。

③gNB-CU 侧发送 UE Context Setup Request 消息给目标 Target-DU,以 Target-DU 侧为目标小区新申请用户资源。

④如果 Target-DU 资源分配成功,回复 UE Context Setup Response 消息给 gNB-CU。

⑤gNB-CU 发送 UE Context Modification Request 消息给 Target-DU,通知 gNB-DU 下发 L2 停止调度指示。

⑥Target-DU 回复 UE Context Modification Response 消息给 gNB-CU。

⑦准入成功后,gNB-CU 给 UE 发送 RRC 前导码 Reconfiguration 消息携带切换的目标频点、PCI 以及给 UE 配置的 CRNTI 和专用前导码 preamble。

⑧UE 在目标小区发起非竞争的随机接入 MSG1,携带专用 preamble。

⑨Target-DU 则回复 MSG2 消息。

⑩UE 给 gNB-CU 回复 RRC Reconfiguration Complete,UE 接入目标小区。

⑪UE 成功接入后释放源小区的上下文信息。

8.6.2 Xn 切换

当 UE 在不同基站间移动时,将会触发站间切换流程,站间切换可以通过 Xn 接口传递,具体信令流程如图 8-29 所示。

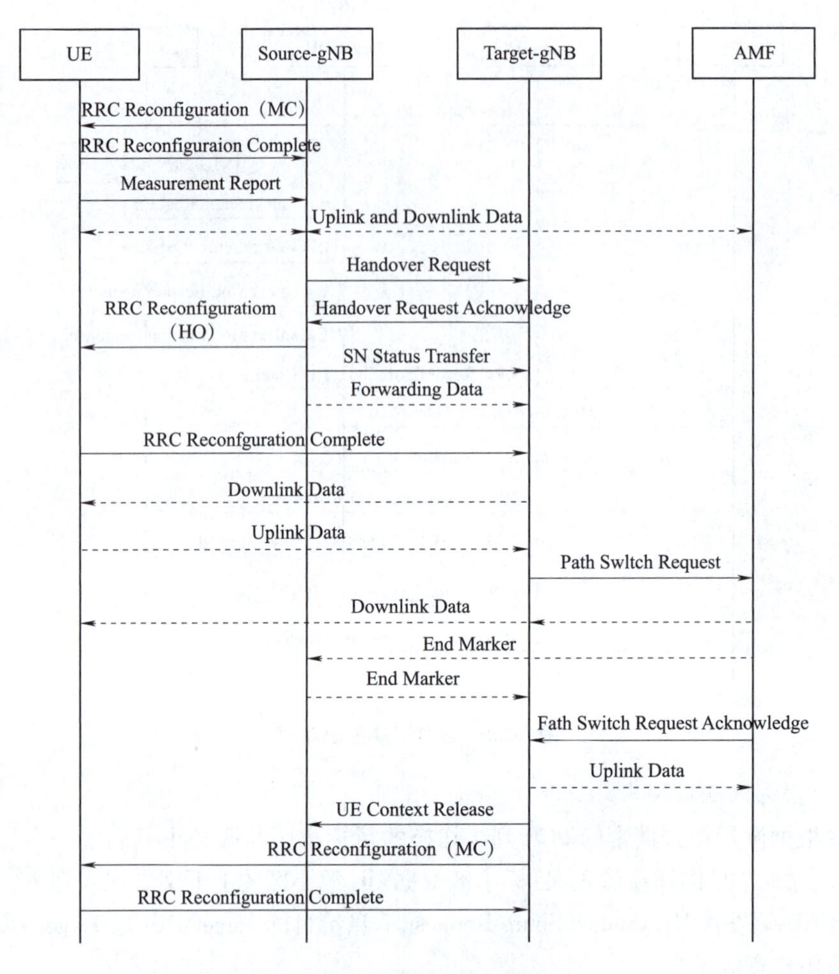

图 8-29 Xn 站间切换信令流程

①Source-gNB 通过 RRC Reconfiguration 向 UE 下发测量控制，包含测量对象（同频/异频）、测量报告配置、GAP 测量配置等。

②UE 回复 RRC Reconfiguration Complete 给 Source-gNB。

③UE 根据收到的测量控制消息执行测量。UE 测量并判定达到事件条件后，上报测量报告给 Source-gNB。

④Source-gNB 收到测量报告后，根据测量结果进行切换策略和目标小区/频点判决。

⑤Source-gNB 向选择的目标小区所在的 Target-gNB 发起切换请求。

⑥Target-gNB 收到切换请求后，进行准入控制，允许准入后分配 UE 实例和传输资源。

⑦Target-gNB 回复 Handover Request Acknowledge 给 Source-gNB，允许切换。如果有部分 PDU Session 切换失败，消息中需要携带失败的 PDU Session 列表。

⑧Source-gNB 发送 RRC Reconfiguration 给 UE，要求 UE 执行切换到目标小区。

⑨Source-gNB 通过 SN Status Transfer 将 PDCP SN（分组数据汇聚协议序列号）发送给 Target-gNB。

⑩UE 发送 RRC Reconfiguration Complete 给 Target-gNB，UE 空口切换到目标小区完成。

⑪信息包含目标小区标识和所转换的 PDU Session 列表。核心网收到消息后,更新下行 GTPU(GPRS 隧道协议数据面),将 RAN 侧的 GTPU 地址修改为 Target-gNB。

⑫AMF 向 Target-gNB 响应 Path Switch Request Acknowledge 消息,如果 AMF 在该消息中指示核心网未能建立的 PDU Session,则 Target-gNB 删除未能建立的 PDU Session。

⑬Target-gNB 向 Source-gNB 发送 UE Context Release 消息,Source-gNB 释放已切换的用户。

⑭切换到目标小区后,Target-gNB 下发新小区的测量控制信息给 UE。

⑮UE 收到 Target-gNB 下发新的测量控制后,回复 RRC Reconfiguration Complete。

8.6.3　N2 切换

当 UE 在不同基站间移动时,将会触发站间切换流程,站间切换也可以通过 NG 接口传递,具体信令流程如图 8-30 所示。

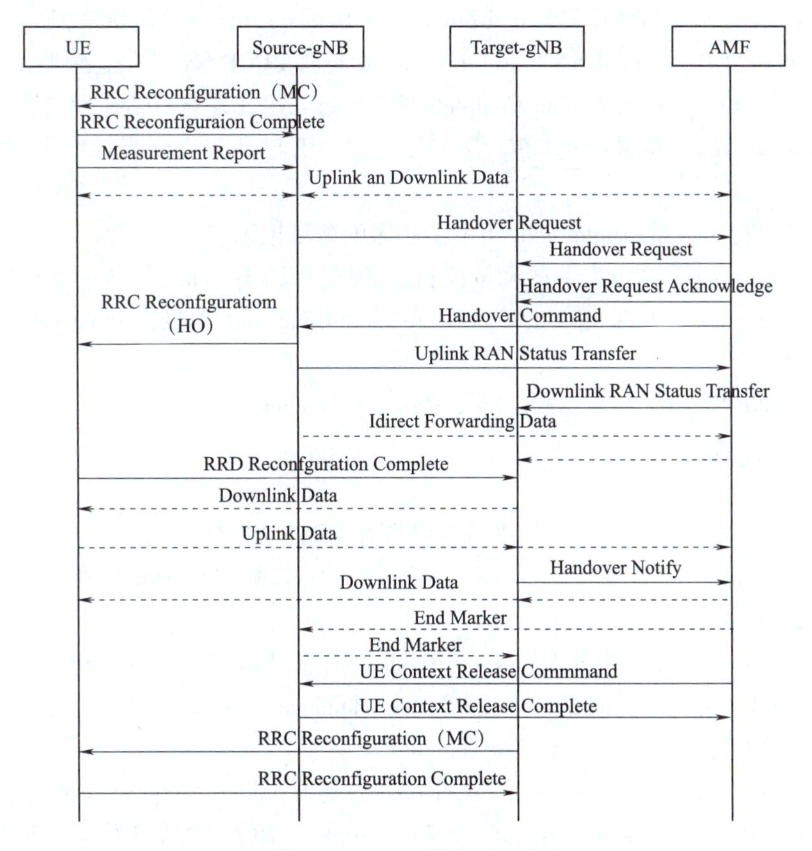

图 8-30　N2 站间切换信令流程

①Source-gNB 通过 RRC Reconfiguration 向 UE 下发测量控制,包含测量对象(同频/异频)、测量报告配置、GAP 测量配置等。

②UE 回复 RRC Reconfiguration Complete 给 Source-gNB。

③UE 根据收到的测量控制消息执行测量。UE 测量并判定达到事件条件后,上报测量报

告给 Source-gNB。

④Source-gNB 收到测量报告后,根据测量结果进行切换策略和目标小区/频点判决。

⑤Source-gNB 向 AMF 发送 Handover Request 消息请求切换,消息包含目标 gNodeBId、执行数据转发 PDU Session 列表等。

⑥AMF 向指定的目标小区所在的 Target-gNB 发起 Handover Request 切换请求,Target-gNB 根据消息中的 TraceID、SPID 识别出 US 用户。

⑦Target-gNB 收到切换请求后,进行准入控制,允许准入后分配 UE 实例和传输资源。

⑧Target-gNB 回复 Handover Request Acknowledge 给 AMF,允许切换入。如果有部分 PDU Session 切换入失败,消息中需要携带失败的 PDU Session 列表。

⑨AMF 向 Source-gNB 发送 Handover Command 消息,消息中包含地址和用于转发的 TEID(隧道端点标识符)列表,包含需要释放的承载列表。

⑩Source-gNB 发送 RRC Reconfiguration 给 UE,要求 UE 执行切换到目标小区。

⑪Source-gNB 将 PDCP SN 号通过 Uplink RAN Status Transfer 发送给 AMF。

⑫AMF 再通过 Downlink RAN Status Transfer 消息将 PDCP SN 号发送给 Target-gNB。

⑬UE 发送 RRC Reconfiguration Complete 给 Target-gNB,UE 空口切换到目标小区完成。

⑭Target-gNB 发送 Handover Notify 给 AMF,通知 UE 已经接入到目标小区,基于 N2 切换已经完成。

⑮切换到目标小区后,Target-gNB 下发新小区的测量控制信息给 UE。

⑯UE 收到 Target-gNB 下发新的测量控制后,回复 RRC Reconfiguration Complete。

⑰AMF 向 Source-gNB 发送 UE Context Release Command 消息,Source-gNB 释放切换的用户。

⑱Source-gNB 向 AMF 回复 UE Context Release Complete。

8.6.4 LNR 切换

1. Source-gNB 向 Target-eNB 的切换流程(5G 到 4G 的切换)

当 UE 在不同基站间移动(Source-gNB 向 Target-eNB)时,将会触发站间系统切换流程,具体信令流程如图 8-31 所示。

①Source-gNB 向 NGC 发送 Handover Request 消息请求切换,消息包含 TargeteNB ID、Source to Target Transparent Container、Intel System Handover Indication 等。

②NGC 向 EPC 发送 Relocation Request。

③NGC 向指定的目标小区所在的 Target-eNB 发起 Handover Request 切换请求。

④Target-eNB 回复 Handover Request Acknowledge 给 NGC,允许切换入。如果有部分 E-RAB(演进的无线接入承载)切换入失败,消息中需要携带失败的 E-RAB 承载列表。

⑤EPC 回复 Relocation Response 给 NGC。

⑥NGC 向 Source-gNB 发送 Handover Command 消息,消息中包含地址和用于转发的 TEID 列表,包含需要释放的承载列表。

⑦Source-gNB 发送 RRC Reconfiguration 给 UE,要求 UE 执行切换到目标小区。

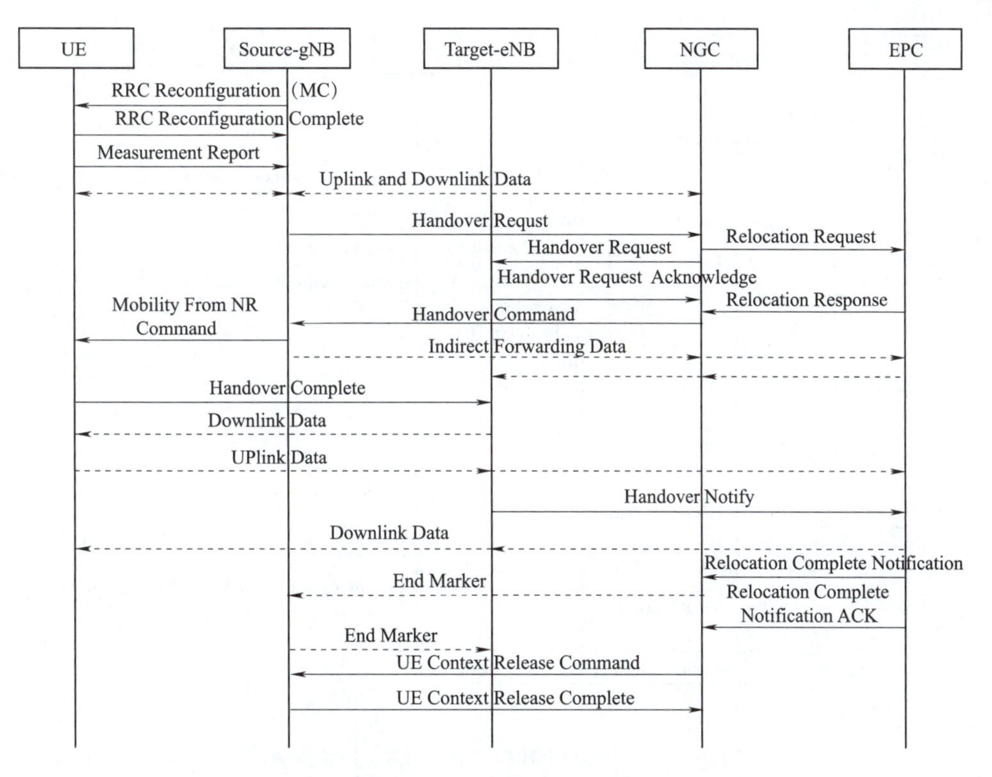

图 8-31 Source-gNB 向 Target-gNB 的切换流程

⑧UE 发送 RRC Reconfiguration Complete 给 Source-gNB，UE 空口切换到目标小区完成。

⑨Target-eNB 发送 Handover Notify 给 EPC，通知 UE 已经接入到目标小区。

⑩EPC 收到 Handover Notify 后给 NGC 发送 Relocation Complete Notification。

⑪NGC 收到 Relocation Complete NotificationAck 消息，向 Source-gNB 发送 UE Context Release Command 消息，Source-gNB 释放切换的用户。

2. SeNB 向 TgNB 的切换流程(4G 到 5G 的切换)

当 UE 在不同基站间移动(Source-eNB 向 Target-gNB)时，将会触发站间异系统切换流程，具体信令流程如图 8-32 所示。

①Source-eNB 向 EPC 发送 Handover Request 消息请求切换。

②EPC 向 NGC 发送 Forward Relocation request。

③NGC 向指定的目标小区所在的 Target-gNB 发起 Handover Request 切换请求。

④Target-gNB 回复 Handover Request Acknowledge 给 NGC，允许切换入。如果有部分承载切换入失败，消息中需要携带失败的承载列表。

⑤NGC 回复 Forward Relocation Response 给 EPC。

⑥EPC 向 Source-eNB 发送 Handover Command 消息，消息中包含地址和用于转发的 TEID 列表，包含需要释放的承载列表。

⑦Source-eNB 发送 RRC Reconfiguration 给 UE，要求 UE 执行切换到 Target-gNB 小区。

⑧UE 发送 RRC Reconfiguration Complete 给 Target-gNB，UE 空口切换到 Target-gNB 小区完成。

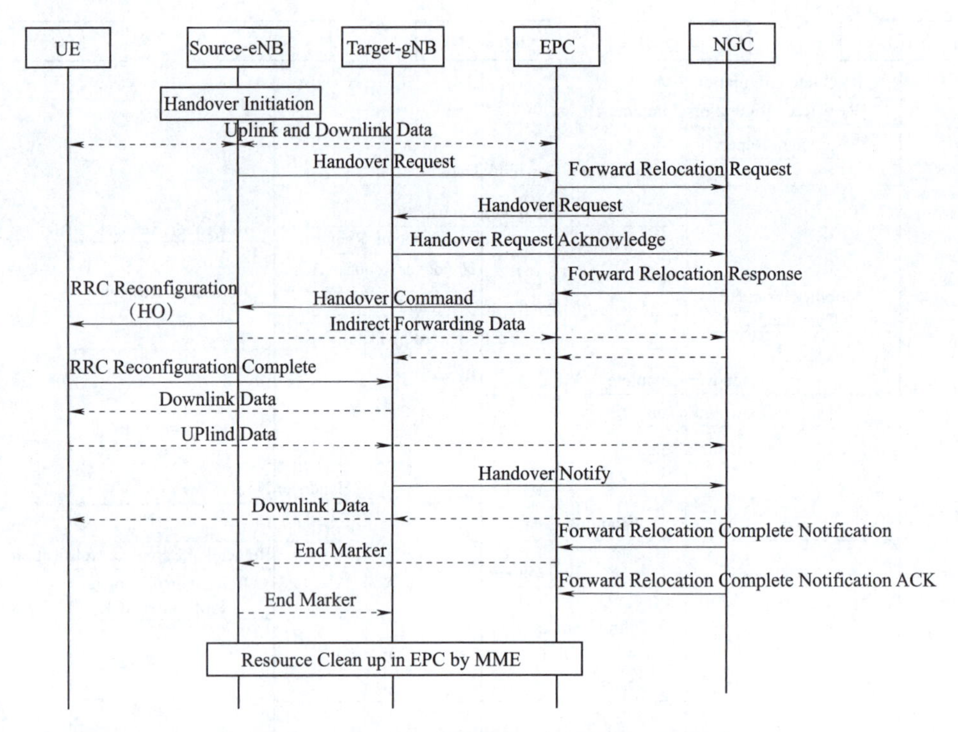

图 8-32　Source-eNB 向 Target-gNB 的切换流程

⑨Target-gNB 发送 Handover Notify 给 NGC，通知 UE 已经接入到目标小区。

⑩NGC 收到 Handover Notify 后给 EPC 发送 Forward Relocation Complete Notification。

⑪EPC 收到 Forward Relocation Complete NotificationAck 消息，向 Source-eNB 发起释放切换的用户。

第9章 5G移动性管理

本章导读

5G移动通信系统将提供独立于无线技术的移动性管理，无论用户位置如何改变，都能确保业务和通信质量的连续性。本章对影响5G移动性管理的几个关键之处进行分析，分别对测量与报告、下行同步、随机接入、链路失败检测与重建、回传网络传输提出了移动性管理解决方案。

在2G/3G/4G移动通信系统中，移动性管理方案是通过各种切换技术将用户从一个小区切换到另一个小区来保持移动过程中通信连续性。在5G移动通信系统中，移动用户通信能力进一步增强，移动速率大幅提升，移动空间向多维度扩张，移动业务更加多样化，通信质量的要求也越来越高，以前网络的移动性解决方案已不能很好地满足用户的需求。

5G移动通信系统不再是采用某种特定接入技术的单一通信网络，而是融合了多种无线接入技术，成为一个综合的异构无线网络，能够满足不同类型业务的需求。接入5G系统的网络除了现有各种制式的2G/3G/4G网络外，还包括蓝牙系统、无线局域网Wi-Fi系统等。网络和终端不仅需要支持在特定无线网络中的移动性，还需要支持在不同无线接入网之间的移动性，例如，在无线局域网与3G/4G之间的切换，广域覆盖网与热点深度覆盖系统之间的切换。5G移动通信系统将提供独立于无线技术的统一的移动性管理，无论用户位置如何改变都能确保业务和通信质量的连续性。根据切换发起网络实体的不同，5G移动性管理有网络控制切换和终端自动控制切换两种方式。两种切换方式均包括以下关键步骤：终端用户在源小区进行测量，并报告测量数据终端用户新开与源小区的连接，与目标小区进行同步；终端用户接收目标小区的系统参数，随机接入目标小区，切换过程中链路失败检测、恢复与重建，回传链路传输。

本章知识点

①5G 移动性管理架构。
②连接态移动性管理的内容。
③空闲态移动性管理的内容。
④5G 异系统互操作的概念和内容。

9.1 5G 移动性管理架构

通过合理的功率分配,可以实现一定的小区覆盖。但是,用户在移动过程中,超出小区的合理覆盖范围时,就需要考虑切换。移动性管理是移动网络下的一项基本功能,主要用于保证手机能够在移动的情况下享受无中断的业务服务。

5G 的移动性管理根据网络架构的不同可以分为以下两种:

1. NSA 组网场景下的移动性管理

此场景下主要为主辅小区(primary secondary cell,PSCell)变更。根据目标小区与源小区是否相同分为站内 PSCell 变更和站间 PSCell 变更。

2. SA 组网场景下的移动性管理

根据 UE 的状态可以分为连接态的移动性管理、Inactive 态和空闲态的移动性管理。对于连接态移动性管理,根据执行的流程可以分为切换和重定向;Inactive 态和空闲态的移动性管理称为小区重选。NR 移动性管理架构如图 9-1 所示。

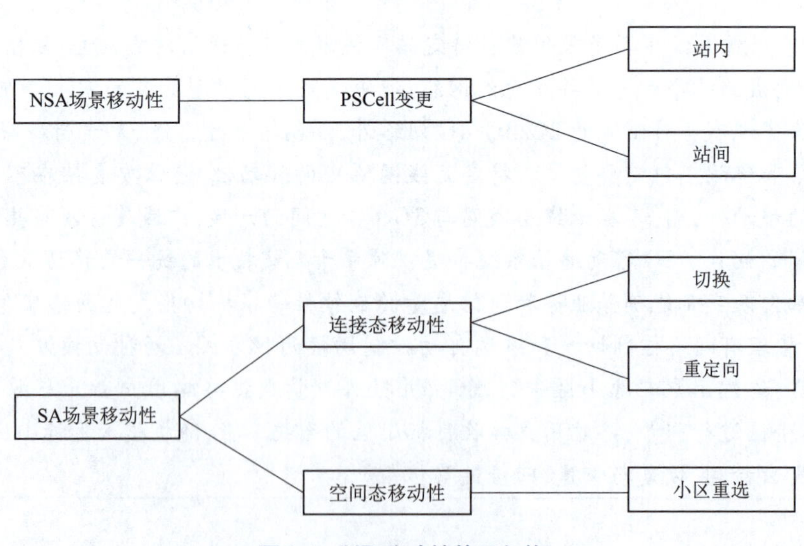

图 9-1 NR 移动性管理架构

9.2　NSA 组网场景下移动性管理

NSA 组网场景下移动性管理涉及的相关概念如下：

①PCell：primary serving cell，主站下的主小区。

②PSCell：primary secondary cell，主辅小区。

③EN-DC：E-UTRA-NR dual connectivity，LTE 与 NR 跨制式 DC。

3GPP 协议支持具有多个 Rx/Tx（接收/发送）的 UE 和两个独立节点同时建立连接两个独立节点的调度器给该 UE 分配无线资源，其中一个节点称作主节点（master node，MN），另一个节点称作辅节点（secondary node，SN）。

在 EN-DC 场景下，eNB 作为主节点，与 EPC 连接；gNB 作为辅节点，通过 X2-c 口与 eNB 相连。EN-DC 的信令架构如图 9-2 所示。

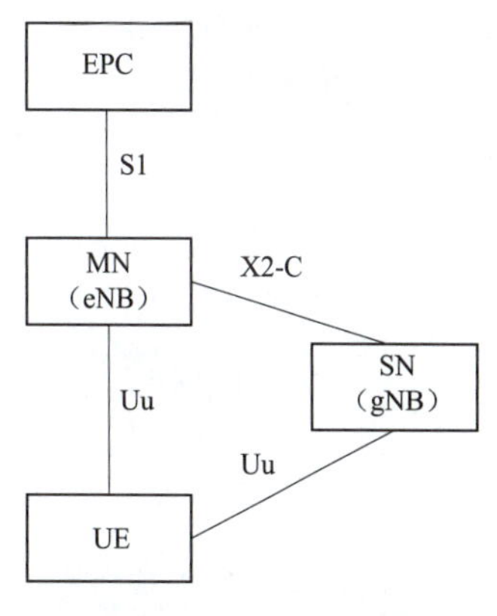

图 9-2　EN-DC 的信令架构

NSA 组网时，EN-DC 场景是指主站为 LTE 基站，即 master eNB（MeNB）；辅站为 5G 基站，即 secondary gNB（SgNB）。NR 的所有信令通过 eNB 下发。此时 gNB 的测量控制模块产生的测量控制消息通过 X2-c 口传递给 eNB，由 eNB 下发给 UE。UE 将测量结果上报给 eNB，eNB 通过 X2-c 口将测量报告传递给 gNB 进行 PSCell 变更流程。NSA 组网场景的站内 PSCell 变更和站间 PSCell 变更如图 9-3 和图 9-4 所示。其中 ⚡ 指 UE 与主站的空口（信令），⚡ 指 UE 与辅站的空口（数据）。

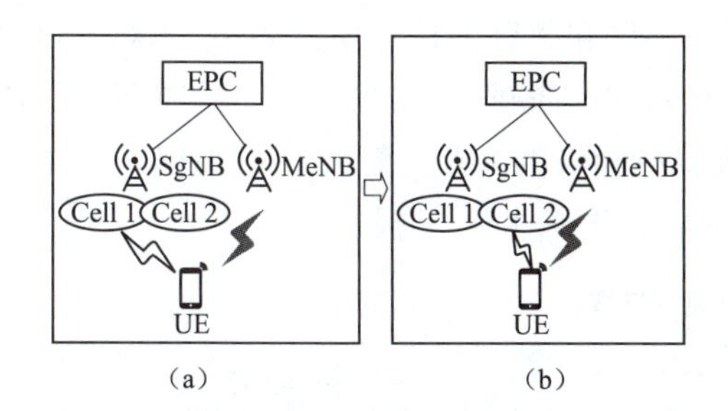

图 9-3　NSA 组网场景的站内 PSCell 变更

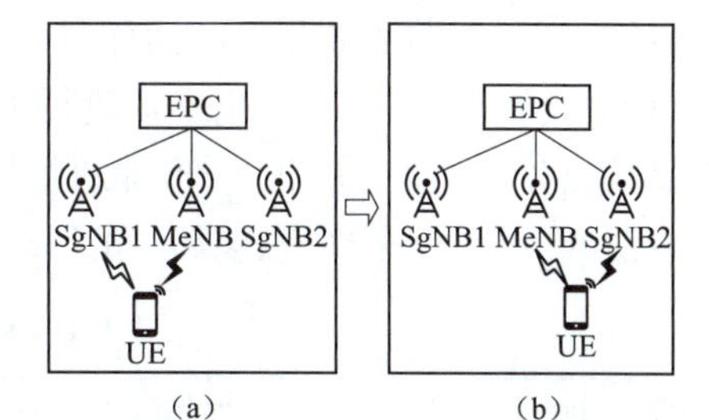

图 9-4　NSA 组网场景的站间 PSCell 变更

1. PSCell 变更流程

NSA 组网时，双连接场景下的 NR 同频小区间移动性管理（即 PSCell 小区的变更）主要包括以下两种情况：

①PSCell 的站内变更，指 PSCell 变更为 SgNB 站内的其他小区，即 SgNB Modification 流程。

②PSCell 的站间变更，指 PSCell 变更为其他 SgNB 的小区，即 SgNB Change 流程。PSCell 站内和站间变更流程涉及的环节一致，如图 9-5 所示。

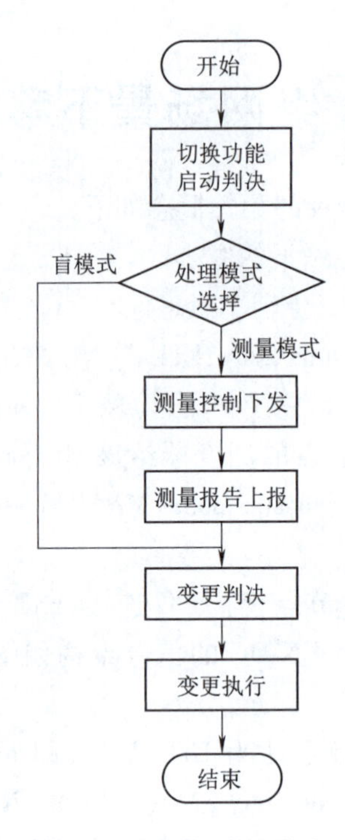

图 9-5 PSCell 变更流程

2. 测量控制下发

当 gNB 收到 SgNB Addition Request 消息时，gNB 产生测量控制信息，通过 X2 口传递 eNB，由 eNB 下发测量控制信息给 UE。

3. 测量报告上报

5G 采用 A3 事件触发 PSCell 变更。A3 事件表示区信号质量比服务小区信号质量高一定的门限值。当 UE 收到测量控制消息后，会启动服务小区和邻区的信号质量测量，并对测量值根据“RSRP 滤波数”进行滤波，然后进行 A3 事件判决：当信号质量在时间迟滞的时间范围内持续满足表 9-1 所示的触发 A3 事件的条件时，UE 执行相应的动作。触发 A3 事件后，如果未满足取消 A3 事件的条件，则该邻区的 A3 事件会每隔 240 ms 持续上报。

表 9-1 A3 事件的触发与取消

类别	需满足的条件	执行动作
触发 A3 事件	Mn + Ofn + Ocn − Hys > Ms + Ofs + Ocs + Off	触发该邻区的 A3 事件报告
取消 A3 事件	Mn + Ofn + Ocn + Hys < Ms + Ofs + Ocs + Off	取消上报该邻区的 A3 事件报告

其中，条件公式中相关变量的具体含义如下：

①Ms、Mn 分别表示服务小区、邻区的测量结果。

②Ofs、Ofn 分别表示服务小区、邻区的频率偏置。

③Ocs、Ocn 分别表示服务小区、DU(分布单元)小区与邻区之间的小区偏移量。

④Hys 表示测量结果的幅度迟滞。

⑤Off 表示测量结果的偏置。

除 Ms 和 Mn 以外，所有变量的值均在测量控制消息中下发。A3 测量报告上报的最大小区数固定为 4 个，测量报告上报次数不限。

4. 变更判决

gNB 根据收到的 A3 测量报告进行判断。若测量报告的 MeasID（测量标识）和测量控制消息中的 MeasID 一致则说明该测量结果有效。若测量报告中的小区存在于邻区关系中，则可以向该小区发起 PSCell 变更；则不可以向该小区发起 PSCell 变更。gNB 判决发起 PSCell 变更，选择信号质量最好的小区作为目标小区。

5. 变更准备

gNB 通过 X2 接口发起 PSCell 变更请求 SgNB Modification Required（站内变更）、SgNB ChangRequired（站间变更）。

①站内变更：当有数据需要转发或者 SN 密钥需要变更时，若 eNB 收到 SNB Modification Request Acknowledge 消息，则认为辅站变更准备成功，并向 UE 下发 RRC Connection Reconfiguration 消息，UE 执行变更；若 eNB 收到 SgNB Modification Request Reject 消息，则认为变更准备失败，不会向 UE 下发变更执行消息，此时，gNB 需要等到下一次测量报告上报时再选择合适的小区发起变更。

②站间变更：若 eNB 收到 SgNB Addition Request Acknowledge 消息，则认为辅站变更准成功，并向 UE 下发 RRC Connection Reconfiguration 消息，UE 执行变更；若 eNB 收到 SgNB Addition Request Reject 消息，则认为变更准备失败，不会向 UE 下发变更执行消息，此时，gNB 需要等到下一次测量报告上报时再选择合适的小区发起变更。

6. 变更执行

当源 PSCell 收到由 eNB 通过 X2 口带回的 RRC（无线资源控制）重配完成消息时，认定 PSCell 变更成功，否则认定 PSCell 变更失败，UE 向 eNB 发送 SCG Failure Information 消息。

9.3　SA 组网场景下连接态移动性管理

连接态移动性管理通常简称为切换，它是指对于在小区间移动的 RRC 连接态的 UE。为了保障移动过程中的 UE 能够持续地接受网络服务，gNB 对 UE 的空中接口状态保持监控，判断是否需要变更服务小区的过程。

基于连续覆盖网络，当 UE 移动到小区覆盖边缘时，服务小区信号质量变差，邻区信号质量变好时则触发基于覆盖的切换，有效地防止了由于小区的信号质量变差而造成的掉话，如图 9-6所示。

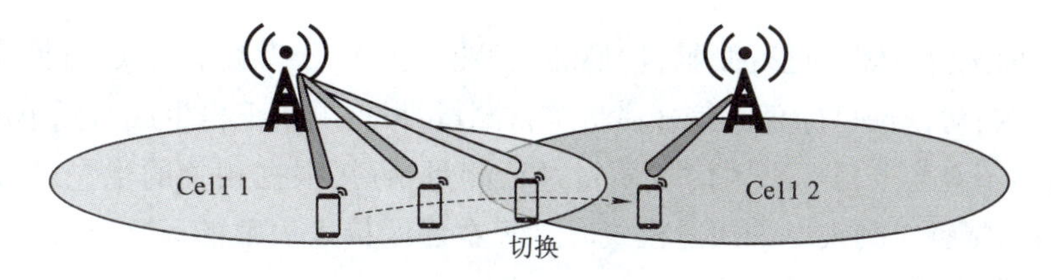

图 9-6　基于覆盖的切换示意图

9.3.1 移动性基础流程

SA 组网场景下的切换流程如图 9-7 所示。

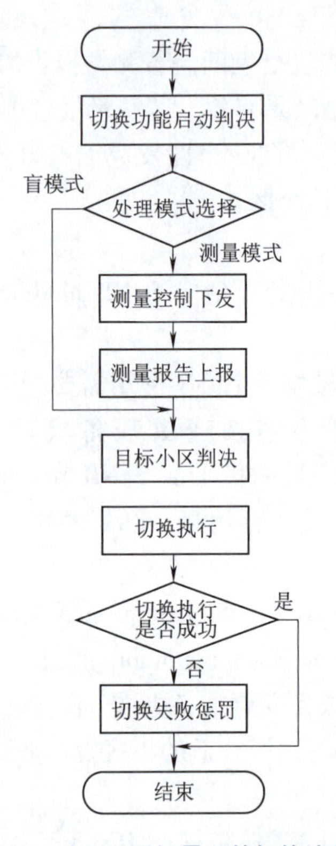

图 9-7 SA 组网场景下的切换流程

9.3.2 切换功能启动判决

对于不同的切换功能，UE 在当前服务小区是否存在切换发起需求的条件完全不同，主要包括以下 3 个因素：

①切换功能的开关。

②是否配置相邻频点。

③服务小区信号质量的好坏。

9.3.3 处理模式选择

根据切换前是否对邻区进行测量，切换的处理模式可以分为测量模式、盲模式。

①测量模式：对候选目标小区信号质量进行测量，根据测量报告生成目标小区列表。

②盲模式：不对候选目标小区信号质量进行测量，直接根据相关的优先级参数的配置生成目标小区或目标频点列表。采用此模式时，UE 在邻区接入失败的风险高，因此一般情况下不采用此模式，仅在必须尽快发起切换时才采用。

9.3.4　测量控制下发

在 UE 建立无线承载后，gNB 会根据切换功能的配置情况，通过 RRC Connection Reconfiguration 给 UE 下发测量配置信息。在 UE 处于连接态或完成切换后，若测量配置信息有更新，则 gNB 会通过 RRC Connection Reconfiguration 消息下发更新的测量配置信息。测量配置信息主要包括以下内容：

1. 测量任务的测量对象

测量对象主要由测量系统、测量频点或测量小区等属性组成，指示 UE 对哪些小区或频点信号质量进行测量。NR（新无线）系统内测量对象的关键属性配置信息如下：

①SSB（同步信号块）频点。

②小区偏移量。

③同步信号/物理广播信道块测量定时配置（SS/PBCH block measurement timing configuration，SMTC），如 SSB 测量窗口长度、SSB 周期等。

2. 测量任务的报告配置

报告配置主要包括测量事件信息、事件上报的触发量和上报量、测量报告的其他信息等，指示 UE 在满足什么条件下上报测量报告，以及按照什么标准上报测量报告。当前支持基于测量事件的测量报告，该报告配置包括了测量事件和触发量。

（1）测量事件

测量事件包括 A1、A2、A3、A4、A5、A6、B1 或 B2。对于不同的切换功能，具体使用的测量事件也不同。测量事件的相关定义见表 9-2。

表 9-2　测量事件的相关定义

事件类型	事件定义
A1	服务小区信号质量变得高于对应门限
A2	服务小区信号质量变得低于对应门限
A3	邻区信号质量开始比服务小区信号质量好于一定门限值
A4	邻区信号质量变得高于对应门限
A5	服务小区信号质量变得低于门限 1 并且邻区信号质量变得高于门限 2
A6	邻区信号质量开始比辅小区信号质量好于一定门限值
B1	异系统邻区信号质量变得高于对应门限
B2	服务小区信号质量变得低于门限 1 并且异系统邻区信号质量变得高于门限 2

各个测量事件的进入和退出条件见表 9-3。

表 9-3 各个测量事件的进入和退出条件

事件类型	进入条件	退出条件
A1	Ms - Hys > Thresh，且上述条件持续 TimeToTrig 时间	Ms + Hys < Thresh，且上述条件持续 TimeToTrig 时间
A2	Ms + Hys < Thresh，且上述条件持续 TimeToTrig 时间	Ms - Hys > Thresh，且上述条件持续 TimeToTrig 时间
A3	Mn + Ofn + Ocn - Hys > Ms + Ofs + Ocs + Off，且上述条件持续 TimeToTrig 时间	Mn + Ofn + Ocn + Hys < Ms + Ofs + Ocs + Off，且上述条件持续 TimeToTrig 时间
A4	Mn + Ofn + Ocn - Hys > Thresh，且上述条件持续 TimeToTrig 时间	Mn + Ofn + Ocn + Hys < Thresh，且上述条件持续 TimeToTrig 时间
A5	Ms + Hys < Thresh1 且 Mn + Ofn + Ocn - Hys > Thresh2，且上述条件持续 TimeToTrig 时间	Ms - Hys > Thresh1 或 Mn + Ofn + Ocn + Hys < Thresh2 且上述条件持续 TimeToTrig 时间
A6	Mn + Ocn - Hys > Ms + Ocs + Off，且上述条件持续 TimeToTrig 时间	Mn + Ocn + Hys < Ms + Ocs + Off，且上述条件持续 TimeToTrig 时间
B1	Mn + Ofn - Hys > Thresh，且上述条件持续 TimeToTrig 时间	Mn + Ofn + Hys < Thresh，且上述条件持续 TimeToTrig 时间
B2	Ms + Hys < Thresh1 且 Mn + Ofn - Hys > Thresh2，且上述条件持续 TimeToTrig 时间	Ms - Hys > Thresh1 或 Mn + Ofn + Hys < Thresh2，且上述条件持续 TimeToTrig 时间

条件公式中相关变量的具体含义如下：

①Ms、Mn 分别表示服务小区、邻区的测量结果。

②Hys 表示测量结果的幅度迟滞。

③TimeToTrig 表示持续满足事件进入条件或退出条件的时长，即时间迟滞。

④Thresh、Thresh1、Thresh2 表示门限值。

⑤Ofs、Ofn 分别表示服务小区、邻区的频率偏置。

⑥Ocs、Ocn 分别表示服务小区、NR 系统内邻区的小区特定偏置（cell individual Offset，CIO）

⑦Off 表示测量结果的偏置。

（2）触发量

触发量是指触发事件上报的策略（如 RSRP、RSRQ 或 SINR），当前触发量仅支持基于 SSB、RSRP（参考信号接收功率）。

9.3.5 测量报告上报

UE 收到 gNB 下发的测量配置信息后，按照指示执行测量。当满足上报条件后，UE 将测量报告报给 gNB。

9.3.6 目标小区判决

gNB对目标小区或目标频点进行选择，判定是否存在合适的新的服务小区，存在则进入后续且按执行流程进行。其主要包括以下内容：

1. 测量报告的处理

测量报告的处理仅测量模式下的切换涉及，gNB按照先进先出方式（先上报先处理）对收到的测量报告进行处理，生成候选小区或候选频点列表。

2. 切换策略的确定

切换策略是指gNB将UE从当前的服务小区变更到新的服务小区的流程方式。所涉及的基本切换策略定义如下：

①切换：当切换作为一种切换策略描述时，切换指的是将业务从源服务小区的PS（分组交换）域变更到目标小区的PS域，保证业务连续性的过程。其包括NR系统内的切换和系统间的切换。

②重定向：重定向指gNB直接释放UE，并指示UE在某个频点选择小区接入的过程。

3. 目标小区或目标频点列表的生成

根据上报测量报告的邻区信息生成切换的目标小区，如果切换策略是重定向，则需要确定好目标频点列表。

9.3.7 切换执行

在目标小区或目标频点判决后，gNB将按照选择的切换策略执行切换。

①当切换策略为切换时，gNB将从目标小区或目标频点列表中选择质量最好的小区发起切换请求。具体过程如下：

- 切换准备：Source-eNB向Target-gNB发起切换请求消息（Handover Request或Handover Required）。如果Target-gNB准入成功，Target-gNB返回响应消息（Handover Request Acknowledge或Handover Command）给Source-eNB，则Source-eNB认为切换准备成功，执行下面的过程。如果Target-gNB准入失败，Target-gNB返回切换准备失败消息（Handover Preparation Failure）给Source-eNB，则Source-eNB认为切换准备失败，等待下一次测量报告上报时再发起切换。
- 切换执行：Source-eNB进行切换执行判决。若判决执行切换，则Source-eNB下发切换命令给UE执行切换和数据转发。UE切换目标小区成功后，Target-gNB返回Release Resource消息给Source-eNB，Source-eNB释放资源。

②当切换策略为重定向时，gNB将在过滤后的目标频点列表中选择优先级最高的频点，在RRC Connection Release消息中下发给UE。

9.4 SA组网场景下空闲态移动性管理

空闲态移动性管理通常是指小区重选，即当UE正常驻留在一个小区中后，会测量驻留小

区和邻区的信号质量,根据小区重选规则选择一个更好的小区进行驻留。空闲态移动性管理涉及的相关概念如下:

①Acceptable Cell:可接受小区,表示可以让驻留其中的 UE 获得限制服务(如紧急呼叫、接收 ETWS、CMAS 通知等)的小区。该小区必须满足以下条件:

- 小区没有被禁止。
- 满足小区选择规则。

②Suitable Cell:合适小区,表示可以让驻留其中的 UE 获得正常服务的小区。该小区必须满足以下条件:

- 小区没有被禁止。
- 满足小区选择规则。
- 小区属于以下某个 PLMN(公共陆地移动网络)。UE 选择的 PLMN、等效 PLMN 列表中的某一个 PLMN。
- 小区可支持 UE 选择的 PLMN 或者注册 PLMN。

③Barred Cell:被禁小区,表示禁止服务小区。如果是单运营商小区,则会在 MIB(主信息模块)消息中指示;如果是多运营商小区,则会在 SIB1(系统信息模块)消息中以各运营商进行指示。

9.4.1 小区搜索和 PLMN 选择

小区搜索即 UE 与小区先获得时间和频率同步,得到物理小区标识,再根据物理小区标识,得到小区的信号质量和其他信息的过程。

在 5G 系统中,用于小区搜索的同步信号分为主同步信号和辅同步信号。UE 进行小区搜索的过程如下:

①UE 检测到主同步信号,获得时钟同步。同时,通过主同步信号映射获取到物理小区标识的组内 ID。

②UE 检测到辅同步信号,获得时间同步(同步)。同时,通过辅同步信号映射获取到物理小区标识所属的小区 ID 组编号。

③UE 通过物理小区标识的小区 ID 组编号和组内 D 得到完整的物理小区标识。

④UE 检测到下行 SSB 信号,获得小区的信号质量。

⑤UE 读取到 MIB、SIB1 消息,获得小区的其他信息,如小区支持的运营商信息等。

小区搜索完成以后,UE 开始选择 PLMN,并在 PLMN 上注册。注册成功后将 PLMN 信息显示出来,并准备接受该运营商的服务。UE 进行 PLMN 选择的过程如图 9-8 所示。

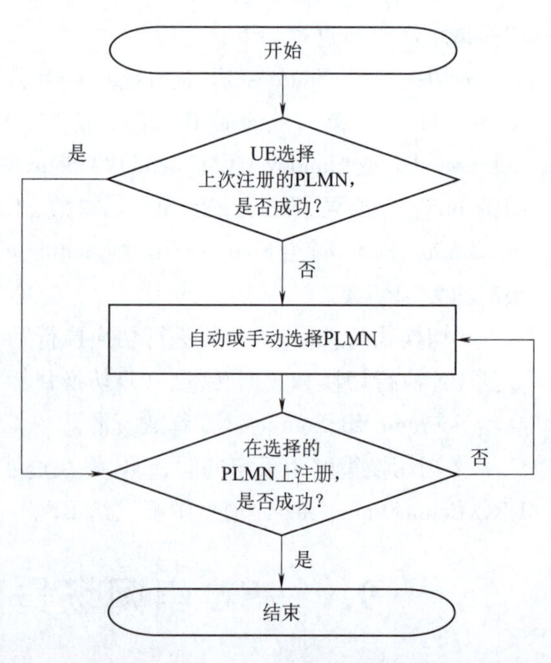

图 9-8 UE 进行 PLMN 选择的过程

9.4.2　小区选择

当 UE 从连接态转移到空闲态时，需要进行小区选择，选择一个 Suitable Cell 驻留。

UE 进行小区选择时，需要判断小区是否满足小区选择规则。小区选择规则（又称 S 规则）为

$$S_{rxlev} > 0, S_{rxlev} = Q_{rxlevmeas} - (Q_{relevmin} + Q_{relevminoffset}) - P_{compensation}$$

其中，各个参数的定义如下。

①S_{rxlev}：小区选择接收值。

②$Q_{rxlevmeas}$：测量到的小区接收信号电平值，即 RSRP。

③$Q_{relevmin}$：SIB1 消息中广播的小区最低接收电平值，可通过参数配置。

④$Q_{relevminoffset}$：SIB1 消息中广播的小区最低接收电平偏置值，当前没有携带，UE 默认其为 0 dB。

⑤$P_{compensation}$：$\max(P_{EMAX} - P_{Powrclass}, 0)$。其中，$P_{EMAX}$是在 SIB1 消中广播的小区允许的 UE 的最大发射功率，$P_{compensation}$是 UE 自身的最大射频输出功率。

9.4.3　小区重选

当 UE 正常驻留在一个小区后，会测量驻留小区和邻区的信号质量，根据小区重选规则选择一个更好的小区进行驻留。UE 进行小区重选的过程如下：

1. 重选邻区测量启动

UE 根据服务小区的 S_{rxlev} 及邻区的重选频点优先级，判断是否启动邻区测量功能。

①同频邻区测量判决：

- 当服务小区的 S_{rxlev} 大于同频测量启动门限时，不启动同频重选邻区测量功能。
- 当服务小区的 S_{rxlev} 低于或者等于同频测量启动门限时，启动同频重选邻区测量功能。

②异频邻区测量判决：

- 若异频频点拥有比当前服务频点更高的优先级，则不管服务小区质量如何，UE 都会对它们进行重选邻区测量。
- 若异频频点的优先级低于或者等于当前服务频点的优先级，则进行以下判决：
- 若服务小区的 S_{rxlev} 大于异频测量启动门限，则不启动异频重选邻区测量功能。
- 若服务小区的 S_{rxlev} 小于或者等于异频测量启动门限，则启动异频重选邻区测量功能。

2. 根据邻区测量结果及小区重选规则进行小区重选

①在满足小区选择规则（即 S 规则）的同频邻区中，选择信号质量等级 Rn 最高的区作为 Highest Ranked Cell（最先候选小区）。

$$R\_n = Q_{meas.n} - Q_{offset}$$

其中，各个参数的定义如下：

- $Q_{meas.n}$：基于 SSB 测量出来的邻区的接收信号电平值，即邻区的 RSRP 值。
- Q_{offset}：小区重选偏置。

②在满足小区选择规则(即 S 规则)的同频邻区中,识别出信号质量满足如下条件的邻区 RSRPhighest Ranked Cell-RSRPn≤rangeToBestCell。其中,各个参数的定义如下。

- RSRPhighest Ranked Cell:Highest Ranked Cell 的 RSRP 值。
- RSRPn:各邻区的 RSRP 值。
- rangeToBestCell:固定为 3dB,在 SIB2 消息中指示。

③在 Highest Ranked Cell 和满足上述条件的邻区中,选择小区中波束级 RSRP 值大于门限,且波束个数最多的小区作为 Best Cell(最好小区)。

④判断 Best Cell 是否同时满足以下条件。若满足,则 UE 重选到该小区;若不满足,则继续驻留在原小区。

- UE 在当前服务小区驻留超过 1 s。
- 持续 1 s 的时间内满足小区重选规则(又称 R 规则):R_n > R_S。

其中,R_n = $Q_{\text{meas. n}} - Q_{\text{offset}}$;R_s = $Q_{\text{meas. s}} - Q_{\text{hyst}}$。其中,各个参数的定义如下:

$Q_{\text{meas. n}}$:基于 SSB 测量的邻区的 RSRP 值,单位为 dBm。

Q_{offset}:邻区重选偏置。

$Q_{\text{meas. s}}$:基于 SSB 测量出来的服务小区的接收信号电平值,即服务小区的 RSRP 值。

Q_{hyst}:小区重选迟滞。

9.5 5G 与 LTE 异系统互操作

NR 网络越来越多地采用 SA 组网方式。由于 NR 网络采用的频段较高(C-Band 及以上),导致 NR 小区整体覆盖范围受限,因此,在 NR 建网初期难以形成连续覆盖,其覆盖连续性比现有的 LTE 网络差。为了解决上述问题,需要利用连续覆盖的 LTE 网络作为基本覆盖,通过 E-UTRAN 和 NG-RAN 系统间的互操作功能实现以下目标。

①在 NR 网络覆盖不连续的情况下,利用 LTE 网络的连续覆盖,保障用户业务体验的连续性。

②根据业务特性选择适合的承载网络,确保用户获得更好的体验。

9.5.1 空闲态移动性管理

空闲态 UE 在小区驻留后,通过监听系统消息,根据邻区测量规则对服务小区以及异系统邻区进行测量,根据小区重选规则选择一个更适合的小区进行驻留。

E-UTRAN(演进的 UMTS 陆地无线接入网)至 NG-RAN(下一代无线接入网)小区重选流程和 NG-RAN 至 E-UTRAN 小区重选流程相似,如图 9-9 所示。

1. 小区重选优先级

(1)公共优先级

在 UE 进行邻区测量和小区重选时,根据相邻频点的小区重选优先级与小区重选子优先级之和来确定该频点的优先级,通过与服务频点的小区重选优先级相比较,确定测量和重选的对象。不同系统的频点不能配置为相同优先级。

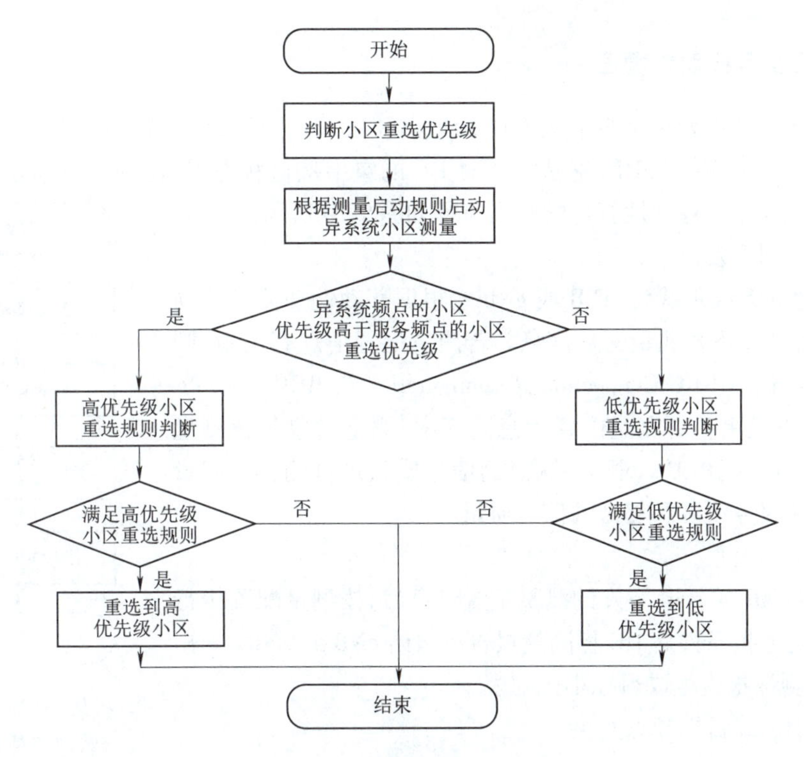

图 9-9 空闲态移动性管理流程

(2)专用优先级

专用优先级是下发给单个 UE 有效的小区重选优先级,通过 SPID(用户入口识别标识)优先级对 UE 实现差异化的小区重选仅 E-UTRAN 至 NG-RAN 小区重选支持。

SPID 是运营商为 UE 在 HSS(归属签约用户服务器)数据库中注册的一个取值为 1 ~ 256 的策略索引,eNB 根据 SPID 策略索引对 UE 下发专用的驻留和切换策略,确保根据 UE 的签约信息驻留或切换到合适的频率或系统。

2. 邻区测量

NG-RAN 默认开启 E-UTRAN 小区重选时的测量,无参数控制。小区重选时,根据如下规则对异系统邻区进行测量,NG-RAN 至 E-UTRAN 小区重选与 E-UTRAN 至 NG-RAN 小区重选的测量启动规则相同,UE 只对通过系统消息广播的邻频点或通过 RRC(无线资源控制)释放消息获取的邻频点进行测量。

①当异系统的邻频点优先级和邻频点子优先级之和大于当前服务频点的优先级时,总是触发 UE 进行异系统小区测量。

②当异系统的邻频点优先级和邻频点子优先级之和低于当前服务频点的优先级时,如果当前服务小区的 S_{rxlev} 大于 SnonlntraSearchP(异系统测量 S_{rxlev} 门限),则 UE 不对异系统小区进行测量;如果当前服务小区的 S_{rxlev} 小于或等于 SnonlntraSearchP,则 UE 将对异系统小区进行测量。

3. Sxlev 计算

E-UTRAN 系统和 NG-RAN 系统计算服务小区和异系统区的 S_{rxlev} 的方法相同:

$$S_{rxlev}=Q_{rxlevmeas}-(Q_{relevmin}+Q_{relevminoffset})-P_{compensation}$$

9.5.2 数据业务移动性管理

数据业务移动性管理是为了保障在 LTE 小区和 NR 小区移动过程中的 UE 能够持续地使用数据业务。对于连接态 UE,基站需要对 UE 的空中接口状态保持监听,判断是否需要变更服务小区。数据业务移动性管理的基本流程如图 9-10 所示。

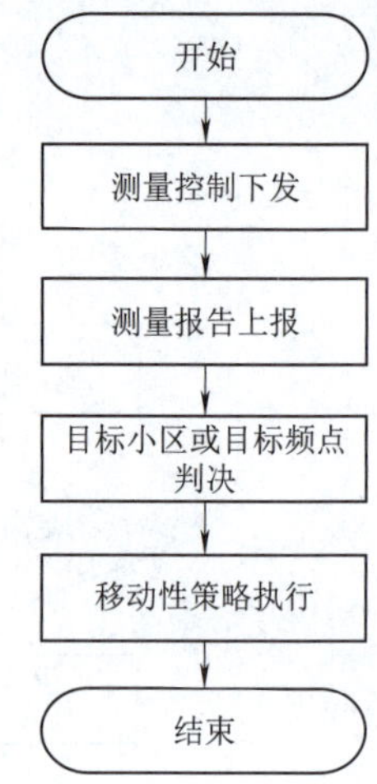

图 9-10 数据业务移动性管理的基本流程

1. 测量控制下发

在 UE 建立无线承载后,eNB 或 gNB 会根据移动性功能和移动性策略配置给 UE 下发测量配置信息。若测量配置信息有更新,则 eNB 或 gNB 会通过 RRC Connection Reconfiguration 或 RRO Reconfiguration 消息下发更新的测量配置信息。其中,测量对象包括测量系统和测量频点,指示 UE 对哪些频点的信号质量进行测量。测量事件用于判断服务小区和邻区的信号质量。

2. 测量报告上报

UE 收到 eNB 或 gNB 下发的测量配置信息后,按测量配置执行测量。当满足上报条件后 UE 将测量报告上报给 eNB 或 gNB。eNB 或 gNB 根据测量报告生成目标小区列表。

3. 目标小区或目标频点判决

当移动性策略为切换时,eNB 或 gNB 选择目标小区列表中信号质量最好的小区。

当移动性策略为重定向时,eNB 或 gNB 选择目标小区列表中信号质量最好的小区对应的频点。

4. 移动性策略执行

eNB 或 gNB 将目标小区或目标频点下发给 UE,指示 UE 执行切换或重定向。对于切换,会先进行切换准备,再执行切换。

①如果 eNB 向目标小区执行切换准备失败,则 UE 在一段时间内不会尝试切换到该目标小区,并从候选的目标小区列表中选择信号质量次好的小区进行切换。如果候选的目标小区列表中的所有小区都执行切换准备失败,则本次流程结束。

②如果 gNB 向目标小区执行切换准备失败,则 UE 在一段时间内不会尝试切换到该目标小区,并从候选的目标小区列表中选择信号质量次好的小区进行切换。如果候选的目标小区列表中的所有小区都执行切换准备失败且支持重定向,则执行重定向;如果执行切换准备失败且不支持重定向,则本次流程结束。

③如果 eNB 或 gNB 切换执行失败,则本次流程结束。

9.6 5G 移动性优化案例分析

移动通信切换优化是指通过技术手段和管理策略,提高移动通信网络在不同场景下的切换速度和稳定性,从而提升用户体验。这包括对网络资源的合理分配、优化信号传输路径以及

改进用户设备之间的协同工作等方面。

在日常的移动通信优化工作中，主要依赖移动性管理的相关理论来解决切换优化问题。这是一种基于网络环境动态变化的优化策略，旨在提高通信网络的性能和用户体验。

移动通信优化中切换优化的主要的任务之一是解决 4G/5G 邻区漏配、锚点邻区漏配和乒乓切换的问题。这涉及对不同类型的网络区域进行有效的配置和管理，以确保所有的用户都能够获得高质量的通信服务。

9.6.1　4G/5G 邻区漏配

在通信中，如果前台信令没有被正确地分配到目标小区，这将导致 MRDC（移动资源动态控制）的异常表现，如图 9-11 所示。从图 9-11 中可以看出，尽管终端已经成功地将请求发送到了目标小区，但网络侧却没有对这个请求做出响应。这种情况可能会对通信质量和用户体验产生影响。

1. 5G 邻区漏配识别

5G 邻区漏配可通过 4G/5G 重配消息发现，在 5GNR 邻区已配置的 PCI 中如果未发现该漏配的 PCI，则该种情况为典型的 5GNR 邻区漏配，如图 9-11 所示。双击信令中终端上报的测量报告（NR MeasruementReport），可以在信令详解信息中看到终端测量到两个小区 PCI（physCellid）为 34 和 6 的小区信号。可是从旁边的 NR5Ginfo 单中，只找到 PCI 为 34 的小区，说明漏配了 PCI 为 6 的 5G 小区。

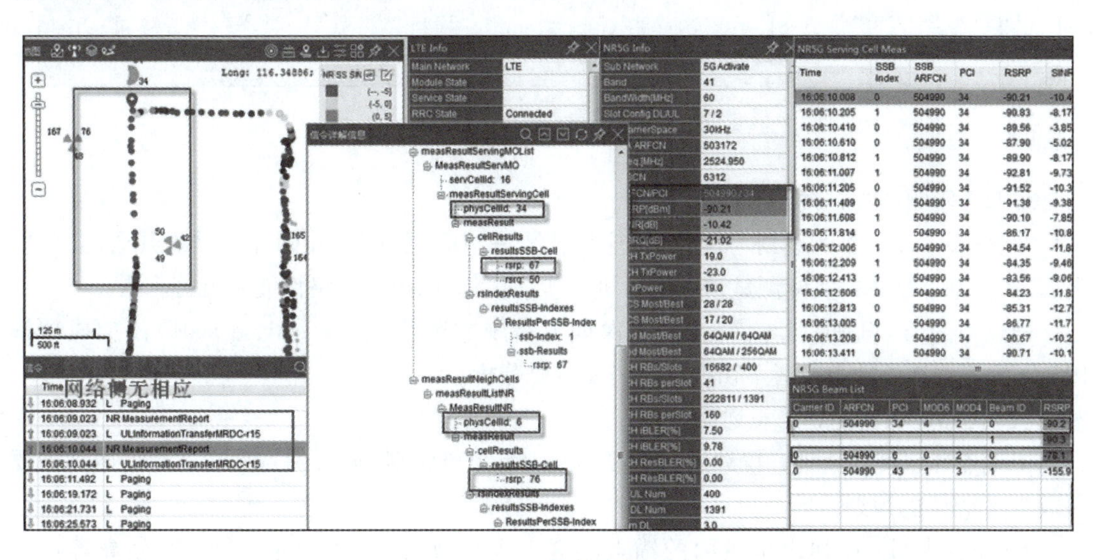

图 9-11　5G 邻区漏配

为了解决这种问题，网络工程师需要仔细检查邻区的配置信息，并确保所有相关的 PCI 都被正确地识别和配置。此外，他们还需要定期监控邻区的运行状况，以便及时发现并解决潜在的漏配问题。通过采取这些措施，可以提高 5G 网络的性能和稳定性，为用户提供更好的通信体验。

2. 锚点邻区漏配识别

4G 重配消息中 4G 邻区只显示 CID（小区 ID）非默认值的 PCI，可查询邻区配置列表是否存在邻区漏配。如果邻区缺失,则该种情况为典型的5GNR邻区漏配。

如图9-12所示,终端上报了4G测量报告的A3事件,但是基站并未对其进行响应,查看测量报告的信令详解信息,发现有PCI为175的信号的测量,对照该锚点小区的4G邻区配置数据未发现该PCI小区,至此可以判定为该站点漏配4G邻区信息。

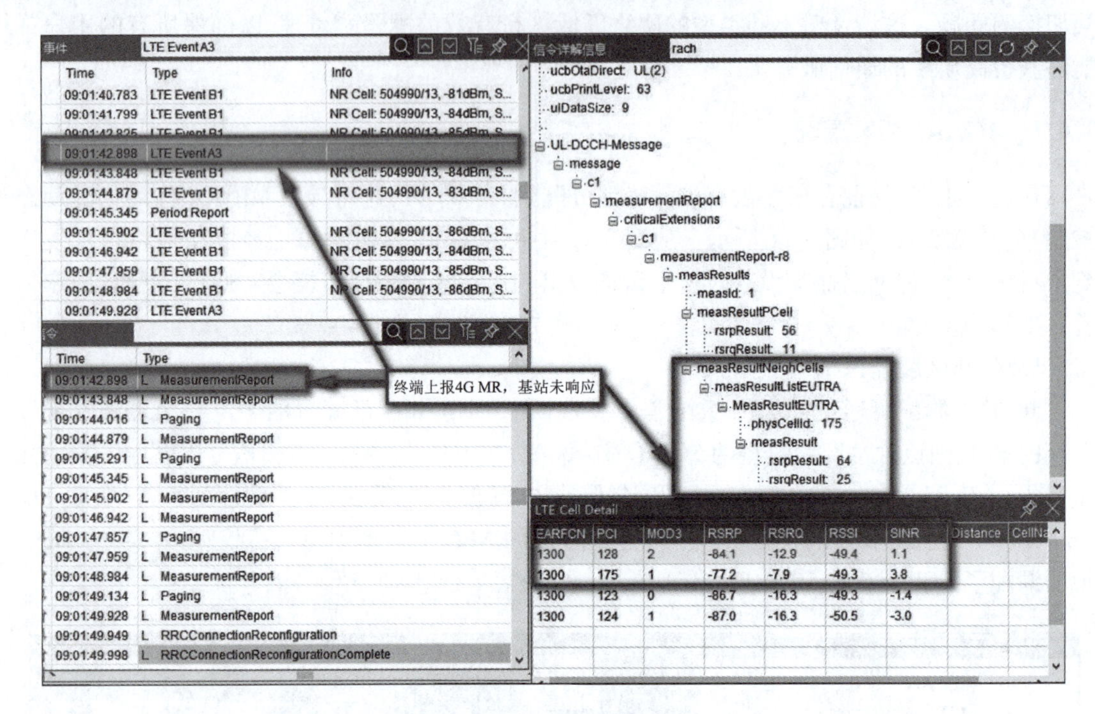

图9-12 锚点漏配

3. 邻区问题解决方案

在进行4G/5G邻区规划与优化时,应该优先完成邻区规划,并确保在站点开通前完成。之后,需要基于现场的实际测试情况进行进一步的优化,以提高网络性能和覆盖范围。

通过4G/5G邻区规划与优化,需要保证道路测试场景下SN(service node)添加成功率100%,对于切换失败点或者不切换区域需要及时分析。

(1)4G/5G邻区规划的规划原则

①锚点邻区规划原则。规划中最重要的原则为距离原则(通过站点分布的距离原则需要完成90%邻区的规划)。

- 梳理并核实5G建设区域内的锚点小区工程参数,包含经纬度、方位角、站高等关键数据。
- 添加5G站点周边锚点小区(包含4G/5G共站邻区)两圈,如果锚点与5G站点1比1建设,则可以直接继承共扇区邻区,即某锚点小区的所有同频4G邻区,均需添加与该锚点小区同扇区的5G小区为4G-5G邻区。

②5G邻区规划原则。在进行无线网络规划和优化时,遵循"距离原则"的指导方针。根据这一原则,在设计邻区时,除了同站3个扇区直接添加为邻区外,对于其他两圈内的小区,建

议也配置为邻区。这有助于提高网络覆盖范围和信号质量，确保用户能够获得更好的无线体验。

同时，针对第三圈内的用户，也需要进行邻区添加。为了实现这一目标，可以直接参考 FDD（频分双工）锚点对应的 NR（新无线）小区关系配置。这样可以确保在同一锚点下的所有 NR 小区都具有正确的邻区关系。

总之，根据“距离原则”，会尽量在两圈内为小区配置邻区，以提高网络覆盖范围和信号质量。同时，针对第三圈内的用户，也会进行相应的邻区添加操作，以确保所有用户都能享受到良好的无线体验。

（2）4G/5G 邻区优化原则

在基于现场测试情况的基础上，对 4G/5G 邻区进行优化。首先，通过现场测试收集的信息，找出可能存在的漏配邻区。针对这些漏配的邻区进行增补操作，以确保网络覆盖范围的完整性和连续性。

在完成 NR 邻区的增补后，需要对锚点 LTE 的邻区关系以及 NR 对应的锚点关系进行重新梳理。为了避免在 NR 小区间配置邻区后，对应的锚点没有邻区的情况发生，需要仔细检查并调整这些关系。

4. 锚点无法添加异厂家 NR 小区

网络中的某个站点由于锚点站点无法添加异厂家 NR 小区，导致 5GNR 小区间无法完成切换，UE 所占用的 NR 小区收到异厂家 NR 小区的下行干扰，覆盖不断恶化最终出现异常现象。

如图 9-13 所示，该站点终端 UE 发起多次基于覆盖的 A3 切换请求，网络一直没有响应，导致 UE 的 RSRP 的值持续恶化。

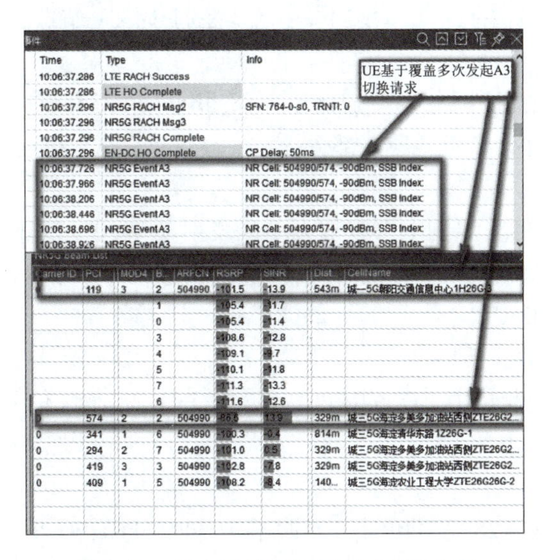

图 9-13　锚点无法添加异厂家 NR 小区

该站点问题解决方案：

对于出现此类问题的场景，前台工作人员可以采取以下措施：首先，应向后台或规划人员报告此问题。其次,前台工作人员可以协助后台或规划人员检查 A2 门限设置是否合理。合理的门限设置有助于确保系统正常运行,防止潜在故障的发生。此外,前台工作人员还可以协助检查站点是否存在故障。

9.6.2 乒乓切换优化

合理的切换是网络连续覆盖的前提,重叠覆盖度高、无主覆盖均会导致频繁切换,所以在优化切换类问题时优先完成覆盖类问题解决。

在日常网络优化过程中,会根据测试 LOG(日志)和站点分布规划好每条道路的主覆盖小区以及每个主覆盖小区的覆盖范围。为了确保信号质量和服务区域的完整性,对不同情况下的覆盖点数量进行了明确规定。对于服务小区 RSRP(参考信号接收功率)与相邻小区 RSRP 之差小于 3 dB 的场景,要求每个主覆盖小区内的覆盖点不得超过 5 个。这样可以有效避免因两个小区的覆盖电平相近导致的信号干扰和 SINR(信噪比)差异过大的问题。而对于服务小区 RSRP 与相邻小区 RSRP 之差在正负 5 dB 之间的场景,允许每个主覆盖小区内的覆盖点不超过 10 个。这样的设置有助于在一定程度上平衡信号强度和覆盖范围,以满足不同区域的用户需求。当然,切换类优化涉及频切优化调整,这也是我们在日常网络优化中需要关注的重要环节。通过合理调整频点和优化切换策略,可以进一步提升网络性能和用户体验。

乒乓切换即小区 1 和小区 2 电平相近导致两个小区之间频繁地切换,常见的优化方法如下:

1. 天线方位角调整

上站针对乒乓切换的两个小区方位角进行核查,确定站点主瓣方向未偏移该站点规划的覆盖范围,禁止出现小区 1 主打小区 2 站下,小区 2 主打小区 1 站点。

2. 下倾角优化调整

在保证方位角合理的条件下,当覆盖低于 -88 dBm 时,需要根据测试情况上抬电子下倾角,加强覆盖,相关倾角优化参考弱覆盖部分。

3. 功率调整

对于功率类的优化调整,原则上可以加大小区发射功率,但禁止降低功率,对于无法优化调整或通过后台电子倾角调整依然无法解决,可适当通过某一个小区的功率降低,收缩覆盖范围,但功率不得低于 12 dBm。

【案例一】解决频繁的乒乓切换

如图 9-14 所示,某次测试中 UE 占用 PCI:157 与 PCI:28 小区信号相差不大,存在频繁的乒乓切换。

解决方案:

通过现场勘查,将 PCI:28 方位角由 10°调整为 340°,PCI:30 小区方位角由 310°调整为 260°(主覆盖居民区),PCI:157 小区电子下倾上抬 3°。

优化后的效果如图 9-15 所示。

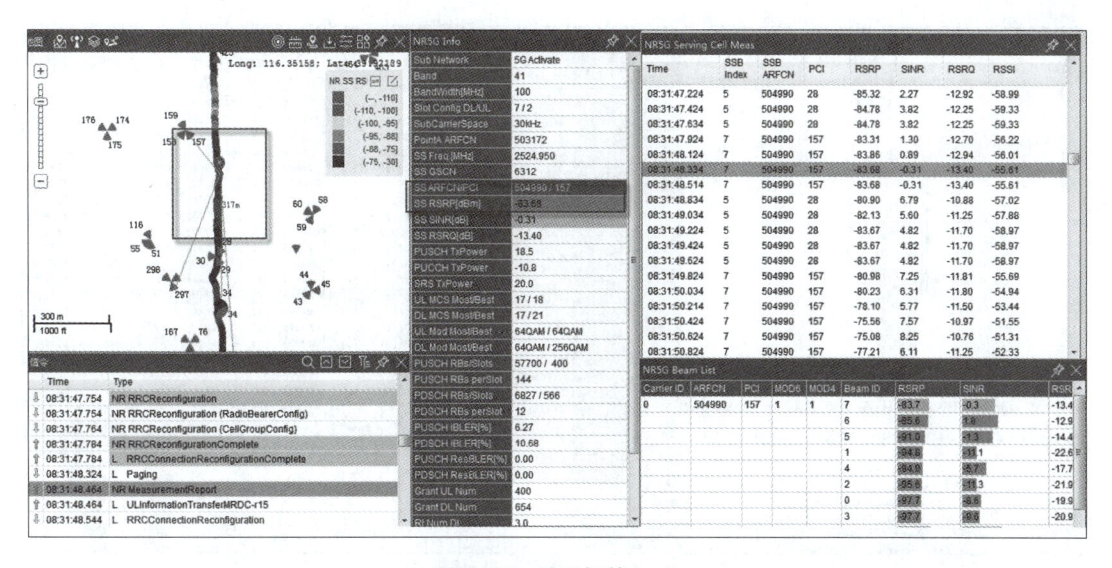

图 9-14 乒乓切换(一)

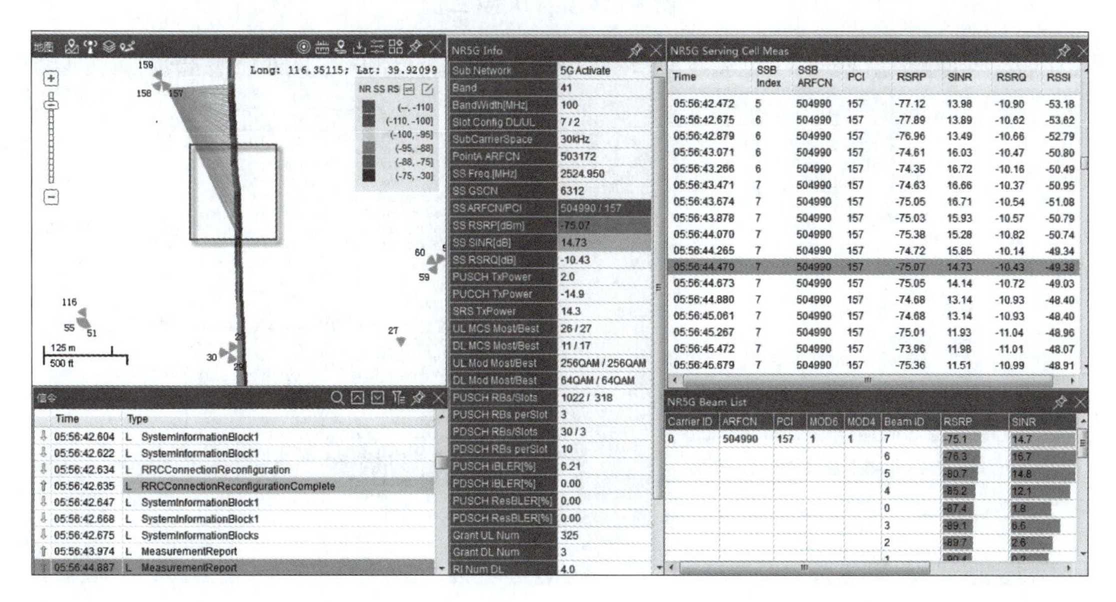

图 9-15 乒乓切换(二)

【案例二】解决 UE 存在的乒乓切换

某次测试如图 9-16 所示,UE 占用 1000003-2(PCI = 307)小区与 1000273-92(PCI = 157)小区的信号,UE 存在乒乓切换现象。

解决方案:

通过 PCI:157 小区电子下倾上抬 3°,PCI:307 小区方位角由 210°调整为 190°,电子下倾上抬 5°,解决回切的同时提升覆盖。

优化效果如图 9-17 所示。

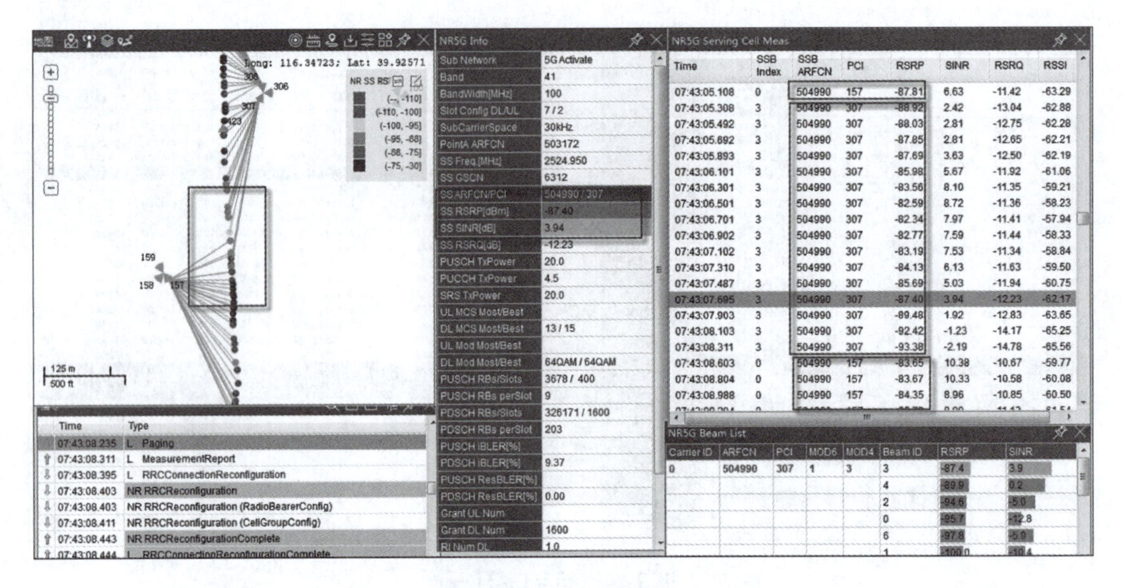

图 9-16 乒乓切换(三)

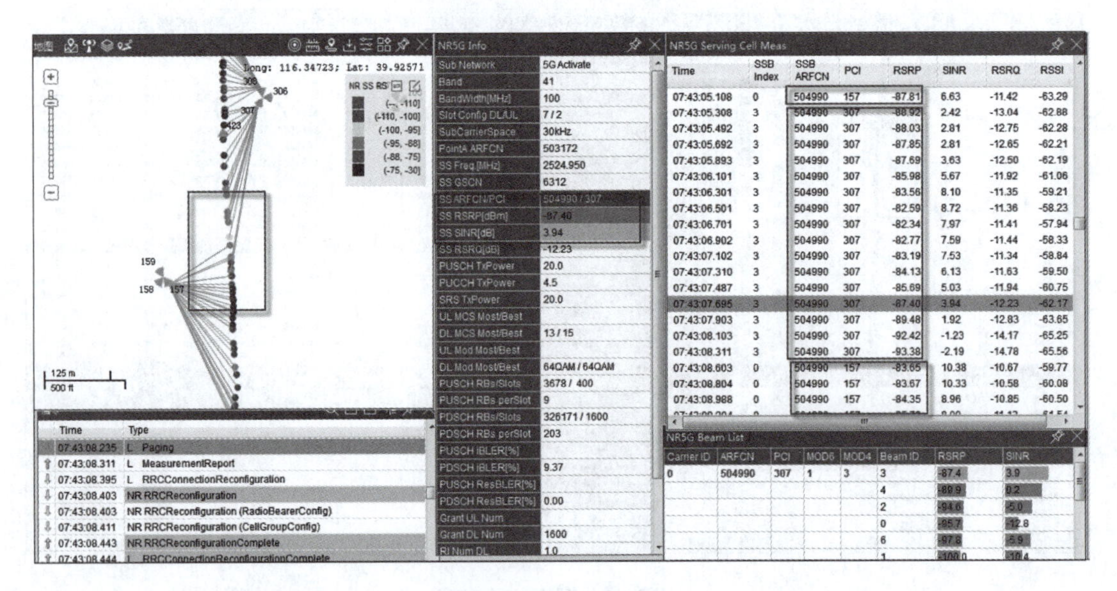

图 9-17 乒乓切换(四)

第10章 5G单站验证

本章导读

在移动通信网络中,移动通信设备(基站)安装调试完成后,需要指派专业的人员(一般指网络优化工程师)对单个站点(可以是室内站也可以是室外站)的设备功能和覆盖能力按照相关客户的要求(一般运营商都有自己的单站点验收标准)和相关流程进行单个站点的自检测试和相关业务验证,并最终输出单站点验证报告的过程。

本章重点介绍5GNR单站验收的定义、目的、流程、内容及标准等,并以A县700M 5G室外站点为例详细介绍5G单站验证过程及单站验证报告的编写。

本章知识点

①5G单站验证的概念。
②5G单站验证的目的。
③5G单站验证的流程。
④5G单站验证的内容。
⑤5G单站验证相关运营商的标准。
⑥5G单站验证报告的编写。

10.1 5G单站验证概述

单站验证简称单验,作为网络优化的前提,只有通过单验确定开通的站点可正常运行,才有后续的网格优化和性能提升。

1. 单站验证的定义

单站验证是指在5G设备硬件安装调试完成后,网络优化工程师对单个站点的设备功能和覆盖能力进行自检测试和相关业务验证。当一个区域的所有小区通过单站验证时,表明站点不存在功能性问题,单站验证阶段结束,进入簇(cluster)优化阶段。5G站点优化步骤如

图 10-1所示。

2. 单站验证的目的

单站验证的目的如图 10-2 所示。主要包含：

①验收基站、验收 KPI。（KPI 是指关键性能指标，包括覆盖指标 SS-RSRP、信号质量指标 SS-SINR、接通率、掉话率、上下行吞吐率，重选切换成功率等）

②保证基站能够正常使用。

③熟悉区域内的站点位置、配置及环境等。

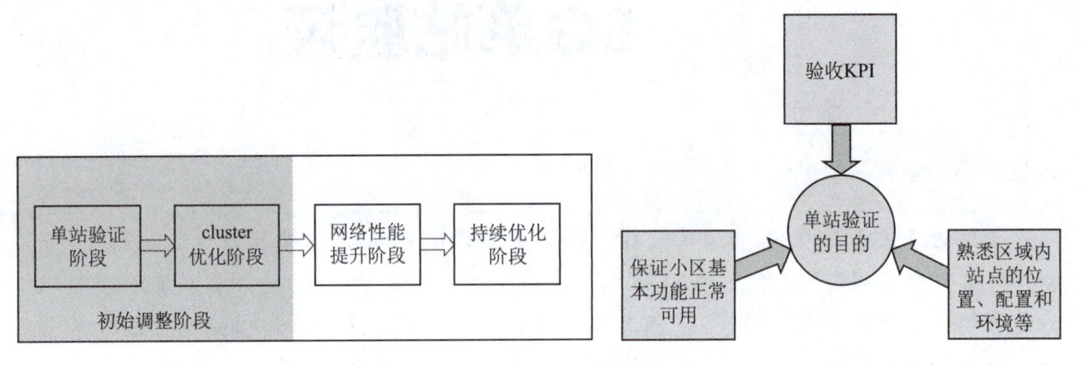

图 10-1　5G 站点优化步骤　　图 10-2　单站验证的目的

3. 单站验证流程

开展单站验证工作前，应首先与后台工程师确认所需要验证的站点已经安装完成、已经上电、完成站点开通、邻区添加完毕，并且通过网管后台查询不存在影响测试的相关告警，方可安排工程师进行单站验证工作。同时，对已开通站点的运行状态及驻波等情况进行核查，若发现故障点应及时通知产品督导工程师督导开站人员进行处理，观察一段时间后正常运行的站点则纳入单站优化测试计划。单站验证的基本流程如图 10-3 所示。

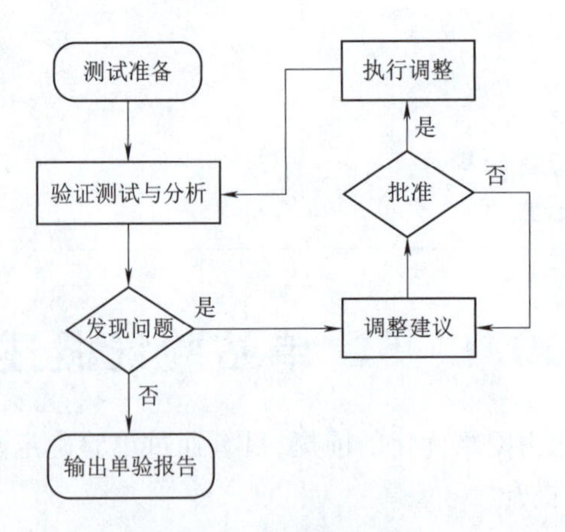

图 10-3　单站验证流程

单站验证工作需要落实到具体站点，针对具体某站点的具体工作策略流程如图 10-4 所示。

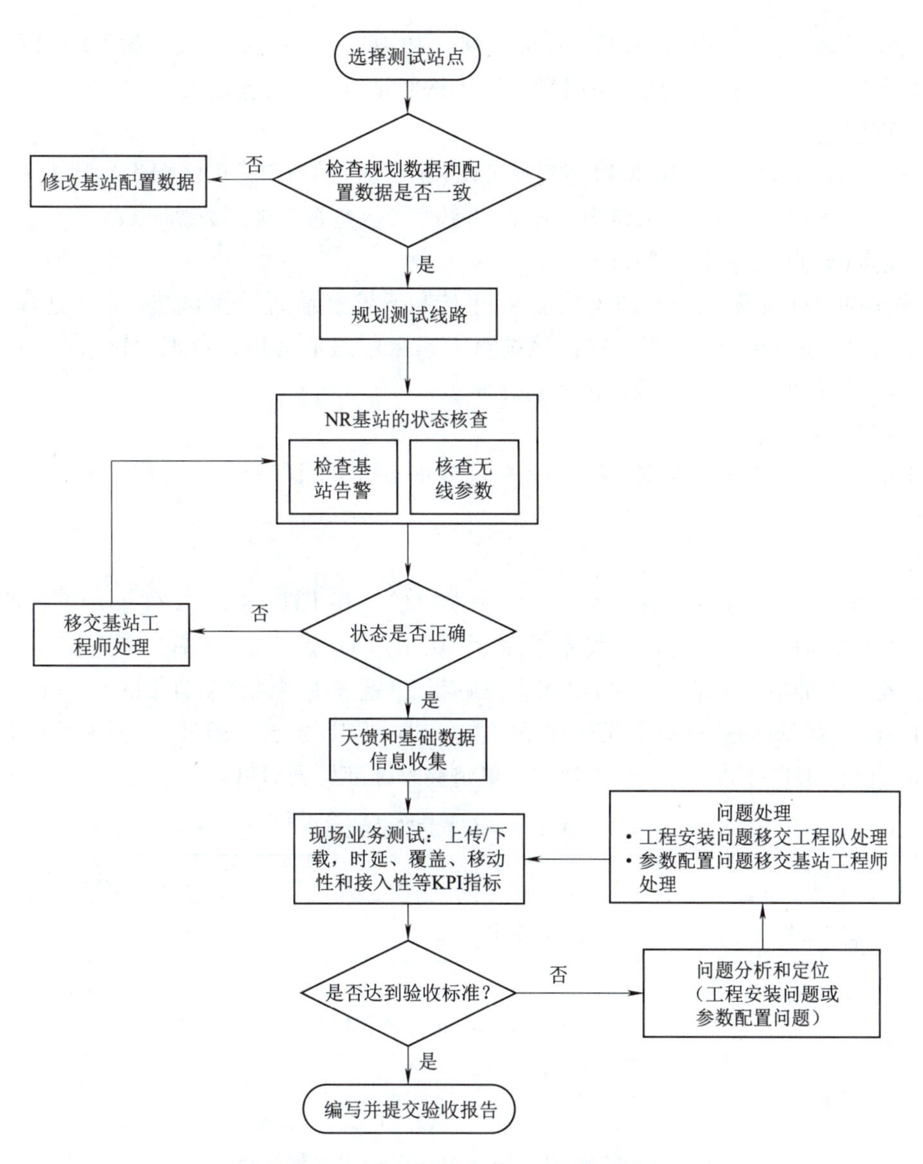

图 10-4 5GNR 单站验证工作策略流程

4. 单站验证内容

验证开始前，应确认三点：需验证站点已开通、邻区添加完毕、不存在影响业务的重大告警，确认后方可开始单站验证工作。对已开通站点的运行状态及驻波情况进行核查，故障站点及时通知产品督导进行处理，正常运行状态站点纳入单站验证测试计划。

单站验证主要通过：上站勘测、DT（室外测试）和 CQT（室内测试）测试来确认。主要包括以下内容：

（1）工程参数验证

①检查站点经纬度、天线方位角、下倾角等是否与规划数据一致。

②检查主覆盖方向是否存在高大建筑物阻挡等问题。

③对于 NSA(非独立组网)基站,5G 天线保持和 4G 天线的方位角、机械下倾角和电子下倾角尽量保持一致;对于 SA(独立组网)基站,则按照站点设计方案的要求进行核查即可。

(2)无线参数验证

检查站点小区:频点、LAC(位置区码)、TAC(跟踪区码)、CID(小区标识)、PCI(物理小区识别码)、PRACH(物理随机接入信道)、发射功率等参数是否与规划数据一致。

(3)定点(好点)业务性能验证

①选择在定点强场下,进行双连接接入、上传和下载业务,验证测试结果是否达标。

②进行站点的绕圈覆盖路测,验证该站点三扇区覆盖范围是否合理,是否存在天馈接反的情况,是否存在越区覆盖,切换功能是否正常。

(4)问题记录及解决

对于单验过程中发现的问题,需要在《单站验证报告》中详细记录,并附简要分析、解决及再验证记录。

5. 单站验证通过标准

需要注意的是 5G 速率远高于 4G,所以如果单验采用 FTP 测试(文件上传下载测试)方式,需要客户提前搭建高性能 FTP 服务器,采用 4G 的 FTP 服务器,速率会严重受限。在客户 FTP 服务器没有准备好的情况下,可以和客户协商,单验采用测试终端自带的 speedtest 软件。

在目标覆盖区域内选取一个无线环境好点(SSB RSRP 大于 -80 dBm,同时 SSB SINR 大于 10 dB)开展 CQT(室内测试)业务测试。单站验收标准见表 10-1。

表 10-1 NSA 单站验收标准

类别	指标	定义	达标基准
CQT	SN 添加成功率	尝试接入 5 次	100%
	Ping 时延(32 B)	从发出 PING Request 到收到 PING Reply 之间的时延平均值	≤15 ms
	Ping 时延(2 000 B)(中移)		≤25 ms
	下行速率	空载,覆盖好点,PDCP(分组数据汇聚协议)层速率	≥700 Mbit/s(100 Mbit/s 带宽)
	上行速率(1T4R)	空载,覆盖好点,PDCP 层速率	≥60 Mbit/s(100 Mbit/s 带宽)
	附着接入成功率	UE 在 4G 发起 Attach Request 到接入 5G 小区,UE 发送 Msg3 成功消息	100%
DT	切换成功率	相同基站下不同小区间的切换	100%(5GPScell 变更)

注:SA 站点验证通过标准和 NSA 基本一致。

10.2 5G单站验证案例解析

10.2.1 案例背景

700 MHz频段是传统的广播电视系统频段,随着技术进步,地面数字电视技术正逐渐取代传统的模拟电视技术。包括我国在内的全球多数国家已经完成或正在进行700 MHz频段的地面电视"模数转换",并将释放出的频谱用于频谱利用率更高的移动通信系统。另一方面,700 MHz频段具有良好的传播特性,是开展移动通信业务的黄金频段,且国内移动通信产业在该频段已形成了较为完备的网络设备和终端产业链。

①2019年6月6日,工业和信息化部向中国移动、中国联通、中国电信以及中国广电发放了5G商用牌照。在频谱划分中,700 MHz频段划分给了中国广电。

②2020年3月19日,3GPP第87次接入网全会闭幕,中国广电700 MHz频段2×30/40 MHz技术提案获采纳列入5G国际标准,成为全球首个5G低频段(Sub-1 GHz)大带宽5G国际标准,编号为TR38.888。

③2020年4月,工业和信息化部发布了《关于调整700 MHz频段频率使用规划的通知》,将702~798 MHz频段频率使用规划调整用于移动通信系统,并将703~743/758~798 MHz频段规划用于频分双工(FDD)工作方式的移动通信系统。

④2021年1月26日,中国广电与中国移动在北京签署"5G战略"合作协议,正式启动700 MHz 5G网络共建共享。中国移动和中国广电的合作分为两个阶段:第一阶段合作期是指协议订立日起至2021年12月31日期间,第二阶段合作期指2022年1月1日至2031年12月31日期间。

公告显示,700 MHz无线网络新建、扩容、更新改造由双方按1:1比例共同投资。700 MHz无线网络(包括但不限于基站、天线及必要的无线配套设备)作为不可分割的整体资产由双方按照1:1的份额享有所有权。双方均有权充分使用700 MHz无线网络为各自客户提供服务。

中移通信向中国广电有偿提供700 MHz频率5G基站至中国广电在地市或者省中心对接点的传输承载网络使用。700 MHz和2.6 GHz的无线网络采用相同的共享技术方案。

在网络维护方面,中国移动通信承担700 MHz无线网络运行维护工作,中国广电向中国移动通信支付700 MHz无线网络运行维护费;中国移动通信负责中国广电有偿使用的700 MHz传输承载网的维护工作。700 MHz无线网络双接各自核心网,双方各自承担其自有核心网的网络维护工作。

市场合作方面,中国移动和中国广电遵循品牌和业务运营独立性原则。在第一阶段合作期,中国广电有偿共享中国移动通信2G/4G/5G网络为中国广电客户提供服务;第二阶段合作期,中国广电有偿共享中国移动通信2.6 GHz网络为中国广电客户提供服务。

700 MHz是中国移动规划的5G打底网络,也是未来5G VONR的主力承载网络,同时700 MHz又属于黄金频段,其重要性不言而喻。目前,中国移动公司大力推动700 MHz建设进度,但优化性能方面相比于2.6 GHz和4.8 GHz严重不足。因此需要加强自有人员及合作伙伴的上站复勘能力，提升 700 MHz 站点入网验收质量。

10.2.2 700 MHz 5G 天线介绍

1.4 通道单 700 MHz 天线

用于天面资源比较丰富的场景，可做 700 MHz 独立天面安装的站点（有高低增益之分）。特点：新建 700 MHz 天线，施工简单，不需要对现网其他频段设备做任何操作或断站。其端面示意图如图 10-5 所示。

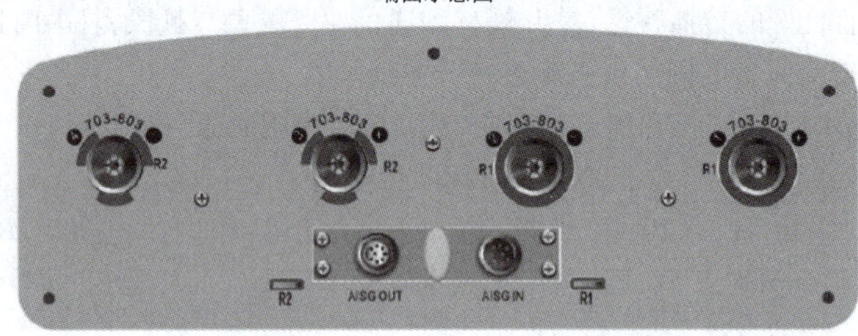

图 10-5 4 通道单 700 MHz 天线端面示意图

2.4 通道单 700 MHz 天线关键技术指标

4 通道单 700 MHz 天线分为低增益天线和高增益天线两种，最显著的差异主要体现在增益上，具体见表 10-2 和表 10-3。

表 10-2 4 通道单 700 MHz 天线低增益天线关键技术参数

参 数	指 标
水平面半功率波束宽度/(°)	70 ±6
垂直面半功率波束宽度/(°)	≥12.0
增益/dBi	≥14.0
交叉极化比/(dB、轴向)	≥15
交叉极化比/(dB、±60°范围内)	≥8
前后比/dB	≥25
上旁瓣抑制/dB	≤ -15
第一零点填充/dB	≥ -22
波束 ±60°边缘功率下降/dB	12 ±3

表 10-3 4 通道单 700 MHz 天线高增益天线关键技术参数

参 数	指 标
水平面半功率波束宽度/(°)	70 ±6
垂直面半功率波束宽度/(°)	≥9.0

续上表

参　数	指　标
增益/dBi	≥14.0
交叉极化比/(dB、轴向)	≥15
交叉极化比/(dB、±60°范围内)	≥8
前后比/dB	≥25
上旁瓣抑制/dB	≤ -15
第一零点填充/dB	≥ -22
波束 ±60°边缘功率下降/dB	12 ±3

3.4 +4 +4 700/900/1 800 MHz 三频天线

用于天面空间比较紧张且需要和现网 900 MHz、1 800 MHz 共天线站点。特点:替换现网 900/1 800 MHz 天线后节省天面空间,但需要断站现有网络进行替换。其端面示意图如图 10-6所示。

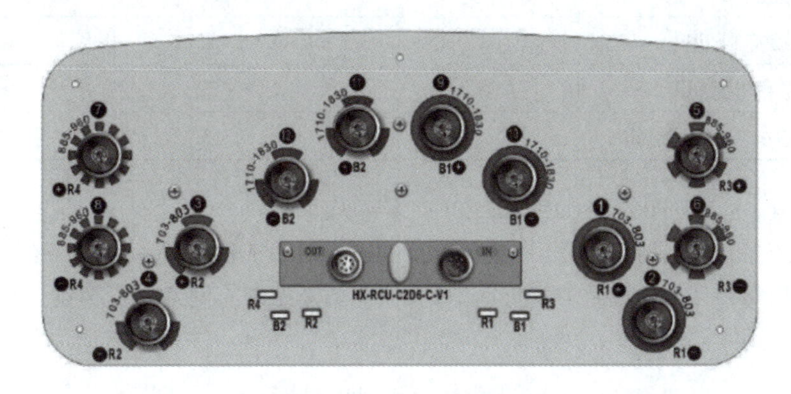

图 10-6　4 +4 +4 700/900/1 800 MHz 三频天线端面示意图

4.4 +4 +4 700/900/1 800 MHz 三频天线关键技术指标

4 +4 +4 700/900/1 800 MHz 三频天线分为低增益天线和高增益天线两种,最显著的差异主要体现在增益上,具体见表 10-4 和表 10-5。

表 10-4　4 +4 +4 700/900/1 800 MHz 三频天线低增益天线关键技术参数

参　数	指　标(700 MHz)	指　标(900 MHz)	指　标(1 800 MHz)
水平面半功率波束宽度/(°)	70 ±6	65 ±6	65 ±6
垂直面半功率波束宽度/(°)	≥14.0	≥12.0	≥7.0
增益/dBi	≥13.5	≥14.5	≥17.0
交叉极化比/(dB、轴向)	≥15	≥15	≥15
交叉极化比/(dB、±60°范围内)	≥8	≥8	≥8
前后比/dB	≥23	≥25	≥25

续上表

参　　数	指　标(700 MHz)	指　标(900 MHz)	指　标(1 800 MHz)
上旁瓣抑制/dB	≤ -15	≤ -15	≤ -15
第一零点填充/dB	≥ -22	≥ -22	≥ -22
波束 ±60°边缘功率下降/dB	12 ±3	12 ±3	12 ±3

表 10-5　4 +4 +4 700/900/1 800 MHz 三频天线高增益天线关键技术参数

参　　数	指　标(700 MHz)	指　标(900 MHz)	指　标(1 800 MHz)
水平面半功率波束宽度/(°)	70 ±6	65 ±6	65 ±6
垂直面半功率波束宽度/(°)	≥8.5	≥8.0	≥7.0
增益/dBi	≥14.5	≥15.5	≥17.0
交叉极化比/(dB、轴向)	≥15	≥15	≥15
交叉极化比/(dB、±60°范围内)	≥8	≥8	≥8
前后比/dB	≥23	≥25	≥25
上旁瓣抑制/dB	≤ -15	≤ -15	≤ -15
第一零点填充/dB	≥ -22	≥ -22	≥ -22
波束 ±60°边缘功率下降/dB	12 ±3	12 ±3	12 ±3

5.4 +4 +4 +8 700/900/1 800 MHz 和 FA 多频天线

用于天面空间比较紧张且需要和现网 900 MHz、1 800 MHz、FA 频段共天线站点。特点：替换现网 900/1 800/FA 天线后节省天面空间，但需要断站现有网络进行替换。其端面示意图如图 10-7 所示。

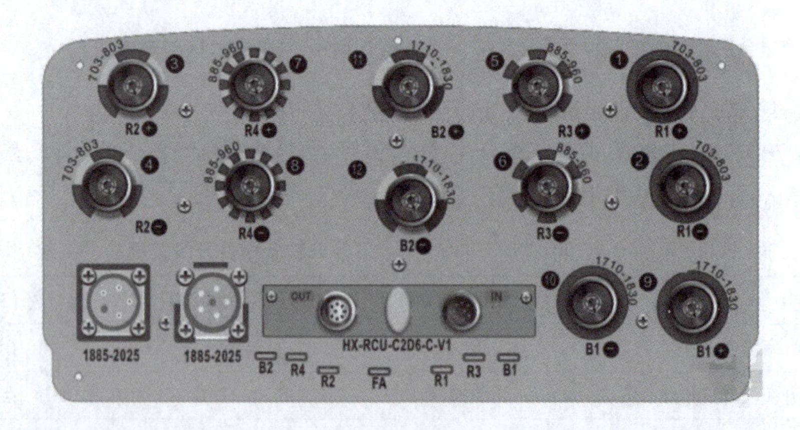

图 10-7　4 +4 +4 +8 700/900/1 800 MHz 和 FA 多频天线端面示意图

6.4 +4 +4 +8 700/900/1 800 MHz 和 FA 多频天线关键技术指标

4 +4 +4 +8 700/900/1 800 MHz 和 FA 多频天线关键技术指标见表 10-6 和表 10-7。

表 10-6　4 +4 +4 +8 700/900/1 800MHz 和 FA 多频天线 FDD 频段(700/900/1 800 MHz)关键技术指标

参　数	指标(700 MHz)	指标(900 MHz)	指标(1 800 MHz)
工作频段/MHz	703 ~ 803	885 ~ 960	1 710 ~ 1 830
水平面半功率波束宽度/(°)	70 ±6	65 ±6	65 +6,65 −9
垂直面半功率波束宽度/(°)	≥14.0	≥12.0	≥6.5
增益/dBi	≥13.0	≥14.0	≥16.5
交叉极化比/(dB、轴向)	≥15	≥15	≥15
交叉极化比/(dB、±60°范围内)	≥8	≥8	≥8
前后比/dB	≥23	≥25	≥25
上旁瓣抑制/dB	≤ −15	≤ −15	≤ −15
第一零点填充/dB	≥ −22	≥ −22	≥ −22
波束 ±60°边缘功率下降/dB	12 ±3	12 ±3	12 ±3

表 10-7　4 +4 +4 +8 700/900/1 800 MHz 和 FA 多频天线 TDD 频段(FA)关键技术指标

参　数	指标(F 频段)	指标(A 频段)
工作频段/MHz	1 885 ~ 1 915	2 010 ~ 2 025
水平面半功率波束宽度/(°)	100 ±15	90 ±15
增益/dBi	≥13.5	≥14.5
交叉极化比/(dB、轴向)	≥15	≥15
交叉极化比/(dB、±60°范围内)	≥8	≥8
前后比/dB	≥23	≥25

10.2.3　700 MHz 复勘流程

700 MHz 复勘包括上站前准备、上站核实、问题记录、反馈整改及闭环处理等 5 个关键动作。具体流程如图 10-8 所示。

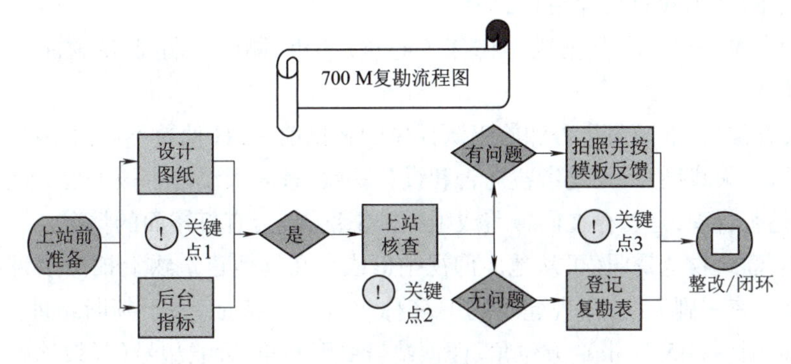

图 10-8　700 复勘流程

1. 上站前准备(资料准备)

①提前准备站点的设计图纸,并自己先阅读一遍,主要明确方位角、倾角、平台及天线使用型号(高/低增益)。如果涉及天面整合的情况(也就是站点使用的天线是444/4448),需要把被整合的4G天线替换前的方位角、倾角、电下倾(TDD除外)及平台都弄清楚。

②4G替换前后指标:业务量(用户数、流量等)、TA覆盖范围、性能指标(接通、掉话、切换等)。

2. 上站核实

①重点核查方位角、倾角是否合理(方位角偏差10°以内,倾角不允许有偏差)、扇区之间夹角是否过小(同覆盖情况)、安装平台是否正确。

②天线对着楼面、墙面或者女儿墙过远,正面有明显遮挡物体影响覆盖等问题。

③天面是否有被卡死,影响后续后优化调整等问题。

④是否存在站点已退网,但设备未拆除的情况。

3. 问题记录

①发现问题,请拍照记录,照片上面请对问题点进行编辑标注,如果照片无法说清楚,请拍视频加以辅助。

②按照反馈复勘记录表的要求记录现场问题。

4. 闭环整改

由网络部牵头,对站点问题进行分类,并协调各部门进行处理。

①RF调整时限:2天以内。

②设备拆除、天线卡死调整时限:3天以内。

10.2.4 700 MHz 单验流程

1. 单站验证准备工作

①站点开通后进行告警、干扰查询,有告警站点进行推动整改;无告警站点及时安排单验(新开站点5天内完成单验)。

②基站信息查询(如站点位置、周围环境、地址、联系人,规划数据表里查看方位角、下倾角、挂高、天线型号等基础信息)。

③设计图纸(查看设计覆盖目标、平台)。

④测试设备准备(电源、数据线、测试狗(spark)、GPS、测试终端、测试软件)。

2. 站点勘测

上站核查方位角、下倾角是否和施工队提供的替换前一致(偏差不超过10°);对照设计图纸查看天线平台、天线型号、天线增益是否和设计一致,查看天线是否被卡死;查看天线覆盖方向,判断覆盖是否合理,是否存在同覆盖或阻挡的情况,是否有打楼面的情况。

照片采集:建筑物全景照(可从地面仰视拍摄或者在其他建筑物上拍摄该目标建筑物,能看到该站点至少有一副天线,体现建筑物的名称或者显著特征,便于判断站址实际位置)、小区天线图、覆盖图(每45°一张)、方位角、楼顶站需要下倾角、天线型号(天线铭牌)并完成网优宝天面采集(机房、天面整体、主覆盖、天线)。

对于替换后指标波动异常站点，需要通过现场核查，判断原因，并反馈后台进行参数优化及前台上站RF优化调整。

3. CQT测试

①好点和差点两类测试点的信道条件如下：

- 好点：-75 dBm≤SS-RSRP或15 dB≤SS-SINR。
- 差点：SS-RSRP < -90 dBm或SS-SINR <0 dB。

②吞吐量标准：

700 MHz频段4通道——SA组网环境下：

- 下行L2速率：好点>200 Mbit/s、差点>80 Mbit/s。
- 上行L2速率：好点>90 Mbit/s、差点>5 Mbit/s。

③基站时延要求：

- 单用户好点Ping包平均时延(32 B)：商用终端时延平均不大于13 ms，抖动不大于3 ms，成功率大于99%。
- 单用户好点Ping包平均时延(2 000 B)：商用终端时延平均不大于15 ms，抖动不大于3 ms，成功率大于99%。

④EPS Fallback测试——仅在SA模式下定点测试：

- 覆盖要求：SS-RSRP≥-75 dBm或SS-SINR≥15 dB。
- 完成5次语音业务拨打测试，EPS Fallback成功率要求100%。

4. DT道路覆盖测试

DT上传/下载：需要将该站点所有小区覆盖区域都走到，需要观察是否能够正常切换，有无掉线，上传/下载速率是否正常，判断扇区是否存在接反、鸳鸯线现象，覆盖区域尽量都走一遍，查看覆盖是否正常，通过看RSRP(参考信号接收功率)判断是否存在弱覆盖、覆盖空洞现象，农村站点附近村落需要查看信号覆盖情况。(每个扇区的覆盖方向和覆盖范围与规划结果基本一致，无天馈接反问题；顺时针、逆时针站内切换功能正常，切换过程数据业务无中断或无明显掉零的情况发生)

5. 测试反馈

当天测试情况反馈，有问题的上报工程整改，更新输出问题反馈表，并每周反馈给接口人员；发现问题在工程优化协同群里发出，相关负责人推动整改。测试日志及测试图片当天上传网盘保存。

6. 单验报告输出及资管提单

站点单验完成后3天内完成单验报告输出，工单到单验环节后，无特殊情况站点9天以内完成报告上传及提单(考核周期为12天)。

10.2.5 700 MHz单站验证报告

在满足单站验证指标目标值后，NR基站满足入网调整，这时需要输出基站的单站验证报告。具体内容如下：

①NR基站基础参数，包括核实的经纬度、小区的方向角、下倾角、PC、RSI。

②NR 基站的覆盖指标,包括峰值速率、Ping 时延指标、NR 接入成功率、切换成功率以及掉线率。

③NR 的 SS-RSRP 和 SS-SINR 覆盖打点图等。

单站验证报告模板见表 10-8 ~ 表 10-12,包括 5GNR 单站点验证模板(见表 10-8)、5G 单站点网优测试模板(见表 10-9)、遗留问题汇总模板(见表 10-10)。本处以 TS 超市(700) - 5ZHX 站点为例进行报告的输出。

表 10-8　5G NR(700 MHz)单站点验证模板

A 县 TS 超市(700) -5ZHX 单站验证报告

基站描述

站名:	A 县 TS 超市(700) -5ZHX	日期:	2021/9/30
站号:	1621476	区县:	A 县
站型:	S1/1/1	站址:	A 县 TS 超市
组网方式:	SA	频段:	700M
设备类型:	4T4R	基站版本:	V5.45.10

基站参数验收

基站参数(工程)	规划数据	实测数据	验证通过	备注
经度	101.568 93	101.568 95	通过	
纬度	21.480 64	21.480 62	通过	
海拔/m	21	21	通过	
TAC	4456996	4456996	通过	
gNB ID	1621476	1621476	通过	

小区参数验收

小区参数(工程)

	A 县 TS 超市(700)-5ZHX-26C-11			A 县 TS 超市(700)-5ZHX-26C-12			A 县 TS 超市(700)-5ZHX-26C-13			备注
	调整前值	调整后值	结果	调整前值	调整后值	结果	调整前值	调整后值	结果	
小区 ID(Cell ID)	11	11	通过	12	12	通过	13	13	通过	
PCI	42	42	通过	43	43	通过	44	44	通过	
频段	700 MHz	700 MHz	通过	700 MHz	700 MHz	通过	700 MHz	700 MHz	通过	
主频点	152 650	152 650	通过	152 650	152 650	通过	152 650	152 650	通过	
小区带宽/(Mbit/s)	30	30	通过	30	30	通过	30	30	通过	

续上表

根序列	126	126	通过	129	129	通过	132	132	通过
小区参数(优化)									
天线挂高/m	21	21	通过	21	21	通过	21	21	通过
方位角/(°)	30	30	通过	120	120	通过	270	270	通过
总下倾角/(°)	10	10	通过	10	10	通过	9	9	通过
内置倾角/(°)	3	3	通过	3	3	通过	3	3	通过
电子倾角/(°)	3	3	通过	3	3	通过	3	3	通过
机械下倾角/(°)	4	4	通过	4	4	通过	3	3	通过

小区功能验收					
网优工程师验证项	验证业务项	A 县 TS 超市(700)-5ZHX-26C-11	A 县 TS 超市(700)-5ZHX-26C-12	A 县 TS 超市(700)-5ZHX-26C-13	备注
	下载	是	是	是	
	上传	是	是	是	
	PING 时延	是	是	是	
	接入成功率	是	是	是	测试 10 次,成功率 100%
	EPS Fallback 成功率	是	是	是	
网管性能验收					
网管后台验证项	验证业务项	A 县 TS 超市(700)-5ZHX-26C-11	A 县 TS 超市(700)-5ZHX-26C-12	A 县 TS 超市(700)-5ZHX-26C-13	备注
	gNB 添加成功率	100.00%	100.00%	100.00%	相当于 5G 连接建立成功率,验收要求:100%
	gNB 变更成功率	100.00%	100.00%	100.00%	相当于 5G 切换成功率
	5G 掉线率	0.00%	0.00%	0.00%	
验收人员					
验收人员		姓名	日期	电话	签名
基站工程师		张三	2023/1/2	18888888×××	
网优工程师		李四	2023/1/2	19999999×××	

备注与说明:

①小区参数(优化)验收说明:对于在单验期间实施天馈优化调整的站点,必须采集所有小区调整前工参信息。

②小区功能验收——下载项验收说明:稳定保持 2 min 以上,平均下载速率达到下列标准。

- 好点:SS-RSRP≥-75 dBm 或 SS-SINR≥15 dB,单用户平均下载速率>200×(带宽/30)Mbit/s。
- 差点:SS-RSRP<-90 dBm 或 SS-SINR<0 dB,单用户平均下载速率>80×(带宽/30)Mbit/s。

③小区功能验收——上传项验收说明:稳定保持 2 min 以上,平均上传速率达到下列标准。

- 好点:SS-RSRP≥-75 dBm 或 SS-SINR≥15 dB,单用户平均上传速率>90×(带宽/30)Mbit/s。
- 差点:SS-RSRP<-90 dBm 或 SS-SINR<0 dB,单用户平均上传速率>5×(带宽/30)Mbit/s(5 MHz 带宽性能单验高于 1 Mbit/s)。

④小区功能验收——ping 时延项验收说明:单用户好点,连续测试次数要求最少 50 次,测试间隔时间为 2 s,32 B 小包:时延平均不大于 14 ms,抖动不大于 3 ms,成功率大于 99%;且 2 000 B 大包:时延平均不大于 16 ms,抖动不大于 3 ms,成功率大于 99%。(仅统计 RAN 侧时延,需要扣除传输链路和核心网侧时延)。

⑤小区功能验收——EPS Fallback 成功率项验收说明:仅在 SA 模式下定点测试:覆盖要求 SS-RSRP≥-75 dBm 或 SS-SINR≥15 dB 完成 5 次语音业务拨打测试,EPS Fallback 成功率要求 100%。

表 10-9 网优测试模板

<table>
<tr><td colspan="8">A 县 TS 超市(700)-5ZHX 单站验证报告(SA)</td></tr>
<tr><td>站名:</td><td colspan="4">A 县 TS 超市(700)-5ZHX</td><td>站号:</td><td colspan="2">1621476</td></tr>
<tr><td colspan="8">日期:2023/1/5 测试手机型号:ZTE A2020 SP 测试手机号码 1:14788001×××
测试手机号码 2:14788002××× 软件版本:V500R001 优化工程师:王五</td></tr>
<tr><td colspan="8">**单验工程师业务验证项:**</td></tr>
<tr><td>小区</td><td colspan="2">业务测试情况</td><td>尝试次数</td><td>成功次数</td><td>成功率</td><td>Ping/EPS 时延</td><td>备注</td></tr>
<tr><td rowspan="13">A 县 TS 超市(700)-5 ZHX-26C -11</td><td colspan="2">Access Success Rate</td><td>10</td><td>10</td><td>100.00%</td><td>\\</td><td>测试 10 次,成功率 100%</td></tr>
<tr><td colspan="2">Ping 时延测试(小包)</td><td>50</td><td>50</td><td>100.00%</td><td>11.16 ms</td><td></td></tr>
<tr><td colspan="2">Ping 时延测试(大包)</td><td>50</td><td>50</td><td>100.00%</td><td>13.58 ms</td><td></td></tr>
<tr><td colspan="2">5G 语音 EPS Fallback 成功率(5-5)</td><td>5</td><td>5</td><td>100.00%</td><td>3.51 s</td><td></td></tr>
<tr><td colspan="2">5G 语音 EPS Fallback 成功率(5-4)</td><td>5</td><td>5</td><td>100.00%</td><td>2.52 s</td><td></td></tr>
<tr><td colspan="2">5G 语音 EPS Fallback 成功率(FR 功能测试)(5-5)</td><td>5</td><td>5</td><td>100.00%</td><td>2.23 s</td><td></td></tr>
<tr><td colspan="2">5G 语音 EPS Fallback 成功率(FR 功能测试)(5-4)</td><td>5</td><td>5</td><td>100.00%</td><td>2.23 s</td><td></td></tr>
<tr><td colspan="2">吞吐量测试</td><td>NSA 好点</td><td>NSA 差点</td><td>SA 好点</td><td>SA 差点</td><td></td></tr>
<tr><td rowspan="5">单用户平均下载速率/(Mbit/s)</td><td>SSB RSRP/dBm</td><td>—</td><td>—</td><td>-46.3</td><td>-98.5</td><td></td></tr>
<tr><td>CSI RSRP/dBm</td><td>—</td><td>—</td><td>—</td><td>—</td><td></td></tr>
<tr><td>SSB Average SINR/dB</td><td>—</td><td>—</td><td>29.7</td><td>4.8</td><td></td></tr>
<tr><td>CSI Average SINR/dB</td><td>—</td><td>—</td><td>—</td><td>—</td><td></td></tr>
<tr><td>下行吞吐量/(Mbit/s)</td><td>—</td><td>—</td><td>216.6</td><td>153.9</td><td></td></tr>
</table>

续上表

小区	业务测试情况		尝试次数	成功次数	成功率	Ping/EPS时延	备注
A县TS超市(700)-5 ZHX-26C-11	单用户平均上传速率/(Mbit/s)	SSB RSRP/dBm	—	—	-45.9	-93.6	
		CSI RSRP/dBm	—	—	—	—	
		SSB Average SINR/dB	—	—	30.0	9.4	
		CSI Average SINR/dB	—	—	—	—	
		上行吞吐量/(Mbit/s)	—	—	133.9	26.1	
A县TS超市(700)-5 ZHX-26C-12	Access Success Rate		10	10	100.00%	—	测试10次,成功率100%
	Ping时延测试(小包)		50	50	100.00%	12.83 ms	
	Ping时延测试(大包)		50	50	100.00%	14.61 ms	
	5G语音EPS Fallback成功率(5-5)		5	5	100.00%	2.37 s	
	5G语音EPS Fallback成功率(5-4)		5	5	100.00%	2.52 s	
	5G语音EPS Fallback成功率(FR功能测试)(5-5)		5	5	100.00%	2.02 s	
	5G语音EPS Fallback成功率(FR功能测试)(5-4)		5	5	100.00%	2.11 s	
	吞吐量测试		NSA好点	NSA差点	SA好点	SA差点	
	单用户平均下载速率/(Mbit/s)	SSB RSRP/dBm	—	—	-72.4	-98.2	
		CSI RSRP/dBm	—	—	—	—	
		SSB Average SINR/dB	—	—	15.6	7.1	
		CSI Average SINR/dB	—	—	—	—	
		下行吞吐量/(Mbit/s)	—	—	220.8	130.3	
	单用户平均上传速率/(Mbit/s)	SSB RSRP/dBm	—	—	-64.5	-94.9	
		CSI RSRP/dBm	—	—	—	—	
		SSB Average SINR/dB	—	—	15.0	8.1	
		CSI Average SINR/dB	—	—	—	—	
		上行吞吐量/(Mbit/s)	—	—	149.4	25.5	
A县TS超市(700)-5 ZHX-26C-13	Access Success Rate		10	10	100.00%	—	测试10次,成功率100%
	Ping时延测试(小包)		50	50	100.00%	11.56 ms	
	Ping时延测试(大包)		50	50	100.00%	13.19 ms	
	5G语音EPS Fallback成功率(5-5)		5	5	100.00%	3.84 s	

续上表

小区	业务测试情况		尝试次数	成功次数	成功率	Ping/EPS 时延	备注
A 县 TS 超市 (700)-5 ZHX-26C -13	5G 语音 EPS Fallback 成功率(5-4)		5	5	100.00%	2.43 s	
	5G 语音 EPS Fallback 成功率(FR 功能测试)(5-5)		5	5	100.00%	2.15 s	
	5G 语音 EPS Fallback 成功率(FR 功能测试)(5-4)		5	5	100.00%	2.21 s	
	吞吐量测试		NSA 好点	NSA 差点	SA 好点	SA 差点	
	单用户平均下载速率/(Mbit/s)	SSB RSRP/dBm	—	—	-63.6	-95.3	
		CSI RSRP/dBm	—	—	—	—	
		SSB Average SINR/dB	—	—	17.9	8.4	
		CSI Average SINR/dB	—	—	—	—	
		下行吞吐量/(Mbit/s)	—	—	220.6	140.5	
	单用户平均上传速率/(Mbit/s)	SSB RSRP/dBm	—	—	-61.2	-95.4	
		CSI RSRP/dBm	—	—	—	—	
		SSB Average SINR/dB	—	—	17.6	6.8	
		CSI Average SINR/dB	—	—	—	—	
		上行吞吐量/(Mbit/s)	—	—	150.8	33.1	

备注与说明：

①Ping 时延测试(小包/大包)验收说明:Ping 时延。

- 定点测试:SS-RSRP≥-75 dBm 或 SS-SINR≥15 dB。
- 空载网络/轻载网络闲时测试。
- 连续测试次数要求最少 50 次。
- 测试间隔时间为 2 s。
- 32 B 小包:时延平均不大于 14 ms,抖动不大于 3 ms,成功率大于 99%;且 2 000 B 大包:时延平均不大于 16 ms,抖动不大于 3 ms,成功率大于 99%。(仅统计 RAN 侧时延,需要扣除传输链路和核心网侧时延)。
- 排除非 RAN 侧或非设备原因引起的指标异常。

②5G 语音 EPS Fallback 成功率(5-5)/(5-4)验收说明:仅在 SA 模式下测试——5G 语音 EPS Fallback 测试。

- 定点测试:SS-RSRP≥-75 dBm 或 SS-SINR≥15 dB。
- 完成 5 次语音业务 5G 主叫拨打、5G 被叫测试,EPS Fallback 成功率要求 100%,平均时延 <4 s。
- 完成 5 次语音业务 5G 主叫拨打、4G 被叫测试,EPS Fallback 成功率要求 100%,平均时延 <3 s。

③5G 语音 EPS Fallback 成功率(FR 功能测试)(5-5)/(5-4)验收说明:仅在 SA 模式下测试——5G 语音 EPS Fallback 测试(FR 功能测试)。

- 定点测试:SS-RSRP≥-75 dBm 或 SS-SINR≥15 dB。
- 完成 5 次语音业务 5G 主叫拨打、5G 被叫测试,Fast Return 成功率要求 100%,平均时延 <2.5 s。
- 完成 5 次语音业务 5G 主叫拨打、4G 被叫测试,Fast Return 成功率要求 100%,平均时延 <2.5 s。

④单用户平均下载速率(Mbit/s)验收说明:稳定保持 2 min 以上,平均下载速率达到下列标准。

● 好点:SS-RSRP≥ -75 dBm 或 SS-SINR≥15 dB,单用户平均下载速率 >200 ×(带宽/30)Mbit/s。

● 差点:SS-RSRP< -90 dBm 或 SS-SINR<0 dB,单用户平均下载速率 >80 ×(带宽/30)Mbit/s。

⑤单用户平均上传速率(Mbit/s)验收说明:稳定保持 2 min 以上,平均上传速率达到下列标准。

● 好点:SS-RSRP≥ -75 dBm 或 SS-SINR≥15 dB,单用户平均上传速率 >90 ×(带宽/30)Mbit/s。

● 差点:SS-RSRP< -90 dBm 或 SS-SINR<0 dB,单用户平均上传速率 >5 ×(带宽/30)Mbit/s(5 MHz 带宽性能单验高于 1 Mbit/s)。

表 10-10　5G 单站验收遗留问题汇总模板

序　号	问题类别	问题描述与分析	解决方法	问题现状	解决期限
1					
2					
3					
4					
5					
6					
7					
8					
9					
10					

备注:本表格用于单验工程师记录单验过程中预留的所有问题,并根据客户的要求给出具体的问题解决期限,要求在记录过程中应详细记录并描述问题,对预留问题不能留有任何遗漏。

第11章 5G射频优化

本章导读

本章主要讨论了射频优化在网络优化中的重要性，以及其在5G时代面临的挑战和机遇。射频优化的主要任务包括提高系统容量、覆盖范围、可靠性和用户体验，需要对频率规划、功率控制、多天线技术和干扰管理等方面进行优化。在5G时代，由于高频段的引入，需要采用更加先进的射频技术和算法来实现更高的吞吐量和更低的时延，同时还需要支持更多的连接数和更复杂的应用场景。

在5G时代，射频优化面临着新的挑战和机遇。由于5G采用了更高的频率段，因此需要采用更加先进的射频技术和算法来实现更高的吞吐量和更低的时延。同时，5G还需要支持更多的连接数和更复杂的应用场景，因此需要更加灵活和高效的射频系统来满足这些需求。

本章知识点

①射频优化的特点和作用。
②射频优化的原理。
③射频优化的流程。
④简单的优化方案。

11.1 RF优化概述

随着5G商用网络的陆续建设，为了满足网络验收标准需要进行针对性的优化。其中，RF（射频）优化是实际网络中最常用的优化手段。

射频优化是指在无线通信系统中，通过调整和优化射频参数，以提高系统性能和降低功耗的过程。射频优化的目的是最大化系统的传输速率、可靠性和覆盖范围，同时最小化系统的功耗和成本。

射频优化通常包括以下几方面:

①频率选择:选择合适的工作频率,以最大限度地利用频谱资源,并避免与其他无线电设备发生干扰。

②功率控制:通过调整发射功率,以确保信号强度足够强,同时尽可能降低功耗。

③信道编码:使用不同的编码方式来提高信号的可靠性和抗干扰能力。

④多天线技术:使用多个天线来增加信号覆盖范围和提高信号质量。

⑤调制方式:选择适合应用场景的调制方式,如正交幅度调制(QAM)、相移键控(PSK)等。

射频优化需要综合考虑多个因素,如信号传输距离、信噪比、误码率、功耗等,并根据具体应用场景进行定制化的优化方案设计。

11.1.1　5G 空中接口常见问题

空中接口 RF 优化是 5G 网络建设中最重要,同时也是在网络生命周期初期就需要开展的工作。在网络建设完成后,由于规划参数的不当,造成的典型空中接口问题如下:

①弱覆盖是指在通信网络中,由于信号传输距离远、障碍物多、建筑物密集等原因,导致部分区域的信号无法稳定地传输或完全丢失。在弱覆盖区域内,用户可能会遇到通话中断、数据传输速度慢、掉话等问题,影响了用户的通信体验和工作效率。为了解决弱覆盖问题,需要采取一系列措施,如增加基站数量、优化天线设计、提高信号传输功率等,以提高信号覆盖范围和质量,从而实现更好的通信服务。

弱覆盖指网络中出现了连续的覆盖空洞区域,影响了用户的接入。对于弱覆盖的定义,不同运营商的指标要求可能不一样,针对 5G 空中接口,典型的弱覆盖定义是指参考信号 SSB 或 CSI-RS 的电平低于 −110 dBm。

②越区覆盖:指网络中某个小区的覆盖范围远远超过了规划的覆盖范围,跨越了 2 个或多个小区范围。越区覆盖对网络的主要影响是该越区小区会对直接邻区和非直接邻区都形成干扰。

③重叠覆盖:指网络中 2 个或多个同频小区重叠覆盖的区域过大,对网络的影响会造成系统内干扰重叠覆盖问题,对于用户来说可能不会影响接入的连通性,但对业务体验的影响会比较大。

以上 3 点是 5G 无线空中接口最本质的问题,如果空中接口存在以上 3 类问题,则会衍生出以下几类空接口性能问题。

①高干扰:当小区电平值满足要求,但信噪比低时即可认为是干扰导致的。5G 的干扰包括系统内干扰和外部干扰。系统内干扰的主要原因即是越区覆盖或者重叠覆盖。

②切换性能差:弱覆盖、重叠覆盖和越区覆盖都会影响切换性能。除此之外,邻区配置问题也是影响切换性能的重要因素之一。

③业务速率低:这是空中接口中表现最复杂的问题,前面提到的任何一个问题都有可能导致业务速率低。除了空中接口质量问题,还有其他许多原因也会导致速率低。因此,在 RF 优化过程中,空中接口速率指标只作为参考。

在 5G 网络中,一般以上几个问题会同时出现,在优化时需要综合考虑。

11.1.2 RF 优化生命周期

网络优化是一个长期的过程，包括网络建设阶段、网络交付阶段、性能提升阶段以及持续性优化服务阶段，见表 11-1。无论在哪个阶段，RF 优化都是整个无线优化的基础，只有 RF 性能达标，才能够针对其他专项性能进行专题优化。

表 11-1 网络优化阶段

阶 段	特 点	解决网络问题	数 据 源
网络建设阶段	在网络建设过程中，当 cluster（簇）内的站点全部建设完成或者 80% 的站点建设完成时就需要对 Cluster 进行优化	覆盖问题、干扰问题、切换问题等	DT 数据、gNB 侧跟踪数据
网络交付阶段	全网建成后为达到覆盖率和 KPI（关键绩效指标）要求进行的优化，主要优化区域为 cluster 交界处。优化方法和特点与 cluster 优化相同	覆盖问题、干扰问题、切换问题等	DT（路测）数据、gNB 侧跟踪数据
性能提升阶段	在网络运营阶段，为了进一步提升网络质量，满足日益增长的用户需求，集中人力对网络进行优化，短期内提升网络的运行和服务质量，提升品牌效应	覆盖问题、负载问题、吞吐量问题等，并解决用户投诉问题	话务统计数据、MR（测量报告）或者 DT 数据、gNB 侧跟踪数据
持续性优化服务阶段	在网络运营阶段，通过日常网络的性能监控、网络质量评估检查发现网络问题，保障网络质量的稳定。针对发现的网络问题提升网络性能，并完成对网络优化维护人员的技能传递	覆盖问题、干扰问题、掉话问题等	话务统计数据、MR 等

11.2 RF 优化原理

RF 优化主要是依据各种收集到的数据，进行一系列的优化工作，包括覆盖优化、干扰优化、速率优化等。

11.2.1 5G 网络优化目标

5G 侧 RF 优化的目标主要有以下 3 个：

①优化信号覆盖，保证目标区域的 RSRP/SINR（参考信号强度/信噪比）满足建网的覆盖标准。

②解决路测过程中发现的 RF 问题，如前面提到的弱覆盖、越区覆盖、重叠覆盖等问题。

③结合吞吐率情况，优化覆盖区域和切换带。传统的 RF 优化还需要考虑负载均衡问题，但 5G 建网初期，如果网络负载不高，这一部分的优化可以暂不考虑。

对于目标①，首先需要明确 5G 建网的覆盖标准。以精品路线随时随地实现 100 Mbit/s

的演示目标为例,反映到覆盖上就是对应的RSRP和SINR。需要使用理论公式建立用户速率需求与无线网络覆盖、容量的映射。输出对目标区域RSRP/SINR满足率的要求,后续的覆盖优化以此为标准进行。

对于目标②和目标③,主要是为了避免出现RF问题导致的用户体验差、速率掉坑和掉话等问题,保证演示目标的达成。在此基础上,结合演示路线的吞吐率情况,合理地调整NR小区的覆盖区域和切换带,通过RF调整可以有效地提升路测性能。

和LTE(长期演进)一样,5G中覆盖类的关键指标主要是RSRP和SINR,但是5G中RSRP/SINR的种类和LTE不同。具体来说,LTE中的CRS(小区特定参考信号)功能被剥离为两种测量SSB和CSI-RS。相应的,SSB RSRP/SINR体现了广播信道的覆盖与可接入能力;CSI RSRP/SINR体现了业务信道的能力。5G中定义的覆盖相关测量指标见表11-2,不同的指标用于不同信道及场景下的评估。

表11-2 5G中定义的覆盖相关测量指标

对比项	空闲态	连接态	去激活态
功率	SSB RSRP	CSI RS RSRP	PDSCH RSRP
信干噪比	SSB SINR	CSI RS SINR	PDSCH SINR

网络质量评估作为RF优化的一个重要环节,需要根据采集数据进行细致的网络质量分析。重点考核指标为RSRP和SINR,见表11-3。由于波束定义的差别,相同覆盖点位下,SSB RSRP/SINR、CSI RSRP/SINR、PDSCH RSRP/SINR可能差别很大。根据每个信道特点的不同,当前5G网络一般只采用SSB的RSRP和SINR作为覆盖评估的主要指标。在下文中,如无特别说明,RSRP和SINR均指SSB的RSRP和SINR。

表11-3 RF质量问题分析指标

RF质量评估指标	反映的网络质量问题	评估指标
SSB_RSRP	代表实际信号可以达到的程度,是网络覆盖的基础。主要与站点密度、站点拓扑、站点挂高、频段、EIRP、天线倾角/方位角相关。5G网络中终端可以测试SSB以及CSI-RS的电平,但是在覆盖评估中,一般只采用SSB的RSRP作为电平的评估	①平均RSRP:通过测试工具(Probe/Assistant)统计地理化平均后的服务小区或者1st小区RSRP平均值。 ②边缘RSRP:通过测试工具(Probe/Assistant)统计地理化平均后的服务小区或者1st小区RSRP CDF图中5%点的值
SSB_SINR	从覆盖上能够反映网络RF质量的比较直接的指标,SINR(信号干扰加噪声比)越高,反映网络质量可能越好,用户体验也可能越好。5G网络中终端可以测试SSB以及CSI-RS的SINR,但是在覆盖评估中,一般只采用SSB的SINR作为电平的评估	①实测平均SINR:通过测试工具(Probe/Assistant)统计地理化平均后的服务小区或者1st小区均衡前RS SINR平均值。 ②实测边缘SINR:通过测试工具(Probe/Assistant)统计地理化平均后的服务小区或者1st小区均衡前RS SINR CDF图中5%点的值

续上表

RF 质量评估指标	反映的网络质量问题	评估指标
吞吐率	表示下行吞吐率能够达到的程度，不仅受RF质量因素影响，还与其他因素相关，所以此值只在一定程度上反映RF质量优劣，它主要与SINR、CQI（信号质量指示）值相关	①平均吞吐率：测试中反映每个RB（资源块）上的平均下行吞吐率。 ②边缘吞吐率：测试中反映每个RB上的下行吞吐率CDF图中5%点的值

11.2.2 5G 不同组网架构下的 RF 优化差异

前面提到，5G的组网架构分为非独立组网架构和独立组网架构两类。在非独立组网架构下，由于网络信令面的锚点在4G侧，5G侧仅仅提供用户面的连接，因此，5G侧主要的优化指标是覆盖、干扰以及速率的优化，切换性能主要还是和4G网络相关。如果是独立组网架构，则信令面和用户面都是5G侧的空中接口，因此在RF优化时需要关注所有的指标。

11.2.3 数据分析与优化

前面介绍了5G空中接口的典型问题，接下来介绍这些问题的主要解决思路。

1. 弱覆盖优化

弱覆盖/覆盖漏洞：若小区的信号低于优化基线，导致终端接收到的信号强度很不稳定，通话质量很差或者下载速度很慢，容易掉网，则认为其是弱覆盖区域；若信号强度更低或者根本无法检测到信号，终端无法入网，则认为其是覆盖漏洞区域，如图11-1所示。具体判断可以利用测试得到最强小区的RSRP与设置的门限进行比较，如弱覆盖门限一般为 -120 ~ -110 dBm，覆盖空洞门限参考协议设置为 -124 dBm。弱覆盖门限并不是基线，每个运营商都会有自己的覆盖要求。

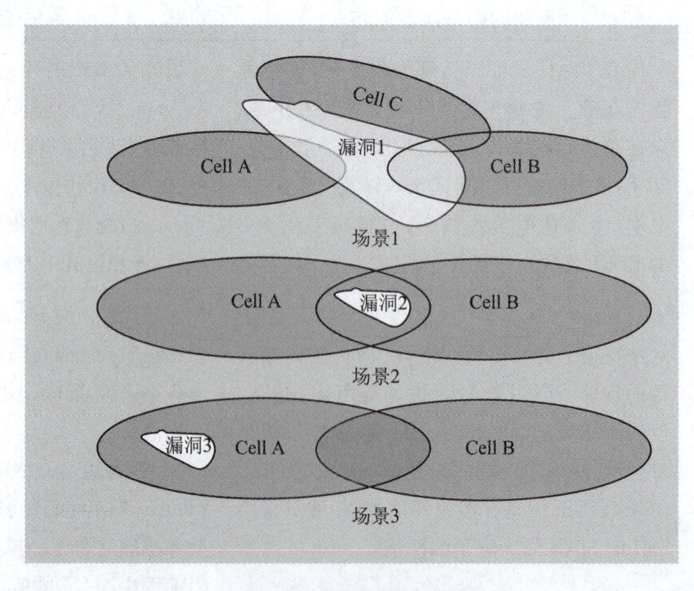

图 11-1 覆盖空洞问题

通常,弱覆盖/覆盖漏洞产生的原因主要是建筑物等障碍物的遮挡或者不合理的规划。处于弱覆盖/覆盖漏洞的 UE 下载速率低,用户体验差。

弱覆盖与覆盖漏洞的场景一样,只是信号强度强于覆盖漏洞但是又不足够强,低于弱覆盖的门限。关于弱覆盖及覆盖漏洞的解决方法如下:

①确保问题区域周边的小区都正常工作,若周边有最近的站点未建设完成或者小区未激活,则不需要调整 RF 解决。

②对该区域内检测到的 PCI(物理小区标识)与工程参数表中的 PCI 进行匹配,根据拓扑和方位角等选定目标的主服务小区,此时可能不止一个,并确保天线没有出现接反的现象。

③如果各个基站均工作正常且工程安装正常,则需要从现有的工程参数表中分析并确定调整哪一个或者多个小区来增强此区域信号强度。如果离站点位置较远,则考虑抬升发射功率和下倾角;如果明显不在天线主瓣方向,则考虑调整天线方位角;如果距离站点较近出现弱覆盖而远处的信号强度较强,则考虑下压下倾角。

④如果弱覆盖或者覆盖漏洞的区域较大,通过调整功率、方位角、下倾角难以完全解决,则考虑通过新增基站或者改变天线高度来解决。

⑤对于电梯井、隧道、地下车库或地下室、高大建筑物内部的信号盲区,可以利用室内分布系统泄漏电缆、定向天线等解决。

此外,还需要注意分析场景和地形对覆盖的影响,如弱覆盖区域周围是否有严重的山体或建筑物阻挡覆盖区域,是否需要特殊覆盖解决方案等。

2. 越区覆盖的优化

越区覆盖一般是指某些基站的覆盖区域超过了规划的范围,在其他基站的覆盖区域内形成不连续的主导区域。例如,某些大大超过周围建筑物平均高度的站点,发射信号沿丘陵地形或道路可以传播很远,在其他基站的覆盖区域内形成了主导覆盖,产生“岛”的现象。因此,当呼叫接入远离某基站而仍由该基站服务的“岛”形区域上,并且在小区切换参数设置时,“岛”周围的小区没有设置为该小区的邻近小区,一旦移动台离开该“岛”,就会立即发生掉话。即使配置了邻区,由于“岛”的区域过小,也容易造成切换不及时而掉话。此外,类似于港湾的两边区域,如果不对海边基站规划做特别的设计,就会很容易因港湾两边距离过近造成这两部分区域互相越区覆盖,形成干扰。如图 11-2 所示,Cell A 为越区覆盖小区。

越区覆盖的解决方法如下:

①对于高站的情况,降低天线高度即可。

②避免扇区天线的主瓣方向正对道路传播。对于此种情况,应当适当调整扇区天线的方位角,使天线主瓣方向与街道方向稍微形成斜角,利用周边建筑物的遮挡效应减少电波因街道两边的建筑反射而覆盖过远的情况。

③在天线方位角基本合理的情况下,调整扇区天线下倾角,或更换电子下倾角更大的天线。调整下倾角是最为有效的控制覆盖区域的手段。下倾角的调整包括电子下倾角调整和机械下倾角调整两种方法,如果条件允许,则优先考虑调整电子下倾角,再调整机械下倾角。

④在不影响小区业务性能的前提下,降低载频发射功率。

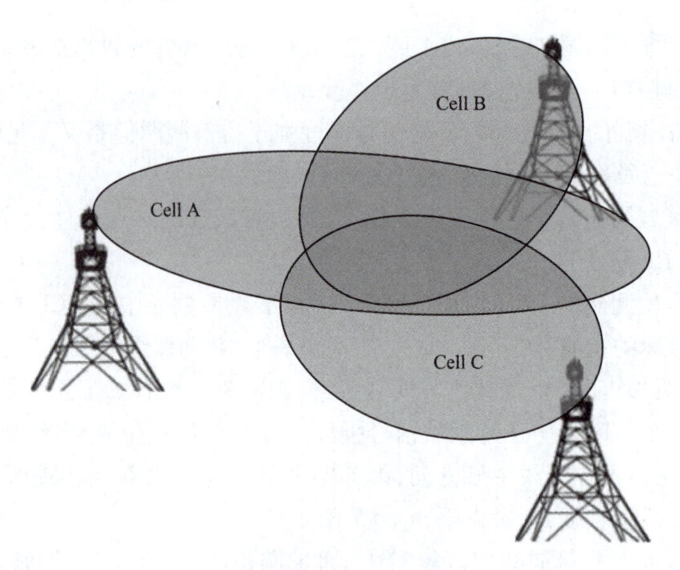

图 11-2 越区覆盖问题

3. 重叠覆盖及干扰优化

由于 5G 属于同频网络,因此同频干扰问题是 5GRF 优化关注的重点对象。在进行 RF 优化时,需要针对同频干扰进行识别,其主要表现为重叠覆盖。

重叠覆盖是指多个小区存在深度交叠,RSRP 比较好,但是 SINR 比较差,或者多个小区之间乒乓切换用户体验差。如图 11-3 所示,重叠覆盖主要是多个基站共同作用的结果,因此,重叠覆盖主要发生在幕站比较密集的城市环境中。正常情况下,在城市中容易发生重叠覆盖的几种典型的区域为高楼、宽的街道、高架桥、十字路口、水域周围的区域。

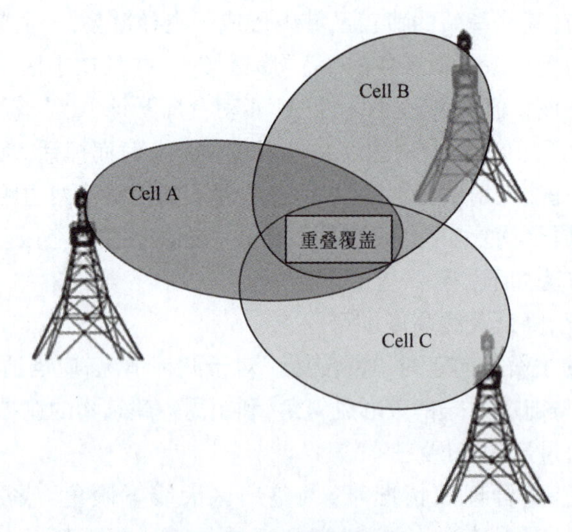

图 11-3 重叠覆盖区域

一般通过设置 SINR 的门限和根据以下方式来判断是否有重叠覆盖区域:与最强小区 RSRP 相差在一定门限(一般为 5 dB)范围以内的邻区个数在两个以上。此种方式的使用前提是排除了弱覆盖,因为弱覆盖也会导致 SINR 比较差的情况出现。

重叠覆盖一般带来的用户体验非常差，会出现接入困难、频繁切换、掉话、业务速率不高等现象。

处理干扰可根据具体的原因采取不同的改善措施。

(1)小区拓扑结构不合理

由于站址选择的限制和复杂的地理环境，可能出现小区布局不合理的情况。不合理的小区布局可能导致部分区域出现弱覆盖，而部分区域出现多个参考信号强覆盖。此问题可以通过更换站址来解决，但是现网操作会比较困难，在有困难的情况下，可以通过调整方位角、下倾角来改善重叠覆盖情况。

(2)天线挂高较高

当一个基站选址太高时，相对周围的地物而言，周围的大部分区域都在天线的视距范围内，使得信号在很大范围内传播。站址过高会导致不容易控制越区覆盖，容易产生重叠覆盖。此问题主要通过降低天线挂高来解决，但是很多5G站点与4G共站，受天面的限制难以调整天线挂高。在此情况下，可以通过调整方位角、下倾角、参考信号功率等改善重叠覆盖情况。

(3)天线方位角设置不合理

在一个多基站的网络中，天线的方位角应该根据全网的基站布局、覆盖需求、话务量分布等合理设置。一般来说，各扇区天线之间的方位角的设计应该是互为补充的。若没有合理设计，则可能会导致部分扇区同时覆盖相同的区域，形成过多的参考信号覆盖；或者其他区域覆盖较弱，没有主导参考信号。这些都可能造成重叠覆盖，需要根据信号分布和站点的位置关系进行天线方位的调整。

(4)天线下倾角设置不合理

天线的倾角设置是根据天线挂高相对周围地物的相对高度、覆盖范围要求、天线型号等来确定的。当天线下倾角设置不合理时，在不应该覆盖的地方也能收到其较强的覆盖信号，造成了对其他区域的干扰，这样就会造成重叠覆盖，严重时会引起掉话。此种情况下，可以根据信号的分布和站点的位置关系来调整下倾角至合理取值。

(5)SSB信号功率设置不合理

当基站密集分布时，若规划的覆盖范围小，而设置的参考信号功率过大，则当小区覆盖范围大于规划的覆盖范围时，也可能导致重叠覆盖问题。在不影响室内覆盖的情况下，可以考虑降低部分小区的SSE信号功率。

(6)覆盖区域周边环境影响

由于无线环境的复杂性，包括地形地貌、建筑物分布、街道分布、水域等各方面的影响，使得参考信号难以控制，无法达到预期状况。

周边环境对重叠覆盖的影响包括以下三方面：

①高大建筑物/山体对信号的阻挡。如果目标区域预定由某基站覆盖，而该基站在此传播方向上遇到建筑物/山体的阻拦导致覆盖较弱，则目标区域可能由于没有主导参考信号而造成重叠覆盖。

②街道/水域对信号的传播。当天线方向沿街道/水域时，其覆盖范围会沿街道/水域延伸过远，在沿街道/水域的其他基站的覆盖范围内，可能会造成重叠覆盖。

③高大建筑物对信号的反射。当基站近处存在高大玻璃建筑物时,信号可能反射到其他基站覆盖范围内,造成重叠覆盖。

针对以上问题,可以通过调整方位角、下倾角来调整小区之间的较低区域的信号覆盖范围,减少街道效应和反射带来的影响。

4. 针对负载问题的优化

通过话务统计数据发现某些小区资源利用率过高,导致本小区内出现拥塞、无法入网、掉话等问题,用户体验差,同时对邻区的干扰较大,影响邻区用户体验。

此类问题可以通过 KPI 的监控设置来解决,设置一定的负载门限,当小区的覆盖高出此门限时将会进行提示。一般会因为用户的增加或者特殊业务的需求导致一片区域的资源需求增加,负载变大;或者因为用户分布不均匀,而导致某些小区下面用户数偏多,资源不够,而周边一些小区的用户数较少,资源利用率低。

通过分析问题小区和周边邻区的拓扑及覆盖关系,如果此区域内小区的负载都比较高,则可以考虑通过加基站扩容来解决。如果只是某些小区负载较高,而周边有邻区负载较低,则可以根据用户分布通过调整轻载小区的方位角和下倾角来吸收用户,缓解高负载小区的压力。同时,也可以调整高负载小区的方位角、下倾角和功率来进行配合。如果无法获取用户分布,则可以根据覆盖分布来适当提升空载小区的覆盖范围,降低高负载小区的覆盖范围。

5. 空中接口速率优化

通常,上述弱覆盖、重叠覆盖、高负载等问题都会影响到小区的吞吐量,解决这些问题后都会提升小区的吞吐量。这里主要是指通过 DT(路测)数据测试发现小区的平均 CSI-SINR(信道状态—信噪比)较低,或者通过话务统计发现小区频谱效率较低,需要对整个小区或者整网进行 RF 调整,以提升全网的平均 SINR 和频谱效率,见表 11-4。

表 11-4 DT 数据统计的小区平均 SINR

Cell PCI	平均 CSI-RS SINR/dB
54	13.533 898 31
55	1.823 316 062
56	20.248 743 17
57	-2.384 375
58	6.912 068 966
59	19.939 380 53
61	8.992 029 756
63	25.716 896 55
64	14.873 928 57

可以通过 DT 数据统计小区的平均 SINR 或者根据话务统计数据统计小区的频谱效率、满载吞吐率来发现问题小区。

6. RF 优化措施总结

RF 优化的目的主要是解决现网的网络问题,以提升各 KPI 指标,主要包含切换成功率、掉话率、接入成功率、小区频谱效率/小区吞吐量等。

在邻区配置合理的前提下，主要通过调整如下工程参数加以解决：

(1)天线下倾角

主要应用于过覆盖、弱覆盖、重叠覆盖、过载等场景。

(2)天线方向角

主要应用于过覆盖、弱覆盖、重叠覆盖、覆盖盲区、过载等场景。

以上两种方式在 RF 优化过程中是首选的调整方式，调整效果比较明显。天线下倾角和方向角的调整幅度要视问题的严重程度和周边环境而定。

但是有些场景实施难度较大，在没有电子下倾的情况下，需要上塔调整，人工成本较高；某些与 4G 共天馈的场景需要考虑 4G 性能，一般不易实施。

(3)参考信号功率

主要应用于过覆盖、重叠覆盖、过载等场景。

调整参考信号功率易于操作，对其他制式的架构影响也比较小，但是增益不是很明显，对于问题严重的区域改善效果较差。

(4)天线高度

主要应用于过覆盖、弱覆盖、重叠覆盖、覆盖盲区（在调整天线下倾角和方位角效果不理想的情况下选用）等场景。

(5)天线位置

主要应用于过覆盖、弱覆盖、重叠覆盖、覆盖盲区（在调整天线下倾角和方位角效果不理想的情况下选用）等场景。

(6)天线类型

主要应用于重叠覆盖、弱覆盖等场景。以下场景应考虑更换天线：

①天线老化导致天线工作性能不稳定。

②天线无电下倾角可调，但是机械下倾角很大，天线波形已经畸变。

(7)站点位置

主要应用于重叠覆盖、弱覆盖、覆盖不足等场景。以下场景应考虑搬迁站址：

①主覆盖方向有建筑物阻挡，使得基站不能覆盖规划的区域。

②基站距离主覆盖区域较远，在主覆盖区域内信号弱。

(8)新增站点/小区分裂

主要应用于扩容、覆盖不足等场景。在现网中最常用的是前两种措施，当前两种措施无法实施时会考虑调整参考信号功率。后面几种措施实施成本较高，应用的场景也比较少。

11.3 RF 优化流程

在介绍完 RF 优化的思路和措施之后，接下来将介绍 RF 优化具体实施的方法。RF 优化最主要的一个数据源就是终端的路测数据，一般需要在路测过程中采集数据并对数据进行分析，最后得出优化的结论。同时，RF 优化一般一次很难达到网络优化目标，需要根据优化目标进行多次迭代，每次优化后需要再次采集数据进行分析，判断是否能够达到最初确定的优化目标，若不能达到，则需要继续对数据进行分析并给出优化建议。通常，人工优化时，仅凭工程师的经验无法进行全面的预测，可能会经过 2 轮或 3 轮的优化。现在已经有了优化工具可以对优化建议进行预测，能够预先判断优化的结果，对于不合理的建议，可以适当进行调整，减少了优化迭代次数，提升了优化效率。RF 优化流程如图 11-4 所示。

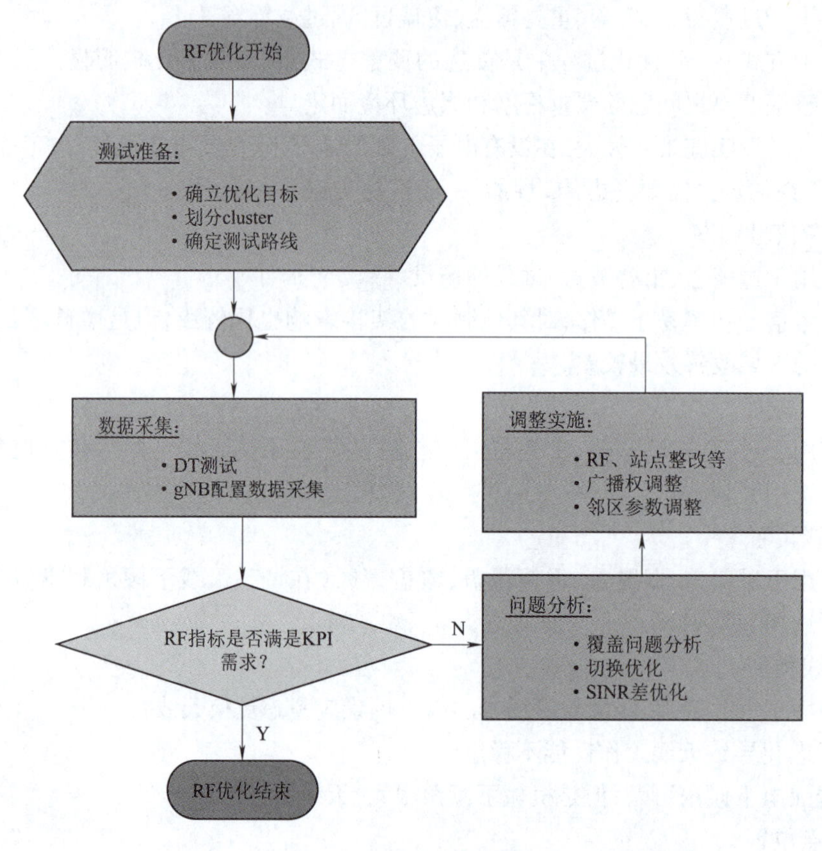

图 11-4　RF 优化流程

11.3.1　优化目标确定

不同的网络阶段针对不同的网络问题优化目标是不同的，在优化前需要先确认本次优化的目标。通常在网络建设和网络交付阶段以合同中要求的 KPI 验收目标作为 RF 优化的目标，主要针对 RSRP、SINR、切换成功率、小区吞吐率等几个指标进行优化。

在网络运营阶段会根据具体的优化触发因素来确定优化目标，如对于高负载问题，需要通过 RF 优化将负载降到要求的门限以下；对于频谱效率低或者容量问题，需要通过优化将频谱效率和小区平均吞吐量提升到所要求的门限值，解决这些问题的同时也需要保障 KPI 要求。另外，可能会因为环境的变化使得现在的覆盖指标达不到初始建网的 KPI 要求，此时需要重新调整现有的 RF 参数，以便适应现在的传播环境，满足 KPI 要求；或者根据用户的具体投诉问题作为目标进行优化。

11.3.2　cluster 内容及目标

在网络运营阶段和集中优化网络性能提升阶段，路测之前需要将整个优化区域划分成不同 cluster，称为簇优化。移动通信的簇优化是指将多个用户集中在同一个无线簇（cluster）内进行数据传输，从而提高网络资源的利用率和系统性能的一种优化方法。在传统的蜂窝通信系统中，一个基站覆盖的区域通常被分为多个子小区（sub-basement），每个小区内部的用户可以通过无线信号互相通信，但不同小区之间则无法进行直接通信。

通过簇优化，将相邻的用户划分为一个簇，这些簇共享一个基站，从而实现了不同簇之间的通信。簇内的用户可以更高效地利用基站资源，减少信令交互和多路径传输等问题，同时也可以提高网络的整体容量和可靠性。

簇优化的主要特点如下：

1. 减少信令干扰

由于同一个簇内的设备可以共享相同的子载波，因此可以减少信令干扰，提高系统可靠性。

2. 提高传输效率

簇内设备可以通过共用天线实现数据传输，避免了频繁切换天线所带来的能量损失和时延，提高了传输效率。

3. 增加频谱利用率

簇内设备的信号可以在多个频率上进行切换，从而增加了频谱利用率，降低了系统的能量消耗和成本。

4. 增强系统鲁棒性

簇内设备之间可以互相备份和支持，当某个簇内的设备失效时，其他簇内的设备仍然可以保持通信，增强了系统的鲁棒性和可靠性。

5. 支持网络动态调整

通过实时监测网络状态，可以动态调整不同簇之间的资源分配，从而满足不同用户或设备的需求，提高系统的性能和效率。

6. 可以有效减少多径衰落

簇内的设备之间可以进行相互协作，共同完成数据的传输和接收，从而可以有效减少多径衰落对系统的影响。

7. 能够支持多种业务

由于不同的用户可能使用不同的业务类型，因此可以将不同类型的用户分配到不同的簇中，以支持不同的业务需求。

8. 灵活性强

簇的划分可以根据实际情况进行动态调整，从而适应不断变化的用户和业务需求。

总之，簇优化技术是移动通信网络中一种有效的优化方法，能够提高系统利用率、传输效率、频谱利用率、系统鲁棒性和网络性能等指标。同时，其具有灵活性强、可支持多种业务和能够有效减少多径衰落等优点，对于提高用户体验和网络服务质量有着重要的意义。簇优化是网优的重要阶段，是后续区域、边界、全网优化的基础，通常主要工作包含覆盖优化、接入优化、切换优化等步骤。

11.3.3 簇优化的内容和目标

簇优化是网优的重要阶段，是后续区域、边界、全网优化的基础，通常主要工作包含覆盖优化、接入优化、切换优化等步骤。主要内容包括以下部分：

1. 簇的划分

将一组用户或设备划分为一个或多个簇，并对每个簇进行资源分配和调度。簇的数量可以根据实际情况进行动态调整，以适应不断变化的用户和业务需求。

2. 资源分配

对每个簇内的设备进行资源分配，包括频谱、子载波、信道等。通过合理分配资源，可以最大化系统利用率，提高传输效率和系统性能。

3. 调度算法

采用合适的调度算法，对不同簇之间的资源进行动态调整，以满足不同用户或设备的需求。常用的调度算法包括最小均方误差（LMS）算法、递归最小均方误差（RLS）算法等。

4. 多路径衰落抑制

由于移动通信信号在传播过程中会受到多径衰落的影响，因此需要采用合适的方法来抑制多径衰落。簇优化可以通过共用天线等方式来减少多径衰落对系统的影响。

5. 可靠性保证

簇优化可以增强系统的鲁棒性和可靠性，通过簇内设备之间的互相备份和支持。当某个簇内的设备失效时，其他簇内的设备仍然可以保持通信。

簇优化以运营商考核指标为目标，主要解决网络中存在的覆盖优化、切换优化两大类问题，具体达成目标见表 11-5。

表 11-5 测试指标表

类型	指标名称	指标定义	指标门限
覆盖类指标	NSA 网络覆盖率	SS-RSRP≥ −93 dBm&SS-SINR≥ −3 的占比（此处单指核心城区，其余区域见下列基本覆盖要求）	>95%
	LTE 锚点覆盖率	锚点 RSRP > −95 dBm& 锚点 SINR > −3 dB 的占比	>95%
占得上&驻留稳	SgNB 添加成功率	辅站链路成功增加次数/辅站链路尝试增加次数 ×100%	>97%
	5G 驻留比	占用 NR SCG 总的时长/总的测试时长 ×100%	>96%

续上表

类型	指标名称	指 标 定 义	指 标 门 限
占得上&驻留稳	NR 掉线率	SCG 载波异常释放次数/SCG 载波添加成功次数	<3%
	NSA 切换成功率	(辅站站内链路成功变更次数 + 辅站站间链路成功变更次数)/(辅站站内链路尝试变更次数 + 辅站站间链路尝试变更次数) ×100%	>96%
	携带 SN 切换成功率	(MN 变更且 SN 不变次数 + MN 变更且 SN 变次数)/MN 切换请求次数	>96%
体验优	NR MAC 层下载速率/(Mbit/s)	MAC 层下载总流量/下载总时间;记录和统计路测中 UE 的 L2 层下行吞吐量并计算平均吞吐率	>550 Mbit/s
	NR MAC 层上传速率/(Mbit/s)	MAC 层上传总流量/上传总时间;记录和统计路测中 UE 的 L2 层上行吞吐量并计算平均吞吐率	>60 Mbit/s

备注:以上为建议目标,各地如有差异,以各地要求为准,但不建议低于本标准。

簇优化主要关注和解决如下优化问题:

①运营商给出的覆盖要求:室外道路驱车测试中,95% 覆盖概率下 SS-RSRP 与 SS-SINR 应达到以下要求,具体目标见表 11-6。

表 11-6　运营商要求的覆盖要求

区 域 类 型	覆盖概率 95%	
	SS-RSRP/dBm	SS-SINR/dB
主城区核心区域	≥ -93	≥ -3
主城区其他区域	≥ -96	≥ -3
一般城区	≥ -96	≥ -3
县城	≥ -98	≥ -3

注:● 上述指标为 2.6 GHz、100 Mbit/s 带宽、200 W 功率、SSB 水平 8 波束配置条件下的验收标准。

● SS-RSRP 为测试终端位于车外时的要求;若测试终端位于车内,SS-RSRP 应在上述表格要求基础上考虑车辆穿透损耗影响,再降低 6 dB(实测车体损耗影响范围为 6 ~ 10 dB)。

②簇优化中常常碰到多种问题,需逐个记录区分并进行解决。常见的要解决的问题有 NR 覆盖问题、锚点覆盖问题、无主覆盖、越区覆盖、prach 根序列问题、参数门限、5GNR 邻区漏配、4G 和 5G 邻区漏配、PCI 冲突混淆等,从性质上可以分为切换问题和覆盖率问题两大类。簇优化内容见表 11-7。

表 11-7　簇优化内容

集团考核指标	NR 覆盖问题	锚点覆盖问题	无主覆盖	越区覆盖	prach 根序列问题	参数门限	5GNR 邻区漏配	4G 和 5G 邻区漏配	PCI 冲突混淆
切换问题	√	√	—	√	√	—	√	√	√
覆盖率问题	√	√	√	√	—	√	√	√	—

11.3.4 簇优化的准备

在开始进行簇优化之前，需要确认站点的完好率，对于密集城区和一般城区，一般站点完好率大于80%后启动簇优化，推荐90%以上。（站点完好率=已开通站点且无影响业务故障/总规划站点）

提前与客户确认簇的划分和测试路线，应该与客户一同协商最终的测试路线，为后续的工作指明方向。

簇划分的方法如下：

合理的簇划分能够提升优化的效率，方便路测并能充分考虑邻区的影响。通常，cluster 划分要充分与客户沟通达成一致意见。具体的簇划分需要考虑以下因素：

①根据经验，簇的数量应根据实际情况确定，20~30个基站为一簇，数量不宜过多或过少。

②同一 cluster 不应跨越测试覆盖业务不同的区域，如城区和郊区要分开。

③可参考运营商已有网络工程维护用的 cluster 划分。例如，可以参考 LTE 的簇划分。

④行政区域划分原则：当优化网络覆盖区域属于多个行政区域时，按照不同行政区域划分 cluster 是一种容易被客户接受的做法。

⑤簇划分时还需要考虑站点开通率的影响因素，如疑难站点、传输改造 CRAN/DRAN（集中式无线接入网/分布式无线接入网）比例等，保证簇可以尽快达到优化条件。

⑥地形因素影响：不同的地形地势对信号的传播也会有影响。山脉会阻碍信号传播，是 cluster 划分时的天然边界。河流会导致无线信号传播得更远，对 cluster 划分的影响是多方面的：如果河流较窄，则需要考虑河流两岸信号的相互影响，如果交通条件许可，应当将河流两岸的站点划分在同一 cluster 中；如果河流较宽，则需要关注河流上下游间的相互影响，并且此情况下通常两岸交通不便，需要根据实际情况以河道为界划分 cluster。

⑦应当考虑 TAC（路由区）边界，尽量减少 TAC 更新。

⑧路测工作量因素影响：在划分 cluster 时，需要考虑每一个 cluster 中的路测可以在一天内完成。通常以一次路测大约4 h为宜。

对于网络运营阶段由具体网络问题触发的 RF 优化，需要由问题小区来构造优化区域。构建优化区域的目的是限制优化范围，以避免涉及过多不相关的小区。对于同时有多个问题小区的，还需要进一步判断是否可以连片处理。

11.3.5 确定测试路线

路测之前，应与客户确认 KPI 路测验收路线，如果客户已经有预定的路测验收路线，在 KPI 路测验收路线确定时应该包含客户预定的测试验收路线。在测试路线的制定过程中，可重点了解客户关注的 VIP 区域，要重点关注 VIP 区域的网络情况。注意是否存在明显或较严重的问题点，对这些问题点要优先分析解决，如因客户原因导致，应及时向客户预警。如果发现由于网络布局本身等客观因素，不能完全满足客户预定测试路线覆盖要求，则应及时说明，同时保留好相关邮件或会议纪要。

KPI 路测验收路线是 RF 优化测试路线中的核心路线，决定了 KPI 能否达标，后期的优化、

验收都会围绕此路线进行。在路线规划中,应考虑以下因素:

①测试路线必须涵盖主要街道、重要地点、重点客户和 VIP 区域,建议包含所有能够测试的街道。为了保证优化效果,尽量遍历簇内小区,但不做强制要求,需要根据实际情况来实施。最低也要达到簇区域内测试路线 1 ~4 级道路 80% 以上遍历。

②为了保证基本的优化效果,测试路线应包括所有小区,并且至少 2 次测试(初测和终测)应遍历所有小区。

③考虑到后续整网优化的需要,测试路线应包括相邻 cluster 的边界部分。

④为了准确地比较性能变化和后续的全网优化,每次路测时最好采用相同的路测线路。

⑤建议在测试路线上进行往返双向测试,这样有利于问题的暴露。

⑥测试开始前要与司机充分沟通或在实际通车确认线路可行后再与客户沟通确定。

⑦在确定测试路线时,要考虑诸如单行道、左转限制等实际情况的影响,应严格遵守基本交通规则(如右行等)和当地的特殊交通规则(如绕圈转向等)。

重复路线应区分表示,路线规划中不可避免出现重复路线,可用不同颜色的带箭头线标注,重复测试线路要进行区分表示。在规划线路中,会不可避免地出现交叉和重复,可以使用不同的带方向的线条标注,如图 11-5所示。

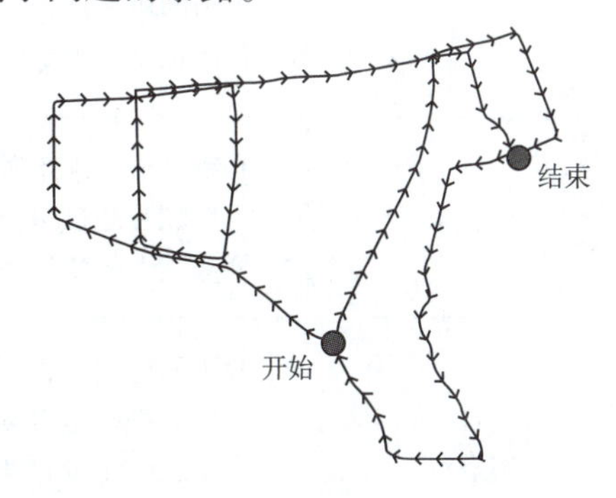

图 11-5　某项目某 clustor 测试路线图

11.3.6　测试方法和测试准备

1. 测试方法

根据簇优化的目标,一般以覆盖、切换、上下行速率作为验收标准,所以相应的测试方法应该以此为目的,可以参考表 11-8 所示的簇测试方法。

表 11-8　簇测试方法

测试项目	上下行平均速率测试
测试目的	考察用户路测上下行平均速率,覆盖率等指标
预置条件	①测试区域:覆盖区域内 1 ~4 级道路 80% 以上遍历; ②测试时的网络负荷:应在网络负荷较小(建议邻小区空载、主小区只有测试终端进行通信)条件下进行
测试步骤	①测试车携带测试终端两台、GPS 接收设备及相应的路测系统,同时采用扫频仪; ②测试车两台终端建立连接,一台终端开启下行 FTP 业务,另一台终端开启上行 FTP 业务; ③测试车应视实际道路交通条件以中等速度(30 km/h 左右)匀速行驶,路测终端长时间保持业务; ④使用测试软件自动统计用户路测上下行平均速率
输出结果	记录和统计 UE 的 L1、L2 和 L3 吞吐量并计算平均吞吐量

2. 测试准备

在簇测试时需要做好测试前的准备，保证测试顺利，且结果有效，详细的准备工作见表 11-9 中所列的条目。

表 11-9　测试准备条目

分　类	准备条目
服务器	①高性能服务器：能力要求根据现场的测试团队数量来决定，一般来说服务器需要满足测试小组数×单用户峰值速率的吞吐率的要求； ②内网服务器验证上传和下载是否正常； ③内网服务器速率是否正常，选择好点验证； ④FTP 服务器文件大小是否符合要求；下载文件大小 20 GB，上传文件大小 2 GB
测试卡	①测试卡要求不限速不限流量； ②VoLTE 测试卡是否支持 VoLTE 业务； ③测试卡的签约速率需要大于等于 2 Gbit/s
测试终端	①海思终端是否 1T4R，信令验证； ②高通终端是否测试专用手机(标签标示)； ③海思终端设置性能模式； ④测试前终端电量是否满格； ⑤海思每组 2 部 1T4R 终端 +1 部 2R 终端(竞对)
测试计算机	①计算机磁盘空间是否充足，至少 20 GB 空间； ②安装有海思和高通驱动器，事前调试通过； ③测试软件 license 正常
测试车辆	①司机是否同意车速和路线、时间，无条件满足测试人员要求； ②司机是否满足禁行路段测试条件； ③车辆是否有逆变电源接口，具备测试供电需求； ④是否有 1 台预配车辆，预防突发事情
辅助设备	①GPS 是否正常、逆变器、电源插座、蓄电池是否具备； ②TDD 手机每组 1 部，用于缩频测试 D1D2 干扰； ③备用海思 4R 终端 1 个，避免测试设备异常
测试前准备	①每组照片反馈测试时间，测试负责人确认，每个测试日志都需要时间检查； ②每组测试前半小时到达起始位置开始准备工作，打卡定位，网格负责人确认； ③测试前 Spark 软件设置和导出功能勾选(保存为 RAF 和 ASF 格式)； ④测试前采集 5 min 日志，然后导出统计表，检查统计项是否齐全(上下行速率、覆盖、驻留、竞对统计、volte 统计等)，是否可转换成 DTLOG 格式 RAF； ⑤后台反馈配合进度，网格负责人确认是否开始测试； ⑥测试路线是否宜贯到位，网格测试负责人确认，建议每组打印一份路线图

3. 工参准备

在优化的项目上应该建立一个工程参数库,以便更好地管理和维护项目的关键参数。这个库包含必要的技术细节,如站点信息、站点名称、NR 小区名称、小区方向角、PCI 等,同时,为了确保信息的准确性和时效性,建议定期对这个库进行更新和维护。在项目运行期间,建议每天至少更新一次这个工程参数库。这将帮助我们及时发现并解决可能出现的问题,保证项目的顺利进行。表 11-10 所示为常见的参数表中的部分元素。

表 11-10　常见的参数表中的部分元素

省　份	城　市	县　市	网格归属	簇归属	覆盖类型	站　型
浙江	台州	椒江	网格 2	—	营业厅	QCell
IP 地址	设备类型	是否开通	开通日期	是否开通 3DMIMO	站点批次	4G 站点名①
10.169.200.×××	R8139 M182326	是	2019/11/8	否	现网已开通	台州椒江×××移动营业厅 SFcellFDD1800
NCI	NCGI	moid	基站经度	基站纬度	天线挂高	方向角
2.96E+09	460-00-11563008-111	111	121.40667	28.66901	0	360
频段	站点号	经度	纬度	中心载频	PCI	TAC 号
FDD1800	831391	121.40667	28.669011	1815.1	37	26730
规划站点名称	NR 基站名称	NR 小区名称	设备厂商	GNBID	机械下倾	电子下倾
台州椒江××××移动营业厅 SF-NR	Z11563008 台州椒江××××移动营业厅 SF-NR	Z11563008 台州椒江××××移动营业厅 SF-NR_111	中兴	11563008	0	3
4G 小区名	区县	4G 小区号	小区标识	网络类型	覆盖类型	带宽
台州椒江××××移动营业厅 SFcellFDD1800_65	椒江	83139165	65	FDD1800	室分分布	20 Mbit/s
TAC	PCI	PRACH 序列(长码)	组网方式	中心载频	频段	带宽
26730	996	76	NSA	513000	2.6G	100 Mbit/s
子网	方向角	内置倾角+电子下倾角	内置	电子下倾角	机械下倾角	DownTilt

① 现网站点中经常有 4G 和 5G 共用站点,在参数中要标明 4G 站点名称。对应的 5G 站点名称称为 NR 基站名称。

测试优化人员每天应该根据此数据库制作对应软件的工参表。工具工参表模板可以从相关的软件处获取。这些模板通常已经包含了各种常见参数的设置方法，可以帮助测试人员快速创建工参表。建立并维护一个工程参数库以及相应的工参表是提高项目管理效率和软件质量的重要手段。

4. 优化问题的跟踪

在针对簇优化过程中，面临着各种可能遇到的问题。为了更有效地管理和解决这些问题，需要建立一个专门的优化问题跟踪表。这个表格将由一组专人负责维护，他们将对各个组在优化过程中遇到的各类问题进行记录和跟踪。

优化问题跟踪表模板由 4 个表组成：优化问题跟踪表，主要记录优化中出现的问题，见表 11-11；天馈调整表，主要记录出现问题后需要调整的天馈系统的参数，见表 11-12；参数调整清单，主要记录出现问题后需要调整的站点参数，见表 11-13；邻区添加清单，主要出现邻区问题后需要调整的邻区，见表 11-14。

表 11-11 优化问题跟踪表

网格	网格 146
问题编号	146－1
分公司	城二分公司
分析人员	杨××
测试日期	2020/2/20
问题类型	低速率
问题细分	服务器类
问题路段	××路
中心点经度	116.244 851
中心点纬度	39.876 62
路段长度	130 m
问题点分析	测试车辆在××路由北向南行驶，UE 占用城二 5G 丰台××××宾馆神鸿 1Z26G-3（PCI：293）小区信号（RSRP：－76.6 dBm，SINR：28.2），此时下行 256QAM，MCS：24，无线环境良好，且锚点一直占用 87969-201 小区，锚点和 NR 都未发生切换，怀疑服务器问题
涉及 NR 小区	城二 5G 丰台××××宾馆神鸿 1Z26G-3
涉及锚点小区	
解决方案	进行复测和灌包验证
解决方案分类	复测验证
当前进展	待处理
是否闭环	否
闭环时间	
大网格	网格 318

表11-12 天馈调整表

网格号	问题点编号	站号	小区号	小区名	分公司	调整项	原参数值	新参数值	提出日期	分析人员	是否完成	完成日期
网格153	153-5	1000236	2	城二5G西城×××××大厦1ZZ26G-2	城二分公司	所有波束电子下倾角		下压3°	2020/2/15	杨××	是	2020/2/18

表11-13 参数调整清单

分公司	参数名	原参数值	目标参数值	提出日期	分析人员	是否完成	完成日期	分公司
城二分公司	带宽	100 MHz	60 MHz（BWP）	2020/2/15	杨××	是	2020/2/18	城二分公司

表11-14 邻区添加清单

提出日期	分析人员	是否完成	完成日期
2020/2/15	杨××	是	2020/2/18

5. 簇优化测试

在进行簇优化测试时，必须确保所有的测试结果都是有效和可靠的。这就需要在进行测试的过程中，严格遵循规范的测试方法和流程，以保证测试的公正性和客观性。只有这样，才能够获得准确和真实的测试结果，从而为后续的决策提供有力的支持。

同时，在完成测试后，还需要做好数据保持和交接工作。这意味着需要将测试过程中产生的所有数据进行妥善保存和管理，以便后续的使用和分析。此外，还需要将测试结果及时地交给相关的人员或部门，让他们能够了解到测试的情况和结果，并据此做出相应的决策和调整。测试完成后应当做好数据保持和交接工，具体见表11-15。

表11-15 簇优化测试注意事项

分类	准备条目
测试中用例和要求	①测试车速：保持正常行驶速度，不设置最高限速，平均车速>=20 km/h，其中时速低于10 km占比不应高于40%，时速高于50 km占比不应低于5%，时速高于30 km低于50 km占比不应低于20%； ②线程10；测试间隔15 s；测试次数设为最大，最好无限循环； ③注意测试期间不要有其他测试队伍在同一区域，影响测试结果； ④内网服务器FTP上传下载； ⑤2台mate20（1T4R）：1部下载1部上传（或并发业务）。注意所有日志时间； ⑥网络选择：4G/5G自由选择； ⑦log命名规范：××省-××市-网格-地点名称-测试厂家-运营商名称-时间（示例：北京市-北京市-网格105-××-中兴-北京移动-20191204）

续上表

分　类	准备条目
测试后交接	①测试设备交接需要明确接收人,网格负责人组织安排; ②测试设备交接后注意充电; ③日志收集,要求 1 个小时内上传日志到指定网盘; ④测试指标要求 1 个小时发出基本指标,2 个小时发出详细统计,参考模板要求

11.3.7 数据采集

1. DT 数据

根据规划区域的全覆盖业务的不同,可选择不同业务测试类型(包括语音长呼、短呼,数据业务上传、下载等),考虑到当前终端支持数据业务。目前主要进行数据业务测试,通常采用以下测试内容之一。

(1)室内测试

在进行室内环境测试时,由于 GPS 信号可能无法稳定获取,因此在开始测试之前,需要先获取待测区域的详细平面图。

室内测试分为步测和楼测两种类型。对建筑物内部的平面信号分布的采集,应采用步测方式,在 Indoor Measurement 窗口的右键菜单中选择 WalkinG Test 命令;对建筑物内部纵向的信号分布的采集,应采用楼测方式,在 Indoor Measurement 窗口的右键菜单中选择 Vertical Test 命令。室内测试业务是合同中(商用局)或规划报告中(试验局要求连续覆盖的业务,测试方式同 DT(路测)测试任务,呼叫跟踪数据采集要求与 DT 测试相同。

根据不同的测试任务,后台需要进行不同的跟踪和配合。需要后台进行跟踪的操作必须在测试开始前完成,所有测试数据应按照统一的规则保存。

(2)数据跟踪与后台配合

在一次 UE 测试过程中,所涉及的跟踪和需要保存的数据见表 11-16。

表 11-16　测试中的采集数据列表

序　号	数　据	文件格式	是否必需	备　注
1	Probe 测试数据	. gen	是	测试结果分析与问题定位
2	gNB 跟踪数据	. tmf	是	辅助问题分析与定位
3	核心网跟踪数据	. tmf	否	辅助问题分析与定位

在验证测试中,如需后台配合进行同步操作,如调整下倾角、修改参数等,应在测试前确定好后台配合人员,并沟通好相关事宜,如操作的对象、操作的时间、数据保存的要求等。

2. 话务统计数据

话务统计是一种在设备及其周围的通信网络中进行各种数据的测量、收集及统计的活动。话务统计数据可用于日常的网络监控,也可用于问题分析。网络优化时,可以通过监控小区的

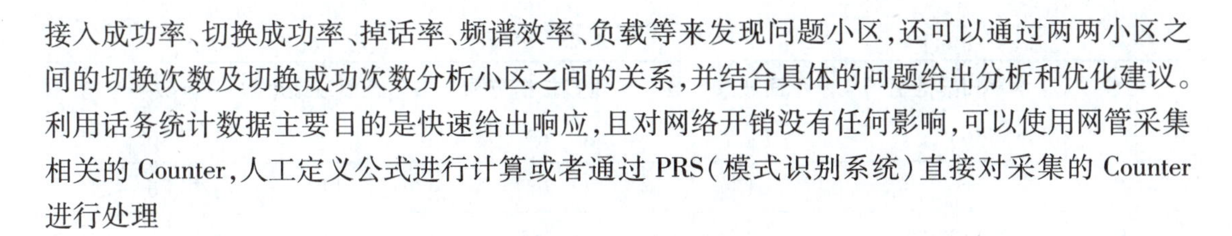
接入成功率、切换成功率、掉话率、频谱效率、负载等来发现问题小区，还可以通过两两小区之间的切换次数及切换成功次数分析小区之间的关系，并结合具体的问题给出分析和优化建议。利用话务统计数据主要目的是快速给出响应，且对网络开销没有任何影响，可以使用网管采集相关的 Counter，人工定义公式进行计算或者通过 PRS（模式识别系统）直接对采集的 Counter 进行处理

11.3.8 簇优化后的数据分析

根据簇测试的数据分析网络中存在的问题，主要从覆盖、切换、接入等维度进行分析，通过 2 ~ 3 轮以上的优化，使网络水平达到簇优化的目标，具体的优化方法如前面所述，待最终完成之后编写簇优化的报告提交给客户，完成簇优化的验收。完成簇优化后要形成优化报告。

11.3.9 RF 优化整体原则

在实际优化过程中，可以根据具体问题采取不同的措施，整体的优化原则如下：

①先主后次原则：优先解决面的问题，再解决点的问题，由主及次。

②软参优先原则：上站调整天馈在时间、资金上成本较高，优先考虑通过调整系统参数配置的措施调整覆盖或解决 RF 问题，尽可能减少上站次数。

③数据和勘测支撑原则：要有坚实的数据和工程计算来支撑优化方案的制定，对复杂的场景，要安排到实际站点进行勘测。

④预期明确原则：对优化方案预期达到的效果和可能产生的影响要有清楚的认识，尽量采用仿真工具进行预测验证。

⑤测试验证原则：所有的 RF 调整方案要及时进行复测验证，由于 RF 调整结果的不确定性较高，在条件允许的情况下，可以边调边测。

⑥问题收敛原则：RF 优化过程中，要避免解决一个问题的同时引入新的问题。对于优化动作的影响要进行仔细评估，确保问题的总数是收敛的。

⑦性能优先原则：RF 优化过程中，除了关注覆盖、干扰和切换等 RF 问题，还要注意对吞吐率的影响，优化时如果两者出现矛盾，应优先确保业务性能最佳。

11.3.10 基于 Massive MIMO 的场景化波束优化

前面内容提到，5G 中引入了 Massive MIMO 的机制，所有下行信道都是采用多个窄波束来发送的，而之前的系统采用了单个宽波束的机制。基于此机制，在进行 5G 无线 RF 优化时，需要专门针对 Massive MIMO 的波束进行优化。

5G 改进了 LTE 基于宽波束的广播机制，采用窄波束轮流扫描覆盖整个小区，选择合适的时频资源发送窄波束。此外，广播波束还引入了场景化波束机制，即根据不同场景配置不同的广播波束，以匹配多种试样的覆盖场景，如楼宇场景、广场场景等。不同的天线类型支持的场景数量不一样。以下以某个型号的 AAU（有源天线单元）天线为例，介绍了几种典型的场景，见表 11-17。

表 11-17　88B 波束典型场景

场景	水平扫描范围	水平面波束个数	垂直扫描范围	垂直面波束个数	数字倾角
1	105°	7+1	6°	2	-6°~12°
2	65°	1	6°	1	-6°~21°
3	110°	8	25°	1	—
4	110°	8	6°	1	-6°~41°
5	90°	6	12°	1	-3°~9°
6	65°	6	25°	1	—
7	25°	2	25°	4	—

以上 7 种波束的特点和应用场景见表 11-18。

表 11-18　7 种波束的特点和应用场景

波束配置	波束特点	应用场景映射	场景举例
1	既可获得远点相对高的增益，也可以保证近点用户的接入	默认配置，室外密集城区/城区连续组网	室外密集城区/城区连续组网
2	与传统的宽波束类似，水平覆盖范围有限，主要用于峰值场景，节约开销	峰值速率测试场景	
3	在垂直覆盖要求比较高时，垂直面可以覆盖更大的角度，但波束增益下降	规划阶段不推荐，可作为优化手段	
4	水平覆盖要求较高的广覆盖场景，相对于场景 1，垂直面波宽更窄，波束增益更高，可以提升远点覆盖性能	规划阶段不推荐，可作为优化手段	
5	适用于广范围立体浅覆盖，但是水平范围比场景 1 略小	规划阶段不推荐，可作为优化手段	
6	适用于楼宇浅覆盖，相对场景 1，水平范围较小，垂直范围较大	规划阶段不推荐，可作为优化手段	
7	适用于楼宇深度覆盖，垂直维度的波束增益较高	高层楼宇深度覆盖	高层写字楼/居民楼

在网络规划阶段，应当结合实际场景应用不同的场景化波束，但往往可能达不到预期的效果。因此，在 RF 优化过程中，可以通过相应的参数来调整广播场景化波束，从而灵活地调整覆盖范围，减少越区覆盖乒乓切换以及邻区干扰等问题。波束场景的优化一般需要遵循如下原则：

①通过窄波束减少非必要的波束，减少重叠覆盖区，避免乒乓切换及影响后续加载的性能。

②若是面对笔直的路面覆盖，则场景化波束建议配置为水平面窄的波束，如场景 7 波束。

③若是覆盖十字路口,则场景化波束建议配置为水平面宽的波束,如场景 1 波束。

11.3.11　基于 Massive MIMO 的下倾角调整

由于 Massive MIMO 引入了垂直面的多层波束,因此 5G 的下倾角包含了传统的机械下倾角和波束下倾角。波束下倾角包含以下两种波束:

①针对 SSB(同步信号块)的波束,其垂直面波束和各类常见的波束场景相关,不同场景下 SSB 的垂直面波束数量不一样,其下倾角可以单独调整,默认配置为 6°。

②针对其他的下行信道,其波束分布和 CSI-RS 的波束数量一样,总共有 4 层垂直面的波束,每层波束的天然下倾角都不相同,从上到下分别为 -3°、4°、11°和 18°,如图 11-6 所示。

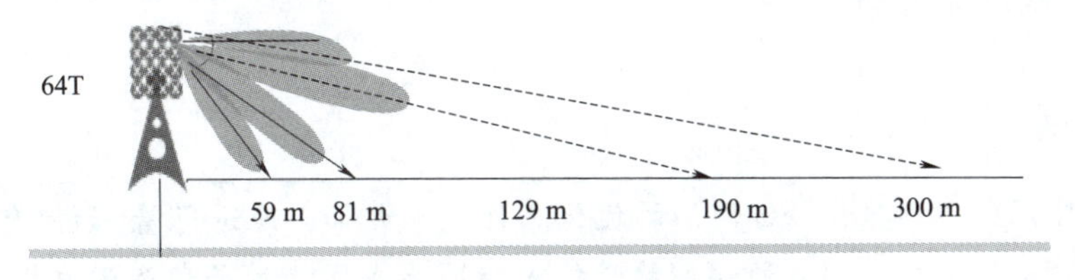

图 11-6　CSI-RS4 层垂直面的波束

因此,5G 中每个波束的整体下倾角包括机械下倾角和波束下倾角两部分。其中,SSB 波束的下倾角以通过参数进行调整,其他下行信道波束的下倾角只能通过调整机械下倾角进行调整。由于其他下行信道一共有 4 层垂直面的波束,所以在进行下倾角优化时首先需要确认使用哪一层波束作为边缘覆盖的束,在优化下倾角时需要考虑该层波束实际的倾角是多少。选取下倾角的参考波束时,可以参考如下原则:

①如果是密集城区场景,且覆盖目标为室内(覆盖受限场景),则建议将第二层的 CSI-RS 波向小区边缘,在考虑下倾角时需要考虑默认的 4°波束下倾。

②如果是密集城区场景,且覆盖目标为室外(干扰受限场景),则建议将第一层的 CSI-RS 波束指向小区边缘,在考虑下倾角时需要考虑默认的 -3°波束下倾。

③如果是郊区及农村等广覆盖场景,同原则①。

第12章 5G无线网络常用KPI

本章导读

随着5G网络不断建设,5G网络的优化工作也如火如荼地进行着,如何衡量5G网络性能就成了5G网络的关键。所谓网络性能是指网络或网络的局部为用户提供通信机制的能力。网络性能可由KPI、KQI、QOS、QOE等具体指标表示。

本书着重介绍日常优化工作中的常用指标参数KPI。

本章知识点

①无线网络优化常用指标。
②5G接入类KPI指标。
③5G移动性KPI指标。
④5G服务完整性KPI指标。
⑤5G其他相关KPI指标。
⑥KPI指标优化方法。

12.1 KPI架构

KPI(key performance indicator,关键业务指标)可以描述网络的适应度水平,该适应度水平是通过网络连接成功率、平均UL/DL(上行/下行)数据率、移动成功率等指标形成的矩阵来衡量网络是否适合网络运营商对关键业务评判的标准。

KQI(key quality indicators,关键质量指标)是一个衡量不同业务带给用户感受的质量参数,是不同业务或应用的质量参数。

QoS(quality of service,服务质量)决定了用户满意程度的服务性能的综合效果。

QoE(quality of experience,用户体验)是用户对移动运营商提供的业务性能的直观感受,即QoE = 网络QoS + 业务 + 用户体验。

KPI 指标由服务完整性、利用率、可用性、业务类、接入类、保持类、移动性等不同指标构成了指标架构。根据 5GSA 和 NSA 不同的组网架构，对 KPI 中的指标架构又有所不同。在 5GSA 和 NSA 架构中 KPI 指标包含：

①服务完整性中上行、下行用户平均吞吐率和上行、下行小区平均吞吐率。

②PRB 利用率、CPU 利用率。

③无线网络不可用比例。

④上行、下行数据业务量、平均/最大用户数。

在 SA 架构下，5G 会设计独立的接入、保持、移动类 KPI，而在 NSA 架构下，接入、保持、移动性类 KPI，则保留在 LTE 中进行观察。KPI 架构如图 12-1 所示。

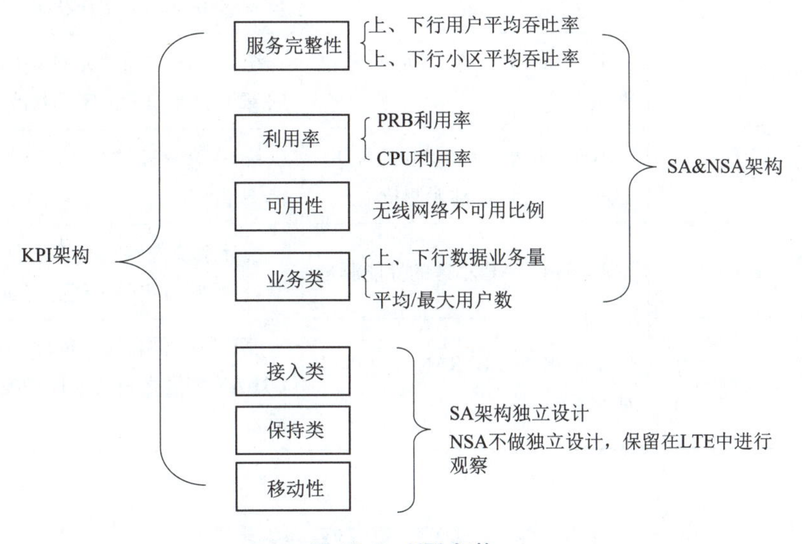

图 12-1　KPI 架构

KPI 指标中的参数都具备名称、表述、测量范围、公式、相关 Counter 五个基本属性，如图 12-2所示。

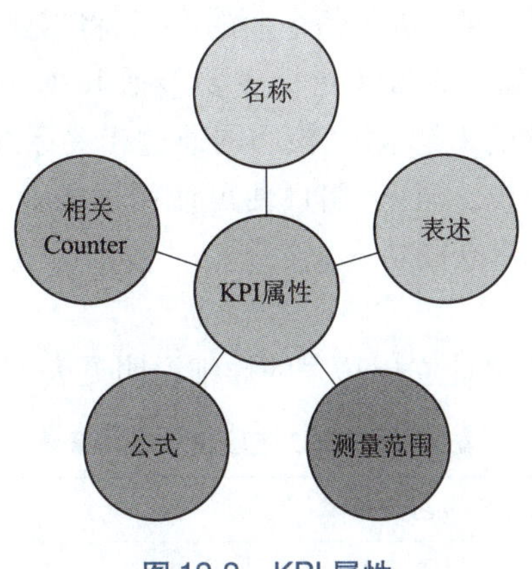

图 12-2　KPI 属性

相关 Counter 表示通信事件计算器、5G 网络的各种事件，主要通过网管进行采集得到。

表 12-1为 Counter 需要测量的对象。

表 12-1 Counter 需要测量的对象

测量对象别名	测量对象名称	含　义
NRCELL	基于小区的性能测量	小区范围内统计测量指标,小区对象部署 CU(中心单元)上
NRDUCELL	基于本地小区的性能测量	NR DU(分布单元)小区范围内统计测量指标
gNB	基于 gNB 的性能测量	用于统计 gNB 基站级的相关性能指标,反映 gNB 基站的工作状况
gNBDU	基于 gNB 分布单元的性能测量	统计 gNB 分布单元的相关新能指标,反映 gNB 分布单元的工作状况
NRDUCELL. NSA QCI	基于 DU 小区的 NSA 组网 QCI (QoS 等级指示)性能测量	统计 DU 小区方位内 NSA 组网 QCI 新能测量指标
NRCELLRelation	基于相邻 NR 小区的性能测量	统计系统内特定两两小区之间的切换测量,反映特定两小区的切换性能
NRCELLtoECELL	基于相邻 E-UTRAN 小区的性能测量	gNB 所提供特定 NR 源小区与特定 E-UTRAN 邻区之间的各种切换业务的服务质量

12.2 5G KPI 参数

1.5G 接入类 KPI

5G 接入类 KPI 主要反映用户成功接入网络中并发起业务的概率,分为两个阶段。

阶段 1 是用户终端与基站(gNB)进行信令面的交互,将需要申请的业务告知基站,方便基站、核心网分配匹配的承载资源。该 KPI 指标主要包括 RRC 建立成功率、NGSIG(NGsingle,NG 接口信令)建立成功率。阶段 2 是基站、核心网通过相关标准、规则核查后,在对应小区分配特定业务承载资源给特定用户。至此,用户便可使用这条业务资源来承载所需的业务,其 KPI 指标主要体现为 QoS Flow 建立成功率。

(1)RRC 连接建立成功率

为 RRC(无线资源控制)连接建立成功率的详细说明见表 12-2。

表 12-2 RRC 连接建立成功率

KPI 类型	RRC Setup Success rate
测试含义	评估 RRC 建立成功率

续上表

测试对象	小区
计算公式	RRCS_SR =（RRC Setup Success/RRC Setup Attempt）×100%
公式含义	RRC 建立成功率 = RRC 建立成功次数/RRC 尝试建立次数 ×100%
单位	%

该KPI是用来评估无线侧链接建立的成功率，反映了用户接入5G网络的成功率。

RRC建立流程可由多个原因触发，以下是几种触发原因：

①由UE发起RRC连接建立选用哪个原因值由上层决定。

②原因值Mo-Signaling（主叫一方发起的信令）的RRC连接建立和信令相关。

③其余原因的RRC连接建立和服务相关。

（2）NG接口信令连接建立成功率（见表12-3）

表12-3 NG信令连接建立成功率

KPI类型	NGSIG Connection Setup Success Rate
测试含义	无线接入网与5G核心网的信令接入成功率
测试对象	小区
计算公式	NGSIGS_SR =（NGSIG Connetion Establish Success/NGSIGConnection Establish-Attempt）×100%
公式含义	NG 接口信令连接成功率 =（NG 接口信令建立成功次数/NG 接口信令建立尝试次数）×100%
单位	%

该KPI是用来评估NG接口信令连接建立成功率的，反映了gNB与5GC（5G核心网）之间的稳定性。

（3）QoS Flow建立成功率（见表12-4）

表12-4 QoS Flow建立成功率

KPI类型	QoS Flow 建立成功率
测试含义	QoS Flow（业务承载）建立成功情况
测试对象	小区
计算公式	QoS Flow 建立成功率 = QoS Flow 建立尝试次数/QoS Flow 建立成功次数
单位	%

该KPI用来评估所有业务的QoS Flow建立成功率。所涉及的Counter包括QoS Flow建立尝试次数和QoS Flow建立成功次数。

2.5G 移动类 KPI

5G 移动类 KPI 是指正在进行通话的 A 用户(其基站为 gNB1 提供业务服务)从基站 gNB1 覆盖区域移动到 gNB2 区域,在此期间移动用户 A 全程保持通话,此时移动用户 A 就需要在进入 gNB2 区域进行无线信号的切换,这个过程就是移动性管理。

移动类 KPI 用来评估 NR 网络性能,它直接反映了在通信工程中用户体验度好坏。

通常该 KPI 指标根据切换的类型可分为同系统同频切换、同系统异频切换、异系统切换。

(1)同频切换出成功率

该 KPI 用来评估 NR 系统内同频切换出的成功率,见表 12-5。

表 12-5　同频切换出的成功率

KPI 类型	IntraFreqHOOut_SR
测试含义	评估 NR 系统内切换(出)情况,切换出是在源小区侧统计
测试对象	小区、邻小区
计算公式	IntraFreqHOOut_SR = (IntraFreqHOOutSuccess/IntraFreqHOOutAttempt)x100%
公式含义	系统内切换(出)成功 = 系统内切换(出)成功次数/系统内切换(出)尝试次数 × 100%
单位	100%

(2)同频切换入成功率

该 KPI 用来评估 NR 系统内同频切换入成功率,见表 12-6。

表 12-6　同频切入成功率

KPI 类型	Intra-RAThandoverInSuccessRate
测试含义	评估 NR 系统内切换(入)情况,切换入是在目标小区侧统计
测试对象	小区、邻小区
计算公式	Intra-RATHOIn_SR = (IntraRATHOInSuccess/IntraRATHOInAttempt) × 100%
公式含义	系统内切换(入)成功 = 系统内切换(入)成功次数/系统内切换(入)尝试次数 x100%
单位	100%

3.5G 服务完整性 KPI

5G 服务完整性指标是为了保证移动用户在 5GRAN 中整个业务过程高质量完成,设定的评价业务过程感知情况的指标。

为了保护每一个用户高质量的业务需求,服务完整性 KPI 可由用户下行平均吞吐率,用户上行平均吞吐率,小区下行平均吞吐率,小区上行平均吞吐率这四个指标评估用户数据传输质量的好坏。

(1)用户下行平均吞吐率

该 KIP 用于评估小区内用户下行感知速率状况,见表 12-7。其主要由在小区内用户下行传输的总数据量和用户下行传输数据占用的总时长决定。

表 12-7　用户下行平均吞吐率

KPI 名称	User Downlink Average Throughput
测试对象	小区
计算公式	UserDLAveThp = UserDLRmvlastsSlotTrafficeVolume/UserDLRmvLastSlotTransferTime
公式含义	用户下行平均吞吐率 = 用户下行总传输数据量/用户下行传输占用总时长
单　位	Gbit/s

（2）用户上行平均吞吐率

该 KPI 用于评估小区内用户上行感知速率状况，见表 12-8。其主要由在小区内用户上行传输的总数据量和用户上行传输数据占用的总时长决定。

表 12-8　用户上行平均吞吐率

KPI 名称	User Uplink Average Throughput
测试对象	小区
计算公式	UserULAveThp = UserULRmvlastsSlotTrafficeVolume/UserULRmvLastSlotTransferTime
公式含义	用户上行平均吞吐率 = 用户上行总传输数据量/用户上行传输占用总时长
单　位	Gbit/s

（3）小区下行平均吞吐率

该 KPI 用来评估小区下行平均吞率（见表 12-9），反映了小区下行容量状况。其主要由小区下行传输的数据总量和下行数据传输占用的时长决定。

表 12-9　小区下行平均吞吐率

KPI 名称	Cell Downlink Average Throughput
测试对象	小区
计算公式	CellDLAveThp = CellDLTrafficeVolume/CellDLTransferTime
公式含义	小区下行平均吞吐率 = 小区下行传输总数据量/小区下行传输占用总时长
单　位	Gbit/s

（4）小区上行平均吞吐率

该 KPI 用来评估小区上行平均吞率（见表 12-10），反映了小区上行容量状况。其主要由小区上行传输的数据总量和上行数据传输占用的时长决定。

表 12-10　小区上行平均吞吐率

KPI 名称	Cell Uplink Average Throughput
测试对象	小区

续上表

计算公式	CellULAveThp = CellULTrafficeVolume/CellULTransferTime
公式含义	小区上行平均吞吐率 = 小区上行传输总数据量/小区上行传输占用总时长
单　　位	Gbit/s

4.5G 其他 KPI 指标

(1)资源利用 KPI

资源利用 KPI 主要是用来评估小区在忙时和闲时 5G 站点小区的资源使用情况的一种指标。通过该指标可以适时地对小区资源进行调整,满足用户对不同时段的业务需求,提高 5G 站点的利用率。

资源利用 KPI 指标,包括:

- 上行 RB(资源块)利用率情况。
- 下行 RB 利用率情况。
- CPU 的平均占用率。

①上行 RB 利用率:该 KPI 指标用于评估小区在忙时或闲时上行 RB 利用率的情况,见表 12-11。

表 12-11　上行 RB 利用率

KPI 名称	ULRB Ulility Rate
测试对象	小区
计算公式	ULRB Ulility Rate = ULRB Used/ULRB Availablex100%
公式含义	上行 RB 利用率 = 上行 RB 使用量/上行 RB 可用数量 x100%
单　　位	%

②下行 RB 利用率

该 KPI 指标用于评估小区在忙时或闲时下行 RB 利用率的情况,见表 12-12。

表 12-12　下行 RB 利用率

KPI 名称	DLRB Ulility Rate
测试对象	小区
计算公式	DLRB Ulility Rate = DLRB Used/DLRB Availablex100%
公式含义	下行 RB 利用率 = 下行 RB 使用量/下行 RB 可用数量 x100%
单　　位	%

③CPU 平均占用率

该 KPI 指标是用于评估忙时 CPU 的使用情况,见表 12-13。

表12-13 CPU平均占用率

KPI名称	Mean CPU Utility
测试对象	CPU
计算公式	通过测量对象CPU进行直接统计
单　位	%

(2)5G业务量KPI

业务量KPI主要用于评估整个NR网络的业务量,其主要包括上行、下行业务数据量,在线用户数等,此类KPI主要以小区级作为测量对象。

①上行、下行业务数据量:该KPI指标用于评估小区上行、下行业务数据量,在RLC(无线链路控制)层执行相关统计,见表12-14。

表12-14 上行、下行业务数据量

KPI名称	上行业务数据量	下行业务数量
测量对象	Cell/Radio Network	Cell/Radio Network
计算参数	ULTraffic Volume	DLTraffic Volume
关联指标	UpLinkTraffic Volume = N. ThpVol. UL	DownLinkTraffic Volume = N. ThpVol. DL
单　位	GBit	GBit

②在线用户数:该KPI指标用于评估处于RRC(无线资源控制)连接状态的用户数,而此用户数包括平均连接用户数和最大用户数,见表12-15。

表12-15 在线用户数

KPI名称	平均用户数	最大用户数
测量对象	Cell/Radio Network	Cell/Radio Network
计算参数	AvgUserNumber	MaxUserNumber
关联指标	AverageUserNumber = N. User. RRCCon. Avg	MaximumUserNumber = N. User. RRCCon. Max
单　位	GBit	GBit

在小区范围内,定期采集所有UE,其UE是包括同步和失步的用户数总和,采用周期为1 s,在统计周期末,取得这些值的平均值作为平均用户数指标。

在小区范围内,定期采集连接状态的UE,并判断上行、下行缓存是否存在数据,得到此时的用户数,采样周期1 s,在统计周期内,取这些值的最大值作为该指标。

(3)5G锚点LTE小区相关KPI

NSA架构下现有的以4GLTE基站和核心网作为移动性管理和覆盖的锚点,新增5G基站接入的组网方式引入双连接,4G基站为主站,5G基站为从站,信令面S1-C由4G基站处理,用户面S1-U可选择走主站也可选择从站,以Option3X为例,4G/5G互操作由主站控制完成。

相关名词说明如下:

● MeNB:Master eNB,主站,双连接中 4G 基站为主站,5G 基站为辅站,在 NSA 结构中,移动终端驻留的小区为 4G 基站。

● SgNB:Secondary gNB,辅站,双连接中 4G 基站为主站,5G 基站为辅站,是 MeNB 通过 RRC 连接信令配置给 NSA 结构中移动终端的 5G 基站。

● MCG:Master Cell group,主小区组,是 NSA(非独立接入)移动终端在 4G 侧配置的 LTE 小区组。

● SCG:Secondary Cell group,辅小区组,是 NSA 移动终端在 NR 侧配置的 NR 小区组。

● PSCell:Primary Secondary Cell,SgNB 的主小区组,是 MeNB 通过 RRC 连接信令配置给 NSA 中移动终端在 SgNB 上的一个主小区,PSCell 一旦配置成功即保持激活。

● PCell:Primary Cell,MeNB 的主小区,是 NSA 中移动终端驻留的小区。

● SCell:Secondaty Cell,辅助小区,是 MeNB 通过 RRC 连接信令配置给 NSA 中移动终端的辅助小区,工作在 SCG(辅小区组)上,可以为 NSA 中的移动终端提供无线资源。

5G 锚点 LTE 相关性 KPI 指标主要包括:SgNB 接入指标;SCG 变更成功率。

①SgNB 接入成功率:当 eNB 向 gNB 发送 SgNB 添加请求,即 SgNB AdditonGRequest 信息时,在 A 点处增加统计 SgNB 添加尝试次数。当 eNB 向 gNB 重配置完成,即出现 SgNB Reconfiguration Complete 信息时,在 B 点统计 SgNB 成功次数,该统计得到的值在 eNB 所指定的主站的主小区(PCell)上进行累加。SgNB 接入成功率见表 12-16。

表 12-16 SgNB 接入成功率

KPI 名称	SgNB 接入成功率
测试对象	Cell
计算公式	SgNB 接入成功率 = SgNB 增加成功总次数/SgNB 增加尝试总次数 x100%
单　位	%

②SCG 变更成功率:当 eNB 收到 gNB 发送给它的辅站变更请求,即 SgNB Change Required 信息时,在 A 点统计 SCG 变更尝试次数。当 eNB 收到 gNB 发送给它的辅站变更完成信息时,在 B 点统计 SCG 变更成功次数。SCG 变更成功率见表 12-17。

表 12-17 SCG 变更成功率

KPI 名称	SCG 变更成功率
测试对象	Cell
计算公式	SCG 变更成功率 = SCG 变更成功总次数/SgNB 变更尝试总次数 x100%
单　位	%

12.3 KPI 优化方法

根据 KPI 的统计,分析话务指标时,首先要查看全网整体性能的测量 KPI,根据整体 KPI

掌握全网运行的整体情况后,再有针对性地分析各扇区的性能 KPI。随后通过过滤法,再找出 KPI 明显有异常的小区来进行分析,即从整体到局部再到具体问题来进行 KPI 的优化。

具体问题则是网络中的异常 KPI,这些异常 KPI 的可能是由版本、硬件、传输、数据出了问题所导致的。如果无明显异常情况,则可根据对各个扇区进行统计分类,并整理出各重点指标较差的小区类表,以便分类分析。分析完成后,对个别小区或个别扇区进行参数调整时需要谨慎,要考虑全面才能进行修改。

根据以上对 KPI 指标优化的思路,可根据以下步骤进行 KPI 的优化。

①严重问题小区筛选。在分析 KPI 指标时,不仅需要关注绝对值,也需要关注相对值,只有在统计数量较大时,指标的数值才具有指导意义。

例如,出现接入成功率为 50% 的事件,并不代表网络的性能就差,只有统计次数达统计意义时,该 KPI 指标值才具有意义。

②问题原因分析、定位的全面、多维度。需要注意的是,各个 KPI 指标不是独立存在的,很多指标都是具有相关性的。在实际分析和解决问题时,在重点抓住某一重要指标的同时,也需要结合其他相关指标一起分析。话务数据仅是网络优化的一个重要依据,还需要结合其他方法和措施共同解决网络问题。

例如,干扰和覆盖等问题会同时影响多个指标。如果解决了干扰和覆盖等问题,接入成功率自然也能得到一定程度上的改善。

③优化效果评估-观测时间足够长。优化时需要对硬件进行参数调整,如天线参数、载波参数等,需要进行分段措施,在实施完成每一段分段措施后,应观察一段时间的指标,确定该项措施调整有效,再进行下一个分段的调整。指标的观察时间最好在一天以上,且还要密切注意这段时间的告警信息。

参考文献

[1] 王霄峻，曾嵘．5G 无线网络规划与优化［M］．北京：人民邮电出版社，2020.

[2] 石文孝．通信网理论与应用［M］．北京：电子工业出版社，2016.

[3] 陈金鹰．通信导论［M］．北京：机械工业出版社，2019.

[4] 鲜继清，刘焕淋，蒋青，等．通信技术基础［M］．北京：机械工业出版社，2018.

[5] 姚军，毛昕蓉．现代通信网［M］．北京：人民邮电出版社，2010.

[6] 彭英，王珺，卜益民．现代通信技术概论［M］．北京：人民邮电出版社，2010.

[7] 魏红．移动通信技术［M］．北京：人民邮电出版社，2021.

[8] 宋铁成，宋晓勤．5G 无线技术及部署［M］．北京：人民邮电出版社，2020.

[9] 刘宇，张宇．5G 移动网络运维［M］．北京：高等教育出版社，2021.

[10] 王强，刘海林，黄杰，等．5G 无线网络优化［M］．北京：人民邮电出版社，2020.

[11] 岳胜，于佳．5G 无线网络规划与设计［M］．北京：人民邮电出版社，2019.

[12] 宋晓诗，间岩，王梦源面向 5G 的 MEC 系统关键技术［J］．中兴通讯技术，2018（1）：21-25.

[13] 杜忠达．双连接关键技术和发展前景分析［J］．电信网技术，2014（11）：12-17.

[14] 谭丹．双连接架构与关键技术分析［J］．通信技术，2017，50（1）：74-77.